全国高等农林院校十一五规划教材

概率论与数理统计

郑国萍　郭亚君　主编

中国农业科学技术出版社

图书在版编目（CIP）数据

概率论与数理统计/郑国萍，郭亚君主编．
－－北京：中国农业科学技术出版社，2010.2（2021.9重印）
ISBN 978－7－5116－0125－4

Ⅰ.①概… Ⅱ.①郑…②郭… Ⅲ.①概率论-高等学校-教材②数理统计-高等学校-教材 Ⅳ.①O21

中国版本图书馆 CIP 数据核字（2010）第 022904 号

责任编辑　崔改泵
责任校对　贾晓红

出 版 者　中国农业科学技术出版社
　　　　　北京市中关村南大街 12 号　邮编：100081
电　　话　(010) 82106626（编辑室）(010) 82109704（发行部）
　　　　　(010) 82109703（读者服务部）
传　　真　(010) 82106626
网　　址　http:// www.castp.cn
经 销 者　新华书店北京发行所
印 刷 者　中煤（北京）印务有限公司
开　　本　787 mm×1092 mm　1/16
印　　张　19.25
字　　数　395 千字
版　　次　2010 年 2 月第 1 版　2021 年 9 月第 2 次印刷
定　　价　23.80 元

版权所有・翻印必究

编 委 会

主　编　郑国萍　郭亚君
副主编　肖　欣　李艳坡　杨晓静
编　委（按姓氏笔画为序）
　　　　　王金然　王　静　何尚琴　张瑞丰
　　　　　岳小云　高瑞平　崔　瑜
主　审　刘继发　赵立强

前　言

概率论与数理统计有着十分广泛的应用。它是高等学校理工、农林、经济、管理等专业学生的重要基础课程，其基本内容也是这些专业硕士研究生入学考试的重要组成部分。

本教材根据高等学校理工、农林、经济、管理类专业概率论与数理统计的教学大纲和课程教学要求，兼顾各专业学生报考硕士研究生的需要，集编委会成员多年教学实践经验编写，其特点是：

第一，以概率论的内容为主，介绍数理统计的基本内容。注重基础，淡化比较繁杂的数学形式，重视学生对概率论与数理统计基本思想的理解和基本方法的运用；

第二，加强理论与实际的结合，在例题和习题的选配上注重概率统计方法在各个专业上的具体应用，培养学生运用所学知识解决实际问题的能力；

第三，针对广大学生报考硕士研究生的需要，除各节后设置的习题之外，在各章末按难易程度分 A、B 两档选编了一定数量的复习参考题（包括一定数量的历年硕士研究生入学考试题目），供不同层次的学生选择练习，以复习巩固所学知识、提高解题能力；

第四，为使学生及早了解概率统计应用软件的使用，本教材单独编写了 SPSS 简介一章，并以教材中前面所涉及实际问题为例介绍了具体使用方法，以加强学生运用计算机处理概率论与数理统计实际问题的能力。

讲授本教材的全部基本内容需要 50~60 学时，教材中带"＊"的内容可根据教学实际适当取舍。

本教材可作为高等学校理工、农林、经济、管理等专业本、专科概率论与数理统计课程的教材和教学参考资料。为方便读者，教材中给出了所有习题的参考答案。

教材的编写分工是：郑国萍编写第 1 章、第 3 章和第 10 章；郭亚君编写第 7 章、第 8 章和第 10 章；肖欣编写第 5 章和第 9 章；李艳坡编写第 2 章；杨晓静编写第 6 章；何尚琴编写第 4 章。编委会其他成员主要协助主编、副主编完成了教材的图表设计、习题选配和解答工作。全书由郑国萍、郭亚君统稿。

概率论与数理统计

　　刘继发副教授和赵立强博士审阅了本教材的全部书稿，并对教材的体例提出了十分有益的修改意见和建议；河北科技师范学院有关领导对本教材的出版给予了大力支持和帮助。在此，向他们表示诚挚的谢意！

　　在本教材的编写过程中，编委会成员查阅参考了大量有关著作、教材和文章，恕不一一列举。在此，编者谨向有关文献的作者表示感谢！

　　限于编者的水平，教材中难免存在不妥之处，恳请读者批评和指正。

编者　2009 年 11 月

目　录

引言 ……………………………………………………………………………………… (1)

第1章　随机事件与概率 ……………………………………………………………… (3)

　第1节　随机事件 …………………………………………………………………… (3)

　　1.1.1　随机事件与基本空间 ………………………………………………… (3)

　　1.1.2　事件的关系与运算 …………………………………………………… (5)

　　习题1-1 ……………………………………………………………………… (8)

　第2节　随机事件的概率 …………………………………………………………… (9)

　　1.2.1　随机事件的频率　概率的统计定义 ………………………………… (9)

　　1.2.2　概率的公理化定义及性质 …………………………………………… (11)

　　1.2.3　古典概型 ……………………………………………………………… (13)

　　1.2.4　几何概型 ……………………………………………………………… (17)

　　习题1-2 ……………………………………………………………………… (18)

　第3节　条件概率 …………………………………………………………………… (19)

　　1.3.1　条件概率 ……………………………………………………………… (19)

　　1.3.2　乘法公式 ……………………………………………………………… (21)

　　1.3.3　全概率公式 …………………………………………………………… (22)

　　1.3.4　贝叶斯(Bayes)公式 …………………………………………………… (23)

　　习题1-3 ……………………………………………………………………… (25)

　第4节　随机事件的相互独立性 …………………………………………………… (25)

　　1.4.1　两个事件的相互独立性 ……………………………………………… (26)

　　1.4.2　多个事件的相互独立性 ……………………………………………… (26)

　　习题1-4 ……………………………………………………………………… (28)

　第5节　重复独立试验　二项概率公式 …………………………………………… (29)

1.5.1　重复独立试验与 n 重伯努利(Bernoulli)试验 …………………… (29)
   1.5.2　二项概率公式 ……………………………………………………… (30)
   1.5.3　n 重伯努利试验的众数 …………………………………………… (32)
   1.5.4　无限重复的伯努利试验 …………………………………………… (32)
   习题 1-5 …………………………………………………………………… (33)
  复习参考题一 ……………………………………………………………………… (34)
第 2 章　离散型随机变量 ……………………………………………………………… (36)
 第 1 节　一维离散型随机变量及其分布 ……………………………………… (36)
   2.1.1　一维随机变量的概念 ………………………………………………… (36)
   2.1.2　一维离散型随机变量的概率分布 …………………………………… (38)
   2.1.3　几种常见的离散型随机变量及其分布 ……………………………… (39)
   2.1.4　二项分布的泊松(Poisson)逼近 ……………………………………… (43)
   习题 2-1 …………………………………………………………………… (44)
 第 2 节　一维随机变量的分布函数 …………………………………………… (45)
   2.2.1　分布函数 ……………………………………………………………… (45)
   2.2.2　分布函数的基本性质 ………………………………………………… (47)
   习题 2-2 …………………………………………………………………… (48)
 第 3 节　二维离散型随机变量的联合分布 …………………………………… (49)
   2.3.1　二维离散型随机变量的概念 ………………………………………… (49)
   2.3.2　二维离散型随机变量的联合分布律(列) …………………………… (49)
   2.3.3　二维随机变量联合分布函数 ………………………………………… (51)
   习题 2-3 …………………………………………………………………… (53)
 第 4 节　二维随机变量的边沿分布及独立性 ………………………………… (53)
   2.4.1　二维随机变量的边沿分布 …………………………………………… (53)
   2.4.2　二维随机变量的独立性 ……………………………………………… (56)
   习题 2-4 …………………………………………………………………… (58)
 第 5 节　离散型随机变量函数的分布 ………………………………………… (59)
   2.5.1　一维离散型随机变量函数的分布 …………………………………… (59)
   2.5.2　二维离散型随机变量函数的分布 …………………………………… (61)
   2.5.3　离散型随机变量的可加性 …………………………………………… (63)

习题 2-5 ·· (64)

第 6 节* 条件分布 ·· (65)

复习参考题二 ·· (67)

第 3 章 连续型随机变量 ·· (70)

第 1 节 一维连续型随机变量及其分布 ·· (70)

3.1.1 一维连续型随机变量的概率密度函数 ·· (70)

3.1.2 几种常见连续型随机变量的分布 ·· (73)

习题 3-1 ··· (78)

第 2 节 二维连续型随机变量的联合分布 ·· (79)

3.2.1 二维连续型随机变量及分布 ·· (79)

3.2.2 二维均匀分布及二维正态分布 ·· (81)

习题 3-2 ··· (82)

第 3 节 二维连续型随机变量的边沿分布及独立性 ···································· (83)

3.3.1 边沿分布 ··· (83)

3.3.2 二维连续型随机变量的独立性 ·· (85)

习题 3-3 ··· (87)

第 4 节 连续型随机变量函数的分布 ·· (88)

3.4.1 一维连续型随机变量的函数的分布 ·· (88)

3.4.2 二维连续型随机变量的函数的分布 ·· (90)

习题 3-4 ··· (93)

第 5 节 条件分布 ·· (94)

习题 3-5 ··· (96)

复习参考题三 ·· (97)

第 4 章 随机变量的数字特征 ·· (100)

第 1 节 数学期望 ·· (100)

4.1.1 数学期望的概念 ··· (100)

4.1.2 数学期望的性质 ··· (106)

习题 4-1 ··· (109)

第 2 节 方差、协方差与相关系数 ·· (110)

4.2.1 方差的定义及其性质 ··· (110)

4.2.2　协方差与相关系数 ……………………………………………………… (115)
　　习题 4-2 …………………………………………………………………………… (119)
　第 3 节　矩、协方差矩阵 ………………………………………………………………… (120)
　复习参考题四 ……………………………………………………………………………… (123)

第 5 章　大数定律和中心极限定理 …………………………………………………… (126)
　第 1 节　大数定律 ………………………………………………………………………… (126)
　　5.1.1　切比雪夫(Chebyshev)不等式 …………………………………………… (126)
　　5.1.2　随机变量序列依概率收敛 ………………………………………………… (127)
　　5.1.3　大数定律 …………………………………………………………………… (128)
　　习题 5-1 …………………………………………………………………………… (131)
　第 2 节　中心极限定理 …………………………………………………………………… (131)
　　5.2.1　列维-林德伯格(Levy-Lindeberg)定理 ………………………………… (132)
　　5.2.2　棣莫佛-拉普拉斯(De Moivre-Laplace)定理 …………………………… (132)
　　习题 5-2 …………………………………………………………………………… (134)
　复习参考题五 ……………………………………………………………………………… (134)

第 6 章　数理统计的基本概念 ………………………………………………………… (137)
　第 1 节　基本概念 ………………………………………………………………………… (137)
　　6.1.1　总体　个体　简单随机样本 ……………………………………………… (137)
　　6.1.2　分布函数和分布密度的近似求法 ………………………………………… (138)
　　6.1.3　样本的数字特征和统计量 ………………………………………………… (141)
　　习题 6-1 …………………………………………………………………………… (142)
　第 2 节　抽样分布 ………………………………………………………………………… (142)
　　6.2.1　χ^2 分布 ………………………………………………………………… (142)
　　6.2.2　t 分布 ……………………………………………………………………… (143)
　　6.2.3　F 分布 ……………………………………………………………………… (145)
　　6.2.4　总体的样本均值与样本方差的分布 ……………………………………… (146)
　　习题 6-2 …………………………………………………………………………… (149)
　复习参考题六 ……………………………………………………………………………… (149)

第 7 章　参数估计 ……………………………………………………………………… (152)
　第 1 节　参数估计的概念 ………………………………………………………………… (152)

第 2 节　点估计 …………………………………………………………… (153)
 7.2.1　矩估计法 …………………………………………………… (154)
 7.2.2　最大似然估计法 ……………………………………………… (155)
 7.2.3　估计量的评选标准 …………………………………………… (159)
 习题 7-2 …………………………………………………………… (161)

第 3 节　区间估计 …………………………………………………………… (162)
 7.3.1　置信区间 ……………………………………………………… (162)
 7.3.2　单个正态总体均值与方差的区间估计 ……………………… (164)
 7.3.3　两个正态总体均值差和方差比的区间估计 ………………… (166)
 习题 7-3 …………………………………………………………… (170)

复习参考题七 …………………………………………………………………… (171)

第 8 章　假设检验 …………………………………………………………… (174)

第 1 节　假设检验的基本概念 ……………………………………………… (174)
 8.1.1　假设检验的基本思想与推理方法 …………………………… (174)
 8.1.2　假设检验的基本概念 ………………………………………… (176)
 8.1.3　假设检验可能犯的两类错误 ………………………………… (177)
 8.1.4　假设检验的一般步骤 ………………………………………… (177)

第 2 节　单个正态总体的假设检验 ………………………………………… (178)
 8.2.1　单个正态总体 $N(\mu,\sigma^2)$ 均值 μ 的假设检验 ………………… (178)
 8.2.2　单个正态总体方差 $\sigma^2 = \sigma_0^2$ 的假设检验 ………………… (179)
 8.2.3　单侧假设检验与单个正态总体的单侧假设检验 …………… (181)
 习题 8-2 …………………………………………………………… (182)

第 3 节　两个正态总体的假设检验 ………………………………………… (183)
 8.3.1　两个正态总体均值差 $\mu_1 - \mu_2$ 的假设检验 ………………… (183)
 8.3.2　两个正态总体方差比的假设检验 …………………………… (185)
 习题 8-3 …………………………………………………………… (188)

复习参考题八 …………………………………………………………………… (188)

第 9 章*　方差分析与回归分析 …………………………………………… (191)

第 1 节　单因素方差分析 …………………………………………………… (191)
 习题 9-1 …………………………………………………………… (196)

第2节 双因素方差分析 ……………………………………………………… (197)
9.2.1 双因素无重复试验的方差分析 ……………………………… (197)
9.2.2 双因素等重复试验的方差分析 ……………………………… (201)
习题 9-2 …………………………………………………………… (205)

第3节 一元线性回归 …………………………………………………………… (206)
9.3.1 线性模型 …………………………………………………… (207)
9.3.2 参数的最小二乘估计 ……………………………………… (208)
9.3.3 线性假设的显著性检验 …………………………………… (211)
习题 9-3 …………………………………………………………… (215)

第4节 化非线性回归为线性回归 …………………………………………… (215)
习题 9-4 …………………………………………………………… (219)

第5节 多元线性回归简介 …………………………………………………… (219)
9.5.1 最小二乘法 ………………………………………………… (220)
9.5.2 相关性检验 ………………………………………………… (221)
习题 9-5 …………………………………………………………… (222)

复习参考题九 …………………………………………………………………… (222)

第 10 章* SPSS 简介 …………………………………………………………… (225)

第1节 数据文件 ………………………………………………………………… (225)
10.1.1 数据文件的建立 …………………………………………… (225)
10.1.2 外部数据文件的导入 ……………………………………… (230)
10.1.3 数据文件整理 ……………………………………………… (233)

第2节 SPSS 数值统计分析功能 ……………………………………………… (241)
10.2.1 "Reports"统计过程 ………………………………………… (241)
10.2.2 "Descriptive Statistics"描述性统计分析 ………………… (243)
10.2.3 均值比较与 T 检验 ………………………………………… (245)
10.2.4 方差分析 …………………………………………………… (248)
10.2.5 回归分析 …………………………………………………… (252)

第3节 图形统计分析 …………………………………………………………… (254)
10.3.1 条形图"Bar Charts" ………………………………………… (255)
10.3.2 统计图编辑 ………………………………………………… (257)

附表 1　标准正态分布表 ……………………………………………………（259）
附表 2　泊松分布表 ………………………………………………………（260）
附表 3　t 分布的单侧临界值表 ……………………………………………（262）
附表 4　χ^2 分布表 …………………………………………………………（264）
附表 5　F 分布表 ……………………………………………………………（266）
习题参考答案 ………………………………………………………………（274）
参考文献 ……………………………………………………………………（294）

引 言

概率论与数理统计是从数量方面研究随机现象统计规律的一门数学分支。

概率论用随机变量及其所伴随的概率分布描述随机现象的统计规律，数理统计用概率论的基本理论研究如何从统计资料出发，对随机变量的概率分布或某些特征作出统计推断。概率论是数理统计的数学基础。

在一定意义之下，可以说概率论起源于赌博，根据有二：第一，1657年惠更斯（Huygens）发表的一篇文章《论赌博的计算》是能找到的记载概率论有关问题的最早的文章；第二，17世纪末，法国的德·梅耳（De Mere）注意到：在赌博中一对骰子掷25次，把赌注押到"至少出现一次双六"比把赌注押到"完全不出现双六"有利，但他本人找不出原因。后来他请教当时著名的法国数学家帕斯卡（Pascal），才解决了这一问题。这一事件，对当时概率论的研究起到了一定的推动作用。

赌博中的一些机会问题的研究对概率论起初的发展和一些基本概念（概率、数学期望等）的形成起到了促进作用。但概率论与数理统计发展到今天，则是由它更广泛的实际意义所决定的。

下面例子从某个侧面说明了概率论所要解决的问题，表明学好概率论与数理统计具有十分重要的现实意义。

例如某车间有200台同类型的车床，每台车床开动时需要的电功率为1千瓦，由于经常需要检修、测量、调换刀具、变换位置等种种原因，每台车床并不连续开动，开动的时间只占工作时间的60%。问应该供多少千瓦的电力才能保证此车间正常生产？

显然，若供给这个车间200千瓦的电力，则此车间一定能正常生产。但这样做不合算。因为每台车床的开工率只有60%，也就是说，平均起来这个车间同时工作的车床只有120台，但若只供给120千瓦的电力，又太少些。因为有时工作着的车床数会超过120台，若只供给120千瓦的电力，则这时会出现因电力不足而使车床无法正常运转，那么到底供给多少千瓦的电才能既保证生产正常进行又节约电力呢？

对此问题，运用概率论的方法可以得到圆满解决。第5章中可以得到，只要供给这个车间 141 千瓦的电力就足够了。虽然在这时也可能遇到因电力不足而不能正常生产的情况，但这种机会很少，它小于 0.1%，即在 8 小时工作中一般只有半分钟会碰到这种情况，这显然影响不大。但节约出来的 59 千瓦的电力却可以做许多别的用途。

概率论与数理统计的应用十分广泛，无论是在科学技术、工农业生产还是国民经济中，概率论与数理统计这一学科的作用都是十分巨大的。

第 1 章
随机事件与概率

在生产实践和科学试验中，人们观察到的现象多种多样，总体来讲可分为两类：一类是**确定性现象**或**必然现象**，其特点是在给定的条件下，它必然发生或必然不发生。例如，在标准大气压下，水加热到100℃必然沸腾；从装有5个红球的口袋中任意摸出一个球，必然摸到红球，等等。微积分、线性代数等就是研究必然现象的数学工具。另一类是**偶然现象**或**随机现象**，其特点是在给定的条件下，可能出现多种结果且无法预知究竟哪一种结果出现。例如，在相同的条件下抛同一枚硬币，落地时其结果可能是正面朝上（徽花面），也可能是反面朝上；随机走到一个有交通灯的十字路口，可能遇到红灯，也可能遇到绿灯或黄灯等，这些现象呈现出很大的随机性、偶然性。

随机现象表面看似乎杂乱无章、无序可寻。经过长期的实践和观察，人们逐渐发现所谓不可预言的随机性、偶然性，只是对一次或少数几次试验或观察而言的，但在相同条件下进行大量重复试验和观察时，其结果会呈现出某种规律性，称之为**随机现象的统计规律性**。概率论与数理统计是研究和揭示随机现象统计规律的一门数学学科。

本章重点介绍随机事件的基本概念及其关系和运算，给出概率的古典定义、几何定义、统计定义和概率公理，介绍条件概率和三个重要的概率公式，并讨论随机事件的独立性和 n 重伯努利（Bernoulli）试验，给出二项概率公式。

第 1 节　随机事件

1.1.1　随机事件与基本空间

为了研究随机现象，必须对随机现象进行观察和试验。把对在一定条件下自然现象和社会现象所进行的观察和试验统称为试验。

一个试验若具有下列三个特征则称之为**随机试验**。

（1）试验在相同条件下可以重复进行；

（2）每次试验的可能结果不止一个，并且事先可以明确试验的所有可能结果；

（3）进行一次试验之前不能确定哪一个结果会出现。

以后提到的试验均指随机试验，并用 E 表示。如：

例 1　一口袋中装有编号分别为 $1,2,\cdots,n$ 的 n 个球，从中任取一个球，记录其编号。

例 2　抛掷一枚硬币，观察正、反面出现的情况。

例 3　对 20 粒种子进行发芽试验，记录发芽种子的粒数。

例 4　记录某一电话交换台在单位时间内收到的呼叫次数。

例 5　在一个形状为旋转体的均匀陀螺的圆周上，均匀地刻上区间 $[0,3)$ 上的诸数字。旋转陀螺，记录其停下来时圆周与桌面接触点的刻度。

例 6　在一批灯泡中任意取一只测试它的寿命（小时）。

在一个随机试验 E 中，我们关心的是某种结果是否出现，如在例 1 中，"摸到了 3 号球"，例 3 中"发芽种子粒数至少为 18"等等，这种在随机试验中可能发生，也可能不发生的结果叫做**随机事件**，简称为**事件**。通常用大写字母 A,B,C 等来表示。称只包含一个试验结果的事件为**基本事件**。用 ω 来表示。在研究随机现象时，不仅要考虑基本事件，还要考虑由一些基本事件组成的**复合事件**。在一个随机试验 E 中，各次的试验结果未必相同，称所有可能发生的试验结果组成的集合叫做**基本空间**，用 Ω 来表示。Ω 中的每个元素，即试验的一个可能结果是一个基本事件。试验的每一个事件都是基本空间 Ω 中的某些基本事件组成的集合，因而是 Ω 的子集。

如上所举例子的基本空间为：

例 1　记 $\omega_i =$ "摸到标号为 i 的球"，则 $\Omega = \{\omega_1,\omega_2,\cdots,\omega_n\}$。

例 2　记 $\omega_1 =$ "正面朝上"，$\omega_2 =$ "正面朝下"，则 $\Omega = \{\omega_1,\omega_2\}$。

例 3　记 $k =$ "有 k 粒种子发芽"，则 $\Omega = \{0,1,2,\cdots,20\}$。

例 4　记 $i =$ "单位时间内收到的呼叫次数为 i"，则 $\Omega = \{0,1,2,\cdots,i,\cdots\}$。

例 5　记 $x =$ "陀螺停下时与桌面触点的刻度为 x"，则 $\Omega = \{x \mid 0 \leq x < 3\}$。

例 6　记 $t =$ "灯泡的寿命为 t 小时"，则 $\Omega = \{t \mid t \geq 0\}$。

在一个随机试验中，**事件 A 发生**当且仅当 A 中所包含的一个基本事件在试验中出现。

例 1 中，事件"摸到球的标号小于 4"，可用基本空间的子集 $A = \{\omega_1,\omega_2,\omega_3\}$ 来表示，A 发生当且仅当基本事件 ω_1 或 ω_2 或 ω_3 之一发生；

例 3 中，事件"发芽的种子粒数大于 17"，可用基本空间的子集 $B = \{18,19,20\}$ 来表示，B 发生当且仅当基本事件"18"或"19"或"20"之一发生；

例 5 中，事件"陀螺停下时与桌面触点的刻度在区间 $(1,2)$ 内"，可用基本空间的子

集 $C = (1,2)$ 来表示，C 发生当且仅当 $x \in (1,2)$。

为研究方便，把基本空间 Ω 也作为一个事件。由于在一次试验时，必然出现 Ω 中的一个基本事件，即 Ω 必然发生，故称 Ω 为**必然事件**。同样把空集 ϕ 也作为一个事件，它在每次试验中都不会发生，称之为**不可能事件**。

例 7 掷一颗骰子，观察其出现的点数。

试验中事件"出现的点数小于 7"是一个必然事件；"出现的点数小于 0"是一个不可能事件。为研究方便将必然事件与不可能事件看成随机事件的两种特殊情况。

1.1.2 事件的关系与运算

同一试验的不同随机事件之间往往存在着一定的联系。在实际问题中研究随机事件的规律性时，搞清事件之间的联系以及事件的合成和分解的数学结构，用简单的事件表示复杂的事件有着重要意义。因此，对事件之间的各种关系和基本运算作如下规定。

在以下规定中，用 E 表示随机试验，用 Ω 表示相应的基本空间，用 $A,B,C,\cdots$ 表示 Ω 中的事件。

(1) 事件的包含　如果事件 A 发生必然导致事件 B 发生，则称事件 A **包含于**事件 B，或事件 B **包含**事件 A，记作 $A \subset B$ 或 $B \supset A$。

$A \subset B$ 的含义是 B 包含 A 中的所有基本事件，即"事件 A 含于事件 B"与"集合 A 含于集合 B"两个概念是一致的。

如在例 1 中，若 $A = $ "摸到球的标号小于 4"，$B = $ "摸到球的标号小于 7"，则 $A \subset B$。

对任意事件 A，有 $A \subset \Omega$；若 $A \subset B, B \subset C$，则 $A \subset C$。

(2) 事件的相等　如果 $A \subset B$，且 $B \subset A$，则称事件 A 与事件 B 相等，记作 $A = B$。

事件 A 与事件 B 相等的含义是 A 与 B 包含了完全相同的基本事件，即"事件 A 与事件 B 相等"与"集合 A 与集合 B 相等"两个概念是一致的。

(3) 事件的和（并）　事件 A 与事件 B 至少有一个发生的事件称为事件 A 与事件 B 的和事件，记作 $A \cup B$。

事件 $A \cup B$ 是由属于事件 A 或属于事件 B 的一切基本事件所组成的事件，即"事件 A 与事件 B 之和"与"集合 A 与集合 B 之并"两个概念是一致的。

如在例 3 中，若 $A = $ "没有一粒种子发芽"，$B = $ "只有一粒种子发芽"，则 $A \cup B = $ "至多有一粒种子发芽"。

事件的和可以推广到任意有限多个和可数无穷多个事件的情形上去，即

$$\bigcup_{i=1}^{n} A_i = A_1 \cup A_2 \cup \cdots \cup A_n, \quad \bigcup_{i=1}^{\infty} A_i = A_1 \cup A_2 \cup \cdots \cup A_n \cup \cdots$$

分别表示事件 $A_1, A_2, \cdots, A_n$ 中至少有一个发生和事件 $A_1, A_2, \cdots, A_n, \cdots$ 中至少有一个发生。

如例 1 中，若 A_i = "摸到标号为 i 的球"，$i = 1, 2, \cdots, n$，则 $A_1 \cup A_2 \cup A_3$ 表示事件 "摸到标号不超过 3 的球"。又如例 4 中，若 A_i = "收到的呼叫次数为 i"，$i = 0, 1, 2, \cdots$，则 $\bigcup_{i=10}^{\infty} A_i$ 表示 "至少收到 10 次呼叫"。

(4) **事件的积（交）** 事件 A 与事件 B 同时发生的事件称为事件 A 与事件 B 的积事件，记作 $A \cap B$，或 AB。

事件 AB 是由既属于事件 A 又属于事件 B 的基本事件组成的事件，即 "事件 A 与事件 B 的积" 与 "集合 A 与集合 B 的交" 两个概念是一致的。

如例 6 中，若 A = "灯泡的寿命大于 2 000 小时"，B = "灯泡的寿命小于 5 000 小时"，则 AB = "灯泡的寿命介于 2 000 小时到 5 000 小时之间"。

事件的积也可以推广到任意有限多个和可数无穷多个事件的情形上去，即

$$\bigcap_{i=1}^{n} A_i = A_1 \cap A_2 \cap \cdots \cap A_n, \quad \bigcap_{i=1}^{\infty} A_i = A_1 \cap A_2 \cap \cdots \cap A_n \cap \cdots$$

分别表示事件 $A_1, A_2, \cdots, A_n$ 同时发生和事件 $A_1, A_2, \cdots, A_n, \cdots$ 同时发生。

(5) **事件的互斥（互不相容）** 在一次随机试验中，不能同时发生的两个事件 A 与 B 称为互斥事件或互不相容事件。

事件 A 与事件 B 互斥的充分必要条件是 $AB = \phi$，即 "事件 A 与事件 B 互斥" 与 "集合 A 与集合 B 的交为空集" 两个概念是一致的。显然，基本事件间是互斥的。

如例 3 中，若 A = "没有一粒种子发芽"，B = "有两粒种子发芽"，则事件 A 与事件 B 互斥。

(6) **事件的对立** 如果事件 A 与事件 B 是互斥的，且事件 A 与事件 B 的和事件是必然事件，则称事件 A 与事件 B 是互为对立事件。记作 $B = \overline{A}$ 或 $A = \overline{B}$。

A、B 对立的充分必要条件是 $A \cup B = \Omega$ 且 $A \cap B = \phi$，即 "事件 A 与 B 对立" 与 "集合 A 与集合 B 互余（补）" 是一致的。

显然一次试验中，A 与 $\overline{A}$ 必发生其一，且 A 与 $\overline{A}$ 不能同时发生。对立的事件一定互斥，反之未必。

必然事件 Ω 与不可能事件 ϕ 互为对立事件。

由于 $\overline{\overline{A}} = A$，所以也称 A 与 $\overline{A}$ 是互逆或互余的。

如例 3 中，若 A = "发芽的种子数大于 10"，B = "发芽的种子数不超过 10"，则事件 A 与事件 B 对立。

(7) **事件的差** 事件 A 发生而事件 B 不发生的事件称为事件 A 与事件 B 的差事件，记作 $A - B$。

事件 $A - B$ 由属于 A 但不属于 B 的基本事件组成，即 "事件 A 与事件 B 的差" 与 "集

合 A 与集合 B 的差"两个概念是一致的。

显然，$A - B = A \cap \bar{B} = A\bar{B} = A - AB$；$\bar{A} = \Omega - A$。

如例 3 中，若 $A = $ "发芽的种子数大于 5"，$B = $ "发芽的种子数不超过 10"，则 $A - B = A\bar{B} = $ "发芽的种子数大于 10"。

由于事件之间的关系和运算与集合之间的关系和运算是完全一致的，所以事件之间的关系和运算可以用集合之间的关系和运算的韦恩（Venn）图来表示，如图 1-1 所示。

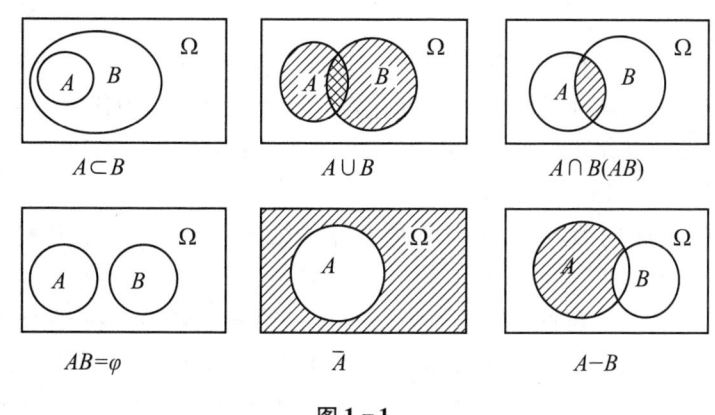

图 1-1

可以验证事件的运算满足如下运算律：

(1) 交换律：$A \cup B = B \cup A$，$A \cap B = B \cap A$；

(2) 结合律：$A \cup (B \cup C) = (A \cup B) \cup C$，$A \cap (B \cap C) = (A \cap B) \cap C$；

(3) 分配律：$A \cap (B \cup C) = (A \cap B) \cup (A \cap C)$，$A \cup (B \cap C) = (A \cup B) \cap (A \cup C)$；

(4) 德莫根（De Morgan）律：$\overline{A \cup B} = \bar{A} \cap \bar{B}$，$\overline{A \cap B} = \bar{A} \cup \bar{B}$。

分配律和德莫根律可以推广到任意有限多个和可数无穷多个事件的情形，即有

$$A \cap (\cup_i A_i) = \cup_i (A \cap A_i), \quad A \cup (\cap_i A_i) = \cap_i (A \cup A_i),$$

$$\overline{\cup_i A_i} = \cap_i \bar{A_i}, \quad \overline{\cap_i A_i} = \cup_i \bar{A_i}。$$

说明：当事件 $A_1, A_2, \cdots, A_n$ 两两互斥时，$A_1 \cup A_2 \cup \cdots \cup A_n = \bigcup_{i=1}^{n} A_i$ 可以写作

$$A_1 + A_2 + \cdots + A_n = \sum_{i=1}^{n} A_i;$$

当事件 $A_1, A_2, \cdots, A_n, \cdots$ 两两互斥时，$A_1 \cup A_2 \cup \cdots \cup A_n \cup \cdots = \bigcup_{i=1}^{\infty} A_i$ 可以写作

$$A_1 + A_2 + \cdots + A_n + \cdots = \sum_{i=1}^{\infty} A_i。$$

例8 在一穴中种有三粒种子，设 A_1, A_2, A_3 分别表示"第一、第二、第三粒种子发芽"，试用 A_1, A_2, A_3 表达以下各事件。

(1) 只有第一粒种子发芽；　　(2) 只有一粒种子发芽；
(3) 三粒种子都未发芽；　　　(4) 至少有一粒种子发芽。

解 上述事件可依次表示为

(1) 事件"只有第一粒种子发芽"，意味着第二、第三粒种子均未发芽，所以"只有第一粒种子发芽" = $A_1 \overline{A_2} \overline{A_3}$。

(2) 事件"只有一粒种子发芽"，并不指定那一粒种子发芽。三个事件"只有第一粒种子发芽"、"只有第二粒种子发芽"、"只有第三粒种子发芽"中任意一个发生都意味着事件"只有一粒种子发芽"发生，同时上述事件是两两互斥的，所以事件"只有一粒种子发芽" = $A_1 \overline{A_2} \overline{A_3} + \overline{A_1} A_2 \overline{A_3} + \overline{A_1} \overline{A_2} A_3$。

(3) 事件"三粒种子都未发芽"就是事件"第一、第二、第三粒种子都未发芽"，所以"三粒种子都未发芽" = $\overline{A_1} \overline{A_2} \overline{A_3}$。

(4) 事件"至少有一粒种子发芽"就是事件"第一、第二、第三粒种子中至少有一粒种子发芽"，所以"至少有一粒种子发芽" = $A_1 \cup A_2 \cup A_3$，这个事件也可表成
$$A_1 \overline{A_2} \overline{A_3} + \overline{A_1} A_2 \overline{A_3} + \overline{A_1} \overline{A_2} A_3 + A_1 A_2 \overline{A_3} + A_1 \overline{A_2} A_3 + \overline{A_1} A_2 A_3 + A_1 A_2 A_3.$$

例9 某灯泡厂取样检查出厂灯泡的寿命，设 A 表示"灯泡寿命大于 1 500 小时"，B 表示"灯泡寿命在 1 000 小时到 2 000 小时之间"，请用集合形式写出下列事件：$\Omega, A, B, A \cup B, AB, A - B, B - A$。

解 $\Omega = \{x \mid x \geqslant 0\}$，$A = \{x \mid x > 1\,500\}$，$B = \{x \mid 1\,000 \leqslant x \leqslant 2\,000\}$，$A \cup B = \{x \mid x \geqslant 1\,000\}$，$AB = \{x \mid 1\,500 < x \leqslant 2\,000\}$，$A - B = \{x \mid x > 2\,000\}$，$B - A = \{x \mid 1\,000 \leqslant x \leqslant 1\,500\}$。

习题 1-1

1. 写出下列随机试验的基本空间：

(1) 10 件产品中有 3 件次品，每次从中任意抽取一件，取出后不放回（叫做**不放回取样**），直到 3 件次品都取出，记录抽取次数。

(2) 从包含 2 件次品（记作 a_1, a_2）和 3 件正品（记作 b_1, b_2, b_3）的 5 件产品中任意抽取 2 件，记录抽取结果。

(3) 记录一个小班（人数为 n）一次数学考试的平均分数（设以百分制计分）。

(4) 在单位圆内任取一点，记录它的坐标。

2. 设 A, B, C 是 Ω 中的三个事件，用 A, B, C 的运算关系式表示下列各事件：

(1) A 发生，B, C 都不发生；

(2) A 与 B 都发生，而 C 不发生；
(3) A,B,C 中至少有一个发生；
(4) A,B,C 都发生；
(5) A,B,C 都不发生；
(6) A,B,C 中不多于一个发生；
(7) A,B,C 中不多于两个发生；
(8) A,B,C 中至少有两个发生。

3. 向目标进行两次射击，设 $A=$ "第一次击中目标"，$B=$ "第二次击中目标"。试问：
(1) A 与 B 是否为互斥的事件？
(2) A 与 B 是否为对立的事件？
(3) A 与 B 的和事件表示什么事件？
(4) A 与 B 的积事件表示什么事件？
(5) A 与 B 的差事件表示什么事件？

4. 在图书馆中任意取一本书，设 $A=$ "取到数学书"，$B=$ "取到中文版的书"，$C=$ "取到 1980 年以后出版的书"。试回答：
(1) $AB\overline{C}$ 表示什么事件？
(2) $\overline{C} \subset B$ 表示什么实际意义？

第 2 节　随机事件的概率

虽然随机事件在一次试验中是否发生带有不确定性，即在一次试验中，可能发生，也可能不发生。但在大量重复试验中，它的发生却呈现出一定的规律性，这种规律性是事件本身固有的客观属性。随机事件的**概率**就是用来计量随机事件发生可能性大小的一个数量指标。随机事件 A 的概率用 $P(A)$ 来表示。

随机事件的概率是概率论中的重要概念之一，本节在介绍概率的统计定义的基础上，引入概率的公理化定义，并学习一些概率的重要性质，然后引入古典概率和几何概率以及它们的计算方法。

1.2.1　随机事件的频率　概率的统计定义

一个随机试验有多个可能结果，但人们在实践中常常发现，各种可能结果出现的机会并不尽相同。就是说，在多次重复试验中，有些结果出现的次数明显多些，有些则要少些，它们具有统计规律性。为了揭示这种规律性，我们引进随机事件频率的概念。

1 随机事件的频率及其稳定性

定义1 若事件 A 在 n 次试验中出现了 r 次，则称比值 $\frac{r}{n}$ 为这 n 次试验中事件 A 发生的**频率**，记作 $f_n(A)$，而称 r 为这 n 次试验中事件 A 发生的频数。

由频率的定义知，任一事件 A 发生的频数 r 满足 $0 \leqslant r \leqslant n$，所以在 n 次试验中 A 发生的频率 $f_n(A)$ 满足 $0 \leqslant f_n(A) \leqslant 1$。在 n 次试验中必然事件 Ω 发生的频数为 n，所以 $f_n(\Omega) = 1$；不可能事件发生的频数为 $r = 0$，所以 $f_n(\phi) = 0$。

随机事件的频率与试验有关，它是由这 n 次试验的结果决定的，在若干次次数相同的重复试验中，事件 A 发生的频率不一定相等，具有波动性，但随着试验次数 n 的不断增大，频率的波动明显减小，即随机事件的频率在区间 $[0,1]$ 上的某个确定的数字 p 附近摆动，即事件的频率具有稳定性。

例如，观察抛掷硬币的试验结果。表1-1中 n 表示抛掷硬币的次数，r 表示徽花向上的次数，$f_n(A)$ 表示事件 A = "徽花向上"的频率。

从表1-1中发现，当抛掷硬币的次数较少时，徽花向上的频率是不稳定的；但是随着抛掷硬币的次数增多，频率越来越明显地呈现出稳定性。从表1-1中的最后一列可以看出，当抛掷硬币的次数充分多时，徽花向上的频率是在0.5这个数字的附近摆动。

表 1 - 1

试验序号	$n = 5$		$n = 50$		$n = 500$	
	r	$f_n(A)$	r	$f_n(A)$	r	$f_n(A)$
1	2	0.4	22	0.44	251	0.502
2	3	0.6	25	0.50	249	0.498
3	1	0.2	21	0.42	256	0.512
4	5	1.0	25	0.50	253	0.506
5	1	0.2	24	0.48	251	0.502
6	2	0.4	21	0.42	246	0.492
7	4	0.8	18	0.36	244	0.488
8	2	0.4	24	0.48	258	0.516
9	3	0.6	27	0.54	262	0.524
10	3	0.6	31	0.62	247	0.494

试验表明，只要试验是在相同的条件下进行的，那么随机事件发生的频率逐渐稳定于某个常数 p，这个数字 p 是事件本身的一种属性。这种属性是可以对事件发生的可能性大

小进行度量的客观基础。因此，在一般情况下，可以引入下面的概率定义。

2 概率的统计定义

定义 2 在相同的条件下重复进行 n 次试验，如果随着试验次数 n 的增大，事件 A 发生的频率 $f_n(A) = \dfrac{r}{n}$ 稳定于某个常数 p，则称事件 A 的概率为 $P(A) = p$。称定义 2 为概率的**统计定义**。

由概率的统计定义可得概率的如下性质：

(1)（非负性）对任意的事件 A，有 $0 \leqslant P(A) \leqslant 1$；

(2)（规范性）对必然事件 Ω，有 $P(\Omega) = 1$，对不可能事件 ϕ，有 $P(\phi) = 0$；

(3)（有限可加性）对于 k 个两两互斥的事件 $A_1, A_2, \cdots, A_k$，有

$$P(\bigcup_{i=1}^{k} A_i) = P(\sum_{i=1}^{k} A_i) = \sum_{i=1}^{k} P(A_i)。$$

如上性质由概率的统计定义容易推出。由概率的统计定义可知，当试验的次数 n 充分大时，可以将频率作为概率的估计值。在许多实际问题中，因概率不易求出，常常采用这种方法。

1.2.2 概率的公理化定义及性质

概率的统计定义是用频率的稳定性来定义的。虽然直观但在数学上并不严密，因为其依据主要是试验的次数很大时，频率所呈现出的稳定性这一事实。然而究竟试验次数应该大到怎样的程度，以及"随机事件 A 的频率在区间 $[0,1]$ 上的某个确定的数字 p 附近摆动"如何理解，都不好用更确切的数学语言说明。为了使概率论建立在严格的理论基础之上，在概率论中需要采用自然科学中常用的一种科学的方法——公理化的方法，即以概率的统计定义得到的概率的 3 个性质为背景，提出关于随机事件 A 的概率 $P(A)$ 的 3 条公理：

公理 1（非负性）对任意的事件 A，有 $0 \leqslant P(A) \leqslant 1$；

公理 2（规范性）对必然事件 Ω，有 $P(\Omega) = 1$，对不可能事件 ϕ，有 $P(\phi) = 0$；

公理 3（完全可加性）对于可数无穷多个两两互斥的事件 $A_1, A_2, \cdots, A_k, \cdots$，有

$$P(\bigcup_{i=1}^{\infty} A_i) = P(\sum_{i=1}^{\infty} A_i) = \sum_{i=1}^{\infty} P(A_i)。$$

在这 3 个公理之下，给出**概率的公理化定义**如下。

定义 3 设函数 $P(A)$ 的定义域为所有随机事件组成的集合，且满足公理 1、2、3，则称函数 $P(A)$ 为随机事件 A 的**概率**。

由概率的 3 条公理出发，可以严格推导出概率的其他一些主要性质。

性质 1 设有限多个随机事件 $A_1, A_2, \cdots, A_k$ 两两互斥，那么
$$P(A_1 + A_2 + \cdots + A_k) = P(\sum_{i=1}^{k} A_i) = P(A_1) + P(A_2) + \cdots + P(A_k) = \sum_{i=1}^{k} P(A_i)。$$

证明 在公理 3 中，令 $A_{k+1} = A_{k+2} = \cdots = \phi$，按 $P(\phi) = 0$ 便得
$$\begin{aligned}P(A_1 + A_2 + \cdots + A_k) &= P(A_1 + A_2 + \cdots + A_k + A_{k+1} + \cdots)\\ &= P(A_1) + P(A_2) + \cdots + P(A_k) + 0 + \cdots\\ &= P(A_1) + P(A_2) + \cdots + P(A_k)。\end{aligned}$$

习惯上，统称公理 3 和性质 1 为**加法公式**。

性质 2 对任意随机事件 A，有 $P(\bar{A}) = 1 - P(A)$。

证明 由于 A 与 $\bar{A}$ 互斥，由性质 1（令其中的 $k=2$），得 $P(A + \bar{A}) = P(A) + P(\bar{A})$，但 $A + \bar{A} = \Omega$，由公理 2 得，$P(\Omega) = 1$，所以，$P(A) + P(\bar{A}) = 1$，从而，$P(\bar{A}) = 1 - P(A)$。

性质 3 对任意事件 A 和 B，有 $P(A\bar{B}) = P(A - B) = P(A) - P(AB)$。

证明 对任意事件 A 和 B，有 $A = (A - B) \cup AB$，而且 $(A - B) \cap AB = \phi$，即 $A = (A - B) + AB$。于是，由性质 1，$P(A) = P(A - B) + P(AB)$，因此，$P(A - B) = P(A) - P(AB)$。

推论 1 对事件 A 和 B，若 $B \subset A$，那么
$$P(A - B) = P(A) - P(B)。$$

证明 由于 $B \subset A$，则 $AB = B$，于是由性质 3，有
$$P(A - B) = P(A) - P(B)。$$

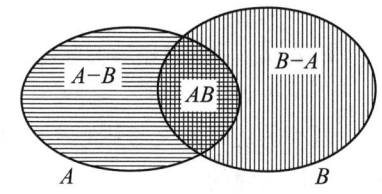

图 1-2

推论 2 当 $B \subset A$ 时，$P(B) \leqslant P(A)$。

证明 因为，$P(A - B) \geqslant 0$，所以，由推论 1 知，$P(A) - P(B) \geqslant 0$，即 $P(B) \leqslant P(A)$。

性质 4 对任意事件 A 和 B，有
$$P(A \cup B) = P(A) + P(B) - P(AB)。$$

证明 因为对任意事件 A 和 B，有 $A \cup B = B \cup (A - B)$，且 $B \cap (A - B) = \phi$，即 $A \cup B = B + (A - B)$，由性质 1，$P(A \cup B) = P(B) + P(A - B)$，再由性质 3，$P(A - B) = P(A) - P(AB)$，因此，$P(A \cup B) = P(A) + P(B) - P(AB)$。

习惯上，称性质 4 为**广义加法公式**。且容易将它推广到 n 个事件的情形，即
$$P(\bigcup_{i=1}^{n} A_i) = \sum_{i=1}^{n} P(A_i) - \sum_{i \neq j} P(A_i A_j) + \sum_{i \neq j \neq k} P(A_i A_j A_k) + \cdots + (-1)^{n-1} P(A_1 A_2 \cdots A_n)$$

推论 对任意事件 A 和 B，有 $P(A \cup B) \leqslant P(A) + P(B)$。

例 1 设事件 A、B 的概率分别为 0.4 与 0.6。在如下三种情况下，求 $P(B\bar{A})$ 的值。

(1) A 与 B 互斥；(2) $A \subset B$；(3) $P(AB) = 0.2$。

解 (1) 因为 A 与 B 互斥，$B \subset \bar{A}$，所以，$B\bar{A} = B - A = B$，于是，$P(B\bar{A}) = P(B) = 0.6$。

(2) 当 $A \subset B$ 时，$P(B\bar{A}) = P(B - A) = P(B) - P(A) = 0.6 - 0.4 = 0.2$。

(3) $P(B\bar{A}) = P(B - A) = P(B - AB) = P(B) - P(AB) = 0.6 - 0.2 = 0.4$。

例2 考察甲、乙两个城市6月份的逐日降雨情况。已知甲城市出现雨天的概率是0.3，乙城市出现雨天的概率是0.4，甲、乙两城市至少有一个出现雨天的概率为0.52，求甲、乙两城市同时出现雨天的概率。

解 设 $A =$ "甲城市出现雨天"，$B =$ "乙城市出现雨天"，则 $A \cup B =$ "甲、乙两城市至少有一个出现雨天"，$AB =$ "甲、乙两城市同时出现雨天"，由性质4，所求概率为

$$P(AB) = P(A) + P(B) - P(A \cup B) = 0.3 + 0.4 - 0.52 = 0.18。$$

1.2.3 古典概型

考察下面两个随机试验：

E_1：掷一颗均匀的骰子，观察其出现的点数。基本事件有6个，由骰子的均匀性可知，每一基本事件出现的可能性是相等的。

E_2：一批产品有 n 个，随机抽取一个，检验其是否合格，则 n 个产品被抽到的可能性是相同的。每一次检验的结果就是一个基本事件，故 n 个基本事件出现的可能性是相等的。

这两个试验都有以下特点：

(1) 试验的基本空间中包含有限个基本事件，即 $\Omega = \{\omega_1, \omega_2, \cdots, \omega_n\}$；

(2) 各个基本事件 ω_i 出现的可能性相等，即 $P(\omega_1) = P(\omega_2) = \cdots = P(\omega_n)$。

称具有如上两个特点的随机试验的数学模型为古典概型。

古典概型中，如下定义事件的概率，并称为概率的古典定义。

定义4 设随机试验为古典概型，基本空间中含有 n 个基本事件，而事件 A 中包含 r 个基本事件，则定义事件 A 的概率为

$$P(A) = \frac{r}{n} = \frac{A \text{ 中包含的基本事件总数}}{\Omega \text{ 中包含的基本事件总数}}。$$

其中 A 中包含的基本事件总数也叫事件 A 的**有利场合数**。

由等可能假定 (2) 知，每个基本事件发生的概率为 $\frac{1}{n}$，即 $P(\omega_i) = \frac{1}{n}$，很容易理解上述定义确实反映了随机事件发生的可能性的大小。

例3 设有试题40个，其中第一组10个，第二组30个，某学生考试时从中任抽一

题，求该学生抽到第一组试题的概率是多少。

解 设事件 A = "该学生抽到第一组的试题"。由于从 40 个试题中任取一个，不同的结果有 40 个。设想将 40 个试题编号，第一组的依次编为 $1,2,\cdots,10$，第二组的依次编为 $11,12,\cdots,40$，记 i = "取得编号为 i 的试题"，则 $\Omega = \{1,2,\cdots,40\}$，这是一个古典概型。因基本事件总数为 40，而 $A = \{1,2,\cdots,10\}$ 中含有的基本事件总数为 10，于是所求概率为

$$P(A) = \frac{10}{40} = 0.25。$$

例 4 从一批由 50 件正品、5 件次品组成的产品中，连续抽取两件，第一次抽取后的产品不放回，求第一次取得次品且第二次取得正品的概率。

解 令 A = "第一次取得次品且第二次取得正品"。由于取出的产品不放回，连续抽取两件产品的取法数为 $A_{55}^2 = 55 \times 54$，此即为基本事件总数。第一次取得次品且第二次取得正品的取法数为 $A_5^1 \times A_{50}^1 = 5 \times 50$，此即事件 A 中所含有的基本事件总数，故所求的概率为

$$P(A) = \frac{5 \times 50}{55 \times 54} = \frac{25}{297} \approx 0.084\ 2。$$

例 5 （抓阄问题）设一口袋中有 n 个球，其中有 $k(k < n)$ 个红球，依次将 n 个球取出，试证明第 $i(i = 1,2,\cdots,n)$ 次取到红球的概率为 $\frac{k}{n}$。（此题是抓阄问题模型，例如 k 个红球可看作 k 张电影票）。

证明 令 A_i = "第 i 次取到红球"，$i = 1,2,\cdots,n$。设想将依次取出的 n 个球有序地排列，则总的排列方法数为 $n!$，此即为基本事件总数。而第 i 次取到红球的排列方法数为 $k \times (n-1)!$，此即为事件 A_i（$i = 1,2,\cdots,n$）中包含的基本事件总数，故第 i（$i = 1, 2,\cdots,n$）次取到红球的概率均为 $P(A_i) = \frac{k \times (n-1)!}{n!} = \frac{k}{n}$。

例 6 将一枚硬币连抛三次，观察其正反面出现的情况。求下列事件的概率：
(1) 恰有两次出现正面；(2) 至少有两次出现正面。

解 用 H 表示出现正面，用 T 表示出现反面，则基本空间为

$$\Omega = \{HHH, HHT, HTH, THH, HTT, THT, TTH, TTT\},$$

共有 8 个基本事件。

(1) 设 A = "恰有两次出现正面"，则 $A = \{HHT, HTH, THH\}$，A 包含 3 个基本事件，于是

$$P(A) = \frac{3}{8}。$$

(2) 设 B = "至少有两次出现正面"，则 $B = \{HHT, HTH, THH, HHH\}$，$B$ 包含 4 个基

本事件，于是 $P(B) = \dfrac{1}{2}$。

例 7 一箱中有 10 件同型号的产品，已知 4 件次品，6 件正品，从中取 2 次产品，每次取 1 件。考虑两种情况：(a) 第一次取出一件产品记录其是正品还是次品后放回箱中（称为**放回取样**），第二次再取一件产品；(b) 第一次取出一件产品后，不放回箱中，第二次再取出一件产品（称为**不放回取样**）。试分别就上面两种情况，求：

(1) 取到的两件产品均是正品的概率；

(2) 取到的两件产品均是次品或均是正品的概率；

(3) 取到的两件产品中至少有一件是正品的概率。

解 设 A = "取到的两件产品均是正品"，B = "取到的两件产品均是次品"，C = "取到的两件产品中至少有一件是正品"，于是"取到的两件产品均是次品或均是正品" = $A \cup B$，C = "取到的两件产品中至少有一件是正品" = $\overline{B}$。

(a) 有放回取样的情形

因为在有放回取样的情形之下，每次取产品时箱中均有 10 件产品可供抽取，所以基本事件总数为 10×10。

(1) 由于两次均取到正品的取法数为 6×6，此即为事件 A 中所含有的基本事件总数，所以，$P(A) = \dfrac{6 \times 6}{10 \times 10} = 0.36$。

(2) 两次均取到次品的取法数为 4×4，于是 $P(B) = \dfrac{4 \times 4}{10 \times 10} = 0.16$。由于 $AB = \phi$，所以，

$$P(A \cup B) = P(A + B) = P(A) + P(B) = 0.36 + 0.16 = 0.52。$$

(3) $P(C) = P(\overline{B}) = 1 - P(B) = 1 - 0.16 = 0.84$。

(b) 不放回取样的情形

因为在不放回取样的情形下，第二次只有 9 件产品可供抽取，所以此时基本事件总数为 10×9。

(1) 由于两次均取到正品的取法数为 6×5，此即为事件 A 中所含有的基本事件总数，所以，$P(A) = \dfrac{6 \times 5}{10 \times 9} = \dfrac{1}{3} \approx 0.3333$。

(2) 两次均取到次品的取法数为 4×3，于是 $P(B) = \dfrac{4 \times 3}{10 \times 9} = \dfrac{2}{15} \approx 0.1333$。由于 $AB = \phi$，所以，

$$P(A \cup B) = P(A + B) = P(A) + P(B) = \dfrac{7}{15} \approx 0.4667。$$

(3) $P(C) = P(\bar{B}) = 1 - P(B) \approx 1 - 0.1333 = 0.8667$。

例8 从一批由9件正品、3件次品组成的产品中

(1) 一次抽取5件,求其中恰有2件次品的事件 A 的概率;

(2) 无放回的抽取5次,每次抽1件,求其中恰有2件次品的事件 B 的概率;

(3) 有放回的抽取5次,每次抽1件,求其中恰有2件次品的事件 C 的概率。

解 (1) 显然基本事件总数为 C_{12}^5,A 包含的基本事件数为 $C_3^2 C_9^3$,所以

$$P(A) = \frac{C_3^2 C_9^3}{C_{12}^5} = \frac{7}{22} \approx 0.3182;$$

(2) 因为要考虑顺序,所以基本事件总数为 A_{12}^5,B 包含的基本事件数为 $C_5^2 A_3^2 A_9^3$,所以

$$P(B) = \frac{C_5^2 A_3^2 A_9^3}{A_{12}^5} = \frac{7}{22} \approx 0.3182;$$

(3) 基本事件总数为 12^5,C 含有的基本事件数为 $C_5^2 \cdot 3^2 \cdot 9^3$,所以

$$P(C) = \frac{C_5^2 3^2 9^3}{12^5} = \frac{135}{512} \approx 0.2637。$$

例9 有 $r(r < 365)$ 个人,设每个人的生日在365天的任何一天是等可能的,试求事件"至少有两人的生日在同一天"的概率。

解 令 $A = \{$至少有两人的生日在同一天$\}$,则 $\bar{A} = \{r$ 个人的生日都不同$\}$。为求 $P(A)$,先求 $P(\bar{A})$:

$$P(\bar{A}) = \frac{A_{365}^r}{365^r},$$

于是 $P(A) = 1 - P(\bar{A}) = 1 - \frac{A_{365}^r}{365^r}$。

美国数学家伯格米尼曾经做过一个别开生面的试验,在一个盛况空前、人山人海的世界杯足球赛赛场上,他随机地在某号看台上召唤了23个球迷,请他们分别写下自己的生日,结果竟发现其中有两人的生日在同一天的概率为

$$P(A) = 1 - 0.493 = 0.507。$$

即23个球迷中至少有两人的生日在同一天的概率为0.507。

按照上述公式,r 个人的生日在同一天的概率如表1-2所示:

表1-2

人数	21	23	24	30	40	50	60
$P(A)$	0.444	0.507	0.538	0.706	0.891	0.970	0.994

所有这些概率都是在假定一个人的生日在365天的任何一天是等可能的前提下计算出

来的。实际上，这个假定并不完全成立，有关的实际概率比表中给出的还要大，当人数超过 23 时，至少有两个人生日在同一天的概率很大。

1.2.4　几何概型

概率的古典定义中有两个假定，一是基本事件总数有限，二是各个基本事件出现的可能性相等。当随机试验的基本事件有无穷多个时，概率的古典定义显然是不适用的。为了克服这个局限性，我们仍以等可能为基础把这个定义作必要的推广，使得推广后的定义适合于试验的基本事件总数有无穷多个的等可能随机试验，这就是所谓的几何概型。

一般地，如果一个随机试验满足如下两个条件：

（1）每次试验的基本事件个数是无限的，且基本空间可用一个有度量的几何区间或区域来表示（与区间、区域相应的度量是长度、面积或体积）；

（2）每次试验的基本事件出现的可能性相等。

则称这种随机试验的数学模型为**几何概型**。

在几何概型中，如下定义其概率，并称为**几何概率**。

定义 5　设几何概型中的基本空间 Ω 可表示为有度量的区间或区域，仍记为 Ω，事件 A 对应的区间或区域仍记为 A（$A \subset \Omega$），则定义事件 A 的概率为

$$P(A) = \frac{A \text{ 的度量}}{\Omega \text{ 的度量}} = \frac{\mu(A)}{\mu(\Omega)}.$$

这里与区间、区域相应的度量 μ 是长度、面积或体积。

由等可能的假定（2），显然事件 A 发生的概率与 A 的度量成比例，很容易理解上述定义确实反映了随机事件发生的可能性的大小。

例 10　在一个形状为旋转体的均匀陀螺的圆周上，均匀地刻上区间 $[0,3)$ 上的诸数字，旋转陀螺，求陀螺停下来时其圆周与桌面接触点的刻度位于区间 $\left[\frac{1}{2}, 2\right]$ 上的概率。

解　由于陀螺及其刻度的均匀性，它停下来时其圆周上各点与桌面接触的可能性相等，故此问题是几何概型。令 $x = $ "陀螺停下来时其圆周与桌面接触点的刻度为 x"，$A = $ "陀螺停下来时其圆周与桌面接触点的刻度位于区间 $\left[\frac{1}{2}, 2\right]$ 上"，则 $\Omega = [0,3)$，$A = \left[\frac{1}{2}, 2\right]$。于是

$$P(A) = \frac{\text{区间} \left[\frac{1}{2}, 2\right] \text{ 的长度}}{\text{区间}[0,3) \text{ 的长度}} = \frac{1.5}{3} = \frac{1}{2}.$$

求解几何概型的概率问题的关键是适当引入变量,描述基本空间和所要求概率的事件。

例 11（会面问题） 甲、乙两人相约下午 4 点到 5 点在某地会面,先到的人等候另一人,超过 20 分钟就离去。假设每个人在 4 点到 5 点这段时间内各时刻到达该地是等可能的,且两人到达的时刻互不牵连,求甲、乙两人能够会面的概率。

解 令甲、乙两人到达的时刻分别为 4 点 x 分和 4 点 y 分,则 $0 \leq x \leq 60, 0 \leq y \leq 60$,若以 (x,y) 表示平面上点的坐标,则基本空间可表示为
$$\Omega = \{(x,y) | 0 \leq x \leq 60, 0 \leq y \leq 60\}。$$

由题目条件知此问题是几何概型的问题。记 $A =$ "甲、乙两人能够会面",而甲乙两人能够会面的充要条件为 $|x-y| \leq 20$,所以 $A = \{(x,y) | |x-y| \leq 20\}$。于是所求事件的概率为

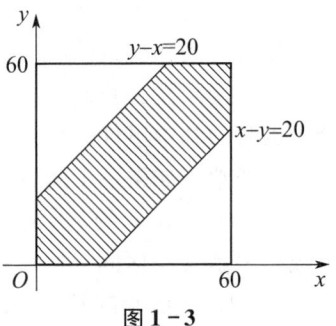

图 1-3

$$P(A) = \frac{A \text{的面积}}{\Omega \text{的面积}} = \frac{60^2 - 40^2}{60^2} = \frac{5}{9} \approx 0.5556。$$

例 12 从区间 $[0,1]$ 中任取三个随机数,求三数和不大于 1 的概率。

解 设 x, y, z 分别表示此三数,则易知基本空间可表示为
$$\Omega = \{(x,y,z) | 0 \leq x \leq 1, 0 \leq y \leq 1, 0 \leq z \leq 1\}。$$

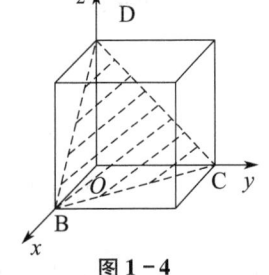

图 1-4

这是三维空间中一个棱长为 1 的正方体。设 A 表示"三数和不大于 1"的事件,则 $A = \{(x,y,z) \in \Omega | 0 \leq x+y+z \leq 1\}$,$A$ 中的基本事件组成如图 1-4 中锥体 $O-BCD$。于是有
$$P(A) = \frac{A \text{的体积}}{\Omega \text{的体积}} = \frac{1}{3} \times \frac{1}{2} \times 1 = \frac{1}{6}。$$

习题 1-2

1. 在一标准的英文字典中有 55 个由两个不相同的字母组成的单词。若从 26 个英文字母中任取两个字母予以排列,求能排成上述单词的概率。

2. 房间里有 10 个人,分别佩戴 1 号到 10 号的纪念章。任选 3 人记录其纪念章的号码,求:(1)最小号码为 5 的概率;(2)最大号码为 5 的概率。

3. 某油漆公司发出 17 桶油漆,其中白漆 10 桶、黑漆 4 桶、红漆 3 桶。在搬运中所有的标签脱落,交货人随意将这些油漆发给顾客。求一个订货为 4 桶白漆、3 桶黑漆、2 桶红漆的顾客,能按所定的颜色如数得到订货的概率。

4. 在 11 张卡片上分别写上 probability 这 11 个字母,从中任意连抽 7 张,求其排列结果为 ability 的

概率。

5. 在 $[-1,1]$ 上任取一点 x，求该点到原点的距离不超过 $\frac{1}{5}$ 的概率。

6. 在区间 $(0,1)$ 上随机地取两个数 u,v，求关于 x 的一元二次方程：$x^2 - 2vx + u = 0$ 有实根的概率。

7. 设一个质点一定落在 xoy 平面内由 x 轴、y 轴及直线 $x + y = 1$ 所围成的三角形内，而落在这个三角形内各点处的可能性相等，求这个质点落在直线 $x = \frac{1}{3}$ 左边的概率。

8. 某城市发行日报和晚报两种报纸，有 50% 的住户订日报，有 65% 的住户订晚报，有 30% 的住户同时订这两种报纸，求至少订这两种报纸中的一种的住户的百分比。

9. 设 $A \subset B, P(A) = 0.2, P(B) = 0.3$，求：
(1) $P(\bar{A}), P(\bar{B})$；(2) $P(A \cup B)$；(3) $P(AB)$；(4) $P(B\bar{A})$；(5) $P(A - B)$。

10. 对任意三个事件 A、B、C，证明
$P(A \cup B \cup C) = P(A) + P(B) + P(C) - P(AB) - P(BC) - P(AC) + P(ABC)$。

11. (1) 证明对任意事件 A_1 与 A_2，有 $P(A_1 A_2) \geq P(A_1) + P(A_2) - 1$；
(2) 若事件 A_1 与 A_2 同时发生则事件 A 发生，试证 $P(A) \geq P(A_1) + P(A_2) - 1$；
(3) 若事件 A_1, A_2, A_3 同时发生则事件 A 发生，试证 $P(A) \geq P(A_1) + P(A_2) + P(A_3) - 2$。

第3节 条件概率

1.3.1 条件概率

许多实际问题中，不仅需要研究某事件 A 发生的概率 $P(A)$，还需要考察在一个事件 B 已经发生的条件下，事件 A 发生的概率。一般说来，后者与 $P(A)$ 是不同的，称它为事件 B 已发生的条件下事件 A 发生的**条件概率**，记作 $P(A|B)$。

例1 设两个工厂生产同一种产品的情况如表 1-3：

表 1-3

	一等品数	二等品数	总计
第一个工厂生产的产品数	60	20	80
第二个工厂生产的产品数	80	40	120
总计	140	60	200

从这 200 件产品中任取一件产品。
(1) 求产品是一等品的概率；
(2) 发现此产品是第一个工厂生产的，求产品是一等品的概率。

解 令 $B=$ "取得产品是第一厂生产的",$A=$ "取得产品是一等品"。故

(1) $P(A) = \dfrac{140}{200} = \dfrac{7}{10} = 0.7$;

(2) 由题意,所求概率是在事件 B 发生的条件下,事件 A 发生的概率 $P(A\mid B)$。因为,已知取到的产品为第一个工厂生产的,所以,取到的一等品只能从第一厂生产的 80 个产品中的 60 个一等品中取得,因此,取得一等品的概率为 $P(A\mid B) = \dfrac{60}{80} = \dfrac{3}{4} = 0.75$。

$P(A\mid B)$ 可看作在新的基本空间 B 中求事件 AB 的概率,B 中所含有的基本事件总数为 $n_B = 80$,AB 中所含的基本事件总数为 $n_{AB} = 60$,已知基本空间中的基本事件总数为 200,所以 $P(A\mid B) = \dfrac{n_{AB}}{n_B} = \dfrac{60}{80} = 0.75$。

注意到 $P(A\mid B) = \dfrac{n_{AB}}{n_B} = \dfrac{n_{AB}/n}{n_B/n} = \dfrac{P(AB)}{P(B)}$,所以 $P(A\mid B) = \dfrac{P(AB)}{P(B)}$ 便是在古典概型中条件概率的计算公式。

更一般的概型中,借助古典概型的公式,有如下定义:

定义 1 设 A,B 为同一随机试验中的两个事件,若 $P(B) > 0$,称

$$P(A\mid B) = \dfrac{P(AB)}{P(B)}$$

为在事件 B 发生的条件下,事件 A 发生的**条件概率**。

不难验证,条件概率满足概率的三条公理,即

(ⅰ) $0 \leq P(A\mid B) \leq 1$;

(ⅱ) $P(\Omega \mid B) = 1$;

(ⅲ) 设可数无穷多个两两互斥的事件 $A_1, A_2, \cdots, A_k, \cdots$,有

$$P(\bigcup_{i=1}^{\infty} A_i \mid B) = P(\sum_{i=1}^{\infty} A_i \mid B) = \sum_{i=1}^{\infty} P(A_i \mid B)。$$

前两条易于证明,这里只验证第(ⅲ)条。

证明 因为当 $i \neq j$ 时,$A_i A_j = \phi$,从而 $(A_i B)(A_j B) = \phi$,即 $A_1 B, A_2 B, \cdots$ 两两互斥。于是

$$P(\bigcup_{i=1}^{\infty} A_i \mid B) = \dfrac{P(\bigcup_{i=1}^{\infty} A_i B)}{P(B)} = \dfrac{\sum_{i=1}^{\infty} P(A_i B)}{P(B)} = \sum_{i=1}^{\infty} P(A_i \mid B)。$$

例 2 从一、二、三等品各占 60%、30%、10% 的一批产品中随机地取出一件产品,结果不是三等品,问取到的是一等品的概率是多少?

解 设 $A_i =$ "取出的产品是第 i 等品",$i = 1,2,3$。显然,A_1, A_2, A_3 是互斥的,且 $P(A_1) = 0.6, P(A_2) = 0.3, P(A_3) = 0.1$。因此,所求的概率为

$$P[A_1 \mid (A_1 + A_2)] = \frac{P[A_1(A_1 + A_2)]}{P(A_1 + A_2)} = \frac{P(A_1)}{P(A_1 + A_2)} = \frac{0.6}{0.6 + 0.3} = \frac{2}{3}.$$

1.3.2 乘法公式

由条件概率的定义，立即可得
$$P(AB) = P(B)P(A\mid B), (P(B) > 0), \tag{1}$$
同样可得
$$P(AB) = P(A)P(B\mid A), (P(A) > 0). \tag{2}$$

公式（1）和（2）就是所谓的**乘法公式**，这一结论可写成如下定理。

定理 1 两事件积的概率等于其中一个事件的概率与另一事件在前一事件发生的条件下的条件概率的乘积。

乘法公式可推广到任意有限多个事件乘积的情形上去，即 3 个事件 A, B, C 积的情形为
$$P(ABC) = P[(AB)C] = P(AB)P(C\mid AB) = P(A)P(B\mid A)P(C\mid AB),$$
n 个事件积的情形为
$$P(A_1 A_2 \cdots A_n) = P(A_1)P(A_2\mid A_1)P(A_3\mid A_1 A_2)\cdots P(A_n\mid A_1 A_2 \cdots A_{n-1}).$$

例3 一批灯泡共 100 只，有 10 只是次品。不放回地抽取 3 次，每次取 1 只，求第三次才取得合格品的概率。

解 设 A_i = "第 i 次取出的是合格品"，$i = 1, 2, 3$，则所求为 $P(\overline{A_1}\,\overline{A_2} A_3)$。因为
$$P(\overline{A_1}) = \frac{10}{100},\ P(\overline{A_2}\mid \overline{A_1}) = \frac{9}{99},\ P(A_3\mid \overline{A_1}\,\overline{A_2}) = \frac{90}{98},$$
于是，由乘法公式得
$$P(\overline{A_1}\,\overline{A_2} A_3) = P(\overline{A_1})P(\overline{A_2}\mid \overline{A_1})P(A_3\mid \overline{A_1}\,\overline{A_2}) = \frac{10}{100} \times \frac{9}{99} \times \frac{90}{98} \approx 0.008\,3.$$

注：实际上，此题按照古典概型的概率计算方法，可直接得出所求为
$$\frac{C_{10}^1 C_9^1 C_{90}^1}{A_{100}^3} \approx 0.008\,3.$$

这里关键是掌握利用乘法公式求较复杂事件概率的思想。

例4 某动物由出生活到 20 岁的概率为 0.8，活到 25 岁的概率为 0.4，问现龄为 20 岁的这种动物活到 25 岁的概率是多大？

解 设 B = "该种动物活到了 20 岁"，A = "该种动物活到了 25 岁"，显然，$A \subset B$，于是 $AB = A$，所求概率为 $P(A\mid B) = \dfrac{P(AB)}{P(B)} = \dfrac{0.4}{0.8} = 0.5.$

例5 已知 $P(A) = 0.6, P(C) = 0.2, P(AC) = 0.1, P(B\mid \overline{C}) = 0.7$，且 $A \subset B$，求

$P(A \cup \bar{B} | \bar{C})$。

解 由 $A \subset B$ 知,$A\bar{B} = \phi$,从而 $(A\bar{C})(\bar{B}\bar{C}) = \phi$,于是

$$P(A \cup \bar{B} | \bar{C}) = \frac{P(A\bar{C} \cup \bar{B}\bar{C})}{P(\bar{C})} = \frac{P(A\bar{C}) + P(\bar{B}\bar{C})}{1 - P(C)},$$

其中

$$P(A\bar{C}) = P(A - AC) = P(A) - P(AC) = 0.5,$$
$$P(\bar{B}\bar{C}) = P(\bar{C})P(\bar{B} | \bar{C}) = [1 - P(C)] \cdot [1 - P(B | \bar{C})] = 0.8 \times 0.3 = 0.24,$$

代入上式,得

$$P(A \cup \bar{B} | \bar{C}) = \frac{0.5 + 0.24}{0.8} = 0.925。$$

1.3.3 全概率公式

在一个随机试验中,某一结果的发生可能有多种原因,每一种原因对该结果的发生有一定的作用,将这些作用综合考虑,同时使用概率的加法公式和乘法公式,就可以得到所谓的全概率公式。

例 6 已知数学竞赛中甲、乙、丙三同学回答同一问题,他们各有 0.5,0.3,0.2 的答题机会,各自答对的概率分别为 0.4,0.6,0.7,求此题回答正确的概率。

解 设 B 表示"此题回答正确",用 A_1,A_2,A_3 分别表示"甲、乙、丙同学回答问题"。显然,A_1,A_2,A_3 两两互斥,且 $A_1 + A_2 + A_3 = \Omega$,$B = B\Omega = B(A_1 + A_2 + A_3) = BA_1 + BA_2 + BA_3$。由于 A_1,A_2,A_3 两两互斥,所以 BA_1,BA_2,BA_3 也两两互斥。故由概率的性质,得

$$P(B) = P(BA_1 + BA_2 + BA_3) = P(BA_1) + P(BA_2) + P(BA_3)$$
$$= P(A_1)P(B | A_1) + P(A_2)P(B | A_2) + P(A_3)P(B | A_3)$$
$$= 0.5 \times 0.4 + 0.3 \times 0.6 + 0.2 \times 0.7 = 0.52。$$

称

$$P(B) = P(A_1)P(B | A_1) + P(A_2)P(B | A_2) + P(A_3)P(B | A_3)$$

为全概率公式。

定理 2 设基本空间 Ω 是有限个两两互斥事件 $A_1,A_2,\cdots,A_n$ 的和,即 $A_iA_j = \phi$,$i,j = 1,2,\cdots,n$,$i \neq j$,$\Omega = A_1 + A_2 + \cdots + A_n$(此时称 $A_1,A_2,\cdots,A_n$ 为 Ω 的一个划分),且 $P(A_i) > 0$,$i = 1,2,\cdots,n$,则对任意事件 B,有

$$P(B) = \sum_{i=1}^{n} P(A_i)P(B | A_i)。$$

证明 对任意事件 B,因为 $A_iA_j = \phi$,$i,j = 1,2,\cdots,n$,$i \neq j$,所以

$$(BA_i)(BA_j) = \phi, i,j = 1,2,\cdots,n, i \neq j,$$

于是 $B = B\Omega = B(A_1 + A_2 + \cdots A_n) = BA_1 + BA_2 + \cdots + BA_n$,
再由加法公式及乘法公式，即得

$$P(B) = P(BA_1) + P(BA_2) + \cdots + P(BA_n)$$
$$= P(A_1)P(B|A_1) + P(A_2)P(B|A_2) + \cdots + P(A_n)P(B|A_n)$$
$$= \sum_{i=1}^{n} P(A_i)P(B|A_i)。$$

称定理 2 中的公式为**全概率公式**。

例 7 设一个仓库中有 10 箱同样规格的产品，其中 5 箱是甲厂生产的，3 箱是乙厂生产的，2 箱是丙厂生产的，又已知甲、乙、丙厂生产的产品的次品率分别为 0.1，0.2，0.3，现从这 10 箱中任取一箱，再从此箱中任取一件产品，分别求取得正品和次品的概率。

解 设 A_1, A_2, A_3 分别表示取得的产品是甲、乙、丙厂生产的，B 表示"取得产品为正品"，则 $\bar{B}$ 表示"取得产品为次品"。于是

$$P(A_1) = 0.5, P(A_2) = 0.3, P(A_3) = 0.2, P(B|A_1) = 0.9, P(B|A_2) = 0.8, P(B|A_3) = 0.7,$$

由全概率公式，有

$$P(B) = 0.5 \times 0.9 + 0.3 \times 0.8 + 0.2 \times 0.7 = 0.83, P(\bar{B}) = 1 - P(B) = 0.17。$$

例 8 一等麦种混入 2% 的二等麦种、1.5% 的三等麦种、1% 的四等麦种。一、二、三、四等麦种结出的麦穗含 50 颗麦粒以上的概率分别为 0.5，0.15，0.1，0.05，求用上述这批麦种播种时结 50 颗麦粒以上的麦穗的概率。

解 令 A_i = "麦种为第 i 等"，$i = 1,2,3,4$，B = "结 50 颗麦粒以上的穗"。则由全概率公式，得

$$P(B) = \sum_{i=1}^{4} P(A_i)P(B|A_i) = 95.5\% \times 0.5 + 2\% \times 0.15 + 1.5\% \times 0.1 + 1\% \times 0.05 = 0.4825。$$

1.3.4 贝叶斯（Bayes）公式

定理 3 设基本空间 Ω 是有限个两两互斥的事件 $A_1, A_2, \cdots, A_n$ 的和，即 $A_iA_j = \phi, i, j = 1,2,\cdots,n, i \neq j, \Omega = A_1 + A_2 + \cdots + A_n$，且 $P(A_i) > 0, i = 1,2,\cdots,n$。对任意事件 B，若 $P(B) > 0$，则

$$P(A_i|B) = \frac{P(A_i)P(B|A_i)}{\sum_{i=1}^{n} P(A_i)P(B|A_i)}, i = 1, 2, \cdots, n。$$

证明 由条件概率的定义，$P(A_i|B) = \frac{P(A_iB)}{P(B)}, i = 1, 2, \cdots, n$，据乘法公式及全概率公式即得定理中公式。

称定理 3 中的公式为**贝叶斯（Bayes）公式**。

例 9 试卷中的选择题有 4 个可供选择的答案，其中只有一个是正确的。考生不知道正确答案时，他猜对的概率是 0.25。设考生知道正确答案的概率为 p。现在考生的答案是正确的，求此时考生知道正确答案的概率。

解 设 A = "考生知道正确答案"，B = "答案正确"。已知 $P(A) = p$，$P(B|A) = 1$，$P(B|\bar{A}) = 0.25$，由贝叶斯公式，得

$$P(A|B) = \frac{P(A)P(B|A)}{P(A)P(B|A) + P(\bar{A})P(B|\bar{A})} = \frac{p}{p + 0.25(1-p)} = \frac{4p}{1+3p}。$$

例如 $p = \frac{1}{2}$ 时，$P(A|B) = \frac{4}{5}$；$p = \frac{2}{3}$ 时，$P(A|B) = \frac{8}{9}$。

例 10 如果在例 7 中抽到的产品是正品，问所抽到的箱子依次是甲、乙、丙厂的概率各是多少？

解 仍采用例 7 中的记号，已知：$P(A_1) = 0.5$，$P(A_2) = 0.3$，$P(A_3) = 0.2$，$P(B|A_1) = 0.9$，$P(B|A_2) = 0.8$，$P(B|A_3) = 0.7$。则由贝叶斯公式，得

$$P(A_1|B) = \frac{P(A_1)P(B|A_1)}{\sum_{i=1}^{3} P(A_i)P(B|A_i)} = \frac{0.5 \times 0.9}{0.83} = \frac{45}{83};$$

同理可得

$$P(A_2|B) = \frac{24}{83}; P(A_3|B) = \frac{14}{83}。$$

说明 使用上通常称 $P(A_1)$，$P(A_2)$，$P(A_3)$ 的值为**验前概率**，称 $P(A_1|B)$，$P(A_2|B)$，$P(A_3|B)$ 的值为**验后概率**。由贝叶斯公式，知道了验前概率便可推算验后概率。如，在例 10 中，在不知道事件 B 发生以前，事件 A_1, A_2, A_3 的概率（验前概率）分别为 0.5，0.3，0.2；在知道事件 B 发生后，事件 A_1, A_2, A_3 的概率（验后概率）分别为 $\frac{45}{83}, \frac{24}{83}, \frac{14}{83}$。

全概率公式给了一个计算"多因一果"事件中"结果"发生的概率公式，当知道了在各种原因 $A_1, A_2, \cdots, A_n$ 发生的条件下，事件 B 发生的概率时，事件 B 发生的概率可以用全概率公式求得。反之，若事件 B 已发生，且已知在各种原因 $A_1, A_2, \cdots, A_n$ 发生的条件下 B 发生的概率，求事件 B 是由原因 A_i 引起的可能性大小，则可用贝叶斯公式求解。也就是

说，贝叶斯公式常用于已知试验结果，寻找某种原因发生的可能性的计算。

习题 1-3

1. 某地区位于河流甲与河流乙的汇合处，任一河流泛滥时，该地区便被淹没。据历史资料，每到涨水季节，甲河泛滥的概率为 0.1，乙河泛滥的概率为 0.2，在甲河泛滥时，乙河泛滥的条件概率为 0.3，求：(1) 该地区在涨水季节被淹没的概率；(2) 在乙河泛滥时，甲河泛滥的条件概率。

2. 掷两颗骰子，已知两颗骰子点数之和为 7，求其中有一颗为 1 点的概率。

3. 据以往资料表明，某一 3 口之家，患某种传染病的概率有以下规律：
$P\{孩子得病\} = 0.6$，$P\{母亲得病 | 孩子得病\} = 0.5$，$P\{父亲得病 | 母亲及孩子得病\} = 0.4$。
求：母亲及孩子得病，但父亲未得病的概率。

4. 两台车床加工同一种零件，第一台车床加工的废品率为 0.03，第二台车床加工的废品率为 0.02，加工出来的零件放在一起。已知这批零件中第一台车床加工的占 $\frac{2}{3}$，第二台车床加工的占 $\frac{1}{3}$。从这批零件中任取一件，求取得合格品的概率。

5. 某无线电通讯系统为了保证通讯质量，在距离发射台一定距离处建立了中继站。当中继站正常工作时，某信号接收台接收信号的准确率为 98%，当中继站出现故障时，该信号台接收信号的准确率为 40%。任一时刻中继站正常工作的概率为 95%。试求在任一时刻接收台接收信号准确的概率，以及在接收台接收信号准确的情况下，中继站正常工作的条件概率。

6. 用血清甲蛋白法诊断肝癌。用 C 表示被检验者患有肝癌这一事件，A 表示被检验者结果为阳性这一事件。设 $P(A|C) = 0.95$，$P(\overline{A}|\overline{C}) = 0.90$。又设在人群中 $P(C) = 0.0004$，现在若有一人的检验结果为阳性，求此人确实患有肝癌的概率。

7. 在甲、乙、丙三个袋中，甲袋中有白球 2 个、黑球 1 个，乙袋中有白球 1 个、黑球 2 个，丙袋中有白球 2 个、黑球 2 个，现随机地选出一个袋子，再从袋中取一球，问取出的球是白球的概率。

第 4 节 随机事件的相互独立性

一般说来，条件概率 $P(B|A)$ 和无条件概率 $P(B)$ 是不相等的，这是因为事件 B 与事件 A 是相关的。但在某些情况下，它们是相等的。

例如，设试验 E："抛甲、乙两枚硬币，观察其正反面出现的情况"。设 A = "甲硬币出现正面"，B = "乙硬币出现正面"。则试验的基本空间为 Ω = {（正，正），（正，反），（反，正），（反，反）}。于是，$P(A) = \frac{2}{4} = \frac{1}{2}$，$P(B) = \frac{2}{4} = \frac{1}{2}$，$P(B|A) = \frac{1}{2}$，$P(AB) = \frac{1}{4}$。从而，$P(B|A) = P(B)$，即有

$$P(AB) = P(A)P(B|A) = P(A)P(B)。 \qquad (*)$$

等式成立的原因是 $P(B|A) = P(B)$，即事件 A 发生与否对事件 B 的发生没有影响。由此例的实际意义看，"甲硬币出现正面"与"乙硬币出现正面"与否是互不影响的，即事件 A 与事件 B 彼此之间有"独立性"。在概率论中正是用（*）式来定义**事件的相互独立性**的。

1.4.1 两个事件的相互独立性

定义 1 对事件 A, B，如果 $P(AB) = P(A)P(B)$，则称事件 A 与事件 B **相互独立**（简称独立）。

按照这个定义，必然事件 Ω 和不可能事件 ϕ 与任何事件都相互独立。

定理 1 如果对事件 $A, P(A) > 0$，则事件 A, B 相互独立的充分必要条件是
$$P(B|A) = P(B)。$$

证明 如果事件 A, B 相互独立，且 $P(A) > 0$，则由条件概率的定义及定义 1 有
$$P(B|A) = \frac{P(AB)}{P(A)} = \frac{P(A)P(B)}{P(A)} = P(B);$$

反之，如果 $P(B|A) = P(B)$，由乘法公式得 $P(AB) = P(A)P(B|A) = P(A)P(B)$，所以，事件 A, B 相互独立。

定理 2 如果四对事件：$\{A, B\}$，$\{\bar{A}, B\}$，$\{A, \bar{B}\}$，$\{\bar{A}, \bar{B}\}$ 中有一对相互独立，则另外三对也相互独立（即这四对事件或者都相互独立，或者都不相互独立）。

证明 当 A, B 相互独立时，有
$$P(\bar{A}B) = P(B - A) = P(B - AB) = P(B) - P(AB)$$
$$= P(B) - P(A)P(B) = [1 - P(A)]P(B) = P(\bar{A})P(B),$$

所以 $\bar{A}, B$ 相互独立。

同理可推出其它情况。

1.4.2 多个事件的相互独立性

定义 2 若事件 $A_1, A_2, \cdots, A_n, \cdots$ 中任意两个事件都相互独立，则称事件 $A_1, A_2, \cdots, A_n, \cdots$ **两两相互独立**。

定义 3 对有限个事件 $A_1, A_2, \cdots, A_n$，如果对任意一组 $k_1, k_2, \cdots, k_s$（$2 \leq s \leq n$，$k_1, k_2, \cdots, k_s$ 取 $1, 2, \cdots, n$ 中 s 个不同的值），等式
$$P(A_{k_1}A_{k_2}\cdots A_{k_s}) = P(A_{k_1})P(A_{k_2})\cdots P(A_{k_s}) \qquad (**)$$

都成立，则称事件 $A_1, A_2, \cdots, A_n$ **相互独立**。

注：（1）事件 $A_1, A_2, \cdots, A_n$ 相互独立意味着形如（**）的 $C_n^2 + C_n^3 + \cdots + C_n^n = 2^n - n - 1$ 个等式成立；

（2）事件 $A_1, A_2, \cdots, A_n$ 相互独立意味着其中任意 $s(2 \leq s \leq n)$ 个事件 $A_{k_1}, A_{k_2}, \cdots, A_{k_s}$ 相互独立；

（3）对事件 $\bar{A}_1, \bar{A}_2, \cdots, \bar{A}_n$，也有与定理 2 相应的结论；

（4）事件 $A_1, A_2, \cdots, A_n$ 相互独立时，事件 $A_1, A_2, \cdots, A_n$ 一定两两相互独立，但反过来未必；

例如：设一口袋中装有 4 张相同的卡片，在这 4 张卡片上依次标有下列各组数字：110，101，011，000。从这 4 张卡片中任取 1 张卡片，记 $A_i =$ "取到的卡片第 i 位上的数字为 1"，$i = 1, 2, 3$，则事件 A_1, A_2, A_3 两两相互独立，但 A_1, A_2, A_3 不是相互独立的。因为

$$P(A_1) = P(A_2) = P(A_3) = \frac{1}{2}, P(A_1 A_2) = P(A_2 A_3) = P(A_3 A_1) = \frac{1}{4}, P(A_1 A_2 A_3) = 0。$$

（5）实际中，运用事件的相互独立性，通常是先由问题的实际意义判断出所涉及的事件是相互独立的，然后运用独立事件之积的概率等于它们概率的积来简化计算；

（6）若 $A_1, A_2, \cdots, A_n$ 相互独立，则将其中的任一部分换成它们的对立事件所得这组新事件仍独立。由此，在相互独立的条件下，有

$$P(A_1 \cup A_2 \cup \cdots \cup A_n) = 1 - P(\overline{A_1 \cup A_2 \cup \cdots \cup A_n}) = 1 - P(\bar{A}_1 \bar{A}_2 \cdots \bar{A}_n) = 1 - P(\bar{A}_1) P(\bar{A}_2) \cdots P(\bar{A}_n)。$$

例 1 甲、乙两人同时向一目标射击，甲击中目标的概率为 0.6，乙击中目标的概率为 0.5，求目标被击中的概率。

解 设 $A =$ "甲击中目标"，$B =$ "乙击中目标"，则 $A \cup B =$ "目标被击中"。由题意知，A 与 B 相互独立。于是，由广义加法公式，得

$$P(A \cup B) = P(A) + P(B) - P(AB) = P(A) + P(B) - P(A)P(B) = 0.6 + 0.5 - 0.6 \times 0.5 = 0.8,$$

或 $P(A \cup B) = 1 - P(\overline{A \cup B}) = 1 - P(\bar{A})P(\bar{B}) = 1 - [1 - P(A)][1 - P(B)] = 1 - (1 - 0.6)(1 - 0.5) = 0.8$。

例 2 称一个元件能正常工作的概率 p 为这个元件的可靠性。称元件组成的一个系统能正常工作的概率为这个系统的可靠性。设有 3 个元件按照串联和并联两种不同的联接方式构成两个系统（如图 1-5，图 1-6 所示）。若构成每个系统的元件的可靠性均为 $r(0 < r < 1)$，且各个元件能否正常工作相互独立。求每个系统的可靠性。

解 记 $A_i =$ "第 i 个元件能正常工作"，$i = 1, 2, 3$，$A =$ "整个系统能正常工作"。于是按照独立性，可得

对系统1 $A = A_1 A_2 A_3$, $P(A) = P(A_1)P(A_2)P(A_3) = r \cdot r \cdot r = r^3$;

对系统2 $A = A_1 \cup A_2 \cup A_3$, $P(A) = P(A_1 \cup A_2 \cup A_3) = 1 - P(\overline{A_1 \cup A_2 \cup A_3})$
$= 1 - P(\overline{A}_1 \overline{A}_2 \overline{A}_3) = 1 - P(\overline{A}_1)P(\overline{A}_2)P(\overline{A}_3) = 1 - (1-r)^3$。

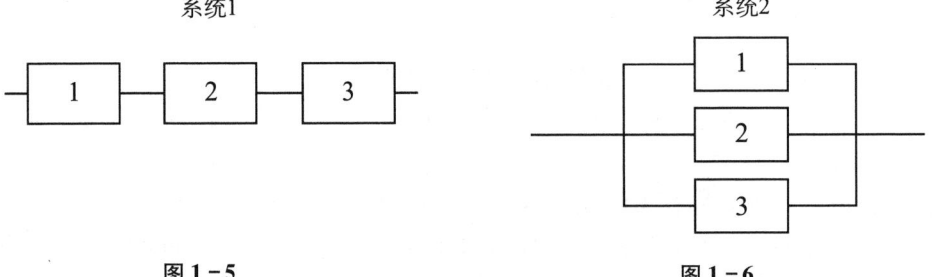

图 1-5   图 1-6

例3 一工人照看 3 台机床,在 1 小时之内甲、乙、丙 3 台机床需要照看的概率分别为 0.9, 0.8, 0.85,求:

(1) 在 1 小时之内没有 1 台机床需要照看的概率;

(2) 在 1 小时之内至少有 1 台机床不需要照看的概率。

解 设 A、B、C 分别表示"甲、乙、丙 3 台机床需要照看"的事件,由问题的实际意义知 A, B, C 相互独立,则

(1) 所求概率为

$P(\overline{A}\overline{B}\overline{C}) = P(\overline{A})P(\overline{B})P(\overline{C}) = (1-0.9)(1-0.8)(1-0.85) = 0.003$。

(2) 所求概率为

$P(\overline{A} \cup \overline{B} \cup \overline{C}) = P(\overline{ABC}) = 1 - P(ABC) = 1 - P(A)P(B)P(C) = 1 - 0.9 \times 0.8 \times 0.85 = 0.388$。

例4 某人买了甲、乙、丙三种不同的奖券各一张,已知各种奖券中奖的概率分别为 0.03, 0.01 和 0.02,并且各种奖券中奖是相互独立的,如果只要有一种奖券中奖此人就一定赚钱,求此人赚钱的概率。

解 设 A_1, A_2, A_3 分别表示"甲、乙、丙种奖券中奖"的事件,则显然 A_1, A_2, A_3 相互独立但并不互斥。所以,此人赚钱的概率为

$P(A_1 \cup A_2 \cup A_3) = 1 - P(\overline{A_1 \cup A_2 \cup A_3}) = 1 - P(\overline{A}_1 \overline{A}_2 \overline{A}_3)$
$= 1 - P(\overline{A}_1)P(\overline{A}_2)P(\overline{A}_3) = 1 - 0.97 \times 0.99 \times 0.98 \approx 0.058\ 9$。

习题 1-4

1. 设 A, B, C 三事件相互独立,求证 $A \cup B$, AB, $A - B$ 都与 C 相互独立。

2. 一工人照看 3 台机床,在 1 小时内甲、乙、丙 3 台机床需要照看的概率分别为 0.9, 0.8, 0.85,

求在 1 小时内至多有 1 台机床需要照看的概率。

3. 甲、乙两人同时向一目标射击,甲击中目标的概率为 0.6,乙击中目标的概率为 0.5。现已知目标被击中,求它是被甲击中的概率是多少?

4. 三人独立地破译一个密码,他们能译出的概率分别是 $\frac{1}{5}$, $\frac{1}{3}$, $\frac{1}{4}$,问能将此密码译出的概率是多少?

5. 有甲、乙两批种子,发芽率分别为 0.8 和 0.7,在两批种子中各随机地抽取一粒,求:(1) 两粒种子都能发芽的概率;(2) 至少有一粒种子能发芽的概率;(3) 恰好有一粒种子能发芽的概率。

6. 一门炮对同一目标进行了三次独立的射击,三次射击的命中率分别为 0.4,0.5,0.7。求:
(1) 三次射击中恰有一次击中目标的概率;
(2) 三次射击中至少有一次击中目标的概率。

7. 排球比赛的规则是 5 局 3 胜制。A,B 两队的胜率分别是 0.6 和 0.4,前两局 A 队以 2∶0 领先,求 A 队获胜的概率。

第 5 节 重复独立试验 二项概率公式

1.5.1 重复独立试验与 n 重伯努利(Bernoulli)试验

实际问题中往往遇到下列类型的随机试验:做一系列随机试验,它们是(或者是可看作)完全相同的一个试验的重复,而且它们是相互独立的(即相应于每一次试验的随机事件的概率都不依赖于其他各次试验的结果),则称这样的一系列随机试验为**重复独立试验**。如果试验的重复次数为 n,则称之为 n **重独立试验**。

本节主要考虑如下特殊的情形。

定义 1 如果在一个随机试验 E 中,只考虑两个对立的事件 A 和 $\bar{A}$,它们发生的概率分别为 $P(A) = p$ 和 $P(\bar{A}) = 1 - p = q$,其中 $0 < p < 1$,且 $p + q = 1$,则称试验 E 为**伯努利(Bernoulli)试验**。称相应于伯努利试验的重复独立试验为**重复伯努利试验**,如果将伯努利试验独立地重复 n 次,则称这一系列的重复独立试验为 n **重伯努利试验**。

例如,从有一定次品率的一批产品中逐件地抽取产品。如果每次取出产品后都立即放回这批产品中,再抽取下一件(即有放回抽样),则可以将每取一件产品作为一次试验。

首先,由于每次取出产品后都立即放回这批产品中去,所以每次抽取时取得的结果都不影响其余各次抽取时取得的产品是正品还是次品的概率,又因为每次抽取时面对的产品的次品率是相同的,所以现在各次抽取的试验是既独立又重复进行的,因此,如上试验是重复独立试验。

其次，由于在此重复独立试验的每次试验中只有两个结果 $A=$"抽到正品"和 $\bar{A}=$"抽到次品"，所以如上重复独立试验也是 n 重伯努利试验。

n 重伯努利试验的概率模型是一种非常重要的概率模型，简称**伯努利概型**，与之相应的概率分布叫做**二项分布**。二次分布在实际中的应用非常广泛，如打炮、投篮、种子发芽等许多问题都可看作伯努利概型的问题。

1.5.2 二项概率公式

n 重伯努利试验中，常常要计算在 n 次试验中某事件 A 恰好发生 k 次（$k=0,1,2,\cdots,n$）的概率 $P_n(k)$，对此，有如下定理。

定理 1 对 n 重伯努利试验，若在一次试验中事件 A 发生的概率为 p，则在 n 次试验中事件 A 恰好发生 k 次的概率为

$$P_n(k) = C_n^k p^k q^{n-k}, \quad k=0,1,2,\cdots,n, \quad p+q=1。$$

证明 由于 n 次试验相互独立，所以事件 A 在指定的 k 次试验中发生而在其余 $n-k$ 次试验中不发生的概率为 $p^k(1-p)^{n-k}$，而这指定的 k 次可以是 n 次中的任意 k 次，共有 C_n^k 种方式。由概率的加法公式，可得

$$P_n(k) = C_n^k p^k q^{n-k}, \quad k=0,1,2,\cdots,n, \quad p+q=1。$$

由于 $C_n^k p^k q^{n-k}$ 恰好是 $(p+q)^n$ 按照牛顿（Newton）二项公式展开式的一般项，所以上面的公式又称为**二项概率公式**。

注：(1) $\sum_{k=0}^{n} P_n(k) = \sum_{k=0}^{n} C_n^k p^k q^{n-k} = (p+q)^n = 1$ 的概率意义为必然事件的概率为 1；

(2) 在 n 次试验中事件 A 至少发生一次的概率为 $1-(1-p)^n$。

例 1 一批产品中有 20% 的次品。进行重复抽样检查，总共抽取 5 件样品。计算这 5 件样品中恰好有 3 件次品、至多有 3 件次品、至少有 1 件次品的概率。

解 把每一次抽样看作一次试验，显然，这是伯努利概型，且 $n=5,p=0.2$。设 $A_i=$"5 件样品中恰好有 i 件次品"，$i=0,1,2,\cdots,5$。由二项概率公式，可得恰好有 3 件次品的概率为

$$P(A_3) = P_n(3) = C_5^3 \cdot (0.2)^3 \cdot (0.8)^2 = 0.051\ 2；$$

至多有 3 件次品的概率为

$$P(A_0+A_1+A_2+A_3) = P_5(0)+P_5(1)+P_5(2)+P_5(3) = \sum_{i=0}^{3} C_5^i (0.2)^i (0.8)^{5-i}$$

$$\approx 0.327\ 7 + 0.409\ 6 + 0.204\ 8 + 0.051\ 2 = 0.993\ 3，$$

或 $P(A_0+A_1+A_2+A_3) = P_5(0) + P_5(1) + P_5(2) + P_5(3) = 1 - P_5(4) - P_5(5)$

$$= 1 - C_5^4 (0.2)^4 \cdot 0.8 - C_5^5 (0.2)^5$$
$$\approx 1 - 0.006\,4 - 0.000\,3 = 0.993\,3;$$

至少有一件次品的概率为

$$P(A_1 + A_2 + A_3 + A_4 + A_5) = 1 - P(A_0) = 1 - (0.8)^5 \approx 0.672\,3。$$

例 2 有一批某作物的种子，出苗率为 0.67，现在每穴种 6 粒，求恰有 4 粒种子发芽的概率和至少有一粒种子发芽的概率。

解 把观察穴中每一粒种子发芽与否看作一次试验，显然，这是重复伯努利概型，且 $n = 6, p = 0.67$。于是，恰有 4 粒种子发芽的概率为

$$P_6(4) = C_6^4 (0.67)^4 (0.33)^2 \approx 0.329\,2;$$

至少有一粒种子发芽的概率为

$$1 - P_6(0) = 1 - (0.33)^6 \approx 1 - 0.001\,3 = 0.998\,7。$$

例 3 某大学的校乒乓球队与数学系乒乓球队举行对抗赛。校队的实力比系队强，当一个校队队员与一个系队队员比赛时，校队队员获胜的概率为 0.6，现在校系双方商量对抗赛的方式，提了三种方案：

(1) 双方各出三人，比三局；(2) 双方各出五人，比五局；(3) 双方各出七人，比七局。三种方案中均以比赛中获胜人数多的一方为胜利。问：对系队来说，哪一种方案有利。

解 设系队获胜人数为 ξ，则上述三种方案中系队胜利的概率分别为

(1) $P\{\xi \geq 2\} = \sum_{k=2}^{3} C_3^k (0.4)^k (0.6)^{3-k} = 0.352;$

(2) $P\{\xi \geq 3\} = \sum_{k=3}^{5} C_5^k (0.4)^k (0.6)^{5-k} \approx 0.317\,4;$

(3) $P\{\xi \geq 4\} = \sum_{k=4}^{7} C_7^k (0.4)^k (0.6)^{7-k} \approx 0.290,$

由此可知第一种方案对系队最有利。

例 4 某电器厂宣称自己生产的产品的次品率不超过 0.005，检验人员从该厂的大量产品中抽取了 200 件样品，检验结果发现其中有 4 件次品，能否据此断定该厂谎报其产品的合格率？

解 假设该电器厂出次品的概率为 0.005，由于产品的数量很大，故抽取 200 件产品可看作 $n = 200, p = 0.005$ 的伯努利重复试验，于是 200 件产品中出现 4 件次品的概率为

$$P_{200}(4) = C_{200}^4 (0.005)^4 (0.995)^{196} \approx 0.015\,1。$$

根据人们在长期的实践中总结出来的一条原理：概率很小的事件在一次试验中实际上

是不可能发生的（概率论中称之为**小概率事件原理**）。现在可以认为：当电器厂出次品的概率为 0.005 时，检验 200 件产品出现 4 件次品是一个小概率事件（约为 0.015）。它在一次试验中竟然发生了，因此，有理由怀疑假定的正确性，即该电器厂的次品率不超过 0.005 是不可信的，即电器厂在谎报其产品的合格率。

说明 在如上 $P_{200}(4)$ 的表达式中，$n = 200$ 很大，$p = 0.005$ 很小，计算其值很不方便，学习了泊松（Poisson）分布以后便会得到近似计算该值的方法。

1.5.3 n 重伯努利试验的众数

定义 2 在 n 重伯努利试验中，事件 A 最可能发生的次数 m（即对确定的 n，使 $P_n(k)$ 最大的 k 的取值 m）叫做该 n 重伯努利试验的**众数**。

定理 2 在 n 重伯努利试验中，众数 $m = [(n+1)p]$，这里 $[x]$ 是不超过 x 的最大整数。

证明 只须证明 $k = [(n+1)p]$ 时，$P_n(k)$ 取得最大值。因为

$$\frac{P_n(k)}{P_n(k-1)} = \frac{C_n^k p^k q^{n-k}}{C_n^{k-1} p^{k-1} q^{n-(k-1)}} = \frac{(n-k+1)p}{kq} = \frac{(n+1)p - k + k(1-p)}{k(1-p)}$$

$$= 1 + \frac{(n+1)p - k}{k(1-p)},$$

可见，当 $k < [(n+1)p]$ 时，$\frac{P_n(k)}{P_n(k-1)} > 1$；当 $k > [(n+1)p]$ 时，$\frac{P_n(k)}{P_n(k-1)} < 1$，即当 $k = [(n+1)p]$ 时，$P_n(k)$ 取得最大值，亦即 $m = [(n+1)p]$。

注 当 $k = (n+1)p$ 是整数时，$\frac{P_n(k)}{P_n(k-1)} = 1$，即 $P_n(k) = P_n(k-1)$ 都是最大值，亦即 $m = (n+1)p$ 和 $m - 1$ 都是众数。

例如，某人投篮的命中率为 0.7，若他连续投篮 6 次，则他最可能的投中次数为 $m = [(6+1) \times 0.7] = 4$ 次；若他连续投篮 9 次，则他最可能的投中次数为 $m = [(9+1) \times 0.7] = 7$ 次或 $m - 1 = 6$ 次。

1.5.4 无限重复的伯努利试验

如果将伯努利试验无限重复地做下去，则如下两种概率问题是很重要的。

问题 1 事件 A 的首次发生出现在第 k（$k = 1, 2, \cdots$）次试验中的概率。

事件 A 的首次发生出现在第 k 次试验中，说明前 $k - 1$ 次试验中发生的均是 $\overline{A}$，而第 k

次试验中发生的是事件 A，于是，事件 A 的首次发生出现在第 k 次试验中的概率为

$$P(k) = q^{k-1}p, \quad k = 1, 2, \cdots, \quad 且 \sum_{k=1}^{\infty} P(k) = 1,$$

称问题 1 中相应的概率分布为**首次分布**或**几何分布**。

问题 2 事件 A 的第 r 次发生出现在第 $k(k = r, r+1, \cdots)$ 次试验中的概率。

事件 A 的第 r 次发生出现在第 k 次试验中，说明前 $k-1$ 次试验中事件 A 发生了 $r-1$ 次，其余 $(k-1) - (r-1) = k - r$ 次试验发生的是事件 $\bar{A}$，而第 k 次试验中发生的是事件 A，于是，事件 A 的第 r 次发生出现在第 k 次试验中的概率为

$$P(r, k) = C_{k-1}^{r-1} p^{r-1} q^{(k-1)-(r-1)} p = C_{k-1}^{r-1} p^r q^{k-r}, \quad k = r, r+1, \cdots, \quad 且 \sum_{k=r}^{\infty} P(r, k) = 1。$$

称问题 2 中相应的概率分布为**帕斯卡（Pascal）分布**。

特别，当 $r = 1$ 时，帕斯卡分布就是首次分布。

例 5（巴拿赫火柴盒问题） 某数学家有两盒火柴，各装 n 根火柴，每次使用时随机任取一盒，然后从中用一根。问发现一盒空时，另一盒恰好剩下 m 根的概率是多少？

此问题是实际问题中一个常见模型，两盒火柴可以看作是某一系统的两箱同种配件。如果直接用解古典概型的方法求解此问题，是很麻烦的。但将它适当处理后，可归结为上面的问题 2。

解 把火柴盒编号为 Ⅰ 和 Ⅱ，将每次用火柴看作一次试验，则此问题是伯努利试验问题。设 $A =$ "从第 Ⅰ 盒中用火柴"，则 $\bar{A} =$ "从第 Ⅱ 盒中用火柴"。由题意，$P(A) = P(\bar{A}) = \frac{1}{2}$。"发现第 Ⅰ 盒空而第 Ⅱ 盒恰好剩 m 根"就是"A 的第 $n+1$ 次发生出现在第 $n+1+(n-m) = 2n-m+1$ 次试验中"。由问题 2，相应的概率为

$$p_1 = C_{(2n-m+1)-1}^{(n+1)-1} \left(\frac{1}{2}\right)^{n+1} \left(\frac{1}{2}\right)^{(2n-m+1)-(n+1)} = C_{2n-m}^{n} \left(\frac{1}{2}\right)^{2n-m+1};$$

同理，发现第 Ⅱ 盒空而第 Ⅰ 盒恰好剩 m 根的概率为 $p_2 = p_1$，于是，所求概率为

$$p = 2p_1 = C_{2n-m}^{n} \left(\frac{1}{2}\right)^{2n-m}。$$

习题 1-5

1. 某射手在 3 次射击中至少命中 1 次的概率为 0.875，则其在 1 次射击中的命中率为多少？

2. 设电灯泡的耐用时数在 1 000 小时以上的概率为 0.2，且假设各电灯泡是相互独立的使用的，求 3 个电灯泡在使用 1 000 小时以后最多只有一个损坏的概率。

3. 某型号高射炮每发射一发炮弹击中敌机的概率为 0.6。现有若干门同型号的高射炮同时各发射一发炮弹，今欲以 99% 以上的把握击中来犯的一架敌机，求至少需要配置几门高射炮。

4. 对 $n=10, p=0.3$ 的伯努利试验，$k(k=0,1,2,\cdots,10)$ 为何值时 $P_n(k)$ 的值最大？最大值是多少？

复习参考题一（A）

1. 有 5 本不同的数学书、8 本不同的物理书，从中任取 6 本。求取得 2 本数学书、4 本物理书的概率。

2. 一房间里有 4 个人，求至少有两个人的生日在同一个月的概率。

3. 把 4 个小球随机地投入 3 个盒内，求有空盒的概率 p_1 和没有空盒的概率 p_2。

4. 在长度为 a 的线段内任取两点将其分成三段，求它们可以构成一个三角形的概率。

5. 在区间 $[0,1]$ 中随机地取两个实数，求这两个实数之和小于 1.2 的概率。

6. 甲、乙两艘轮船驶向一个不能同时停泊两艘轮船的码头，它们在一昼夜内到达的时刻是等可能的。如果甲船停泊的时间是 1 小时，乙船停泊的时间是 2 小时，求它们中任何一艘都不需要等候码头空出的概率。

7. 若随机事件 A 与 B 及其和事件 $A \cup B$ 的概率分别为 0.4、0.3 和 0.6，求 $P(A\overline{B})$。

8. 设 A、B、C 是三个事件，且 $P(A)=P(B)=P(C)=\dfrac{1}{4}$，$P(AB)=P(BC)=0$，$P(AC)=\dfrac{1}{8}$，求 A、B、C 中至少有一个发生的概率。

9. 对任意有限个事件 $A_1, A_2, \cdots, A_n$，证明：

(1) $P(A_1 \cup A_2 \cup \cdots \cup A_n) = 1 - P(\overline{A_1} \cap \overline{A_2} \cap \cdots \cap \overline{A_n})$；

(2) $P(A_1 \cup A_2 \cup \cdots \cup A_n) = P(A_1) + P(A_2 \cap \overline{A_1}) + P(A_3 \cap \overline{A_1} \cap \overline{A_2}) + \cdots + P(A_n \cap \overline{A_1} \cap \overline{A_2} \cap \cdots \cap \overline{A_{n-1}})$。

10. 考虑恰有两个小孩的家庭。若已知某一家庭有男孩，求这家也有女孩的概率（假定生男生女为等可能）。

11. 某校学生中"三好学生"的比例为 10%，而"三好学生"中"三好学生标兵"的比例为 10%。现从全校学生中任意选出一名，求这名学生是"三好学生标兵"的概率。

12. 盒内有 12 个乒乓球，其中有 9 个是新球。第一次比赛时，任取一球，然后放回。第二次比赛时，再取一球。求第二次取出的球是新球的概率。

13. 设甲、乙、丙三个口袋中都装有 3 个白球和 5 个红球。现从甲袋中任取一球放入乙袋，再从乙袋中任取一球放入丙袋，最后从丙袋中任取一球。求取出白球的概率。

14. 设 3 台机器相互独立地运转着。又第一、第二、第三台机器不发生故障的概率分别为 0.9、0.8、0.7。求这 3 台机器全不发生故障及它们中至少有 1 台机器发生故障的概率。

15. 加工某一零件共需要 4 道工序，设第一、第二、第三、第四道工序的次品率分别为 2%、3%、5%、3%，假定各道工序是互不影响的，求加工出来零件的次品率。

复习参考题一（B）

16. 甲、乙两名篮球运动员的投篮命中率分别为 0.7 和 0.6，每人各投篮 3 次，求：（1）两人进球数相等的概率；(2) 甲比乙进球数多的概率。

17. (1991 年考研题) 随机的向半圆 $0 < y < \sqrt{2ax - x^2}$ 内掷一点，点落在半圆内任何区域的概率与区域的面积成正比，求原点和该点的连线与 x 轴的夹角小于 $\frac{\pi}{4}$ 的概率。

18. (1999 年考研题) 设两两相互独立的三事件 A, B 和 C 满足条件：$ABC = \varnothing$，$P(A) = P(B) = P(C) < \frac{1}{2}$，且已知 $P(A\cup B\cup C) = \frac{9}{16}$，求 $P(A)$。

19. 将 3 个球随机地放入 4 个杯子中去，分别求杯子中球的最大个数为 1，2，3 的概率。

20. 设 A, B 是两事件且 $P(A) = 0.6, P(B) = 0.7$。问：(1) 在什么条件下，$P(AB)$ 取到最大值，最大值是多少？(2) 在什么条件下，$P(AB)$ 取到最小值，最小值是多少？

21. 某单位新录用了 12 名公务员，其中有 3 名博士。将他们随机地平均分到三个研究室去，问：(1) 每一个研究室分到一名博士的概率是多少？(2) 3 名博士分到同一研究室的概率是多少？

22. 从 5 双不同的鞋子中任取 4 只，求这 4 只鞋子中至少有 2 只鞋子配成一双的概率。

23. 已知 n 件产品中有 m 件正品，从中任取两件，在得知其中一件是次品的情况下，求另一件也是次品的概率。

24. (1997 年考研题) 袋中有 50 个乒乓球，其中 20 个黄球，30 个白球。今有两人依次随机地从袋中各取一球，取后不放回。求第二个人取到黄球的概率。

25. 有两箱同种类的零件，第一箱装 50 只，其中 10 只一等品；第二箱装 30 只，其中 18 只一等品。今从两箱中任挑出一箱，然后从该箱中取零件两次，每次任取一只，作不放回抽样。求：(1) 第一次取到的零件是一等品的概率；(2) 在第一次取到的零件是一等品的条件下，第二次取到的也是一等品的概率。

26. 设一枚深水炸弹击沉一潜水艇的概率为 $\frac{1}{3}$，击伤的概率为 $\frac{1}{2}$，击不中的概率为 $\frac{1}{6}$，并设击伤两次也会导致潜水艇下沉。求施放 4 枚深水炸弹能击沉潜水艇的概率。

27. (2007 年考研题) 某人向同一目标独立重复射击，每次射击击中目标的概率为 $p(0 < p < 1)$。求此人第四次射击恰好第二次命中目标的概率。

第 2 章
离散型随机变量

第一章研究了随机事件及其概率的基本概念和性质,并且在研究某些具体随机试验的基础上建立了随机试验的数学模型。在用排列或组合数计算随机事件的概率时,必须计算基本空间中的基本事件总数,如果定义一个变量 X,那么所有随机事件都可以表示为 X 的取值问题。这种把随机事件"数字化"的思想就导致了随机变量这一概念的诞生。本章将主要研究离散型随机变量及其概率分布。

第 1 节 一维离散型随机变量及其分布

2.1.1 一维随机变量的概念

为了全面研究随机现象,揭示客观存在着的统计规律,将随机试验的结果与实数对应起来,即将随机试验的结果数量化,引入随机变量的概念。

随机事件在不同试验中可能出现不同的结果,这是事件"随机性"的体现。为了进一步研究有关随机试验的问题,引入一个变量来表示随机事件可能的结果,称这个变量为随机变量。

例 1 抛掷一枚质地均匀的硬币,有两种可能的结果:$\omega_1 = $"正面朝上",$\omega_0 = $"反面朝上"。基本空间 $\Omega = \{\omega_0, \omega_1\}$,设变量 X 表示正面朝上的次数,则

$$X = X(\omega) = \begin{cases} 0, & \omega = \omega_0, \\ 1, & \omega = \omega_1. \end{cases}$$

X 是定义在 Ω 上的实值函数。因为试验前不能预料 ω 的取值,因而 X 的取值为 0 或 1 是随机的,故 X 为随机变量。

定义 1 定义在基本空间 Ω 上,取值于实数域 R 的变量 $X(\omega)$,即对于每一个可能的

试验结果（样本点）$\omega \in \Omega$，都唯一地存在一个实数 $X(\omega)$ 与之对应，则称 $X(\omega)$ 为一个**随机变量**，简记为 X。

有了随机变量 X，例 1 讨论的随机事件均可用 X 的变化范围来表示，$A =$ "正面朝上" $= \{X = 1\}$；$B =$ "反面朝上" $= \{X = 0\}$；$C =$ "正面朝上或反面朝上" $= \{X = 1$ 或 $X = 0\} = \Omega$；$D =$ "正面朝上且反面朝上" $= \{X = 1$ 且 $X = 0\} = \phi$。

反过来，X 的某个变化范围也表示一个随机事件，如 $\{0 < X < 2\} =$ "正面朝上"；$\{X < 0\} = \phi$；$\{-5 \leq X \leq 5\} = \Omega$ 等。

随机变量实际上是定义在基本空间 Ω 上的实值函数。

例 2 设一口袋中有依次标着 $-1, 2, 2, 2, 3, 3$ 数字的六个球。从这口袋中任取一球，取得的球上标有的数字 X 是随着试验结果的不同而变化的。当试验结果确定后，X 的值也就相应地确定，X 为随机变量。

例 3 从一批次品率为 p 的产品中逐件地抽取产品，每次抽取经检验后立即放回这批产品中，再抽取下一件，直到取得次品为止。这样所需的抽取次数 X 是随着试验结果的不同而变化的。当试验结果确定后，X 的值也就随之确定，X 为随机变量。

例 4 设 $\Omega = \{$某无线电厂 2008 年一季度出厂的 12 英寸电视机$\}$，对 $\omega \in \Omega$，令
$$X(\omega) = \omega \text{ 在一年中出故障的次数},$$
则 $X(\omega)$ 是 Ω 上的一个一维离散型随机变量。

例 5 在"测试灯泡寿命"这一试验中，试验结果（灯泡寿命）X 随着灯泡的不同而取不同的数值。当试验结果确定后，X 的值也随之确定，X 为随机变量。

例 6 一门炮在一定条件下向地面某地目标进行射击，着弹点与目标之间的距离 Z 是随着试验结果的不同而变化的，当试验结果确定后，取目标之处为原点，炮所在的地点与目标的地点连线的方向为 y 轴方向，与之垂直的方向为 x 轴方向，则着弹点的坐标对应的两个分量 X, Y 也都是随着试验结果的不同而变化的，当试验结果确定后，X, Y 的值也就随之确定，从而 $Z = \sqrt{X^2 + Y^2}$ 的值也就相应确定，Z 为随机变量。

随机变量常用大写拉丁字母 $X, Y, Z \cdots$ 或希腊字母 $\xi, \eta, \cdots$ 等表示。

第一章只是孤立地研究随机试验的一个或几个事件，随机变量的引入可以将各个事件联系起来，研究随机试验的全部结果。于是，对任意事件的研究都可归结为对随机变量的研究，从而用数学分析的方法去研究随机试验，所以，随机变量的概念比随机事件的含义更深刻，理论更严谨，研究更方便，应用更广泛。

对于具体的随机变量，通常分两类进行讨论。如果随机变量的所有可能取值是有限个或可列无限多个，则称随机变量为**离散型随机变量**，其他的称为**非离散型随机变量**。非离散型随机变量范围广泛复杂，其中最重要和最常见的是连续型随机变量，本书在以后章节

中只讨论离散型和连续型随机变量。

2.1.2　一维离散型随机变量的概率分布

在随机性的研究中我们不仅关心随机试验中的事件，更关心这些事件发生的概率。相应地，我们不仅关心表示各种随机事件对应的随机变量，更关心这些变量取值的规律。

例如，例 2 中随机变量的可能取值为 $-1,2,3$，容易求出它们的概率分别为

$$P\{X=-1\}=\frac{1}{6}, P\{X=2\}=\frac{1}{2}, P\{X=3\}=\frac{1}{3}。$$

又如例 3 中随机变量的全部可能取值（可列无穷多个）为 $1,2,3,\cdots,n,\cdots$，它们的概率分别为

$$P\{X=1\}=p, P\{X=2\}=p(1-p), \cdots, P\{X=n\}=p(1-p)^{n-1}, \cdots。$$

定义 2　设 X 为一个离散型随机变量，它的所有可能取值为 $x_k(k=1,2,\cdots)$，X 取各个值的概率即事件 $\{X=x_k\}$ 的概率为

$$P\{X=x_k\}=p_k, k=1,2,\cdots, \tag{2.1}$$

称公式（2.1）为离散型随机变量 X 的**概率分布或分布律（列）**。

离散型随机变量的概率分布常用下面表格形式来表示，称为随机变量 X 的概率分布律（列）。

X	x_1	x_2	$\cdots$	x_n	$\cdots$
p_k	p_1	p_2	$\cdots$	p_n	$\cdots$

显然，离散型随机变量的概率分布反映了离散型随机变量的所有可能取值及其取相应值的概率。

离散型随机变量的概率分布具有下列性质：

(1) $p_k \geqslant 0, k=1,2,\cdots$；

(2) $\sum\limits_{k=1}^{\infty} p_k = 1$。

反过来，任意一个具有以上两个性质的数列 $\{p_i\}$，都有资格作为某一个随机变量的分布律。分布律不仅明确地给出了事件 $\{X=x_i\}$ 的概率，而且对于任意的实数 $a<b$，事件 $\{a \leqslant X \leqslant b\}$ 发生的概率均可由分布律算出，因为

$$\{a \leqslant X \leqslant b\} = \bigcup_{a \leqslant x_i \leqslant b} \{X=x_i\}$$

于是由概率的可加性有

$$P\{a \leq X \leq b\} = \sum_{i \in I_{a,b}} P\{X = x_i\} = \sum_{i \in I_{a,b}} p_i$$

其中，$I_{a,b} = \{i : a \leq x_i \leq b\}$，即使对 R 中更复杂的集合 B，也有

$$P\{X \in B\} = \sum_{i \in I(B)} P\{X = x_i\} = \sum_{i \in I(B)} p_i \tag{2.2}$$

其中 $I(B) = \{i : x_i \in B\}$。由此可知，$X(\omega)$ 取各种值的概率都可以通过它的分布律计算得到，因此，分布律全面地描述了离散型随机变量的统计规律。

例 7 在 5 件产品中有 2 件次品，从产品中任取出 2 件。用随机变量 X 表示其中的次品数，求随机变量 X 的分布律。

解 随机变量 X 表示任意取出的 2 件产品中次品的件数，显然，X 只能取 0,1,2 这三个可能值，容易求出它们的概率分别为

$$P\{X = 0\} = \frac{C_3^2}{C_5^2} = 0.3, \quad P\{X = 1\} = \frac{C_3^1 C_2^1}{C_5^2} = 0.6, \quad P\{X = 2\} = \frac{C_2^2}{C_5^2} = 0.1,$$

则 X 的分布律为

X	0	1	2
p_k	0.3	0.6	0.1

例 8 某人在黑暗中欲用钥匙打开房门。他随身所带的五把钥匙中，只有一把能打开房门。他采用"无放回"的试开方法，用 X 表示他打开房门所经历的试开次数。求 X 的概率分布律。

解 X 的可能取值为 1,2,3,4,5，利用古典概型和概率的乘法公式，有

$$P\{X = 1\} = \frac{1}{5}, \quad P\{X = 2\} = \frac{4}{5} \cdot \frac{1}{4} = \frac{1}{5}, \quad P\{X = 3\} = \frac{4}{5} \cdot \frac{3}{4} \cdot \frac{1}{3} = \frac{1}{5},$$

$$P\{X = 4\} = \frac{4}{5} \cdot \frac{3}{4} \cdot \frac{2}{3} \cdot \frac{1}{2} = \frac{1}{5}, \quad P\{X = 5\} = \frac{4}{5} \cdot \frac{3}{4} \cdot \frac{2}{3} \cdot \frac{1}{2} \cdot 1 = \frac{1}{5}。$$

则 X 的分布律为

X	1	2	3	4	5
p_k	$\frac{1}{5}$	$\frac{1}{5}$	$\frac{1}{5}$	$\frac{1}{5}$	$\frac{1}{5}$

2.1.3 几种常见的离散型随机变量及其分布

下面介绍几种常见的离散型随机变量及其分布律。

1 两点分布

如果 X 的概率分布律为

X	a	b
p_k	$1-p$	p

则称 X 服从**两点分布**。如果其中的 a、b 依次为 $0,1$ 时,称 X 服从 $0-1$ 分布。

两点分布可作为描述射击中"中"$\{X=1\}$ 与"不中"$\{X=0\}$;种子"发芽"$\{X=1\}$ 与"不发芽"$\{X=0\}$ 等概率分布的数学模型。

例9 将豌豆的红花纯合基因型与白花纯合基因型杂交,得杂交种400粒。设其中100粒为白花种子,300粒为红花种子。今从该批种子中任取一粒,求它为红花种子的概率分布律。

解 设随机变量 X 表示任取一粒取得红花种子的粒数,则 X 的可能取值为 0 或 1,且

$$P\{X=0\} = \frac{100}{400} = 0.25, P\{X=1\} = \frac{300}{400} = 0.75,$$

所以,X 的概率分布律为

X	0	1
p_k	0.25	0.75

2 二项分布

设随机变量 X 的可能取值为 $k = 0, 1, 2, \cdots, n$,且取得这些值的概率分别为:

$$P\{X=k\} = C_n^k p^k q^{n-k}, k = 0,1,2,\cdots,n。$$

其中 $0 < p < 1, p + q = 1$,则称 X 服从参数为 n,p 的**二项分布**。记为 $X \sim B(n,p)$。

特别地,当 $n = 1$ 时,二项分布为 $P\{X=k\} = p^k q^{1-k} (k=0,1)$ 就化为 $0-1$ 分布。可见 $0-1$ 分布是二项分布的特殊情形。

二项分布满足概率分布的性质:

$$P\{X=k\} \geq 0; \sum_{k=0}^{n} C_n^k p^k q^{n-k} = (p+q)^n = 1。$$

在伯努利试验中,事件 A 出现的次数 X 服从二项分布。

例10 设种子的发芽率是 $p = 0.8$。种下10粒种子,用 X 表示发芽的粒数,求 X 的概率分布律。

解 种下 10 粒可以当作同样条件下的十次重复试验,故 $X \sim B(10,0.8)$。所以,$P\{X = k\} = C_{10}^k 0.8^k 0.2^{10-k}, (k = 0,1,2,\cdots,10)$。

算出具体数值,列表如下:

X	0	1	2	3	4	5
p_k	1.024×10^{-7}	4.059×10^{-6}	7.3728×10^{-5}	7.86432×10^{-4}	5.505×10^{-3}	0.026 426
X	6	7	8	9	10	
p_k	0.088 08	0.201 33	0.301 99	0.268 43	0.107 37	

例 11 某篮球队员站在球场的罚球点上投篮的命中率是 0.85,如果它投篮三次,试计算命中一次及以上的概率。

解 可以认为该球员的三次投篮相互独立。用 X 表示命中的次数,则 $X \sim B(3, 0.85)$,故

$$P\{X \geq 1\} = 1 - P\{X = 0\} = 1 - C_3^0 0.85^0 (1 - 0.85)^3 = 1 - 0.003\,375 = 0.996\,625。$$

3 泊松分布(Poisson)

若随机变量 X 的可能取值为 $k = 0,1,2,3,\cdots$,且其概率分布律为

$$P\{X = k\} = \frac{\lambda^k}{k!}e^{-\lambda}, k = 0,1,2,3,\cdots, \lambda > 0,$$

则称 X 服从参数为 λ 的**泊松分布**,记为 $X \sim P(\lambda)$。

例 12 某食品厂试制一种配料独特并添加葡萄干的蛋糕。为提高制做速度,葡萄干不是逐粒加入蛋糕,而是全部揉入面团,且按平均每块蛋糕 3 粒葡萄干计算,准确的称量面粉、葡萄干等原料后,方开始在机械化流程中进行制作。

我们不禁要问,这样制作的蛋糕果真每块都含有 3 粒葡萄干吗?答案显然是否定的。读者凭直觉也会知道:这样生产的蛋糕,有的可能不含葡萄干,有的可能含 1 粒或 2 粒或 3 粒或 4 粒……。事实上,经过理论推算,全部蛋糕按照所含葡萄干多少来划分,相应的百分比如下:

粒数	0	1	2	3	4	5	6	7	8	⋯
p_k	0.050	0.150	0.224	0.224	0.168	0.101	0.050	0.022	0.008	⋯

上表就是一个泊松分布律,其理论公式为

$$P\{X = k\} = \frac{3^k}{k!}e^{-3}, k = 0,1,2,3,\cdots \ (e^{-3} \approx 0.049\,787 \approx 0.050),$$

记作 $X \sim P(3)$。其中 3（即蛋糕内平均含有葡萄干的粒数）为泊松分布的参数。

泊松分布是离散型随机变量概率分布的重要类型，是数学理论反映客观实际的典型例证，有非常广泛的应用。类同于小粒的葡萄干在大块蛋糕中的分布，凡体积相对小的物质在较大空间内的稀疏分布，都可以看作是泊松分布，如较大水池内单位体积的水中（有时需要限制在深度相同的水层上）鱼的数目，单位体积的空气中含有某种微粒的数目，较大型铸件的单位体积中疵点的数目等，都服从或近似服从泊松分布，而分布的参数都是相应的单位体积内的平均数。

例 13 设某种牧草种子中，平均每 10 克含有 6 粒杂草种子。现任意称出 10 克，求所含杂草种子不超过 3 粒的概率。

解 设 X 为 10 克牧草种子中含杂草种子的粒数，按 $X \sim P(6)$ 计算，有

$$P\{X \leq 3\} = P\{X = 0\} + P\{X = 1\} + P\{x = 2\} + P\{X = 3\}$$

$$= (1 + \frac{6}{1!} + \frac{6^2}{2!} + \frac{6^3}{3!})e^{-6} \approx 61 \times 0.002\,479 \approx 0.151\,2。$$

4 几何分布

如果随机变量 X 的概率分布律为

$$P\{X = k\} = p(1-p)^{k-1}, k = 1, 2, 3, \cdots,$$

则称 X 服从参数为 p 的**几何分布**。

容易看出 $p(1-p)^{k-1}$ 或 pq^{k-1} ($q = 1-p$) 是几何级数 $\sum_{k=1}^{\infty} pq^{k-1}$ 的一般项，几何分布由此得名。

例 14 某人有一串 m 把外形相同的钥匙，其中只有一把能打开家门。有一天，该人酒醉后回家，下意识地每次从 m 把钥匙中随便拿一把去开门，问该人在第 k 次才把门打开的概率多大？

解 因为该人每次从 m 把钥匙中任取一把试验（试用后不做记号又放回），所以，能打开家门的一把钥匙在每次试用中恰被选中的概率为 $\frac{1}{m}$，可知这是一个伯努利试验。在第 k 次才把门打开，意味着前面的 $k-1$ 次都没有打开，于是，由独立性即得

$$P\{\text{第 } k \text{ 次才把门打开}\} = (1 - \frac{1}{m}) \cdots (1 - \frac{1}{m}) \frac{1}{m} = (\frac{1}{m})(1 - \frac{1}{m})^{k-1}。$$

5 超几何分布

在一批同类的 N 件产品中，M 件是次品，其余是正品。现从中任意取出 $n (n \leq N - M)$

件,用 X 表示取出的次品数,则 X 的概率分布为

$$P\{X=k\} = \frac{C_M^k C_{N-M}^{n-k}}{C_N^n}, k = 0,1,2,\cdots,\min\{M,n\}, n \leqslant N-M,$$

则称随机变量 X 服从**超几何分布**。

例 15 在 180 只零件中有 172 只是合格品,8 只是次品,从中任意取 4 只,用 X 表示取出的 4 只中次品的只数,求 X 的概率分布律。

解 由题意,随机变量 X 服从超几何分布,$N=180, M=8, n=4$。因为

$$P\{X=0\} = \frac{C_8^0 C_{172}^{4-0}}{C_{180}^4} \approx 0.8324, P\{X=1\} = \frac{C_8^1 C_{172}^{4-1}}{C_{180}^4} \approx 0.1576, P\{X=2\} = \frac{C_8^2 C_{172}^{4-2}}{C_{180}^4}$$

≈ 0.0098

$$P\{X=3\} = \frac{C_8^3 C_{172}^{4-3}}{C_{180}^4} \approx 0.0002, P\{X=4\} = \frac{C_8^4 C_{172}^{4-4}}{C_{180}^4} \approx 0.0000。$$

则 X 的概率分布律为

X	0	1	2	3	4
p_k	0.8324	0.1576	0.0098	0.0002	0

6 帕斯卡(Pascal)分布

设在一次随机试验中事件 A 发生的概率为 $P(A)=p$。现在重复独立地进行这个试验,直到事件 A 正好发生 r 次停止。用 X 表示实际进行的试验次数,则 X 的取值范围为 $X=r, r+1, r+2, \cdots$。其概率分布为

$$P\{X=k\} = C_{k-1}^{r-1} p^{r-1} q^{(k-1)-(r-1)} p, (q=1-p),$$

即

$$P\{X=k\} = C_{k-1}^{r-1} p^r q^{k-r}, k = r, r+1, r+2, \cdots,$$

称随机变量 X 服从**帕斯卡分布**。特别当 $r=1$ 时,此分布即为几何分布。

2.1.4 二项分布的泊松(Poisson)逼近

当 n 很大时,二项分布 $X \sim B(n,p)$ 的概率计算相当麻烦,原因是 $n!$ 的计算耗时太多。但在一定条件下,可用泊松分布近似代替二项分布,即有下面的定理。

定理 1(泊松定理) 设随机变量 $X_n(n=1,2,\cdots)$ 服从二项分布,其概率分布为 $P\{X_n=k\} = C_n^k p_n^k (1-p_n)^{n-k}, (k=0,1,2,\cdots,n)$。(这里概率 p_n 与 n 有关)。如果其中 p_n 满足 $\lim_{n \to \infty} np_n = \lambda > 0$($\lambda$ 为常数),则有

$$\lim_{n \to \infty} P\{X_n = k\} = \frac{\lambda^k e^{-\lambda}}{k!}.$$

证明 记 $\lambda_n = np_n$, 则

$$P\{X_n = k\} = \frac{n(n-1)\cdots(n-k+1)}{k!}\left(\frac{\lambda_n}{n}\right)^k \left(1 - \frac{\lambda_n}{n}\right)^{n-k}$$

$$= \frac{\lambda_n^k}{k!}\left[1 \cdot \left(1 - \frac{1}{n}\right)\left(1 - \frac{2}{n}\right)\cdots\left(1 - \frac{k-1}{n}\right)\right] \cdot \left(1 - \frac{\lambda_n}{n}\right)^{n-k}.$$

因为对于固定的 k, 有

$$\lim_{n \to \infty} \lambda_n^k = \lambda^k,$$

$$\lim_{n \to \infty} \left(1 - \frac{\lambda_n}{n}\right)^{n-k} = \lim_{n \to \infty} \left(1 - \frac{\lambda_n}{n}\right)^{\frac{n}{\lambda_n} \cdot \lambda_n \cdot \frac{n-k}{n}} = e^{-\lambda},$$

$$\lim_{n \to \infty} \left(1 - \frac{1}{n}\right)\left(1 - \frac{2}{n}\right)\cdots\left(1 - \frac{k-1}{n}\right) = 1,$$

因此

$$\lim_{n \to \infty} P\{X_n = k\} = \frac{\lambda^k e^{-\lambda}}{k!}.$$

由定理条件 $\lim_{n \to \infty} np_n = \lambda > 0$ 可知, 当 n 很大时, p_n 必定很小, 因此, 上述定理表明当 n 很大, p 很小时有下面的近似公式

$$C_n^k p^k (1-p)^{n-k} \approx \frac{\lambda^k e^{-\lambda}}{k!}, \text{其中} \lambda = np.$$

泊松定理指明了以 $n,p(np = \lambda)$ 为参数的二项分布当 $n \to \infty$ 时趋于以 λ 为参数的泊松分布。

例 16 设某种疾病的死亡率是每 1 000 例中死 5 人。在 360 例该病的患者中, 求: (1) 恰有 3 人死亡的概率; (2) 恰有 3 人以上 (含 3 人) 死亡的概率。

解 设 360 例患者中的死亡人数为 X, 则 $X \sim B(n,p)$, 其中 $p = 0.005, n = 360$。于是 $np = 360 \times 0.005 = 1.8$。根据定理1, $X \overset{\text{近似}}{\sim} P(1.8)$, 所以

(1) $P\{X = 3\} = \frac{1.8^3}{3!} e^{-1.8} \approx 0.160\ 7.$

(2) $P\{X \geq 3\} = 1 - P\{X = 0\} - P\{X = 1\} - P\{X = 2\} = 1 - \left(1 + 1.8 + \frac{1.8^2}{2}\right)e^{-1.8}$
$\approx 0.269\ 4.$

习题 2-1

1. 一个口袋中有四个球, 在这四个球上分别标着 -3、$-\frac{1}{2}$、$\frac{1}{3}$、2 这样的数字。从这口袋中任取

一球，求取得的球上标明的数字 X 的概率分布律。

2. 一个口袋中有六个球，在这六个球上分别标着 -3、-3、1、1、1、2 这样的数字。从这口袋中任取一个球，求取得的球上标明的数字 X 的概率分布律。

3. 将一颗骰子抛掷两次，以 X 表示两次中得到的较小的点数，试求 X 的分布律。

4. 设随机变量 X 的概率分布律为

$$P\{X = k\} = \frac{a}{N^2}(k = 1,2,\cdots,N),$$

试确定常数 a 的值。

5. 设随机变量 $X \sim B(2,p)$，$Y \sim B(3,p)$，若 $P\{X \geq 1\} = \dfrac{5}{9}$，求 $P\{Y \geq 1\}$ 的值。

6. 相同条件下相互独立地进行 5 次射击，每次射击时击中目标的概率为 0.6。求击中目标的次数 X 的概率分布。

7. 进行某种试验，设成功的概率为 $\dfrac{3}{4}$，失败的概率为 $\dfrac{1}{4}$，以 X 表示试验首次成功所需要的次数，求 X 的概率分布。

8. 设 X 服从泊松分布，且已知 $P\{X = 1\} = P\{X = 2\}$，求 $P\{X = 4\}$。

9. 设袋内装有 3 个白球，4 个黑球。从袋内每次任取一球，不放回，直到取出黑球为止。设试验停止时取出的白球个数为 X，求 X 的概率分布。

10. 从一批有 10 个合格品与 3 个次品的产品中，一件一件地抽取产品，设各个产品被抽到的可能性相等，在下列三种情况下，分别求出直到取出合格品为止时抽取次数 X 的概率分布律。

（1）每次取出的产品都不放回；
（2）每次取出的产品都立即放回该批产品中，然后再取下一件；
（3）每次取出一件产品后总以一件合格品放回该产品中。

第 2 节 一维随机变量的分布函数

2.2.1 分布函数

在随机性的研究中我们不仅关心随机试验中的事件，更关心这些事件的概率。相应地，我们不仅关心表示各种随机事件的随机变量，更关心这些变量取值的规律。例如：在电话机总容量的选择中，主要关心电话机的呼唤次数 X 不大于某数 x 的概率 $P\{X \leq x\}$。$P\{X \leq x\}$ 是随 x 变化而变化的，是 x 的函数，称之为 X 的分布函数。

定义 1 设 X 是一个随机变量（包括离散及非离散型），x 是任意实数，称函数

$$F(x) = P\{X \leq x\} \quad (-\infty < x < +\infty) \tag{2.3}$$

为 X 的**概率分布函数**或**分布函数**。

分布函数是一个普通函数，定义域为全体实数。如将 X 看成数轴上随机点的坐标，则函数 $F(x)$ 在点 x 处的值为随机变量 X 落在区间 $(-\infty, x]$ 上的概率，即随机变量 X 落在点 x 左侧的概率。

对于任意的实数 x_1, x_2 $(x_1 < x_2)$，有

$$P\{x_1 < X \leqslant x_2\} = P\{X \leqslant x_2\} - P\{X \leqslant x_1\} = F(x_2) - F(x_1)。 \qquad (2.4)$$

例1 求第1节例2中的随机变量 X 的分布函数。

解 X 可能取的值为 $-1, 2, 3$。取这些值的概率依次为 $\dfrac{1}{6}$、$\dfrac{1}{2}$、$\dfrac{1}{3}$，概率分布律为

X	-1	2	3
p_k	$\dfrac{1}{6}$	$\dfrac{1}{2}$	$\dfrac{1}{3}$

当 $x < -1$ 时，$\{X \leqslant x\}$ 是不可能事件，所以，$F(x) = 0$；

当 $-1 \leqslant x < 2$ 时，$\{X \leqslant x\}$ 就是事件 $\{X = -1\}$，所以，$F(x) = \dfrac{1}{6}$；

当 $2 \leqslant x < 3$ 时，$\{X \leqslant x\}$ 就是事件 $\{X = -1 \text{ 或 } X = 2\}$，所以，$F(x) = \dfrac{1}{6} + \dfrac{1}{2} = \dfrac{2}{3}$；

当 $3 \leqslant x$ 时，$\{X \leqslant x\}$ 是必然事件，所以，$F(x) = \dfrac{1}{6} + \dfrac{1}{2} + \dfrac{1}{3} = 1$。

综上所述，$F(x)$ 的表达式为

$$F(x) = \begin{cases} 0, & x < -1, \\ \dfrac{1}{6}, & -1 \leqslant x < 2, \\ \dfrac{2}{3}, & 2 \leqslant x < 3, \\ 1, & x \geqslant 3。 \end{cases}$$

$F(x)$ 图形如图 2-1 所示。

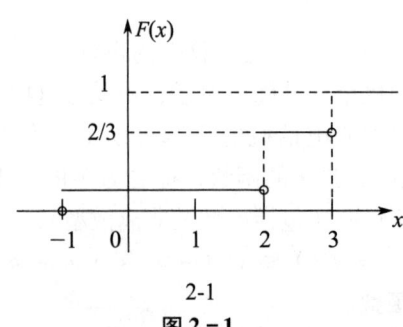

图 2-1

可以看出，$F(x)$ 的图形是一个右升的阶梯形曲线，在 $x = -1, 2, 3$ 处有跳跃，跳跃值分别为 $\frac{1}{6}, \frac{1}{2}, \frac{1}{3}$，正好是 X 取 $-1, 2, 3$ 时的概率。一般说来，在 $x = x_k$ 处的跳跃值正好是 $X = x_k$ 的概率值。

一般地，如果离散型随机变量 X 的分布律为 $p_k = P\{X = x_k\}, k = 1, 2, \cdots$，则分布函数为

$$F(x) = P\{X \leq x\} = \sum_{x_k \leq x} p_k \tag{2.5}$$

它的图形类似于图 2-1，是一个右升的阶梯形曲线，在 x_k 处发生间断，其跳跃值正好是 p_k。即

$$p_k = P\{X = x_k\} = F(x_k) - F(x_k - 0) = F(x_k) - \lim_{x \to x_k^-} F(x) \text{。} \tag{2.6}$$

2.2.2 分布函数的基本性质

由分布函数的定义可以得到分布函数 $F(x)$ 具有以下基本性质。

定理 1（分布函数的性质） 设 $F(x)$ 是任一随机变量（包括离散及非离散型）的分布函数，则

（1）$0 \leq F(x) \leq 1$；

（2）$F(x)$ 为单调非减函数，即 $x_1 < x_2$ 时，$F(x_1) \leq F(x_2)$；

（3）$F(x)$ 是至少右连续函数。即对任一点 x_0，有 $F(x_0 + 0) = \lim\limits_{x \to x_0^+} F(x) = F(x_0)$；

（4）$F(-\infty) = \lim\limits_{x \to -\infty} F(x) = 0$；$F(+\infty) = \lim\limits_{x \to +\infty} F(x) = 1$。

例 2 设某射手的命中率为 $\frac{3}{4}$，现对某一目标连续射击，直到第一次击中目标为止，求他射击次数不超过 5 次就能把目标击中的概率。

解 设 X 为首次击中目标时所用的射击次数，则 X 服从几何分布，即

$$P\{X = k\} = \left(\frac{1}{4}\right)^{k-1} \frac{3}{4}, k = 1, 2, 3, \cdots$$

从而

$$P\{X \leq 5\} = \sum_{k=1}^{5} P\{X = k\} = \sum_{k=1}^{5} \left(\frac{1}{4}\right)^{k-1} \frac{3}{4} = \frac{3}{4} \times \frac{1 - \left(\frac{1}{4}\right)^5}{1 - \frac{1}{4}} = \frac{1\ 023}{1\ 024} \text{。}$$

例 3 设离散型随机变量 X 的分布函数为

$$F(x) = \begin{cases} 0, & x < -1, \\ a, & -1 \le x < 1, \\ \dfrac{2}{3} - a, & 1 \le x < 2, \\ a + b, & x \ge 2. \end{cases}$$

且 $P\{X = 2\} = \dfrac{1}{2}$,试确定常数 a, b,并求 X 的分布律。

解 利用 (2.6) 和分布函数 $F(x)$ 的性质:
$$P\{X = 2\} = F(2) - F(2 - 0)$$
与
$$F(+\infty) = \lim_{x \to +\infty} F(x) = 1,$$
可知
$$\dfrac{1}{2} = P\{X = 2\} = (a + b) - \left(\dfrac{2}{3} - a\right) = 2a + b - \dfrac{2}{3},$$
且 $a + b = 1$。

由此解得 $a = \dfrac{1}{6}, b = \dfrac{5}{6}$,因此,有

$$F(x) = \begin{cases} 0, & x < -1, \\ \dfrac{1}{6}, & -1 \le x < 1, \\ \dfrac{1}{2}, & 1 \le x < 2, \\ 1, & x \ge 2. \end{cases}$$

从而,X 的分布律为

X	-1	1	2
p_k	$\dfrac{1}{6}$	$\dfrac{1}{3}$	$\dfrac{1}{2}$

习题 2-2

1. 填空题

(1) 已知随机变量 ξ 的分布函数 $F(x) = A + B\arctan x$,则 $A = \_\_\_$,$B = \_\_\_$,$P\{|\xi| < 1\} = \_\_\_$。

(2) 一人用同一台机器接连独立地制造了 3 个同种零件,第 i 个零件为次品的概率为 $p_i = \dfrac{1}{i+1}$,$(i = 1, 2, 3)$,以 X 表示 3 个零件中合格品的个数,则 $P\{X = 2\} = \_\_\_$。

2. 一口袋中装有 4 个球,在这 4 个球上分别标有数字 -3,$-\dfrac{1}{2}$,$\dfrac{1}{3}$,2,从这个口袋中任取一球,

求取得的球上标明的数字的分布函数。

3. 设袋内装有 3 个白球，4 个黑球，从袋中每次任取一球，不放回，直到取出黑球为止。设试验停止时取出的白球个数为 X，求 X 的概率分布律及分布函数。

4. 设随机变量 X 的分布函数为 $F(x) = \begin{cases} 0, & x < -1, \\ 0.4, & -1 \leq x < 1, \\ 0.8, & 1 \leq x < 3, \\ 1, & x \geq 3。 \end{cases}$，求：(1) $P\{1.5 < X \leq 4\}$；(2) 随机变量 X 的分布律。

第 3 节　二维离散型随机变量的联合分布

2.3.1　二维离散型随机变量的概念

第 1 节讨论了一维随机变量，已经知道所谓一维随机变量无非是随机试验的结果和一维实数之间的某种对应关系。但在许多实际问题中，对于每一个试验结果，往往同时对应有一个以上的实数值。如第 1 节例 4 中，对每一台出厂的电视机来说，除了"一年中发生故障次数"外，还可以考虑"一年中实际工作的小时数"、"一年中损坏的元件数"等数据。一般地说，每个试验结果可以有 n 个数值与之对应，这时就称这种对应关系是一个 n 维随机变量。本节重点讨论二维离散型随机变量。

定义 1　设 X, Y 是基本空间 Ω 上的两个离散型随机变量，则称二维向量 (X, Y) 是 Ω 上的一个**二维离散型随机变量**。

2.3.2　二维离散型随机变量的联合分布律（列）

定义 2　设二维离散型随机变量 (X, Y) 所有可能的取值为 (x_i, y_j)，$i, j = 1, 2, \cdots$，且取这些值的概率为

$$P\{X = x_i, Y = y_j\} = p(x_i, y_j) = p_{ij}, i, j = 1, 2, \cdots, \tag{2.7}$$

则称 (2.7) 为二维离散型随机变量 (X, Y) 的**（联合）概率分布**或**（联合）分布律（列）**。

由概率的定义知，p_{ij} 具有下列性质：

(1) $p_{ij} \geq 0$，$i, j = 1, 2, \cdots$；

(2) $\sum\limits_{i=1}^{\infty} \sum\limits_{j=1}^{\infty} p_{ij} = 1$。

与一维变量的情形类似，习惯于把二维离散型随机变量的（联合）分布律写成如下表格的形式：

X \ Y	y_1	y_2	⋯
x_1	p_{11}	p_{12}	⋯
x_2	p_{21}	p_{22}	⋯
⋮	⋮	⋮	⋮

利用上述表格容易计算所求事件的概率。一般地，若 G 是平面上的点集，则

$$P\{(X,Y) \in G\} = \sum_{(x_i,y_j) \in G} P\{X = x_i, Y = y_j\} = \sum_{(x_i,y_j) \in G} p_{ij}。 \qquad (2.8)$$

例1 袋中有 4 个白球 5 个红球，现在其中随机抽取两次，每次取一个，作（1）放回取样；（2）不放回取样。定义随机变量

$$X = \begin{cases} 0, 第一次摸出白球, \\ 1, 第一次摸出红球; \end{cases} \quad Y = \begin{cases} 0, 第二次摸出白球, \\ 1, 第二次摸出红球。 \end{cases}$$

试求 (X,Y) 的联合概率分布律。

解 放回取样时，(X,Y) 的可能取值为 $(0,0),(0,1),(1,0),(1,1)$，且取每个值的概率分别为 $P\{X=0,Y=0\} = \frac{4}{9} \cdot \frac{4}{9}$，$P\{X=0,Y=1\} = \frac{4}{9} \cdot \frac{5}{9}$，$P\{X=1,Y=0\} = \frac{5}{9} \cdot \frac{4}{9}$，$P\{X=1,Y=1\} = \frac{5}{9} \cdot \frac{5}{9}$，则 (X,Y) 联合概率分布律为

X \ Y	0	1
0	$\frac{4}{9} \cdot \frac{4}{9}$	$\frac{4}{9} \cdot \frac{5}{9}$
1	$\frac{5}{9} \cdot \frac{4}{9}$	$\frac{5}{9} \cdot \frac{5}{9}$

同理，不放回取样时，(X,Y) 的联合概率分布律为

X \ Y	0	1
0	$\frac{4}{9} \cdot \frac{3}{8}$	$\frac{4}{9} \cdot \frac{5}{8}$
1	$\frac{5}{9} \cdot \frac{4}{8}$	$\frac{5}{9} \cdot \frac{4}{8}$

例 2 若二维随机变量 (X,Y) 的联合概率分布律为

X \ Y	0	1	2
1	$\frac{1}{3}$	$\frac{1}{4}$	0
2	$\frac{1}{24}$	$\frac{5}{24}$	$\frac{1}{6}$

求 $P\{X>Y\}$，$P\{X+Y>2\}$，$P\{Y>\frac{1}{2}\}$。

解 $P\{X>Y\} = P\{X=1,Y=0\} + P\{X=2,Y=0\} + P\{X=2,Y=1\} = \frac{1}{3} + \frac{1}{24} + \frac{5}{24} = \frac{7}{12}$；

$P\{X+Y>2\} = P\{X=1,Y=2\} + P\{X=2,Y=1\} + P\{X=2,Y=2\} = 0 + \frac{5}{24} + \frac{1}{6} = \frac{3}{8}$；

$P\{Y>\frac{1}{2}\} = P\{X=1,Y=1\} + P\{X=2,Y=1\} + P\{X=1,Y=2\} + P\{X=2,Y=2\} = \frac{1}{4} + \frac{5}{24} + 0 + \frac{1}{6} = \frac{5}{8}$。

2.3.3 二维随机变量联合分布函数

类似于一维的情形，在联合分布律的基础上，可以定义二维分布函数如下：

定义 3 设 (X,Y) 为二维随机变量（包括离散及非离散型），对于任意实数 x,y，称二元函数

$$F(x,y) = P\{(X \leq x) \cap (Y \leq y)\} = P\{X \leq x, Y \leq y\} \tag{2.9}$$

为二维随机变量 (X,Y) **的分布函数**，或称为随机变量 X 与 Y 的**联合分布函数**。

若将二维随机变量 (X,Y) 看成是平面上随机点的坐标，则分布函数 $F(x,y)$ 在 (x,y) 处的函数值就是随机点 (X,Y) 落在以点 (x,y) 为顶点而位于该点左下方的无穷矩形域：$\{(X,Y) \mid -\infty < X \leq x, -\infty < Y \leq y\}$ 内的概率，如图 2-2 所示。

依照上述解释，借助于图 2-3 容易算出随机点 (X,Y) 落在矩形区域

$$\{(X,Y) \mid x_1 < X \leq x_2, y_1 < Y \leq y_2\}$$

内的概率为

$$P\{x_1 < X \leq x_2, y_1 < Y \leq y_2\} = F(x_2,y_2) - F(x_2,y_1) - F(x_1,y_2) + F(x_1,y_1)。 \tag{2.10}$$

这个式子适合于一切二维随机变量。

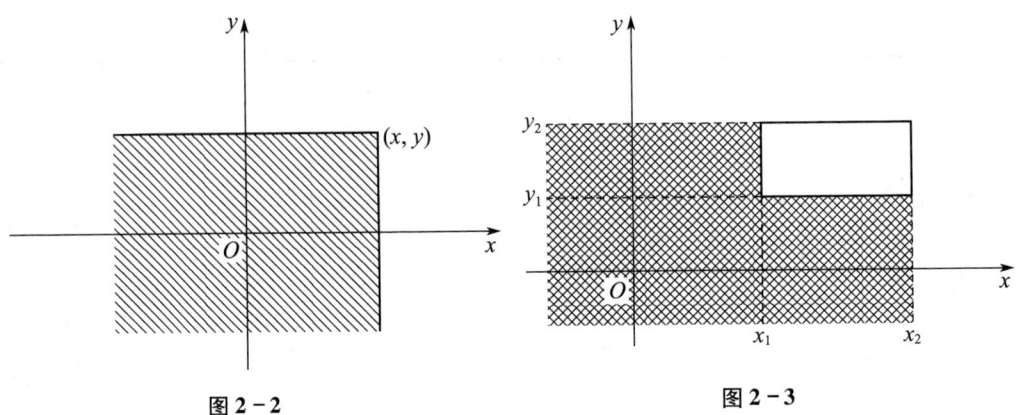

图 2-2 图 2-3

分布函数 $F(x,y)$ 具有以下的基本性质：

定理 1（联合分布函数的性质） 设 $F(x,y)$ 是任一随机变量 (X,Y) 的分布函数，则

(1) $F(x,y)$ 是变量 x 和 y 的不减函数，即对于任意固定的 y，当 $x_2 > x_1$ 时，$F(x_2,y) \geq F(x_1,y)$；对于任意固定的 x，当 $y_2 > y_1$ 时，$F(x,y_2) \geq F(x,y_1)$；

(2) $0 \leq F(x,y) \leq 1$，且对于任意固定的 y，$F(-\infty,y) = \lim\limits_{x \to -\infty} F(x,y) = 0$，对于任意固定的 x，$F(x,-\infty) = \lim\limits_{y \to -\infty} F(x,y) = 0$，$F(+\infty,+\infty) = \lim\limits_{\substack{x \to +\infty \\ y \to +\infty}} F(x,y) = 1$；

(3) 对任意的 $(x_1,y_1),(x_2,y_2)$，又 $x_1 < x_2, y_1 < y_2$，有
$$F(x_2,y_2) - F(x_1,y_2) - F(x_2,y_1) + F(x_1,y_1) \geq 0;$$

(4) 对每个变量来说，$F(x,y)$ 是右连续的，即 $F(x,y) = F(x+0,y), F(x,y) = F(x,y+0)$。

由联合分布函数的定义知，若 (X,Y) 是离散型的，有分布律
$$P\{X = x_i, Y = y_j\} = p_{ij}, i,j = 1,2,\cdots,$$

则对任意实数对 (x,y)，有

$$F(x,y) = P\{X \leq x, Y \leq y\} = \sum_{x_i \leq x, y_j \leq y} p_{ij}。 \tag{2.11}$$

例 3 设 $F(x,y)$ 是例 2 中 (X,Y) 的分布函数，求 $F(-1,0), F(1,1)$。

解 由 $F(x,y)$ 的定义知
$$F(-1,0) = P\{X \leqslant -1, Y \leqslant 0\} = P(\phi) = 0,$$
$$F(1,1) = P\{X \leqslant 1, Y \leqslant 1\} = P\{X=1, Y=0\} + P\{X=1, Y=1\} = \frac{7}{12}。$$

与一维随机变量一样，根据二维随机变量 (X,Y) 的取值，二维随机变量中常见的有两种类型，即二维离散型及二维连续型随机变量。

习题 2-3

1. 一个口袋中有 4 个球，它们依次标有数字 1，2，2，3，从袋中任取一球，取后不放回，再从袋中任取一球，设每次取球时，袋中每个球被取到的可能性相同，用 X，Y 分别记第一、第二次取得的球上标有的数字。求随机变量 (X,Y) 的概率分布。

2. 在一只箱子中装有 12 只产品，其中有 2 只次品，在其中取两次，每次任取一只，考虑两种实验 (1) 放回取样；(2) 不放回取样。定义随机变量如下：
$$X = \begin{cases} 0, & \text{第一次取出正品,} \\ 1, & \text{第一次取出次品；} \end{cases} Y = \begin{cases} 0, & \text{第二次取出正品,} \\ 1, & \text{第二次取出次品。} \end{cases}$$
试分别就 (1) 和 (2) 两种情况写出 X，Y 的联合分布律。

3. 将一枚硬币抛掷 3 次，以 X 表示在 3 次中出现正面的次数，以 Y 表示出现正面次数与出现反面次数之差的绝对值，求 (X,Y) 的联合概率分布律。

4. 盒子中装有 3 只黑球、2 只红球、2 只白球，在其中任取 4 只球。以 X 表示取到黑球的只数，以 Y 表示取到红球的只数，求 (X,Y) 的联合概率分布律。

5. 有两只口袋，每只口袋中装有 2 个红球和 2 个绿球。先从第一只口袋中任取两个球放入第二只口袋中，再从第二只口袋中任取两个球。把两次取到的红球数分别记为 X，Y，求 (X,Y) 的联合概率分布律。

第 4 节 二维随机变量的边沿分布及独立性

2.4.1 二维随机变量的边沿分布

二维随机变量 (X,Y) 作为一个整体，具有分布函数 $F(x,y)$。而 X 和 Y 都是随机变量，各自也有分布函数，分别记为 $F_X(x)$、$F_Y(y)$，依次称为二维随机变量 (X,Y) 关于 X 和 Y 的**边沿分布函数**。边沿分布函数可以由 (X,Y) 的分布函数 $F(x,y)$ 来确定。

定义 1 设二维随机变量 (X,Y)（包括离散及非离散型）的分布函数为 $F(x,y)$，对任意有序实数对 (x,y)，定义

$$F_X(x) = F(x, +\infty), F_Y(y) = F(+\infty, y), \tag{2.12}$$

称 $F_X(x)$、$F_Y(y)$ 分别为 X 及 Y 的边沿分布函数。

对于二维离散型随机变量 (X,Y)，若 (X,Y) 有分布律

$$P\{X = x_i, Y = y_j\} = p_{ij}, i,j = 1,2,\cdots,$$

对每个 i,j，记

$$p_{i \cdot} = \sum_{j=1}^{+\infty} p_{ij} = P\{X = x_i\}, i = 1,2,\cdots; p_{\cdot j} = \sum_{i=1}^{+\infty} p_{ij} = P\{Y = y_j\}, j = 1,2,\cdots,$$

则有

定理1 设二维离散型随机变量 (X,Y) 有联合分布律

$$P\{X = x_i, Y = y_j\} = p_{ij}, i,j = 1,2,\cdots$$

则对于任意实数 x,y，有

$$F_X(x) = \sum_{x_i \leq x} p_{i \cdot}, F_Y(y) = \sum_{y_j \leq y} p_{\cdot j} \circ \tag{2.13}$$

证明 由 $F(x,y)$ 及 $F_X(x)$ 定义知

$$F_X(x) = P\{X \leq x, Y < +\infty\} = F(x, +\infty) = \sum_{x_i \leq x} \sum_{j=1}^{+\infty} p_{ij} = \sum_{x_i \leq x} p_{i \cdot},$$

同理可证 $F_Y(y) = \sum_{y_j \leq y} p_{\cdot j} \circ$

由定理1并与一维随机变量分布函数（2.5）式比较，有下列推论。

推论 在上述定理1条件下，X、Y 的边沿分布律分别为

$$p_{i \cdot} = \sum_{j=1}^{+\infty} p_{ij} = P\{X = x_i\}, i = 1,2,\cdots, \tag{2.14}$$

$$p_{\cdot j} = \sum_{i=1}^{+\infty} p_{ij} = P\{Y = y_j\}, j = 1,2,\cdots \circ \tag{2.15}$$

（注意：记号 $p_{i \cdot}$ 中的 "$\cdot$" 表示 $p_{i \cdot}$ 是由 p_{ij} 关于 j 求和得到的；同样 $p_{\cdot j}$ 是由 p_{ij} 关于 i 求和得到的）。

例1 设二维随机变量 (X,Y) 的概率分布律为

X \ Y	0	1	2
0	0.2	0.1	0.3
1	0.1	0.2	0.1

求 (X,Y) 关于分量 X,Y 的边沿分布律。

解 由 (X,Y) 的联合概率分布律，得

X \ Y	0	1	2	$p_{i\cdot}$
0	0.2	0.1	0.3	0.6
1	0.1	0.2	0.1	0.4
$p_{\cdot j}$	0.3	0.3	0.4	1

所以分量 X,Y 的边沿概率分布律分别为

X	0	1
$p_{i\cdot}$	0.6	0.4

Y	0	1	2
$p_{\cdot j}$	0.3	0.3	0.4

例 2 求第 3 节例 1 中 X,Y 的边沿概率分布律。

解 （1）放回取样时 (X,Y) 的联合概率分布律及边沿概率分布律为

X \ Y	0	1	$P_{i\cdot}$
0	$\frac{4}{9} \cdot \frac{4}{9}$	$\frac{4}{9} \cdot \frac{5}{9}$	$\frac{4}{9}$
1	$\frac{5}{9} \cdot \frac{4}{9}$	$\frac{5}{9} \cdot \frac{5}{9}$	$\frac{5}{9}$
$p_{\cdot j}$	$\frac{4}{9}$	$\frac{5}{9}$	1

（2）不放回取样时 (X,Y) 的联合概率分布律及边沿概率分布律为

X \ Y	0	1	$P_{i\cdot}$
0	$\frac{4}{9} \cdot \frac{3}{8}$	$\frac{4}{9} \cdot \frac{5}{8}$	$\frac{4}{9}$
1	$\frac{5}{9} \cdot \frac{4}{8}$	$\frac{5}{9} \cdot \frac{4}{8}$	$\frac{5}{9}$
$p_{\cdot j}$	$\frac{4}{9}$	$\frac{5}{9}$	1

上面例子中，中间部分是 (X,Y) 的联合概率分布律，边沿部分为 X 和 Y 的边沿概率分布律，它们由联合分布律经同一行或同一列相加而得到，另外，上例两表中 X 和 Y 的边沿分布律是相同的，但它们的联合分布却不相同，由此，联合分布律不能由边沿分布律唯一确定，即二维随机变量的性质不能由两个分量的个别性质来决定，还必须考虑它们之间

的联系。

2.4.2 二维随机变量的独立性

第1章讨论了随机事件独立性的概念,将此概念推广到随机变量上来,引出两个随机变量独立的概念。随机变量的独立性在概率论与数理统计中具有重要意义,是一个非常重要的概念。下面借助于随机事件的独立性的概念来定义随机变量的独立性。

定义 2 设 X,Y 是两个随机变量(包括离散及非离散型),若对于任意的实数 x,y,事件 $\{X \leq x\}, \{Y \leq y\}$ 相互独立,即

$$P\{X \leq x, Y \leq y\} = P\{X \leq x\} P\{Y \leq y\}, \tag{2.16}$$

则称随机变量 X 和 Y 相互独立。

设 $F(x,y)$ 及 $F_X(x), F_Y(y)$ 分别是二维随机变量(包括离散及非离散型)的分布函数及边沿分布函数。则 X 和 Y 相互独立的充要条件是:对于任意的实数 x,y 有

$$F(x,y) = F_X(x) F_Y(y) \tag{2.17}$$

定理 2 设 (X,Y) 是离散型随机变量,$p(x_i, y_j), p_X(x_i), p_Y(y_j)$ 分别是 (X,Y) 的联合概率分布律及边沿概率分布律,则 X 和 Y 相互独立的充要条件是:对所有的 i, j 都有

$$P\{X = x_i, Y = y_j\} = P\{X = x_i\} \cdot P\{Y = y_j\},$$

即

$$p(x_i, y_j) = p_X(x_i) p_Y(y_j),$$

或

$$p_{ij} = p_{i\cdot} \cdot p_{\cdot j}。 \tag{2.18}$$

证明 这里只证明充分性。

若对于一切 i, j,有 $P\{X = x_i, Y = y_j\} = P\{X = x_i\} \cdot P\{Y = y_j\}$,则对于任意实数 x, y,有

$$P\{X \leq x, Y \leq y\} = \sum_{\substack{x_i \leq x \\ y_j \leq y}} P\{X = x_i, Y = y_j\} = \sum_{\substack{x_i \leq x \\ y_j \leq y}} P\{X = x_i\} \cdot P\{Y = y_j\}$$

$$= \left(\sum_{x_i \leq x} P\{X = x_i\}\right)\left(\sum_{y_j \leq y} P\{Y = y_j\}\right) = P\{X \leq x\} \cdot P\{Y \leq y\}。$$

由此可知例2中放回取样的随机变量 X 和 Y 是相互独立的。在这个例子中,X 和 Y 取什么值两者之间确实是互不影响的,所以称它们"相互独立"是可以理解的。独立性概念可以推广到多个离散型随机变量的情形。

推论 设 $X_1, X_2, \cdots, X_n$ 是 n 个离散型随机变量,X_i 的可能取值为 x_{ik} ($i = 1, 2, \cdots, n$; $k = 1, 2, \cdots$),如果对任意的一组 $(x_{1k_1}, x_{2k_2}, \cdots, x_{nk_n})$,恒有

$$P\{X_1 = x_{1k_1}, \cdots, X_n = x_{nk_n}\} = P\{X_1 = x_{1k_1}\} \cdots P\{X_n = x_{nk_n}\} \tag{2.19}$$

成立，则称 $X_1, X_2, \cdots, X_n$ 是相互独立的。

例 3 设随机变量 (X,Y) 的联合概率分布律为

X \ Y	0	1	2
0.5	0.1	0.05	0.1
1	0.1	0.05	0.1
2	0.2	0.1	0.2

证明 X,Y 相互独立。

证明 由 (X,Y) 的联合概率分布知 X,Y 的边沿概率分布分别为

X	0.5	1	2
$p_i.$	0.25	0.25	0.5

Y	0	1	2
$p_{\cdot j}$	0.4	0.2	0.4

因为对于所有的 i,j 有
$$p_{ij} = p_i. \cdot p_{\cdot j},$$
所以，X,Y 相互独立。

例 4 设随机变量 (X,Y) 的联合概率分布律为

X \ Y	1	2	3
1	$\frac{1}{6}$	$\frac{1}{9}$	$\frac{1}{18}$
2	$\frac{1}{3}$	α	β

问当 α,β 取何值时 X 与 Y 相互独立？

解 X 与 Y 的边沿概率分布律（如下表中的边沿部分）

X \ Y	1	2	3	$p_i.$
1	$\frac{1}{6}$	$\frac{1}{9}$	$\frac{1}{18}$	$\frac{1}{3}$
2	$\frac{1}{3}$	α	β	$\frac{1}{3}+\alpha+\beta$
$p_{\cdot j}$	$\frac{1}{2}$	$\frac{1}{9}+\alpha$	$\frac{1}{18}+\beta$	1

由分布律的性质 $P\{X=1\} + P\{X=2\} = 1$，得方程

$$\frac{1}{3} + (\frac{1}{3} + \alpha + \beta) = 1 。 \tag{1}$$

又由定理 2，要使 X 与 Y 相互独立，需对任意 $x_i, y_j (i=1,2, j=1,2,3)$ 有 $p_{ij} = p_i. \cdot p_{.j}$。特别地，取 $p_{12} = p_1. \cdot p_{.2}$，即得方程

$$\frac{1}{9} = \frac{1}{3}(\frac{1}{9} + \alpha) 。 \tag{2}$$

联立方程（1）和（2）得 $\alpha = \frac{2}{9}, \beta = \frac{1}{9}$。

习题 2-4

1. 随机变量 (X,Y) 的概率分布列为

(X,Y)	$(0,0)$	$(-1,1)$	$(-1, \frac{1}{3})$	$(2,0)$
p	$\frac{1}{6}$	$\frac{1}{3}$	$\frac{1}{12}$	$\frac{5}{12}$

求 X, Y 的边沿概率分布。

2. 以 X 记某医院一天出生的婴儿的个数，以 Y 记其中男婴儿的个数，设 X, Y 的联合概率分布为

$$P\{X=n, Y=m\} = \frac{e^{-14}(7.14)^m(6.86)^{n-m}}{m! \cdot (n-m)!}, m=0,1,2,\cdots,n, n=0,1,2,\cdots 。$$

求边沿概率分布 $P\{X=n\}, n=0,1,2,\cdots; P\{Y=m\}, m=0,1,2,\cdots$。

3. X, Y 相互独立，其概率分布分别为

X	-2	-1	0	$\frac{1}{2}$
p	$\frac{1}{4}$	$\frac{1}{3}$	$\frac{1}{12}$	$\frac{1}{3}$

Y	$-\frac{1}{2}$	1	3
p	$\frac{1}{2}$	$\frac{1}{4}$	$\frac{1}{4}$

求 (X,Y) 的联合概率分布。

4. 已知随机变量 X 和 Y 的分布律分别如下表所示，且已知 $P\{XY=0\}=1$。求：(1) (X,Y) 的联合分布律；(2) X 与 Y 是否相互独立？为什么？

X	-1	0	1
p	$\frac{1}{4}$	$\frac{1}{2}$	$\frac{1}{4}$

Y	0	1
p	$\frac{1}{2}$	$\frac{1}{2}$

第 5 节　离散型随机变量函数的分布

实际问题中经常用到由一些随机变量经过运算或变换而得到的某些随机变量函数，它们也是随机变量。例如某剧院每场演出所售出门票数是一个随机变量，而票房的收入就是售出门票数的函数。本节讨论已知 X 的概率分布律，求函数 $g(X)$ 的概率分布律。或已知 (X,Y) 的概率分布律，求 $g(X,Y)$ 的概率分布律。

2.5.1　一维离散型随机变量函数的分布

若 X 是离散型随机变量，且 $Y = g(X)$，则 Y 也是一个离散型随机变量，Y 的分布律可由 X 的分布律得到。

设 X 的分布律为

X	x_1	x_2	$\cdots$	x_n	$\cdots$
p_k	p_1	p_2	$\cdots$	p_n	$\cdots$

当 X 取某一值 x_i 时，函数 $Y = g(X)$ 的取值为 $y_i = g(x_i)$。若 y_i 互不相等，则 Y 的分布律为

Y	$g(x_1)$	$g(x_2)$	$\cdots$	$g(x_n)$	$\cdots$
p_k	p_1	p_2	$\cdots$	p_n	$\cdots$

若 y_i 不是互不相等，则应把相等的值分别合并，并相应地将其概率相加与之对应，即可得到 Y 的分布律。

例 1　设某球员在固定点投篮的命中率是 0.8，他投篮 5 次，用 X 表示进球数，则 $X \sim B(5,0.8)$，其概率分布律为

X	0	1	2	3	4	5
p	$\dfrac{1}{5^5}$	$\dfrac{20}{5^5}$	$\dfrac{160}{5^5}$	$\dfrac{640}{5^5}$	$\dfrac{1\,280}{5^5}$	$\dfrac{1\,024}{5^5}$

如果采用的计分办法是每进一球得 2 分，则该球员的得分为 $Y = 2X$，Y 的取值为 0，2，4，6，8，10。Y 的值也是这个随机试验（即该球员投篮 5 次）的结果，所以，Y 也是随机变量，那么如何求 Y 的概率分布呢？X 和 Y 的取值是一对一的关系，所以有如下等价事件：

$\{Y=0\}$ 与 $\{X=0\}$，$\{Y=2\}$ 与 $\{X=1\}$，$\{Y=4\}$ 与 $\{X=2\}$，$\cdots$，于是，$P\{Y=0\}=P\{X=0\}=\dfrac{1}{5^5}$，$P\{Y=2\}=P\{X=1\}=\dfrac{20}{5^5}$，$P\{Y=4\}=P\{X=2\}=\dfrac{160}{5^5}$，$\cdots$，从而，得 Y 的概率分布律为

Y	0	2	4	6	8	10
p	$\dfrac{1}{5^5}$	$\dfrac{20}{5^5}$	$\dfrac{160}{5^5}$	$\dfrac{640}{5^5}$	$\dfrac{1\,280}{5^5}$	$\dfrac{1\,024}{5^5}$

例 2 已知角 θ 的概率分布律为

θ	$\dfrac{\pi}{6}$	$\dfrac{\pi}{3}$	$\dfrac{\pi}{2}$	$\dfrac{2\pi}{3}$	$\dfrac{5\pi}{6}$
p	$\dfrac{1}{15}$	$\dfrac{2}{15}$	$\dfrac{5}{15}$	$\dfrac{4}{15}$	$\dfrac{3}{15}$

设 $Y=\sin\theta$，求 Y 的概率分布律。

解 Y 的取值为 $\dfrac{1}{2},\dfrac{\sqrt{3}}{2},1$，显然 Y 与 θ 不是一对一关系。例如，$Y=\dfrac{1}{2}$ 对应着 $\theta=\dfrac{\pi}{6}$，$\dfrac{5\pi}{6}$ 两个值，于是有事件的等价关系：

$$\{Y=\dfrac{1}{2}\}\ \text{等价于}\ \{X=\dfrac{\pi}{6}\ \text{或}\ X=\dfrac{5\pi}{6}\}，$$

所以有 $\quad P\{Y=\dfrac{1}{2}\}=P\{X=\dfrac{\pi}{6}\}+P\{X=\dfrac{5\pi}{6}\}=\dfrac{1}{15}+\dfrac{3}{15}=\dfrac{4}{15}$。

类似有 $\quad P\{Y=\dfrac{\sqrt{3}}{2}\}=P\{X=\dfrac{\pi}{3}\}+P\{X=\dfrac{2\pi}{3}\}=\dfrac{2}{15}+\dfrac{4}{15}=\dfrac{2}{5}$，

$$P\{Y=1\}=P\{X=\dfrac{\pi}{2}\}=\dfrac{5}{15}=\dfrac{1}{3}。$$

最后列表得 Y 的分布律为

Y	$\dfrac{1}{2}$	$\dfrac{\sqrt{3}}{2}$	1
p	$\dfrac{4}{15}$	$\dfrac{2}{5}$	$\dfrac{1}{3}$

2.5.2 二维离散型随机变量函数的分布

设 (X,Y) 是一个二维离散型随机变量,$g(x,y)$ 是实变量 x 和 y 的单值函数,这时 $Z = g(X,Y)$ 仍然是一个离散型随机变量。设 X,Y,Z 的可能取值分别为 $x_i, y_j, z_k (i,j,k = 1, 2, \cdots)$,令

$$Z_k = \{(x_i, y_j) \mid g(x_i, y_j) = z_k\}$$

则有

$$P\{Z = z_k\} = P\{(X,Y) \in Z_k\} = \sum_{(x_i, y_j) \in Z_k} P\{X = x_i, Y = y_j\} \qquad (2.20)$$

例 3 设随机变量 (X,Y) 的概率分布律为

X \ Y	-1	1	2
-1	0.25	0.1	0.3
2	0.15	0.15	0.05

求:(1) $X + Y$、(2) $X - Y$ 的概率分布律。

解 由 (X,Y) 的概率分布律得

p_{ij}	0.25	0.1	0.3	0.15	0.15	0.05
(X,Y)	$(-1,-1)$	$(-1,1)$	$(-1,2)$	$(2,-1)$	$(2,1)$	$(2,2)$
$X + Y$	-2	0	1	1	3	4
$X - Y$	0	-2	-3	3	1	0

从而得 (1) $X + Y$ 的概率分布律为

$X + Y$	-2	0	1	3	4
p	$\dfrac{5}{20}$	$\dfrac{2}{20}$	$\dfrac{9}{20}$	$\dfrac{3}{20}$	$\dfrac{1}{20}$

(2) $X - Y$ 的概率分布律为

$X - Y$	-3	-2	0	1	3
p	$\dfrac{6}{20}$	$\dfrac{2}{20}$	$\dfrac{6}{20}$	$\dfrac{3}{20}$	$\dfrac{3}{20}$

例 4 设随机变量 X,Y 的概率分布律为

X	0	1	2
p	0.5	0.3	0.2

Y	0	2
p	0.6	0.4

且 X 与 Y 相互独立，求：(1) $X+Y$ 的概率分布律；(2) XY 的概率分布律。

解 (1) 求 $X+Y$ 取各可能值的概率：

$P\{X+Y=0\} = P\{X=0,Y=0\} = P\{X=0\} \cdot P\{Y=0\} = 0.5 \times 0.6 = 0.3,$

$P\{X+Y=1\} = P\{X=1,Y=0\} = P\{X=1\} \cdot P\{Y=0\} = 0.3 \times 0.6 = 0.18,$

$P\{X+Y=2\} = P\{X=0,Y=2\} + P\{X=2,Y=0\}$
$\qquad\qquad\quad = P\{X=0\} \cdot P\{Y=2\} + P\{X=2\} \cdot P\{Y=0\}$
$\qquad\qquad\quad = 0.5 \times 0.4 + 0.2 \times 0.6 = 0.32,$

$P\{X+Y=3\} = P\{X=1,Y=2\} = P\{X=1\} \cdot P\{Y=2\} = 0.3 \times 0.4 = 0.12,$

$P\{X+Y=4\} = P\{X=2,Y=2\} = P\{X=2\} \cdot P\{Y=2\} = 0.2 \times 0.4 = 0.08,$

所以 $X+Y$ 的概率分布律为

$X+Y$	0	1	2	3	4
p	0.30	0.18	0.32	0.12	0.08

(2) 同理可求出 XY 取各可能值的概率：

$P\{XY=0\} = P\{X=0,Y=0\} + P\{X=0,Y=2\} + P\{X=1,Y=0\} + P\{X=2,Y=0\} = 0.80,$

$P\{XY=2\} = P\{X=1,Y=2\} = P\{X=1\} \cdot P\{Y=2\} = 0.12,$

$P\{XY=4\} = P\{X=2,Y=2\} = P\{X=2\} \cdot P\{Y=2\} = 0.08,$

所以 XY 的概率分布律为

XY	0	2	4
p	0.80	0.12	0.08

例5 设随机变量 X,Y 相互独立，都服从相同的两点分布，求 $\max(X,Y)$，$\min(X,Y)$ 的分布律。

X	0	1
p_i	$1-p$	p

解 $\max(X,Y)$ 取值为 0，1。

$P\{\max(X,Y)=0\} = P\{X=0,Y=0\} = (1-p)^2$，因此，$\max(X,Y)$ 的分布律为

max (X,Y)	0	1
p_i	$(1-p)^2$	$1-(1-p)^2$

同理得，min (X,Y) 的分布律为

min (X,Y)	0	1
p_i	$1-p^2$	p^2

2.5.3 离散型随机变量的可加性

设相互独立的随机变量 X,Y 都服从某种分布，若它们的和 $X+Y$ 也服从同一分布（参数有所不同），就说该分布具有可加性。此概念可以推广到多个随机变量的和。

定理1（离散型卷积公式） 设 X,Y 是相互独立的离散型随机变量，其可能取值均为 $k=0,1,2,\cdots$，则 $Z=X+Y$ 有分布律

$$P\{Z=k\} = \sum_{i=0}^{k} P\{X=i\}P\{Y=k-i\}, k=0,1,2,\cdots \tag{2.21}$$

证明 显然 Z 的可能取值为 $0,1,2,\cdots$，对每个 $k=0,1,2,\cdots$，有

$$P\{Z=k\} = P\{X+Y=k\} = \sum_{i=0}^{k} P\{X=i, Y=k-i\}。$$

由于 X,Y 相互独立，所以

$$P\{Z=k\} = \sum_{i=0}^{k} P\{X=i\}P\{Y=k-i\}。$$

定理2（二项分布的可加性） 设 X,Y 相互独立，且 $X \sim B(m,p)$，$Y \sim B(n,p)$，则
$$Z = X+Y \sim B(m+n,p)。$$

证明 由二项分布的概率公式和定理1，得

$$P\{Z=k\} = \sum_{i=0}^{k} P\{X=i\}P\{Y=k-i\} = \sum_{i=0}^{k} C_m^i p^i q^{m-i} \cdot C_n^{k-i} p^{k-i} q^{n-k+i}$$

$$= \sum_{i=0}^{k} C_m^i C_n^{k-i} p^k q^{m+n-k} = C_{m+n}^k p^k q^{m+n-k}, k=0,1,2,\cdots,m+n。$$

这里，$q=1-p$，$\sum_{i=0}^{k} C_m^i C_n^{k-i} = C_{m+n}^k$ 为组合公式。于是，$Z \sim B(m+n,p)$。

这个结论可推广到 n 个相互独立的随机变量的情况。

推论1 设 $X_1, X_2, \cdots, X_n$ 是相互独立的随机变量，且 $X_i \sim B(n_i, p)$，$i=1,2,\cdots,n$，则

$$\sum_{i=1}^{n} X_i \sim B(\sum_{i=1}^{n} n_i, p)。$$

推论2 设 $X_1, X_2, \cdots, X_n$ 是独立同分布的随机变量，且 $X_i \sim B(1,p)$，$i=1,2,\cdots,n$，则
$$\sum_{i=1}^{n} X_i \sim B(n,p)。$$

定理3（泊松分布的可加性）　设 $X \sim P(\lambda_1)$，$Y \sim P(\lambda_2)$，且 X 与 Y 相互独立，则
$$Z = X + Y \sim P(\lambda_1 + \lambda_2)。$$

证明　由泊松分布的概率公式和定理3，得
$$P\{Z=k\} = \sum_{i=0}^{k} P\{X=i\} \cdot P\{Y=k-i\} = \sum_{i=0}^{k} \frac{\lambda_1^i e^{-\lambda_1}}{i!} \cdot \frac{\lambda_2^{k-i} e^{-\lambda_2}}{(k-i)!}$$

$$= \frac{e^{-(\lambda_1+\lambda_2)}}{k!} \sum_{i=0}^{k} C_k^i \lambda_1^i \lambda_2^{k-i} = \frac{(\lambda_1+\lambda_2)^k}{k!} e^{-(\lambda_1+\lambda_2)}, \quad k=0,1,2,\cdots。$$

即　$Z = X + Y \sim P(\lambda_1 + \lambda_2)$。

习题 2-5

1. 设随机变量 X 的概率分布律为

X	0	$\dfrac{\pi}{2}$	π
p	$\dfrac{1}{2}$	$\dfrac{1}{4}$	$\dfrac{1}{4}$

求：(1) $Y = \dfrac{2}{3}X + 2$；(2) $Z = \cos X$ 的概率分布律。

2. 设随机变量 X 的概率分布律为

X	-2	$-\dfrac{1}{2}$	0	2	4
p	$\dfrac{1}{8}$	$\dfrac{1}{4}$	$\dfrac{1}{8}$	$\dfrac{1}{6}$	$\dfrac{1}{3}$

求：(1) $X+2$；(2) $-X+1$；(3) X^2 的概率分布律。

3. 已知随机变量 X 的概率分布律为
$$P\{X=k\} = \frac{1}{2^{k+1}} \quad (k=0,1,2,\cdots)$$
试求 $Y = \cos(\pi X)$ 的概率分布律。

4. 随机变量 (X,Y) 的概率分布为

X \ Y	-2	-1	0
-1	$\frac{1}{12}$	$\frac{1}{12}$	$\frac{3}{12}$
$\frac{1}{2}$	$\frac{2}{12}$	$\frac{1}{12}$	0
3	$\frac{2}{12}$	0	$\frac{2}{12}$

求：(1) $X+Y$；(2) $X-Y$；(3) X^2+Y-2 的概率分布。

5. 设随机变量 (X,Y) 的联合分布律如右表所示，求 $Z=X+Y$ 的分布律。

X \ Y	0	1	2
0	p_{00}	p_{01}	p_{02}
1	p_{10}	p_{11}	p_{12}

6. 设随机变量 X,Y 独立都服从二项分布，参数分别为 $(n,p),(m,p)$，求 $Z=X+Y$ 的分布律。

第6节* 条件分布

设 (X,Y) 是二维离散型随机变量，其概率分布律为
$$P\{X=x_i, Y=y_j\} = p_{ij}, i,j=1,2,\cdots。$$
X 和 Y 的边沿概率分布律分别为

$$P\{X=x_i\} = p_{i\cdot} = \sum_{j=1}^{\infty} p_{ij}, i=1,2,\cdots; P\{Y=y_j\} = p_{\cdot j} = \sum_{i=1}^{\infty} p_{ij}, j=1,2,\cdots。$$

设 $p_{i\cdot} > 0, p_{\cdot j} > 0$，考虑在事件 $\{Y=y_j\}$ 已发生的条件下事件 $\{X=x_i\}$ 发生的概率，即研究事件 $\{X=x_i \mid Y=y_j\} (i=1,2,\cdots)$ 的概率。由条件概率公式，可得

$$P\{X=x_i \mid Y=y_j\} = \frac{P\{X=x_i, Y=y_j\}}{P\{Y=y_j\}} = \frac{p_{ij}}{p_{\cdot j}}, i=1,2,\cdots。$$

易知上述条件概率具有概率分布律的性质：

(1) $P\{X=x_i \mid Y=y_j\} \geqslant 0$；

(2) $\sum_{i=1}^{\infty} P\{X=x_i \mid Y=y_j\} = \sum_{i=1}^{\infty} \frac{p_{ij}}{p_{\cdot j}} = \frac{1}{p_{\cdot j}} \sum_{i=1}^{\infty} p_{ij} = \frac{p_{\cdot j}}{p_{\cdot j}} = 1$。

这说明 $P\{X=x_i \mid Y=y_j\} (i=1,2,\cdots)$ 具有分布律的两个性质。事实上，$P\{X=x_i \mid Y=y_j\} (i=1,2,\cdots)$ 确实是一个分布律，它描述了在 $\{Y=y_j\}$ 的条件下随机

变量 X 的统计规律。一般说来这个分布律与 X 原来的分布律不同,称为条件分布律。于是引入以下定义。

定义 1 设 (X,Y) 是二维离散型随机变量,对于固定的 j,若 $P\{Y = y_j\} > 0$,则称

$$P\{X = x_i | Y = y_j\} = \frac{P\{X = x_i, Y = y_j\}}{P\{Y = y_j\}} = \frac{p_{ij}}{p_{\cdot j}}, i = 1,2,\cdots \quad (2.22)$$

为在 $Y = y_j$ 条件下随机变量 X 的**条件分布律**,记作 $p_{i|j}$。

同样,对于固定的 i,若 $P\{X = x_i\} > 0$,则称

$$P\{Y = y_j | X = x_i\} = \frac{P\{X = x_i, Y = y_j\}}{P\{X = x_i\}} = \frac{p_{ij}}{p_{i\cdot}}, j = 1,2,\cdots \quad (2.23)$$

为在 $X = x_i$ 条件下随机变量 Y 的**条件分布律**,记作 $p_{j|i}$。

特别地,当 X,Y 相互独立时,有 $p_{i|j} = p_{i\cdot}, p_{j|i} = p_{\cdot j}$。

例 1 设二维离散型随机变量 (X,Y) 的联合概率分布律和边沿概率分布律为

X \ Y	-1	1	2	$p_{i\cdot}$
0	$\frac{1}{12}$	0	$\frac{3}{12}$	$\frac{1}{3}$
$\frac{3}{2}$	$\frac{2}{12}$	$\frac{1}{12}$	$\frac{1}{12}$	$\frac{1}{3}$
2	$\frac{3}{12}$	$\frac{1}{12}$	0	$\frac{1}{3}$
$p_{\cdot j}$	$\frac{1}{2}$	$\frac{1}{6}$	$\frac{1}{3}$	1

求 (X,Y) 关于 X,Y 条件概率分布律。

解 因为,$P\{Y = -1\} = \frac{1}{2}, P\{Y = 1\} = \frac{1}{6}, P\{Y = 2\} = \frac{1}{3}$,所以,由上述各式得 X 的各条件概率分布律分别为

$\{Y = -1\}$			
X	0	$\frac{3}{2}$	2
概率	$\frac{1}{6}$	$\frac{1}{3}$	$\frac{1}{2}$

$\{Y = 1\}$			
X	0	$\frac{3}{2}$	2
概率	0	$\frac{1}{2}$	$\frac{1}{2}$

$\{Y = 2\}$			
X	0	$\frac{3}{2}$	2
概率	$\frac{3}{4}$	$\frac{1}{4}$	0

因为，$P\{X=0\} = \frac{1}{3}, P\{X=\frac{3}{2}\} = \frac{1}{3}, P\{X=2\} = \frac{1}{3}$，则关于 Y 的各条件分布律分别为

$\{X=0\}$			
Y	-1	1	2
概率	$\frac{1}{4}$	0	$\frac{3}{4}$

$\{X=\frac{3}{2}\}$			
Y	-1	1	2
概率	$\frac{1}{2}$	$\frac{1}{4}$	$\frac{1}{4}$

$\{X=2\}$			
Y	-1	1	2
概率	$\frac{3}{4}$	$\frac{1}{4}$	0

例 2 假设一大型设备在任何长为 t 的时间内发生故障的次数 $N(t)$ 服从参数为 λt 的泊松分布。(1) 求相继两次故障之间的时间间隔 T 的分布函数；(2) 求在设备已经无故障运行 8 小时的情况下，再无故障运行 8 小时的概率。

解 由题意可知，$N(t) \sim P(\lambda t)$，事件"$N(t) = k$"表示在长度为 t 时间内出故障 k 次，设 T 的分布函数为 $F_T(t)$。

(1) 当 $t \leq 0$ 时，$F_T(t) = P\{T \leq t\} = 0$；

当 $t > 0$ 时，事件 $\{T > t\}$ 表示设备在时间区间 $[0, t]$ 内无故障，即等价于 $\{N(t) = 0\}$，所以有

$$F_T(t) = P\{T \leq t\} = 1 - P\{T > t\} = 1 - P\{N(t) = 0\} = 1 - \frac{(\lambda t)^0 e^{-\lambda t}}{0!} = 1 - e^{-\lambda t}.$$

从而

$$F_T(t) = \begin{cases} 1 - e^{-\lambda t}, & t > 0, \\ 0, & t \leq 0. \end{cases}$$

是 T 的分布函数。

(2) 由条件概率的定义知

$$p = P\{T > 16 \mid T > 8\} = \frac{P\{T > 16, T > 8\}}{P\{T > 8\}} = \frac{P\{T > 16\}}{P\{T > 8\}} = \frac{1 - F_T(16)}{1 - F_T(8)} = e^{-8\lambda}.$$

复习参考题二（A）

1. 一口袋中有五只乒乓球，编号为 1，2，3，4，5，在其中同时取 3 只，以 X 表示取出的 3 只球中的最大号码，写出随机变量 X 的概率分布律。

2. 设 15 只同类型的零件中有 2 只是次品，在其中取三次，每次任取一只，作不放回抽样，以 X 表示取出次品的个数，求 X 的概率分布律。

3. 10 枚硬币随机的丢在桌上，求正面向上的硬币个数的概率分布。

4. 某射手有五发子弹，射一次，命中的概率为 0.9，如果命中了就停止射击，如果不命中就一直射到子弹用尽，求耗用子弹数 X 的概率分布律。

5. 设有 8 000 000 个质点散布在容积为 2 000 立方米的一个水池中，每个质点在水池的各点处是等可能的，且每个质点所处的位置与其余质点所处的位置相互独立，求从这水池中任取的 1 升水中所含有的质点个数 X 的概率分布的近似表达式。

6. 若随机变量 X 服从二点分布，且 $P\{X=1\}=2P\{X=0\}$，求 X 的分布律。

7. 设随机变量 X 的分布律为

X	-1	0	1	2	3
p	0.25	0.15	a	0.35	b

问：(1) a,b 应满足什么条件？(2) 当 $a=0.2$ 时，求 b。并求 $P\{X^2>1\}, P\{X\leq 0\}, P\{X=1.2\}$；$X$ 的分布函数 $F(x)$；(3) $Y=X^2-1$ 的分布律。

8. 每次射击中靶的概率为 0.7，射击 10 炮，求：(1) 最可能命中几炮？(2) 命中 3 炮的概率；(3) 至少命中三炮的概率。

9. 一电话交换台每分钟的呼唤次数 $X \sim P(4)$，求：(1) 每分钟恰有 8 次呼唤的概率；(2) 每分钟的呼唤次数大于 2 的概率。

10. 用随机变量 X 表示球形珠直径的测量值，其分布列如下表，求体积 Y 的分布列。

X	1	2	3	4
p	0.15	0.35	0.4	0.1

复习参考题二（B）

11. 一整数 X 随机地在 1，2，3，4 四个整数中取一个值，另一个整数 Y 随机地在 $1 \sim X$ 中取一个值，试求 (X,Y) 的联合概率分布及边沿概率分布。

12. (2001 年考研题) 设某班车起点站上乘客人数 X 服从参数为 $\lambda(\lambda>0)$ 的泊松分布，每位乘客在中途下车的概率为 $p(0<p<1)$，且中途下车与否相互独立，以 Y 表示在中途下车的人数。求：
(1) 在发车时有 n 个乘客的条件下，中途有 m 人下车的概率；
(2) 二维随机变量 (X,Y) 的概率分布。

13. 设 A,B 为随机事件，且 $P(A)=\dfrac{1}{4}, P(B|A)=\dfrac{1}{3}, P(A|B)=\dfrac{1}{2}$，令

$$X=\begin{cases}1, & A\text{ 发生},\\ 0, & A\text{ 不发生}.\end{cases} \qquad Y=\begin{cases}1, & B\text{ 发生},\\ 0, & B\text{ 不发生}.\end{cases}$$

求：(X,Y) 的概率分布。

14. (1999 年考研题) 设随机变量 X 与 Y 相互独立。下表列出了二维随机变量 (X,Y) 的联合分布律及关于 X 和关于 Y 的边沿分布律中的部分数值，试将其余数值填入表中空白处。

X \ Y	y_1	y_2	y_3	$p_{i\cdot}$
x_1	$\frac{1}{8}$	$\frac{1}{8}$		
x_2				
$p_{\cdot j}$	$\frac{1}{6}$			1

15. 假设一部机器在一个工作日内因故停用的概率为 0.2。一周使用 5 个工作日可创利润 10 万元；使用 4 个工作日可创利润 7 万元；使用 3 个工作日只创利润 2 万元；停用 3 天及多于 3 天亏损 2 万元。求一部机器一周所创利润的概率分布。

第 3 章
连续型随机变量

在上一章中介绍了离散型随机变量及其分布。但是,有些随机变量是非离散的,它可能取值于某个区间内的一切值,例如测量的误差、水位的高低、温度的变化等。在非离散型随机变量中,最普遍、最重要的是连续型随机变量。本章主要介绍连续型随机变量及其分布。

第 1 节 一维连续型随机变量及其分布

连续型随机变量是在某个区间上连续取值的。它的概率分布不可能像离散型随机变量那样用分布律描述,必须采用适合于连续型随机变量的描述方法。

3.1.1 一维连续型随机变量的概率密度函数

定义 1 设随机变量 X 的分布函数为 $F(x)$,如果存在非负函数 $p(x)$,使得对于任意实数 x 有

$$F(x) = \int_{-\infty}^{x} p(t) \mathrm{d}t, \tag{3.1}$$

则称 X 为连续型随机变量,其中 $p(x)$ 称为 X 的**概率密度函数**,简称为**概率密度**或**密度**。

概率密度函数 $p(x)$ 满足条件

$$(1)\ p(x) \geqslant 0; \qquad (2) \int_{-\infty}^{+\infty} p(x) \mathrm{d}x = 1。 \tag{3.2}$$

如图 3-1,$p(x)$ 为图中的曲线,$F(x)$ 表示曲线下 x 左边与 x 轴所围图形的面积,曲线

与 x 轴之间的整个面积为 1。

连续型随机变量的分布函数满足第 2 章 2.2.2 中的各条性质。除此之外连续型随机变量还具有下面几条不同于离散型随机变量的性质。

(3) $F(x)$ 是连续函数；

(4) 若 $p(x)$ 在点 x 处连续，则 $F'(x) = p(x)$；

(5) $P\{a < X \leq b\} = F(b) - F(a) = \int_a^b p(x)\,\mathrm{d}x$；

由 (4) 知，在 $p(x)$ 的连续点处有

$$F'(x) = \lim_{\Delta x \to 0^+} \frac{F(x + \Delta x) - F(x)}{\Delta x} = \lim_{\Delta x \to 0^+} \frac{P\{x < X \leq x + \Delta x\}}{\Delta x}$$

$$= \lim_{\Delta x \to 0^+} \frac{\int_{-\infty}^{x+\Delta x} p(t)\,\mathrm{d}t - \int_{-\infty}^{x} p(t)\,\mathrm{d}t}{\Delta x} = \lim_{\Delta x \to 0^+} \frac{\int_x^{x+\Delta x} p(t)\,\mathrm{d}t}{\Delta x}$$

$$= \lim_{\Delta x \to 0^+} \frac{p(x + \theta \Delta x)\Delta x}{\Delta x} = p(x) \quad (0 < \theta < 1)。$$

由性质 (5) 知，X 取值落在区间 $(a,b]$ 上的概率 $P\{a < X \leq b\}$ 等于曲线 $y = p(x)$ 在区间 $(a,b]$ 上与 x 轴所围的曲边梯形的面积（如图 3-2 所示）。

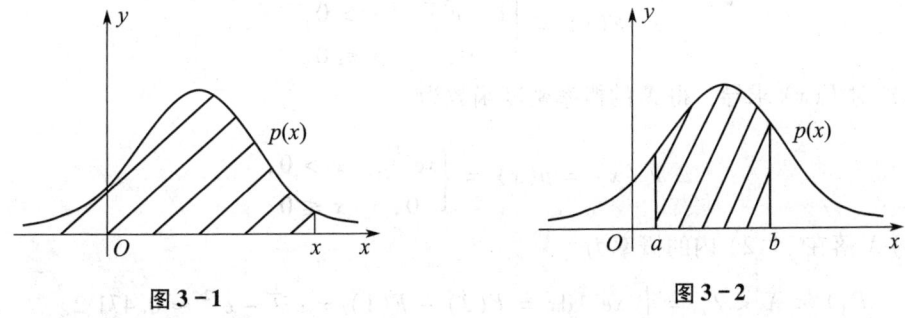

图 3-1　　　　　　　　　　　　图 3-2

(6) 连续型随机变量 X 取任何特定值 a 的概率为 0，即 $P\{X = a\} = 0$。

事实上，由不等式

$$0 \leq P\{X = a\} \leq P\{a - \Delta x < X \leq a\} = F(a) - F(a - \Delta x)$$

及 $F(x)$ 的连续性，令 $\Delta x \to 0$，即得 $P\{X = a\} = 0$，

因此，在计算连续型随机变量落在某一区间的概率时，可以不必区分是否包括区间端点，即

$$P\{a < X < b\} = P\{a < X \leq b\} = P\{a \leq X < b\} = P\{a \leq X \leq b\}。$$

例 1　设连续型随机变量 X 的概率密度函数为

$$p(x) = \begin{cases} ke^{-3x}, & x > 0, \\ 0, & x \leq 0. \end{cases}$$

试确定 k，并求 $P\{X > 1\}$。

解 因 $\int_{-\infty}^{+\infty} p(x)\mathrm{d}x = 1$，即 $\int_{0}^{+\infty} ke^{-3x}\mathrm{d}x = 1$，解得 $k = 3$；于是 X 的概率密度函数为

$$p(x) = \begin{cases} 3e^{-3x}, & x > 0, \\ 0, & x \leq 0. \end{cases}$$

所以 $P\{X > 1\} = 1 - P\{X \leq 1\} = 1 - \int_{-\infty}^{1} p(x)\mathrm{d}x = 1 - \int_{0}^{1} 3e^{-3x}\mathrm{d}x = e^{-3} \approx 0.0498$。

例 2 设连续型随机变量 X 的分布函数为

$$F(x) = \begin{cases} A + Be^{-\frac{x^2}{2}}, & x > 0, \\ 0, & x \leq 0. \end{cases}$$

求：(1) 系数 A, B；(2) 概率密度函数 $p(x)$；(3) X 落在 $(1,2)$ 内的概率。

解 (1) 因为 $F(+\infty) = 1$，所以有 $\lim\limits_{x \to +\infty}(A + Be^{-\frac{x^2}{2}}) = 1$，于是 $A = 1$，又因为 $\lim\limits_{x \to 0^-} F(x) = 0 = \lim\limits_{x \to 0^+} F(x) = A + B$，所以 $B = -A = -1$，即

$$F(x) = \begin{cases} 1 - e^{-\frac{x^2}{2}}, & x > 0, \\ 0, & x \leq 0. \end{cases}$$

(2) 对 $F(x)$ 求导，得 X 的概率密度函数为

$$F'(x) = p(x) = \begin{cases} xe^{-\frac{x^2}{2}}, & x > 0, \\ 0, & x \leq 0. \end{cases}$$

(3) X 落在 $(1,2)$ 内的概率为

$$P\{1 < X < 2\} = \int_{1}^{2} xe^{-\frac{x^2}{2}}\mathrm{d}x = F(2) - F(1) = e^{-\frac{1}{2}} - e^{-2} \approx 0.4712.$$

例 3 设随机变量 X 的概率密度函数为

$$p(x) = \begin{cases} 0, & x < 0 \text{ 或 } x \geq 1, \\ 2x, & 0 \leq x < 0.5, \\ 6 - 6x, & 0.5 \leq x < 1. \end{cases}$$

求随机变量 X 的分布函数。

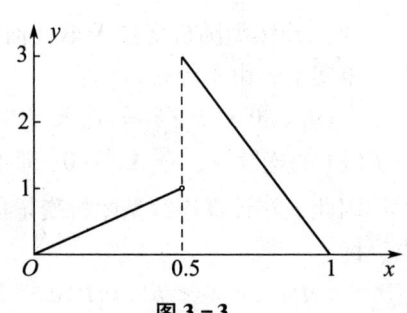

图 3-3

解 $p(x)$ 的图形如图 3-3 所示，它在 $x = 0.5$ 处有一间断点。由 (3.1) 式知，

当 $x < 0$ 时，$F(x) = \int_{-\infty}^{x} 0 \mathrm{d}x = 0$；

当 $0 \leq x < 0.5$ 时，$F(x) = \int_{-\infty}^{0} 0 \mathrm{d}x + \int_{0}^{x} 2x \mathrm{d}x = x^2$；

当 $0.5 \leq x < 1$ 时，$F(x) = \int_{-\infty}^{0} 0 \mathrm{d}x + \int_{0}^{0.5} 2x \mathrm{d}x + \int_{0.5}^{x} (6-6x) \mathrm{d}x = 6x - 3x^2 - 2$；

当 $x \geq 1$ 时，$F(x) = \int_{-\infty}^{0} 0 \mathrm{d}x + \int_{0}^{0.5} 2x \mathrm{d}x + \int_{0.5}^{1} (6-6x) \mathrm{d}x + \int_{1}^{x} 0 \mathrm{d}x = 1$。

从而得

$$F(x) = \begin{cases} 0, & x < 0, \\ x^2, & 0 \leq x < 0.5, \\ 6x - 3x^2 - 2, & 0.5 \leq x < 1, \\ 1, & x \geq 1。 \end{cases}$$

$F(x)$ 的图形如图 3-4 所示，可见其是一个连续函数。

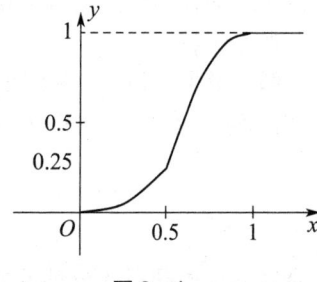

图 3-4

3.1.2 几种常见连续型随机变量的分布

1 均匀分布

如果随机变量 X 的概率密度函数为

$$p(x) = \begin{cases} \dfrac{1}{b-a}, & a \leq x \leq b, \\ 0, & \text{其他}。 \end{cases}$$

则称 X 在区间 $[a,b]$ 上服从**均匀分布**。

设随机变量 X 在区间 $[a,b]$ 上服从均匀分布，则有

（1）X 落在 $[a,b]$ 中任意一小区间 $[c,d]$（$a \leq c < d \leq b$）上的概率为

$$P\{c \leq X \leq d\} = \int_{c}^{d} p(x) \mathrm{d}x = \int_{c}^{d} \frac{1}{b-a} \mathrm{d}x = \frac{d-c}{b-a}。$$

此式表明：X 落在 $[a,b]$ 内任意小区间 $[c,d]$ 上的概率与该小区间的长度 $(d-c)$ 成正比，而与该小区间的位置无关，即它具有这种意义的等可能性：它落在 $[a,b]$ 内任意等长的小区间上的可能性是相同的。

（2）$P\{X < a\} = P\{X > b\} = 0$。

由概率密度函数可得 X 的分布函数为

$$F(x) = \begin{cases} 0, & x < a, \\ \dfrac{x-a}{b-a}, & a \leq x < b, \\ 1, & x \geq b。 \end{cases}$$

$p(x)$ 与 $F(x)$ 的图形分别如图 3-5 所示。

均匀分布所描述的问题属于几何概型。常见于下列情形：某一事件等可能地在某一时段发生，定点计算的舍入误差，计算机产生的随机数等通常都服从均匀分布。

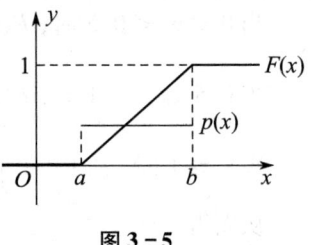

图 3-5

例 4 公共汽车站每隔 5 分钟有一辆汽车通过，乘客到达汽车站的任一时刻是等可能的，求乘客候车的时间不超过 3 分钟的概率。

解 设乘客到达公共汽车站的时刻为 t，他到站后来到站的第一辆公共汽车到达时刻为 t_0。由题意，t 在时间区间 $[t_0-5, t_0]$ 内服从均匀分布，于是随机变量 t 的分布密度函数为

$$p(t) = \begin{cases} \dfrac{1}{5}, & t_0 - 5 \leqslant t \leqslant t_0, \\ 0, & 其他。 \end{cases}$$

则乘客候车不超过 3 分钟的概率，即 t 落在区间 $[t_0-3, t_0]$ 内的概率为

$$P\{t_0 - 3 \leqslant t \leqslant t_0\} = \int_{t_0-3}^{t_0} \frac{1}{5} \mathrm{d}t = \frac{3}{5} = 0.6。$$

例 5 在一个均匀陀螺的圆周上均匀地刻上区间 $[0,1)$ 上诸数字。旋转这陀螺，求它停下时其圆周上触及桌面的点的刻度 X 的分布函数。

解 由题意知 X 在区间 $[0,1)$ 内服从均匀分布，所以在 $[0,1)$ 内任一个区间 $[a,b)$，有

$$P\{a \leqslant X \leqslant b\} = \frac{b-a}{1-0} = b - a,$$

故 X 的分布函数为

$$F(x) = \begin{cases} 0, & x < 0, \\ x, & 0 \leqslant x < 1, \\ 1, & x \geqslant 1。 \end{cases}$$

2 指数分布

若连续型随机变量 X 的概率密度函数为

$$p(x) = \begin{cases} \lambda e^{-\lambda x}, & x > 0, \\ 0, & x \leqslant 0。 \end{cases}$$

其中 $\lambda > 0$ 为常数，则称 X 服从**参数为 λ 的指数分布**。

由概率密度函数可得 X 的分布函数为

$$F(x) = \begin{cases} 1 - e^{-\lambda x}, & x > 0, \\ 0, & x \leqslant 0。 \end{cases}$$

指数分布有着重要的应用,常用来做各种"寿命"分布的近似,例如:无线电元件的寿命,动物的寿命,电话问题中的通话时间等均可用指数分布来描述。

例 6 设随机变量 X 表示一种电灯泡的使用寿命,其分布密度函数为
$$p(x) = \frac{1}{100}e^{-\frac{x}{100}}(x \geq 0),$$
求电灯泡使用超过 100 小时的概率。

解 $P\{X > 100\} = 1 - P\{X \leq 100\} = 1 - \int_{-\infty}^{100} p(x)\mathrm{d}x = 1 - \int_{0}^{100} \frac{1}{100}e^{-\frac{x}{100}}\mathrm{d}x = e^{-1} \approx 0.368$。

3 正态分布

如果随机变量 X 的概率密度函数为
$$p(x) = \frac{1}{\sqrt{2\pi}\sigma}e^{-\frac{(x-\mu)^2}{2\sigma^2}}, (-\infty < x < +\infty),$$
其中 $\mu, \sigma (\sigma > 0)$ 为常数,则称 X 服从**参数为 μ, σ 的正态分布或高斯(Gauss)分布**,记作 $X \sim N(\mu, \sigma^2)$。

正态分布的密度函数 $p(x)$ 的图形(如图 3-6 所示)具有下列性质:

(1) 曲线关于 $x = \mu$ 对称,这表明对于任意的 $h > 0$ 有
$$P\{\mu - h < X \leq \mu\} = P\{\mu < X \leq \mu + h\};$$

(2) 当 $x = \mu$ 时,函数 $p(x)$ 达到最大值 $p(\mu) = \frac{1}{\sqrt{2\pi}\sigma}$。

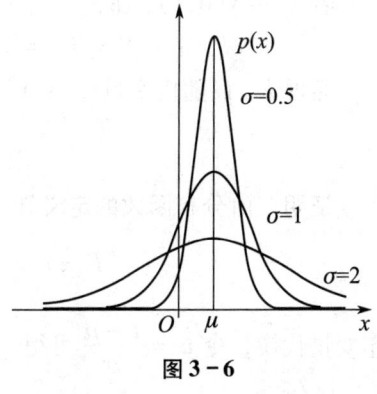

图 3-6

x 离 μ 越远,$p(x)$ 的值越小。这表明对于同样长度的区间,当区间离 μ 越远,X 落在这个区间上的概率越小。

如果固定 σ,改变 μ 的值,则 $p(x)$ 的图形沿着 Ox 轴平行移动,而不改变其形状,可见正态分布的概率密度函数 $y = p(x)$ 的位置完全由参数 μ 所确定。

如果固定 μ,改变 σ 的值,由于最大值为 $p(\mu) = \frac{1}{\sqrt{2\pi}\sigma}$,则当 σ 越小时图形变得越尖,因而,X 落在 μ 附近的概率随 σ 的增大而减小。

由概率密度函数可得 X 的分布函数为

$$F(x) = \frac{1}{\sqrt{2\pi}\sigma} \int_{-\infty}^{x} e^{-\frac{(t-\mu)^2}{2\sigma^2}} dt, x \in (-\infty, +\infty)。$$

它的图形如图 3-7 所示。

参数 $\mu = 0, \sigma = 1$ 时的正态分布称为**标准正态分布**，记为 $X \sim N(0,1)$，它的概率密度函数为 $\varphi(x) = \frac{1}{\sqrt{2\pi}} e^{-\frac{x^2}{2}}$，分布函数为 $\Phi(x) = \frac{1}{\sqrt{2\pi}} \int_{-\infty}^{x} e^{-\frac{t^2}{2}} dt$。

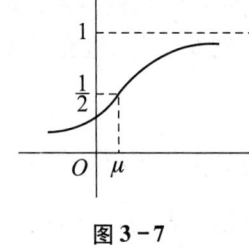

图 3-7

分布函数 $\Phi(x)$ 有以下性质：

(1) $\Phi(-x) = 1 - \Phi(x)$；(2) $\Phi(0) = 0.5$。

本书末附有标准正态分布的函数值表，可以从表中查出服从 $N(0,1)$ 的随机变量 X 小于指定值 x（$x > 0$）的概率 $P\{X \leq x\} = \Phi(x)$。

事实上，当 $x < 0$ 时，由于 $\varphi(x)$ 为偶函数，所以

$$\Phi(-x) = \int_{-\infty}^{-x} \varphi(x) dx = \int_{x}^{+\infty} \varphi(x) dx = \int_{-\infty}^{+\infty} \varphi(x) dx - \int_{-\infty}^{x} \varphi(x) dx = 1 - \Phi(x)。$$

利用关系式 $\Phi(-x) = 1 - \Phi(x)$ 可以通过查表得 $\Phi(x)$ 的值，从而算出 $\Phi(-x)$ 的值。

若 $X \sim N(0,1)$，那么

$$P\{a < X \leq b\} = P\{X \leq b\} - P\{X \leq a\} = \Phi(b) - \Phi(a)。$$

定理 1 设随机变量 $X \sim N(\mu, \sigma^2)$，即 X 具有分布函数 $F(x)$，则对每个 $x \in R$ 有

$$F(x) = \Phi\left(\frac{x-\mu}{\sigma}\right)。$$

证明 由分布函数的定义知

$$F(x) = P\{X \leq x\} = \int_{-\infty}^{x} \frac{1}{\sqrt{2\pi}\sigma} e^{-\frac{(t-\mu)^2}{2\sigma^2}} dt$$

作变量代换，令 $u = \frac{t-\mu}{\sigma}$ 可得

$$F(x) = \frac{1}{\sqrt{2\pi}} \int_{-\infty}^{\frac{x-\mu}{\sigma}} e^{-\frac{u^2}{2}} du = \Phi\left(\frac{x-\mu}{\sigma}\right)。$$

由此可得

推论 若 $X \sim N(\mu, \sigma^2)$，则对每个 $a, b \in R, a < b$，有

$$P\{a < X \leq b\} = \Phi\left(\frac{b-\mu}{\sigma}\right) - \Phi\left(\frac{a-\mu}{\sigma}\right)。$$

由上可知，任何正态分布函数的计算都可化为标准正态分布函数的计算。

正态分布是最重要的概率分布。实际问题中大量随机变量服从或近似服从正态分布，

例如：人的身高、体重，农作物的收获量，海洋波浪的高度，电子管中的噪声电流、电压，热力学中理想气体分子的速度等都可认为服从正态分布，尤其误差理论中正态分布是最基本的分布，只要某一随机变量是大量相互独立的偶然因素之和，且每个因素的个别影响在总的影响中所起的作用都很微小，则可断定随机变量服从或近似服从正态分布。

例7 设 $X \sim N(0,1)$，求：(1) $P\{X \leq 2.35\}$；(2) $P\{-1.54 < X \leq 1.54\}$。

解 (1) $P\{X \leq 2.35\} = \Phi(2.35) = 0.9906$；

(2) $P\{-1.54 < X \leq 1.54\} = \Phi(1.54) - \Phi(-1.54) = \Phi(1.54) - [1 - \Phi(1.54)]$
$= 2\Phi(1.54) - 1 = 2 \times 0.9382 - 1 = 0.8764$。

例8 $X \sim N(1,4)$，求 $P\{0 < X \leq 1.6\}$。

解 $P\{0 < X \leq 1.6\} = \Phi\left(\dfrac{1.6-1}{2}\right) - \Phi\left(\dfrac{0-1}{2}\right) = \Phi(0.3) - \Phi(-0.5) = 0.6179 - 0.3085 = 0.3094$。

例9 某单位招聘155人，按考试成绩录用，共526人报名，假设报名者的考试成绩 $X \sim N(\mu, \sigma^2)$。已知90分以上12人，60分以下83名，若从高分到低分依次录取，已知录取率为0.2947，某人的成绩为78分，问此人能否被录取？

解 本题中只知道成绩 $X \sim N(\mu, \sigma^2)$，但不知 μ, σ 的值，所以必须首先求出 μ 和 σ。根据已知条件有

$$P\{X > 90\} = \dfrac{12}{526} \approx 0.0228,$$

又因为

$$P\{X \leq 90\} = F(90) = \Phi\left(\dfrac{90-\mu}{\sigma}\right) = 1 - P\{X > 90\} = 0.9772,$$

查标准正态分布表，得

$$\dfrac{90-\mu}{\sigma} \approx 2.0。 \tag{1}$$

又

$$P\{X < 60\} = \dfrac{83}{526} \approx 0.1588,$$

$$P\{X < 60\} = F(60) = \Phi\left(\dfrac{60-\mu}{\sigma}\right),$$

所以

$$\Phi\left(\dfrac{60-\mu}{\sigma}\right) \approx 0.1588, \Phi\left(\dfrac{\mu-60}{\sigma}\right) \approx 1 - 0.1588 = 0.8412,$$

查标准正态分布表，得

$$\dfrac{\mu-60}{\sigma} \approx 1.0。 \tag{2}$$

由 (1)、(2) 解出 $\mu = 70, \sigma = 10$,即 $X \sim N(70,100)$。

又 $P\{X > 78\} = 1 - P\{X \leq 78\} = 1 - F(78) = 1 - \Phi\left(\dfrac{78-70}{10}\right) = 1 - \Phi(0.8) \approx 1 - 0.7881 = 0.2119$。

因为 $0.2119 < 0.2974$(录取率),所以此人能被录取。

4 Γ-分布

如果随机变量 X 的概率密度函数为

$$p(x) = \begin{cases} \dfrac{\beta^\alpha}{\Gamma(\alpha)} x^{\alpha-1} e^{-\beta x}, & x > 0, \\ 0, & x \leq 0。 \end{cases} (\alpha > 0, \beta > 0),$$

其中 $\Gamma(\alpha) = \int_0^{+\infty} x^{\alpha-1} e^{-x} dx$,则称 X 服从**参数为 α, β 的 Γ 分布**,记为 $X \sim \Gamma(\alpha, \beta)$。其分布函数为

$$F(x) = \begin{cases} \int_0^x \dfrac{\beta^\alpha}{\Gamma(\alpha)} x^{\alpha-1} e^{-\beta x} dx, & x > 0, \\ 0, & x \leq 0。 \end{cases}$$

Γ-分布在概率论和数理统计中有不少应用,尤其当 $\alpha = 1$ 时,Γ 分布化为指数分布;当 $\alpha = \dfrac{n}{2}, \beta = \dfrac{1}{2}$ 时,Γ-分布称为 χ^2 分布。

习题 3-1

1. 设 X 在 (a,b) 上服从均匀分布,其概率密度函数为

$$p(x) = \begin{cases} \dfrac{1}{b-a}, & a < x < b, \\ 0, & 其他。 \end{cases}$$

试验证 $\int_{-\infty}^{+\infty} p(x) dx = 1$。

2. 设随机变量 X 的分布函数为

$$F(x) = \begin{cases} 1 - e^{-x}, & x \geq 0, \\ 0, & x < 0。 \end{cases}$$

求:(1) $P\{X \leq 2\}$;(2) $P\{X > 3\}$;(3) 概率密度函数 $p(x)$。

3. 设随机变量 X 的概率密度函数为

$$p(x) = \begin{cases} x, & 0 \leq x < 1, \\ 2-x, & 1 \leq x \leq 2, \\ 0, & 其他。 \end{cases}$$

求 X 的分布函数 $F(x)$，并作出 $p(x)$ 及 $F(x)$ 的图形。

4. 随机变量 X 的概率密度函数为

$$p(x) = \begin{cases} a\cos x, & |x| \leq \dfrac{\pi}{2}, \\ 0, & \text{其他。} \end{cases}$$

试求 a；并求 $P\left\{0 \leq X \leq \dfrac{\pi}{4}\right\}$。

5. 已知连续型随机变量 X 的分布函数为

$$F(x) = \begin{cases} 0, & x \leq -a, \\ A + B\arcsin x, & |x| < a, \\ 1, & x \geq a。 \end{cases}$$

其中 $0 < a \leq 1$ 是已知常数，求：(1) A, B；(2) X 的概率密度函数。

6. 设 $X \sim N(0,1)$，求：(1) $P\{X < 2.2\}$；(2) $P\{X > 1.76\}$；(3) $P\{X < -0.78\}$。

7. 设 $X \sim N(-1,16)$，求：(1) $P\{X < 2.44\}$；(2) $P\{X > -1.5\}$；(3) $P\{|X| < 4\}$。

8. 设 $X \sim N(3, 2^2)$，求：(1) $P\{2 < X \leq 5\}, P\{-4 < X \leq 10\}, P\{X > 3\}$，(2) 确定 c，使得 $P\{X > c\} = P\{X \leq c\}$；(3) 设 d 满足 $P\{X > d\} \geq 0.9$，问 d 至多为多少？

第2节　二维连续型随机变量的联合分布

3.2.1　二维连续型随机变量及分布

与一维连续型随机变量类似，有下列概念。

定义 2　设 (X,Y) 为二维随机变量，其分布函数为 $F(x,y)$，若存在非负函数 $p(x,y)$，使对于任意的实数对 (x,y)，有

$$F(x,y) = \int_{-\infty}^{y}\int_{-\infty}^{x} p(u,v)\mathrm{d}u\mathrm{d}v, \tag{3.3}$$

则称 (X,Y) 为**二维连续型随机变量**，称函数 $p(x,y)$ 为二维连续型随机变量 (X,Y) 的**概率密度函数**，或称为随机变量 X 与 Y 的**联合概率密度函数**。

由定义知，二维连续型随机变量 (X,Y) 的联合概率密度函数具有以下性质：

(1) $p(x,y) \geq 0$；

(2) $\int_{-\infty}^{+\infty}\int_{-\infty}^{+\infty} p(x,y)\mathrm{d}x\mathrm{d}y = F(+\infty, +\infty) = 1$；

(3) 若 $p(x,y)$ 在点 (x,y) 连续，则 $\dfrac{\partial^2 F(x,y)}{\partial x \partial y} = p(x,y)$；

(4) 设 D 为 xoy 平面上的一个平面区域,则二维连续型随机变量 (X,Y) 落在 D 内的概率为
$$P\{(X,Y) \in D\} = \iint_D p(x,y)\mathrm{d}x\mathrm{d}y。$$

由定义及积分上限函数的性质可得性质 1 和性质 3。

由定义及分布函数的性质可证明性质 2。事实上,
$$\int_{-\infty}^{+\infty}\int_{-\infty}^{+\infty} p(x,y)\mathrm{d}x\mathrm{d}y = \lim_{\substack{x\to+\infty\\y\to+\infty}}\int_{-\infty}^{x}\int_{-\infty}^{y} p(u,v)\mathrm{d}v\mathrm{d}u = \lim_{\substack{x\to+\infty\\y\to+\infty}} F(x,y) = 1。$$

性质 4 利用高等数学知识可以得到证明。

几何上, $z = p(x,y)$ 表示空间的一个曲面。则性质 2 的几何解释为:介于曲面 $z = p(x,y)$ 和 xoy 平面之间的全部体积等于 1;性质 4 中 $P\{(X,Y) \in D\}$ 的值等于以 D 为底,以曲面 $z = p(x,y)$ 为顶的曲顶柱体的体积。

例 1 设二维随机变量 (X,Y) 具有概率密度函数为
$$p(x,y) = \begin{cases} 2e^{-(2x+y)}, & x > 0, y > 0, \\ 0, & \text{其他}。\end{cases}$$

求:(1) 分布函数 $F(x,y)$;(2) 概率 $P\{Y \leq X\}$。

解 (1) $F(x,y) = \int_{-\infty}^{y}\int_{-\infty}^{x} p(u,v)\mathrm{d}u\mathrm{d}v = \begin{cases} \int_{0}^{y}\mathrm{d}v\int_{0}^{x} 2e^{-(2u+v)}\mathrm{d}u, & x > 0, y > 0, \\ 0, & \text{其他}。\end{cases}$

即 $F(x,y) = \begin{cases} (1-e^{-2x})(1-e^{-y}), & x > 0, y > 0, \\ 0, & \text{其他}。\end{cases}$

(2) 将 (X,Y) 看作平面上随机点的坐标,即有 $\{Y \leq X\} = \{(X,Y) \in D\}$,其中 D 为 xoy 平面上直线 $y = x$ 下方的部分,如图 3-8 所示,则
$$P\{Y \leq X\} = P\{(X,Y) \in D\} = \iint_D p(x,y)\mathrm{d}x\mathrm{d}y$$
$$= \int_{0}^{+\infty}\mathrm{d}y\int_{y}^{+\infty} 2e^{-(2x+y)}\mathrm{d}x = \frac{1}{3}。$$

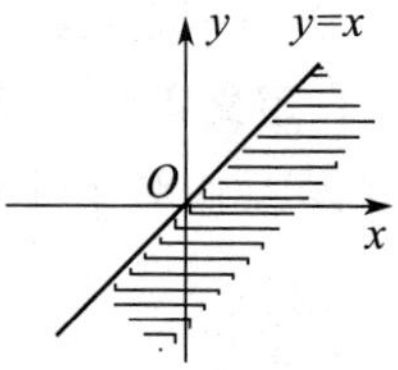

例 2 设 D 为平面上的有界区域,其面积为 S,二维随机变量 (X,Y) 的概率密度函数为

图 3-8

$$p(x,y) = \begin{cases} A, & (x,y) \in D, \\ 0, & \text{其他}。\end{cases}$$

求待定系数 A。

解 由二维随机变量概率密度函数的性质得

$$\int_{-\infty}^{+\infty}\int_{-\infty}^{+\infty} p(x,y)\mathrm{d}x\mathrm{d}y = \iint_D A\mathrm{d}x\mathrm{d}y = A \cdot S = 1,$$

所以，$A = \dfrac{1}{S}$。

例 2 所给的分布是均匀分布，是二维连续型随机变量中一种常见的分布。

3.2.2 二维均匀分布及二维正态分布

定义 2 设 D 为平面上的有界区域，其面积为 S，若二维随机变量 (X,Y) 的概率密度函数为 $p(x,y) = \begin{cases} \dfrac{1}{S}, & (x,y) \in D, \\ 0, & 其他。\end{cases}$ 则称随机变量 (X,Y) 服从区域 D 上的**均匀分布**。

定义 3 若二维随机变量 (X,Y) 的概率密度函数为

$$p(x,y) = \frac{1}{2\pi\sigma_1\sigma_2\sqrt{1-\rho^2}} e^{\frac{-1}{2(1-\rho^2)}\left[\frac{(x-\mu_1)^2}{\sigma_1^2} - 2\rho\frac{(x-\mu_1)(y-\mu_2)}{\sigma_1\sigma_2} + \frac{(y-\mu_2)^2}{\sigma_2^2}\right]},$$

这里 $-\infty < x,y < +\infty$。其中 $\mu_1,\mu_2,\sigma_1,\sigma_2,\rho$ 都是常数，且 $\mu_1,\mu_2 \in R, \sigma_1 > 0, \sigma_2 > 0, |\rho| < 1$，则称二维随机变量 (X,Y) 服从参数为 $\mu_1,\mu_2,\sigma_1,\sigma_2,\rho$ 的**二维正态分布**，记作 $(X,Y) \sim N(\mu_1,\mu_2,\sigma_1^2,\sigma_2^2,\rho)$。图 3-9 给出了它的联合密度函数表示的曲面 $z = p(x,y)$ 在 $\mu_1 = \mu_2 = 0$ 的情形。

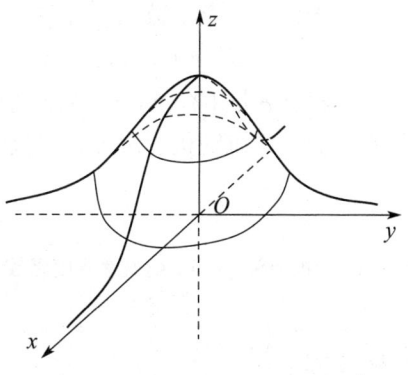

图 3-9

例 3 如图 3-10，设 $G = \{(x,y) \mid y \leq \sin x, 0 \leq x \leq \pi, y \geq 0\}$，随机变量 (X,Y) 在 G 上服从均匀分布，求 $\{Y > \dfrac{2}{\pi}X\}$ 的概率。

解 G 的面积 $= \int_0^\pi \sin x \mathrm{d}x = 2$，故得 (X,Y) 的联合密度函数

$$p(x) = \begin{cases} \dfrac{1}{2}, & (x,y) \in G, \\ 0, & 其他。\end{cases}$$

于是，设 $D = G \cap \{(x,y) \mid y > \dfrac{2}{\pi}x\}$，则有

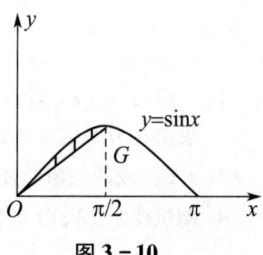

图 3-10

$$P\left\{Y > \frac{2}{\pi}X\right\} = \iint_D p(x,y)\mathrm{d}x\mathrm{d}y = \iint_D \frac{1}{2}\mathrm{d}x\mathrm{d}y = \frac{4-\pi}{8}。$$

例 4 设二维随机变量 (X,Y) 的概率密度函数为

$$p(x,y) = \begin{cases} Ce^{-(x+y)}, & x \geq 0, y \geq 0, \\ 0, & \text{其他}。 \end{cases}$$

求：(1) 常数 C；(2) 随机变量 (X,Y) 落在区域：$\{(x,y) \mid 0 < X < 1, 0 < Y < 1\}$ 内的概率。

解 (1) 由密度函数的性质可知

$$1 = \int_{-\infty}^{+\infty}\int_{-\infty}^{+\infty} p(x,y)\mathrm{d}x\mathrm{d}y = \int_0^{+\infty}\int_0^{+\infty} Ce^{-(x+y)}\mathrm{d}x\mathrm{d}y = C；$$

(2) $P\{0 < X < 1, 0 < Y < 1\} = \int_0^1\int_0^1 e^{-(x+y)}\mathrm{d}x\mathrm{d}y = (1-e^{-1})^2$。

以上关于二维随机变量的讨论可以推广到 $n(n>2)$ 维随机变量的情形。

一般地，设 E 是一个随机试验，它的基本空间为 $\Omega = \{\omega\}$，$X_1 = X_1(\omega)$，$X_2 = X_2(\omega)$，$\cdots$，$X_n = X_n(\omega)$ 是定义在 Ω 上的随机变量，由它们构成的一个 n 维向量 $(X_1, X_2, \cdots, X_n)$ 叫做 **n 维随机向量**或 **n 维随机变量**。

对于任意 n 个实数 $x_1, x_2, \cdots, x_n$，称 n 元函数

$$F(x_1, x_2, \cdots, x_n) = P\{X_1 \leq x_1, X_2 \leq x_2, \cdots, X_n \leq x_n\}$$

为 n 维随机变量 $(X_1, X_2, \cdots, X_n)$ 的**分布函数**或随机变量 $X_1, X_2, \cdots, X_n$ 的**联合分布函数**。它具有类似于二维随机变量分布函数的性质。

习题 3-2

1. 随机变量 (X,Y) 的概率密度函数为

$$p(x,y) = \begin{cases} ke^{-(3x+4y)}, & x > 0, y > 0, \\ 0, & \text{其他}。 \end{cases}$$

求：(1) 常数 k；(2) (X,Y) 的分布函数；(3) $P\{0 < X \leq 1, 0 < Y \leq 2\}$。

2. 设随机变量 (X,Y) 的概率密度函数为

$$p(x,y) = \begin{cases} A(R - \sqrt{x^2+y^2}), & x^2+y^2 \leq R^2, \\ 0, & \text{其他}。 \end{cases}$$

求：(1) 系数 A；(2) 随机变量 (X,Y) 落在圆 $x^2 + y^2 = r^2(r < R)$ 内的概率。

3. 求出在 D 上服从均匀分布的随机变量 (X,Y) 的分布密度及分布函数。其中 D 为 x 轴、y 轴及直线 $y = 2x + 1$ 围成的三角形区域。

4. 随机变量 (X,Y) 的概率密度函数为

$$p(x,y) = \begin{cases} k(6-x-y), & 0 < x < 2, 2 < y < 4, \\ 0, & \text{其他}。 \end{cases}$$

求:(1) 常数 k;(2) 求 $P\{X<1,Y<3\}$;(3) $P\{X<1.5\}$;(4) $P\{X+Y\leqslant 4\}$。

第3节 二维连续型随机变量的边沿分布及独立性

3.3.1 边沿分布

设二维连续型随机变量 (X,Y) 的概率密度函数为 $p(x,y)$,则 X 也是连续型随机变量,其边沿分布函数为

$$F_X(x) = F(x, +\infty) = \int_{-\infty}^{x} \left[\int_{-\infty}^{+\infty} p(u,y)\mathrm{d}y\right]\mathrm{d}u,$$

其概率密度函数为

$$p_X(x) = \int_{-\infty}^{+\infty} p(x,y)\mathrm{d}y; \tag{3.4}$$

同理,Y 也是一个连续型随机变量,其概率密度函数为

$$p_Y(y) = \int_{-\infty}^{+\infty} p(x,y)\mathrm{d}x, \tag{3.5}$$

分别称 $p_X(x)$,$p_Y(y)$ 为 (X,Y) 关于 X 和 Y 的**边沿概率密度函数**。

例1 设二维随机变量 (X,Y) 的概率密度函数为

$$p(x,y) = \begin{cases} ke^{-(2x+3y)} & x>0, y>0, \\ 0 & \text{其他}。 \end{cases}$$

求:(1) 常数 k;(2) (X,Y) 的分布函数;(3) $P\{0<X\leqslant 4, 0<Y\leqslant 1\}$;(4) $P\{X<Y\}$;(5) X 和 Y 的边沿分布密度函数。

解 (1) 由性质 2 知

$$\int_{-\infty}^{+\infty}\int_{-\infty}^{+\infty} p(x,y)\mathrm{d}x\mathrm{d}y = \int_{0}^{+\infty}\int_{0}^{+\infty} ke^{-(2x+3y)}\mathrm{d}x\mathrm{d}y$$

$$= k\int_{0}^{+\infty} e^{-2x}\mathrm{d}x \int_{0}^{+\infty} e^{-3y}\mathrm{d}y = k\left[-\frac{1}{2}e^{-2x}\right]_{0}^{+\infty} \cdot \left[-\frac{1}{3}e^{-3y}\right]_{0}^{+\infty}$$

$$= k \cdot \frac{1}{6} = 1,$$

于是 $k=6$。

(2) 由定义有

$$F(x,y) = \int_{-\infty}^{y}\mathrm{d}v\int_{-\infty}^{x} p(u,v)\mathrm{d}u = \begin{cases} \int_{0}^{y}\mathrm{d}v\int_{0}^{x} 6e^{-(2u+3v)}\mathrm{d}u, & x>0, y>0, \\ 0, & \text{其他}, \end{cases}$$

$$= \begin{cases} (1-e^{-2x})(1-e^{-3y}), & x>0, y>0, \\ 0, & \text{其他}. \end{cases}$$

(3) $P\{0<X\leq 4, 0<Y\leq 1\} = \int_0^1 dy \int_0^4 6e^{-(2x+3y)}dx = (1-e^{-8})(1-e^{-3}) \approx 0.95$。

也可以利用分布函数来求，读者自己验算。

(4) $P\{X<Y\} = \iint\limits_D p(x,y)dxdy = \int_0^{+\infty} dy \int_0^y 6e^{-(2x+3y)}dx = \int_0^{+\infty} 3e^{-3y}(1-e^{-2y})dy$

$$= \int_0^{+\infty} 3e^{-3y}dy - \int_0^{+\infty} 3e^{-5y}dy = 1 - \frac{3}{5} = \frac{2}{5}。$$

(5) $p_X(x) = \int_{-\infty}^{+\infty} p(x,y)dy = \begin{cases} \int_0^{+\infty} 6e^{-(2x+3y)}dy, & x>0, \\ 0, & x\leq 0 \end{cases} = \begin{cases} 2e^{-2x}, & x>0, \\ 0, & x\leq 0; \end{cases}$

$p_Y(y) = \int_{-\infty}^{+\infty} p(x,y)dx = \begin{cases} \int_0^{+\infty} 6e^{-(2x+3y)}dx, & y>0, \\ 0, & y\leq 0 \end{cases} = \begin{cases} 3e^{-3y}, & y>0, \\ 0, & y\leq 0。 \end{cases}$

例 2 设二维随机变量 (X,Y) 在区域 D 上服从均匀分布，D 是由直线 $x=0, y=0, x+y=1$ 围成的闭区域，求 X,Y 的边沿概率密度函数。

解 由题意知 (X,Y) 的联合概率密度函数为

$$p(x,y) = \begin{cases} 2, & (x,y) \in D, \\ 0, & \text{其他}. \end{cases}$$

当 $x<0$ 或 $x>1$ 时，$\quad p_X(x) = 0$；

当 $0 \leq x \leq 1$ 时，$\quad p_X(x) = \int_0^{1-x} 2dy = 2(1-x)$，

所以 $\quad p_X(x) = \begin{cases} 2(1-x), & 0 \leq x \leq 1, \\ 0, & \text{其他}. \end{cases}$

同理 (X,Y) 关于 Y 的边沿概率函数为

$$p_Y(y) = \begin{cases} 2(1-y), & 0 \leq y \leq 1, \\ 0, & \text{其他}. \end{cases}$$

例 3 若二维随机变量 $(X,Y) \sim N(\mu_1, \mu_2, \sigma_1^2, \sigma_2^2, \rho)$，试求 (X,Y) 的边沿概率密度函数。

解 $p_X(x) = \int_{-\infty}^{+\infty} p(x,y)dy$，由于

$$\frac{(y-\mu_2)^2}{\sigma_2^2} - 2\rho \frac{(x-\mu_1)(y-\mu_2)}{\sigma_1 \sigma_2} = \left[\frac{y-\mu_2}{\sigma_2} - \rho \frac{x-\mu_1}{\sigma_1}\right]^2 - \rho^2 \frac{(x-\mu_1)^2}{\sigma_1^2},$$

于是 $$p_X(x) = \frac{1}{2\pi\sigma_1\sigma_2\sqrt{1-\rho^2}} e^{-\frac{(x-\mu_1)^2}{2\sigma_1^2}} \int_{-\infty}^{+\infty} e^{-\frac{1}{2(1-\rho^2)}\left[\frac{y-\mu_2}{\sigma_2}-\rho\frac{x-\mu_1}{\sigma_1}\right]^2} dy。$$

令 $t = \frac{1}{\sqrt{1-\rho^2}}\left(\frac{y-\mu_2}{\sigma_2} - \rho\frac{x-\mu_1}{\sigma_1}\right)$，则有

$$p_X(x) = \frac{1}{2\pi\sigma_1} e^{-\frac{(x-\mu_1)^2}{2\sigma_1^2}} \int_{-\infty}^{+\infty} e^{-\frac{t^2}{2}} dt,$$

即 $$p_X(x) = \frac{1}{\sqrt{2\pi}\sigma_1} e^{-\frac{(x-\mu_1)^2}{2\sigma_1^2}}, \quad -\infty < x < +\infty。$$

这表明 $X \sim N(\mu_1, \sigma_1^2)$；

同理 $$p_Y(y) = \frac{1}{\sqrt{2\pi}\sigma_2} e^{-\frac{(y-\mu_2)^2}{2\sigma_2^2}}, \quad -\infty < y < +\infty,$$

即 $Y \sim N(\mu_2, \sigma_2^2)$。

此例表明二维正态分布的边沿分布都是一维正态分布，且都不依赖于参数 ρ，即对于给定的 $\mu_1, \mu_2, \sigma_1, \sigma_2$ 和不同的 ρ 将给出不同的二维正态分布，而它们的边沿分布却都是一样的。这一事实表明，对于连续型随机变量一般也不能由 X 和 Y 的边沿分布确定二维随机变量 (X, Y) 的联合分布。

3.3.2 二维连续型随机变量的独立性

定理 1 设 (X, Y) 是连续型随机变量，$p(x,y), p_X(x), p_Y(y)$ 分别是 (X, Y) 的联合概率密度函数及边沿概率密度函数，则 X 和 Y 相互独立的充要条件是在 $p(x,y), p_X(x), p_Y(y)$ 的所有连续点处，有

$$p(x,y) = p_X(x) \cdot p_Y(y)。 \tag{3.6}$$

证明 必要性，若 $F(x,y) = F_X(x) \cdot F_Y(y)$，将此式两边对 x, y 各求导一次，得

$$p(x,y) = \frac{\partial^2 F(x,y)}{\partial x \partial y} = \frac{dF_X(x)}{dx} \cdot \frac{dF_Y(y)}{dy} = p_X(x) \cdot p_Y(y)。$$

即 $$p(x,y) = p_X(x) \cdot p_Y(y)。$$

充分性，若 $p(x,y) = p_X(x) \cdot p_Y(y)$，

则 $$\int_{-\infty}^{x}\int_{-\infty}^{y} p(u,v) dv du = \int_{-\infty}^{x}\int_{-\infty}^{y} p_X(u) p_Y(v) dv du = \int_{-\infty}^{x} p_X(u) du \int_{-\infty}^{y} p_Y(v) dv,$$

即 $$F(x,y) = F_X(x) \cdot F_Y(y)。$$

由定理 1 和例 3 中二维正态随机变量 (X, Y) 的联合概率密度函数

$$p(x,y) = \frac{1}{2\pi\sigma_1\sigma_2\sqrt{1-\rho^2}} e^{\frac{-1}{2(1-\rho^2)}\left[\frac{(x-\mu_1)^2}{\sigma_1^2} - 2\rho\frac{(x-\mu_1)(y-\mu_2)}{\sigma_1\sigma_2} + \frac{(y-\mu_2)^2}{\sigma_2^2}\right]},$$

这里 $-\infty < x < +\infty$，$-\infty < y < +\infty$，其边沿概率密度函数

$$p_X(x) = \frac{1}{\sqrt{2\pi}\sigma_1} e^{-\frac{(x-\mu_1)^2}{2\sigma_1^2}}, \ -\infty < x < +\infty, \ p_Y(y) = \frac{1}{\sqrt{2\pi}\sigma_2} e^{-\frac{(y-\mu_2)^2}{2\sigma_2^2}}, \ -\infty < y < +\infty,$$

可知，关系式 (3.6) 成立的充分必要条件是 $\rho = 0$。即对于二维正态随机变量 (X,Y)，有下面的定理。

定理 2 设 $(X,Y) \sim N(\mu_1,\mu_2,\sigma_1^2,\sigma_2^2,\rho)$，则 X 和 Y 相互独立的充分必要条件是参数 $\rho = 0$。

一般地，若随机变量 X,Y 相互独立，则它们的连续函数 $g_1(X)$ 和 $g_2(Y)$ 也一定相互独立。由此可知，当 X,Y 相互独立时，它们的线性函数 $a_1X + b_1, a_2Y + b_2 (a_1,a_2 \neq 0)$ 也相互独立。

例 4 设 X 和 Y 相互独立，且它们的概率密度函数分别为

$$p_X(x) = \begin{cases} e^{-x}, & x > 0, \\ 0, & x \leq 0; \end{cases} \qquad p_Y(y) = \begin{cases} e^{-y}, & y > 0, \\ 0, & y \leq 0. \end{cases}$$

求二维随机变量 (X,Y) 的联合概率密度函数及 $P\{X + Y \leq 1\}$。

解 由定理 1，二维随机变量 (X,Y) 的联合概率密度函数为

$$p(x,y) = p_X(x)p_Y(y) = \begin{cases} e^{-(x+y)}, & x > 0, y > 0, \\ 0, & \text{其他}。 \end{cases}$$

于是

$$P\{X + Y \leq 1\} = \iint_{x+y \leq 1} p(x,y)\mathrm{d}x\mathrm{d}y = \int_0^1 \mathrm{d}x \int_0^{1-x} e^{-(x+y)} \mathrm{d}y = 1 - 2e^{-1} \approx 0.264\,2。$$

以上讨论的关于随机变量相互独立性的概念及定理可类似地推广到 n 维随机变量的情形。

例 5 设 (X,Y) 在由 x 轴、y 轴及直线 $x + \frac{y}{2} = 1$ 围成的三角形区域 A 内服从均匀分布。证明随机变量 X,Y 不相互独立。

证明 计算可得随机变量 X,Y 的联合概率密度函数及边沿概率密度函数分别为

$$p(x,y) = \begin{cases} 1, & (x,y) \in A, \\ 0, & \text{其他}; \end{cases}$$

$$p_X(x) = \begin{cases} 2(1-x), & 0 < x < 1, \\ 0, & \text{其他}; \end{cases} \qquad p_Y(y) = \begin{cases} 1 - \frac{y}{2}, & 0 < y < 2, \\ 0, & \text{其他}。 \end{cases}$$

在 $p(x,y)$、$p_X(x)$、$p_Y(y)$ 的连续点 $\left(\dfrac{1}{2}, \dfrac{3}{2}\right)$ 处，$p\left(\dfrac{1}{2}, \dfrac{3}{2}\right) = 0$，$p_X\left(\dfrac{1}{2}\right) = 1$，$p_Y\left(\dfrac{3}{2}\right) = \dfrac{1}{4}$，可见，$p\left(\dfrac{1}{2}, \dfrac{3}{2}\right) \neq p_X\left(\dfrac{1}{2}\right) \cdot p_Y\left(\dfrac{3}{2}\right)$，所以，随机变量 X,Y 不相互独立。

习题 3-3

1. 设二维随机变量 (X,Y) 的概率密度函数为
$$p(x,y) = \begin{cases} 4.8y(2-x), & 0 \leq y \leq x \leq 1, \\ 0, & 其他。 \end{cases}$$
求 X,Y 的边沿概率密度函数。

2. 雷达的圆形屏幕半径为 R，设目标出现点 (X,Y) 在屏幕上按均匀分布，其联合概率密度函数为
$$p(x,y) = \begin{cases} \dfrac{1}{\pi R^2}, & x^2 + y^2 \leq R^2, \\ 0, & 其他。 \end{cases}$$
求边沿概率密度函数。

3. 已知 (X,Y) 的概率密度函数为
$$p(x,y) = \begin{cases} 6xy(2-y-x), & 0 \leq x \leq 1, 0 \leq y \leq 1, \\ 0, & 其他。 \end{cases}$$
判断 X,Y 是否相互独立。

4.（1）若 (X,Y) 在以原点为中心边长为 2 且边平行于坐标轴的正方形内均匀分布，问 X,Y 是否相互独立。

（2）若 (X,Y) 在以原点为中心的单位圆内均匀分布，问 X,Y 是否相互独立。

5. 设随机变量 (X,Y) 的概率密度函数为
$$p(x,y) = \begin{cases} cxy^2, & 0 < x < 1, 0 < y < 1, \\ 0, & 其他。 \end{cases}$$
（1）求参数 c；（2）证明：X,Y 相互独立。

6. X,Y 相互独立，X 在 $(0,1)$ 上服从均匀分布，Y 的概率密度函数为
$$p_Y(y) = \begin{cases} \dfrac{1}{2}e^{-\dfrac{y}{2}}, & y > 0, \\ 0, & y \leq 0。 \end{cases}$$
（1）求 X 和 Y 的联合概率密度函数；
（2）设有关于 a 的二次方程 $a^2 + 2Xa + Y = 0$，试求方程有实根的概率。

第4节 连续型随机变量函数的分布

3.4.1 一维连续型随机变量的函数的分布

设 X 为一维连续型随机变量,$Y = f(X)$ 是连续函数。则 Y 也是连续型随机变量,根据 X 的概率密度函数 $p_X(x)$ 求出 Y 的概率密度函数 $p_Y(y)$。一般步骤如下:

(1) 先求 Y 的分布函数 $F_Y(y) = P\{Y \le y\}$:从不等式 $Y = f(X) \le y$ 解出 $X \in I$(其中 I 是 x 轴上的一个区间或若干区间的并集),于是得到事件"$Y \le y$"与事件"$X \in I$"等价,所以,$F_Y(y) = P\{Y \le y\} = P\{X \in I\} = \int_I p(x) \mathrm{d}x$,其中右端的 I 表示定积分的积分范围;

(2) 对 $F_Y(y)$ 求导,得到 $p_Y(y) = F'_Y(y)$。

例 1 设 X 的概率密度函数为

$$p(x) = \begin{cases} \dfrac{1}{2}x, & x \in (0,2), \\ 0, & \text{其他}。 \end{cases}$$

令 $Y = 3X - 1$,求 Y 的概率密度函数 $p_Y(y)$。

解法 1 注意 X 的取值范围是区间 $(0,2)$,故 $Y = 3X - 1$ 的实际取值范围是 $Y \in (-1,5)$。任取 $y \in (-1,5)$,考虑 Y 的分布函数

$$F_Y(y) = P\{Y \le y\} = P\{3X - 1 \le y\}。$$

由不等式 $3X - 1 \le y$,解出 $X \le \dfrac{y+1}{3}$。由于 $\dfrac{y+1}{3} \in (0,2)$,故

$$F_Y(y) = P\{Y \le y\} = P\left\{X \le \dfrac{y+1}{3}\right\} = \int_{-\infty}^{\frac{y+1}{3}} p(x) \mathrm{d}x = \int_0^{\frac{y+1}{3}} \dfrac{1}{2} x \mathrm{d}x = \dfrac{1}{4} x^2 \Big|_0^{\frac{y+1}{3}} = \dfrac{1}{36}(y+1)^2。$$

于是

$$p_Y(y) = F'_Y(y) = \dfrac{1}{18}(y+1),\ y \in (-1,5),$$

所以

$$p_Y(y) = \begin{cases} \dfrac{1}{18}(y+1), & y \in (-1,5), \\ 0, & \text{其他}。 \end{cases}$$

解法 2 设 X 的分布函数是 $F(x)$,则

$$F_Y(y) = P\{Y \leq y\} = P\{3X - 1 \leq y\} = P\{X \leq \frac{y+1}{3}\} = F_X(\frac{y+1}{3})。$$

利用复合函数的求导法则，当 $y \in (-1, 5)$ 时，有

$$p_Y(y) = F'_Y(y) = [F_X(\frac{y+1}{3})]'_y = p_X(\frac{y+1}{3}) \cdot \frac{1}{3} = \frac{1}{2} \cdot \frac{y+1}{3} \cdot \frac{1}{3} = \frac{1}{18}(y+1)。$$

上述推导实质在于将 $Y = 3X - 1$ 的分布函数在 y 的值 $F_Y(y)$ 转化为 X 的分布函数在 $\frac{y+1}{3}$ 处的值 $F_X(\frac{y+1}{3})$，这样就建立了分布函数之间的关系，然后，通过求导得到 Y 的密度函数，这种方法称为"**分布函数法**"。

定理 1 设 $X \sim N(\mu, \sigma^2)$，$Y = aX + b$ ($a \neq 0$)，则 $Y \sim N(a\mu + b, (a\sigma)^2)$。

证明 仅证 $a > 0$ 的情况。X 的概率密度函数为

$$p(x) = \frac{1}{\sqrt{2\pi}\sigma} e^{-\frac{(x-\mu)^2}{2\sigma^2}}, x \in (-\infty, +\infty)。$$

用 $F_X(x)$ 和 $F_Y(y)$ 分别表示 X 和 Y 的分布函数，则有

$$F_Y(y) = P\{Y \leq y\} = P\{aX + b \leq y\} = P\{X \leq \frac{y-b}{a}\} = F_X(\frac{y-b}{a})。$$

利用复合函数的求导法则，有

$$p_Y(y) = F'_Y(y) = \frac{d}{dy}F_X(\frac{y-b}{a}) = p_X(\frac{y-b}{a}) \cdot \frac{1}{a} = \frac{1}{\sqrt{2\pi}\sigma}e^{-\frac{(\frac{y-b}{a}-\mu)^2}{2\sigma^2}} \cdot \frac{1}{a} =$$

$$\frac{1}{\sqrt{2\pi} \cdot a\sigma}e^{-\frac{[y-(a\mu+b)]^2}{2(a\sigma)^2}}。$$

根据正态分布的定义，便知 $Y \sim N(a\mu + b, (a\sigma)^2)$。

推论 1 如果 $X \sim N(\mu, \sigma^2)$，则 $\frac{X-\mu}{\sigma} \sim N(0, 1)$。

证明 在定理 1 中，取 $a = \frac{1}{\sigma}$，$b = -\frac{\mu}{\sigma}$ 即可得到。

由推论可知，任何正态分布都可转化为标准正态分布。通常记 $X^* = \frac{X-\mu}{\sigma}$，并称 X^* 为 X 的**标准化随机变量**。

例 2 设 $X \sim N(0, 1)$，$Y = X^2$，求 Y 的概率密度函数 $p_Y(y)$。

解 X 的概率密度函数为 $p(x) = \frac{1}{\sqrt{2\pi}}e^{-\frac{x^2}{2}}$，$(-\infty < x < +\infty)$，用 $F_X(x)$ 和 $F_Y(y)$ 分别表示 X 和 Y 的分布函数。因为 Y 的实际取值范围是 $y \in [0, +\infty)$，所以当 $y > 0$ 时，

$$F_Y(y) = P\{Y \leq y\} = P\{X^2 \leq y\} = P\{-\sqrt{y} \leq X \leq \sqrt{y}\} = F_X(\sqrt{y}) - F_X(-\sqrt{y})。$$

所以
$$p_Y(y) = F_Y'(y) = p_X(\sqrt{y}) \cdot \frac{1}{\sqrt{y}},$$

即
$$p_Y(y) = \begin{cases} \dfrac{1}{\sqrt{2\pi}} e^{-\frac{y}{2}} \cdot \dfrac{1}{\sqrt{y}}, & y > 0, \\ 0, & y \leq 0. \end{cases}$$

例3 设球的半径 X 的概率密度函数为
$$p(x) = \begin{cases} 6x(1-x), & x \in (0,1), \\ 0, & \text{其他}. \end{cases}$$
试求体积 $Y = \dfrac{4}{3}\pi X^3$ 的概率密度函数 $p_Y(y)$。

解 用 $F_X(x)$ 和 $F_Y(y)$ 分别表示 X 和 Y 的分布函数。因为 Y 的实际取值范围是 $y \in (0, \dfrac{4\pi}{3})$，所以，当 $y \in (0, \dfrac{4\pi}{3})$ 时，有
$$F_Y(y) = P\{Y \leq y\} = P\left\{\frac{4}{3}\pi X^3 \leq y\right\} = P\left\{X \leq \sqrt[3]{\frac{3y}{4\pi}}\right\} = F_X\left(\sqrt[3]{\frac{3y}{4\pi}}\right).$$

利用复合函数导数的法则，有
$$p_Y(y) = F_Y'(y) = \frac{d}{dy} F\left(\sqrt[3]{\frac{3y}{4\pi}}\right) = p_X\left(\sqrt[3]{\frac{3y}{4\pi}}\right) \cdot \frac{d}{dy}\left(\sqrt[3]{\frac{3y}{4\pi}}\right)$$
$$= 6\sqrt[3]{\frac{3y}{4\pi}}\left[1 - \sqrt[3]{\frac{3y}{4\pi}}\right] \cdot \frac{1}{3}\left(\frac{3y}{4\pi}\right)^{-\frac{2}{3}} \cdot \frac{3}{4\pi} = \frac{3}{2\pi}\left(\sqrt[3]{\frac{4\pi}{3y}} - 1\right),$$

即
$$p_Y(y) = \begin{cases} \dfrac{3}{2\pi}\left(\sqrt[3]{\dfrac{4\pi}{3y}} - 1\right), & y \in (0, \dfrac{4\pi}{3}), \\ 0, & y \notin (0, \dfrac{4\pi}{3}). \end{cases}$$

3.4.2 二维连续型随机变量的函数的分布

1 一般方法

设 (X,Y) 是二维连续型随机变量，其联合概率密度函数为 $p(x,y)$。又设 $Z = \phi(X,Y)$ 是 (X,Y) 的函数，求函数 $Z = \phi(X,Y)$ 的概率密度函数的方法与一维一样，用"分布函数法"来求，即首先求 Z 的分布函数，然后利用分布函数与概率密度函数之间的关系，求得 Z 的概率密度函数。也就是说，先利用下式求 Z 的分布函数 $F_Z(z)$：

$$F_Z(z) = P\{Z \leqslant z\} = P\{\phi(X,Y) \leqslant z\} = \iint\limits_{\phi(x,y) \leqslant z} p(x,y)\mathrm{d}x\mathrm{d}y,$$

然后求导得出函数 Z 的概率密度函数 $p_Z(z)$。

例 4 设 (X,Y) 的概率密度函数为 $p(x,y) = \dfrac{1}{2\pi} e^{-\frac{x^2+y^2}{2}}$，求 $Z = \sqrt{X^2+Y^2}$ 的概率密度函数。

解 设 Z 的分布函数为 $F_Z(z) = P\{Z \leqslant z\}$。

当 $z < 0$ 时，$F_Z(z) = P\{Z \leqslant z\} = P\{\sqrt{X^2+Y^2} \leqslant z\} = 0$；

当 $z \geqslant 0$ 时，$F_Z(z) = P\{Z \leqslant z\} = P\{\sqrt{X^2+Y^2} \leqslant z\} = \iint\limits_D p(x,y)\mathrm{d}\sigma = \iint\limits_D \dfrac{1}{2\pi} e^{-\frac{x^2+y^2}{2}} \mathrm{d}x\mathrm{d}y$，其中 D 为平面内由不等式 $\sqrt{x^2+y^2} \leqslant z$ 所确定的区域，如图 3-11 所示，利用极坐标，于是得

$$F_Z(z) = P\{Z \leqslant z\} = P\{\sqrt{X^2+Y^2} \leqslant z\}$$
$$= \dfrac{1}{2\pi} \int_0^{2\pi} \mathrm{d}\theta \int_0^z e^{-\frac{r^2}{2}} r \mathrm{d}r$$
$$= \dfrac{1}{2\pi} \int_0^{2\pi} \left[-e^{-\frac{r^2}{2}}\right]_0^z \mathrm{d}\theta = 1 - e^{-\frac{z^2}{2}},$$

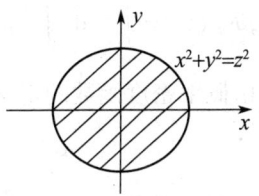

图 3-11

即 $F_Z(z) = \begin{cases} 0, & z < 0, \\ 1 - e^{-\frac{z^2}{2}}, & z \geqslant 0。\end{cases}$

从而，$Z = \sqrt{X^2+Y^2}$ 的概率密度函数为 $p_Z(z) = \begin{cases} 0, & z > 0, \\ ze^{-\frac{z^2}{2}}, & z \geqslant 0。\end{cases}$

2 卷积公式及正态随机变量的可加性

下面讨论 $Z = X + Y$ 的分布。

定理 2 设二维随机变量 (X,Y) 的概率密度函数为 $p(x,y)$，X,Y 的边沿概率密度函数分别为 $p_X(x), p_Y(y)$，$Z = X + Y$，则 Z 的密度函数为

$$p_Z(z) = \int_{-\infty}^{+\infty} p(x, z-x)\mathrm{d}x \tag{3.7}$$

或

$$p_Z(z) = \int_{-\infty}^{+\infty} p(z-y, y)\mathrm{d}y。\tag{3.8}$$

当 X 与 Y 相互独立时，则

$$p_Z(z) = \int_{-\infty}^{+\infty} p_X(x) p_Y(z-x)\mathrm{d}x \tag{3.9}$$

或
$$p_Z(z) = \int_{-\infty}^{+\infty} p_X(z-y)p_Y(y)\mathrm{d}y。 \tag{3.10}$$

公式（3.9）、(3.10) 称为 X 与 Y 的**卷积公式**。

证明 取 $z \in R(Z)$，则 Z 的分布函数

$$F_Z(z) = P\{Z \leqslant z\} = P\{X+Y \leqslant z\} = \iint_{x+y \leqslant z} p(x,y)\mathrm{d}x\mathrm{d}y,$$

这里积分区域 $D: x+y \leqslant z$ 是直线 $x+y=z$ 左下方的半平面（如图 3-12 所示）。化成二次积分，得 $F_Z(z) = \int_{-\infty}^{+\infty}\mathrm{d}y\int_{-\infty}^{z-y}p(x,y)\mathrm{d}x$。

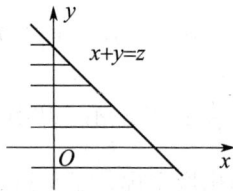

图 3-12

固定 z 和 y 对积分 $\int_{-\infty}^{z-y}p(x,y)\mathrm{d}x$ 作变量代换，令 $x=u-y$，得

$$\int_{-\infty}^{z-y}p(x,y)\mathrm{d}x = \int_{-\infty}^{z}p(u-y,y)\mathrm{d}u。$$

于是，$F_Z(z) = \int_{-\infty}^{+\infty}\mathrm{d}y\int_{-\infty}^{z}p(u-y,y)\mathrm{d}u = \int_{-\infty}^{z}\mathrm{d}u\int_{-\infty}^{+\infty}p(u-y,y)\mathrm{d}y$。

由概率密度函数的定义，即得 Z 的概率密度函数为

$$p_Z(z) = \int_{-\infty}^{+\infty}p(z-y,y)\mathrm{d}y。$$

由 X, Y 的对称性，$p_Z(z)$ 又可写成

$$p_Z(z) = \int_{-\infty}^{+\infty}p(x,z-x)\mathrm{d}x。$$

例 5 设 X, Y 相互独立，且都服从标准正态分布，求 $Z=X+Y$ 的概率密度函数。

解 由卷积公式

$$p_Z(z) = \int_{-\infty}^{+\infty}p_X(x)p_Y(z-x)\mathrm{d}x = \frac{1}{2\pi}\int_{-\infty}^{+\infty}e^{-\frac{x^2}{2}} \cdot e^{-\frac{(z-x)^2}{2}}\mathrm{d}x = \frac{1}{2\pi}e^{-\frac{z^2}{4}}\int_{-\infty}^{+\infty}e^{-\left(x-\frac{z}{2}\right)^2}\mathrm{d}x,$$

令 $t = x - \frac{z}{2}$ 得

$$p_Z(z) = \frac{1}{2\pi}e^{-\frac{z^2}{4}}\int_{-\infty}^{+\infty}e^{-t^2}\mathrm{d}t = \frac{1}{2\pi}e^{-\frac{z^2}{4}} \cdot \sqrt{\pi} = \frac{1}{2\sqrt{\pi}}e^{-\frac{z^2}{4}},$$

即 $Z \sim N(0,2)$ 分布。

定理 3（正态分布的可加性） 设 $X \sim N(\mu_1, \sigma_1^2)$，$Y \sim N(\mu_2, \sigma_2^2)$，且 X 与 Y 相互独立，则

$$Z = X + Y \sim N(\mu_1+\mu_2, \sigma_1^2+\sigma_2^2)。 \tag{3.11}$$

这个结论可以推广到 n 个独立的正态随机变量之和的情形。即若：$X_i \sim N(\mu_i, \sigma_i^2)$

$(i = 1,2,\cdots,n)$ 且它们相互独立，则它们的和 $Z = X_1 + X_2 + \cdots + X_n$ 仍然服从正态分布，且有

$$Z \sim N(\mu_1 + \mu_2 + \cdots + \mu_n, \sigma_1^2 + \sigma_2^2 + \cdots + \sigma_n^2)。$$

可以证明：有限个相互独立的正态随机变量的线性组合仍服从正态分布，这个性质称为正态随机变量的可加性。

习题 3 – 4

1. 设随机变量 X 的概率密度函数为

$$p(x) = \begin{cases} 2x, & 0 < x < 1, \\ 0, & \text{其他。} \end{cases}$$

求：(1) $2X$；(2) $-X+1$；(3) X^2 的分布密度。

2. 设随机变量 X 在 $(0,1)$ 上服从均匀分布。(1) 求 $Y = e^X$ 的分布密度；(2) 求 $Y = -2\ln X$ 的分布密度。

3. 设随机变量 (X,Y) 在 D 上服从均匀分布，其中 D 为直线 $x=0, y=0, x=2, y=2$ 围成的区域。求 $X - Y$ 的分布函数及概率密度函数。

4. 设随机变量 (X,Y) 的概率密度函数为

$$p(x,y) = \begin{cases} e^{-(x+y)}, & x > 0, y > 0, \\ 0, & \text{其他。} \end{cases}$$

求 $Z = \dfrac{X+Y}{2}$ 的概率密度函数。

5. 设随机变量 X,Y 相互独立，并分别在 $[-5,1]$ 与 $[1,5]$ 内服从均匀分布，其概率密度函数分别为

$$p_X(x) = \begin{cases} \dfrac{1}{6}, & -5 \leq x \leq 1, \\ 0, & \text{其他；} \end{cases} \quad p_Y(y) = \begin{cases} \dfrac{1}{4}, & 1 \leq y \leq 5, \\ 0, & \text{其他。} \end{cases}$$

求随机变量 $Z = X + Y$ 的分布密度函数。

6. 设 X,Y 为相互独立的随机变量，它们都服从正态分布 $N(0,\sigma^2)$，试验证随机变量 $Z = \sqrt{X^2 + Y^2}$ 具有概率密度函数

$$p_Z(z) = \begin{cases} \dfrac{z}{\sigma^2} e^{-\frac{z^2}{2\sigma^2}}, & z \geq 0, \\ 0, & \text{其他。} \end{cases}$$

7. (2003 年考研题) 设随机变量 X 的概率密度函数为 $p(x) = \begin{cases} \dfrac{1}{3\sqrt[3]{x^2}}, & x \in [1,8], \\ 0, & \text{其他。} \end{cases}$，$F(x)$ 是 X 的分布函数，试求随机变量 $Y = F(X)$ 的分布函数。

第5节 条件分布

设 (X,Y) 是二维连续型随机变量,由于对于任意的 x、y,$P\{Y=y\}=0$,$P\{X=x\}=0$,因此,不能直接用条件概率公式引入"条件分布函数"。下面借助于极限的方法来处理。

给定 y,设对于任意给定的正数 ε,$P\{y-\varepsilon<Y\leqslant y+\varepsilon\}>0$,则对于任意的实数 x 有

$$P\{X\leqslant x\mid y-\varepsilon<Y\leqslant y+\varepsilon\}=\frac{P\{X\leqslant x,y-\varepsilon<Y\leqslant y+\varepsilon\}}{P\{y-\varepsilon<Y\leqslant y+\varepsilon\}}。$$

上式给出了在条件 $y-\varepsilon<Y\leqslant y+\varepsilon$ 下 X 的条件分布函数,利用它来引入下面的定义。

定义 1 给定 y,设对于任意给定的正数 ε,$P\{y-\varepsilon<Y\leqslant y+\varepsilon\}>0$,若对于任意的实数 x,极限

$$\lim_{\varepsilon\to 0^+}P\{X\leqslant x\mid y-\varepsilon<Y\leqslant y+\varepsilon\}=\lim_{\varepsilon\to 0^+}\frac{P\{X\leqslant x,y-\varepsilon<Y\leqslant y+\varepsilon\}}{P\{y-\varepsilon<Y\leqslant y+\varepsilon\}}$$

存在,则称此极限为在条件 $Y=y$ 下 X 的**条件分布函数**,记为 $P\{X\leqslant x\mid Y=y\}$ 或 $F_{X\mid Y}(x\mid y)$。

设 (X,Y) 的分布函数为 $F(x,y)$,概率密度函数为 $p(x,y)$。若在点 (x,y) 处 $p(x,y)$ 连续,边沿概率密度函数 $p_Y(y)$ 连续,且 $p_Y(y)>0$,则有

$$\begin{aligned}F_{X\mid Y}(x\mid y)&=\lim_{\varepsilon\to 0^+}\frac{P\{X\leqslant x,y-\varepsilon<Y\leqslant y+\varepsilon\}}{P\{y-\varepsilon<Y\leqslant y+\varepsilon\}}\\&=\frac{\lim_{\varepsilon\to 0^+}\{[F(x,y+\varepsilon)-F(x,y-\varepsilon)]/2\varepsilon\}}{\lim_{\varepsilon\to 0^+}\{[F_Y(y+\varepsilon)-F_Y(y-\varepsilon)]/2\varepsilon\}}=\frac{\dfrac{\partial F(x,y)}{\partial y}}{\dfrac{\mathrm{d}F_Y(y)}{\mathrm{d}y}},\end{aligned}$$

即

$$F_{X\mid Y}(x\mid y)=\frac{\int_{-\infty}^x p(u,y)\mathrm{d}u}{p_Y(y)}=\int_{-\infty}^x\frac{p(u,y)}{p_Y(y)}\mathrm{d}u。\tag{3.12}$$

若记 $p_{X\mid Y}(x\mid y)$ 为在条件 $Y=y$ 下 X 的条件概率密度函数,则由分布函数与密度函数之间的关系知

$$p_{X\mid Y}(x\mid y)=\frac{p(x,y)}{p_Y(y)}\tag{3.13}$$

类似可得
$$p_{Y|X}(y \mid x) = \frac{p(x,y)}{p_X(x)} \tag{3.14}$$

例1 设 G 是平面上的有界区域：$G = \{(x,y) \mid x^2 + y^2 \leq 1\}$，若二维随机变量 (X,Y) 在 G 上服从均匀分布，即 (X,Y) 的概率密度函数为

$$p(x,y) = \begin{cases} \dfrac{1}{A}, & (x,y) \in G, \\ 0, & \text{其他}。 \end{cases}$$

求条件概率密度函数 $p_{X|Y}(x \mid y)$。

解 已知随机变量 (X,Y) 的概率密度函数为

$$p(x,y) = \begin{cases} \dfrac{1}{\pi}, & x^2 + y^2 \leq 1, \\ 0, & \text{其他}。 \end{cases}$$

且有边沿概率密度函数

$$p_Y(y) = \int_{-\infty}^{+\infty} p(x,y)\,\mathrm{d}x = \begin{cases} \dfrac{1}{\pi}\displaystyle\int_{-\sqrt{1-y^2}}^{\sqrt{1-y^2}}\mathrm{d}x, & -1 \leq y \leq 1, \\ 0, & \text{其他}。 \end{cases}$$

$$= \begin{cases} \dfrac{2}{\pi}\sqrt{1-y^2}, & -1 \leq y \leq 1, \\ 0, & \text{其他}。 \end{cases}$$

所以，当 $-1 < y < 1$ 时，有

$$p_{X|Y}(x \mid y) = \begin{cases} \dfrac{\dfrac{1}{\pi}}{\left(\dfrac{2}{\pi}\right)\sqrt{1-y^2}}, & -\sqrt{1-y^2} \leq x \leq \sqrt{1-y^2}, \\ 0, & \text{其他}。 \end{cases}$$

即

$$p_{X|Y}(x \mid y) = \begin{cases} \dfrac{1}{2\sqrt{1-y^2}}, & -\sqrt{1-y^2} \leq x \leq \sqrt{1-y^2}, \\ 0, & \text{其他}。 \end{cases}$$

例2 设 X 在区间 $(0,1)$ 上随机地取值，当观察到 $X = x\,(0 < x < 1)$ 时，数 Y 在区间 $(x,1)$ 上随机地取值。求 Y 的概率密度函数。

解 由题意 X 具有概率密度函数 $p_X(x) = \begin{cases} 1, & 0 < x < 1, \\ 0, & \text{其他}。 \end{cases}$

类似地，对于任意给定的值 $x\,(0 < x < 1)$，在 $X = x$ 的条件下，Y 的条件概率密度函数为

$$p_{Y|X}(y \mid x) = \begin{cases} \dfrac{1}{1-x}, & 0 < x < 1, \\ 0, & \text{其他}。 \end{cases}$$

由（3.14）式得 X 和 Y 的联合概率密度函数为

$$p(x,y) = p_{Y|X}(y \mid x) p_X(x) = \begin{cases} \dfrac{1}{1-x}, & 0 < x < y < 1, \\ 0, & \text{其他}。 \end{cases}$$

于是得关于 Y 的边沿概率密度函数为

$$p_Y(y) = \int_{-\infty}^{+\infty} p(x,y) \mathrm{d}x = \begin{cases} \displaystyle\int_0^y \dfrac{1}{1-x} \mathrm{d}x, & 0 < y \leqslant 1, \\ 0, & \text{其他}。 \end{cases}$$

$$= \begin{cases} -\ln(1-y), & 0 < y < 1, \\ 0, & \text{其他}。 \end{cases}$$

例3 设 $(X,Y) \sim N(\mu_1, \mu_2, \sigma_1^2, \sigma_2^2, \rho)$，试求条件分布密度函数 $p_{X|Y}(x \mid y)$。

解 由（3.13）得

$$p_{X|Y}(x \mid y) = \dfrac{\dfrac{1}{2\pi\sigma_1\sigma_2\sqrt{1-\rho^2}} e^{-\frac{1}{2(1-\rho^2)}\left[\frac{(x-\mu_1)^2}{\sigma_1^2} - 2\rho\frac{(x-\mu_1)(y-\mu_2)}{\sigma_1\sigma_2} + \frac{(y-\mu_2)^2}{\sigma_2^2}\right]}}{\dfrac{1}{\sqrt{2\pi}\sigma_2} e^{-\frac{(y-\mu_2)^2}{2\sigma_2^2}}}$$

$$= \dfrac{1}{\sqrt{2\pi}\sigma_1\sqrt{1-\rho^2}} e^{-\frac{1}{2(1-\rho^2)}\left[\frac{(x-\mu_1)^2}{\sigma_1^2} - 2\rho\frac{(x-\mu_1)(y-\mu_2)}{\sigma_1\sigma_2} + \frac{(y-\mu_2)^2}{\sigma_2^2}\right]}$$

$$= \dfrac{1}{\sqrt{2\pi}\sigma_1\sqrt{1-\rho^2}} e^{-\frac{1}{2(1-\rho^2)}\left(\frac{x-\mu_1}{\sigma_1} - \rho\frac{y-\mu_2}{\sigma_2}\right)^2}$$

$$= \dfrac{1}{\sqrt{2\pi}\sigma_1\sqrt{1-\rho^2}} e^{-\frac{1}{2\sigma_1^2(1-\rho^2)}\left[x-\left(\mu_1+\rho\frac{\sigma_1}{\sigma_2}(y-\mu_2)\right)\right]^2}。$$

因此，在条件 $Y=y$ 下 X 的条件分布为 $N\left(\mu_1 + \rho\dfrac{\sigma_1}{\sigma_2}(y-\mu_2), (1-\rho^2)\sigma_1^2\right)$。

习题 3-5

1. 随机变量 (X,Y) 的概率密度函数为

$$p(x,y) = \begin{cases} 1, & |y| < x, 0 < x < 1, \\ 0, & \text{其他}。 \end{cases}$$

求条件概率密度函数 $p_{Y|X}(y \mid x), p_{X|Y}(x \mid y)$。

2. X, Y 是相互独立的随机变量，其概率密度函数分别为

$$p_X(x) = \begin{cases} \lambda e^{\lambda x}, & x > 0, \\ 0, & x \leq 0; \end{cases} \qquad p_Y(y) = \begin{cases} \mu e^{-\mu y}, & y > 0, \\ 0, & y \leq 0. \end{cases}$$

其中 $\lambda > 0, \mu > 0$ 是常数，引入随机变量

$$Z = \begin{cases} 1, & X \leq Y, \\ 0, & X > Y. \end{cases}$$

求：(1) 条件概率密度函数 $p_{X|Y}(x \mid y)$；(2) Z 的分布律和分布函数。

复习参考题三（A）

1. 证明函数 $p(x) = \dfrac{1}{2} e^{-|x|} (-\infty < x < +\infty)$ 是一个密度函数。

2. 如果 $X \sim N(5,4)$，求 a 使 $P\{X < a\} = 0.90$。

3. 设随机变量 X 的分布密度为

$$p(x) = \begin{cases} \dfrac{e^x}{2}, & x < 0, \\ \dfrac{1}{4}, & 0 \leq x < 2, \\ 0, & x \geq 2. \end{cases}$$

求 X 的分布函数 $F(x)$。

4. 设连续型随机变量 X 的分布函数为

$$F(x) = \begin{cases} 0, & x \leq 0, \\ A\sin x + B, & 0 < x \leq \dfrac{\pi}{2}, \\ 1, & x > \dfrac{\pi}{2}. \end{cases}$$

求：(1) A 和 B；(2) $P\{\dfrac{\pi}{6} < X < \dfrac{\pi}{3}\}$；(3) 概率密度函数。

5. 设连续型随机变量 X 的分布函数为

$$F(x) = \begin{cases} 0, & x \leq 0, \\ Ax^2, & 0 < x \leq 1, \\ 1, & x > 1. \end{cases}$$

求：(1) 系数 A；(2) X 的分布密度函数；(3) X 取区间 $(0.3, 0.7)$ 内的值的概率。

6. 设电池的寿命（单位：小时）是一个随机变量，它服从 $N(300, 35^2)$。
(1) 求这样的电池的寿命在 250 小时以上的概率；
(2) 求一个数目 x 使得电池寿命取区间 $(300-x, 300+x)$ 内的值的概率不小于 0.9。

7. 设电子管的寿命具有密度函数

$$p(x) = \begin{cases} \dfrac{100}{x^2}, & x > 100, \\ 0, & x \leq 100. \end{cases} \quad (\text{单位：小时})$$

问在 150 小时内（1）三只管子中没有一只损坏的概率是多少？（2）三只管子全损坏的概率是多少？

8. 设 (X,Y) 服从二维正态分布，其概率密度函数为 $p(x,y) = \dfrac{1}{2\pi \times 100} e^{-\frac{1}{2}\left(\frac{x^2}{10^2}+\frac{y^2}{10^2}\right)}$，求 $P\{X < Y\}$。

9. 设随机变量 (X,Y) 的分布函数为 $F(x,y) = A\left(B + \arctan\dfrac{x}{2}\right)\left(C + \arctan\dfrac{y}{3}\right)$，求：（1）系数 A，B，C；（2）随机变量 (X,Y) 的概率密度函数；（3）边沿概率密度函数；（4）判断随机变量 X,Y 的独立性。

10. （1991 年考研题）随机变量 (X,Y) 的概率密度函数为
$$p(x,y) = \begin{cases} 2e^{-(x+2y)}, & x > 0, y > 0, \\ 0, & \text{其他。} \end{cases}$$
求随机变量 $Z = X + 2Y$ 的分布函数。

11. （1998 年考研题）设平面区域 D 由曲线 $y = \dfrac{1}{x}$ 及 $y = 0, x = 1, x = e^2$ 所围，二维随机变量 (X,Y) 在区域 D 上服从均匀分布，求 (X,Y) 关于 X 的边沿概率密度函数在 $x = 2$ 处的值。

复习参考题三（B）

12. 选择题

(1) 设随机变量 X 服从正态分布 $N(\mu,\sigma^2)$，则随 σ 的增大，概率 $P(|X-\mu|<\sigma)$（　　）。

(A) 单调增大；　　(B) 单调减小；　　(C) 保持不变；　　(D) 非单调变化。

(2) 设随机变量 X 的密度函数为 $p(x)$，且 $p(-x) = p(x)$，$F(x)$ 是 X 的分布函数，则对任意实数 a 有（　　）。

(A) $F(-a) = 1 - \int_0^a p(x)\mathrm{d}x$；　　　　(B) $F(-a) = \dfrac{1}{2} - \int_0^a p(x)\mathrm{d}x$；

(C) $F(-a) = F(a)$；　　　　(D) $F(-a) = 2F(a) - 1$。

(3) 随机变量 X 和 Y 相互独立，其分布函数分别为 $F_X(x)$ 与 $F_Y(y)$，则 $Z = \max\{X,Y\}$ 的分布函数 $F_Z(z)$ 是（　　）。

(A) $\max\{F_Z(z), F_Y(z)\}$；　　　　(B) $F_X(z) + F_Y(z) - F_X(z)F_Y(z)$；

(C) $F_X(z) \cdot F_Y(z)$；　　　　(D) $\dfrac{1}{2}[F_X(z) + F_Y(z)]$。

(4) 设相互独立的随机变量 X,Y 均服从 $(0,1)$ 区间上的均匀分布，则服从相应区间或区域上均匀分布的有（　　）。

(A) X^2；　　(B) (X,Y)；　　(C) $X + Y$；　　(D) $X - Y$。

13. 设随机变量的分布函数为 $F(x) = \begin{cases} a + \dfrac{b}{(1+x)^2}, & x > 0, \\ c, & x \leq 0, \end{cases}$ 求 a,b,c 的值。

14. （2007 年考研题）设二维随机变量 (X,Y) 的概率密度函数为
$$p(x,y) = \begin{cases} 2 - x - y, & 0 < x < 1, 0 < y < 1, \\ 0, & \text{其他。} \end{cases}$$

求：(1) $P\{X > 2Y\}$；(2) $Z = X + Y$ 的概率密度函数 $p_Z(z)$。

15. (1991 年考研题) 随机变量 (X,Y) 的概率密度函数为
$$p(x,y) = \begin{cases} 2e^{-(x+2y)}, & x > 0, y > 0, \\ 0, & \text{其他}. \end{cases}$$
求随机变量 $Z = X + 2Y$ 的分布函数。

16. 设随机变量 (X,Y) 的概率密度函数为
$$p(x,y) = \begin{cases} x^2 + \dfrac{1}{3}xy, & 0 \le x \le 1, 0 \le y \le 2, \\ 0, & \text{其他}. \end{cases}$$
求：(1) (X,Y) 的分布函数；(2) (X,Y) 的两个边沿概率密度函数。

17. (2005 年考研题) 设二维随机变量 (X,Y) 的概率密度函数为
$$p(x,y) = \begin{cases} 1, & 0 < x < 1, 0 < y < 2x, \\ 0, & \text{其他}. \end{cases}$$
求：(1) (X,Y) 的边沿概率密度函数 $p_X(x), p_Y(y)$；(2) $Z = 2X - Y$ 的概率密度函数 $p_Z(z)$；(3) $P\left\{Y \le \dfrac{1}{2} \mid X \le \dfrac{1}{2}\right\}$。

18. (2009 年考研题) 设二维随机变量 (X,Y) 的概率密度函数为
$$p(x,y) = \begin{cases} e^{-x}, & 0 < y < x, \\ 0, & \text{其他}. \end{cases}$$
求：(1) 条件概率密度函数 $p_{Y|X}(y|x)$；(2) 条件概率 $P\{X \le 1 \mid Y \le 1\}$。

第 4 章
随机变量的数字特征

知道了随机变量 X 的概率分布和概率密度函数（下面统称为概率分布）以后，随机变量 X 的全部概率特征就都知道了。但是在实际问题中概率分布较难确定，而它的某些数字特征却比较容易估算出来，并且不少问题中只要知道它的某些数字特征也就够了，而不必细致地了解它的详细的概率特性。例如，研究某地区种植某玉米新品种的效果时，我们关心的是平均亩产量和相对于平均亩产量的波动情况，至于该品种玉米每株的粒数，千粒重，株高等，则不是本问题所关注的主要内容，因此对随机变量数字特征的研究很有必要。在随机变量的数字特征中，期望和方差、矩等是最常用到的。

第 1 节 数学期望

4.1.1 数学期望的概念

随机变量作为在随机试验中被测量的量，在每次试验中取什么值是带有随机性的。随机变量的观测结果（即试验数据）的波动性，就是这种随机性的表现。

1 离散型随机变量的数学期望

先看一个例子。某一次数学考试采用 5 分制计分，抽查部分参加考试者的成绩，得到如下数据：得 1 分者有 1 人，得 2 分者有 2 人，得 3 分者有 6 人，得 4 分者有 8 人，得 5 分者有 3 人。问被抽查者的平均得分是多少？

因为共抽查了 $n = 1 + 2 + 6 + 8 + 3 = 20$ 人，所以，被抽查者的平均得分为

$$\frac{1 \times 1 + 2 \times 2 + 3 \times 6 + 4 \times 8 + 5 \times 3}{20} = 3.5 \text{（分）}.$$

如果观察上述被抽查者中任意一人的得分，那么得到一随机变量，记作 X，则 X 的分布律为

X	1	2	3	4	5
p_i	$\frac{1}{20}$	$\frac{2}{20}$	$\frac{6}{20}$	$\frac{8}{20}$	$\frac{3}{20}$

从而，这 20 人的平均得分可表示为

$$\bar{X} = 1 \times \frac{1}{20} + 2 \times \frac{2}{20} + 3 \times \frac{6}{20} + 4 \times \frac{8}{20} + 5 \times \frac{3}{20} = \sum_{i=1}^{5} x_i p_i = 3.5。$$

如此计算所得的平均值叫做**加权平均值**，其中的 $\frac{1}{20}, \frac{2}{20}, \frac{6}{20}, \frac{8}{20}, \frac{3}{20}$ 分别叫做数字 1，2，3，4，5 的**权**，这种平均值在概率论中称为**数学期望**。

定义 1 设离散型随机变量 X 的概率分布律为 $P\{X = x_k\} = p_k, (k = 1, 2, 3 \cdots)$，如果级数 $\sum_{k=1}^{\infty} x_k p_k$ 绝对收敛，那么称级数 $\sum_{k=1}^{\infty} x_k p_k$ 为 X 的**数学期望**，记为 $E(X)$，即

$$E(X) = \sum_{k=1}^{\infty} x_k p_k。 \tag{4.1}$$

数学期望也简称**期望**或**均值**。

注：当随机变量 X 只取有限个值 $x_1, x_2, \cdots, x_n$ 时，$E(X) = \sum_{k=1}^{n} x_k p_k$。

前面的例子中的平均得分可以用数学期望表示为 $\bar{X} = E(X) = 3.5$。

例 1 甲、乙两个工人生产同一种产品，在一天中出现的废品数分别为 X_1 与 X_2，又知其概率分布律分别为下表：

X_1	0	1	2	3
p_{1i}	0.4	0.3	0.2	0.1

X_2	0	1	2	3
p_{2i}	0.3	0.5	0.2	0

设两个人的日产量相等，问谁的技术更好？

解 仅从分布看不出甲乙的技术水平高低，分别计算他们的数学期望，

$$E(X_1) = \sum_{i=1}^{4} x_{1i} p_{1i} = 0 \times 0.4 + 1 \times 0.3 + 2 \times 0.2 + 3 \times 0.1 = 1；$$

$$E(X_2) = \sum_{i=1}^{4} x_{2i} p_{2i} = 0 \times 0.3 + 1 \times 0.5 + 2 \times 0.2 + 3 \times 0.0 = 0.9。$$

由上所述可知，长期生产的结果，乙的废品数比甲少 10%，所以乙的技术水平比甲的高。

例 2 袋中有 2 个白球和 3 个黑球，每次从袋中任取一个球，直到取得白球为止，假

定：(1) 每次取出的黑球不再放回去；(2) 每次取出的黑球仍放回去。分别求取球次数的数学期望。

解 (1) 设随机变量 X 是取球次数，因为每次取出的黑球不再放回去，所以 X 的分布律为

X	1	2	3	4
$P\{X = x_i\}$	0.4	0.3	0.2	0.1

按公式 (4.1) 得

$$E(X) = 1 \times 0.4 + 2 \times 0.3 + 3 \times 0.2 + 4 \times 0.1 = 2。$$

(2) 设随机变量 Y 是取球次数，因为每次取出的黑球仍放回去，所以 Y 的分布律为

Y	1	2	...	m	...
$P\{Y = y_m\}$	0.4	0.4×0.6	...	$0.4 \times (0.6)^{m-1}$	...

根据公式 (4.1) 及幂级数的收敛性得

$$E(Y) = \sum_{m=1}^{\infty} m \times 0.4 \times 0.6^{m-1} = 0.4 \sum_{m=1}^{\infty} m (0.6)^{m-1} = 0.4 \times \frac{1}{(1-0.6)^2} = 2.5。$$

下面求几个常见离散型随机变量的数学期望。

例 3 (二项分布) 设 $X \sim B(n,p)$，求 $E(X)$。

解 因为 X 的概率分布为

$$P\{X = k\} = C_n^k p^k q^{n-k}, k = 0,1,2,\cdots,n，$$

其中 $0 < p < 1, q = 1 - p$，所以

$$E(X) = \sum_{k=0}^{n} k C_n^k p^k q^{n-k} = \sum_{k=1}^{n} k C_n^k p^k q^{n-k} = \sum_{k=1}^{n} \frac{n!}{(k-1)!(n-k)!} p^k q^{n-k}$$

$$= np \sum_{k=1}^{n} C_{n-1}^{k-1} p^{k-1} q^{n-k} = np (p + q)^{n-1} = np。$$

当 $n = 1$ 时的二项分布就是 0-1 分布，所以 0-1 分布的数学期望是 $E(X) = p$。

例 4 (泊松分布) 设 $X \sim P(\lambda)(\lambda > 0)$，求 $E(X)$。

解 因为 $P\{X = k\} = \frac{\lambda^k e^{-\lambda}}{k!}, k = 0,1,\cdots$，所以

$$E(X) = \sum_{k=0}^{\infty} k \frac{\lambda^k e^{-\lambda}}{k!} = \lambda e^{-\lambda} \sum_{k=1}^{\infty} \frac{\lambda^{k-1}}{(k-1)!} \ (\diamondsuit \ t = k - 1) = \lambda \sum_{t=0}^{\infty} \frac{\lambda^t}{t!} e^{-\lambda} = \lambda。$$

此例说明泊松分布中的参数 λ 就是随机变量 X 的数学期望。

2 连续型随机变量的数学期望

定义 2 设连续型随机变量 X 的概率密度函数为 $p(x)$，如果 $\int_{-\infty}^{+\infty}|x|p(x)\mathrm{d}x$ 收敛，则称 $\int_{-\infty}^{+\infty}xp(x)\mathrm{d}x$ 为 X 的**数学期望**，记为 $E(X)$，即

$$E(X) = \int_{-\infty}^{+\infty} xp(x)\mathrm{d}x \text{。} \tag{4.2}$$

例 5 设连续型随机变量 X 的分布函数为

$$F(x) = \begin{cases} \dfrac{1}{3}e^x, & x < 0, \\ \dfrac{1}{3}(1+x), & 0 \leqslant x < 2, \\ 1, & x \geqslant 2\text{。} \end{cases}$$

求 $E(X)$。

解 由 X 的分布函数 $F(x)$ 可求得 X 的概率密度函数为

$$p(x) = \begin{cases} \dfrac{1}{3}e^x, & x < 0, \\ \dfrac{1}{3}, & 0 \leqslant x < 2, \\ 0, & x \geqslant 2\text{。} \end{cases}$$

所以，由公式（4.2）得

$$E(X) = \int_{-\infty}^{+\infty} xp(x)\mathrm{d}x = \int_{-\infty}^{0} x \cdot \frac{1}{3}e^x \mathrm{d}x + \int_{0}^{2} x \cdot \frac{1}{3}\mathrm{d}x = \frac{1}{3}\text{。}$$

不难证明，若随机变量 X 服从区间 $[a,b]$ 上的均匀分布，则 $E(X) = \dfrac{a+b}{2}$；若随机变量 X 服从参数为 $\lambda(\lambda > 0)$ 的指数分布，即概率密度函数为 $p(x) = \lambda e^{-\lambda x}(x \geqslant 0)$，则 $E(X) = \dfrac{1}{\lambda}$（读者自己证明）。

例 6（正态分布）设 $X \sim N(\mu, \sigma^2)$，求 $E(X)$。

解 $E(X) = \int_{-\infty}^{+\infty} xp(x)\mathrm{d}x = \int_{-\infty}^{+\infty} x \dfrac{1}{\sqrt{2\pi}\sigma} e^{-\frac{(x-\mu)^2}{2\sigma^2}}\mathrm{d}x$，$(\sigma > 0)$，令 $t = \dfrac{x-\mu}{\sigma}$，得

$$E(X) = \frac{1}{\sqrt{2\pi}} \int_{-\infty}^{+\infty} (\sigma t + \mu) e^{-\frac{t^2}{2}}\mathrm{d}t = \frac{\mu}{\sqrt{2\pi}} \int_{-\infty}^{+\infty} e^{-\frac{t^2}{2}}\mathrm{d}t = \frac{\mu}{\sqrt{2\pi}} \cdot \sqrt{2\pi} = \mu\text{。}$$

这说明正态分布的参数 μ 正好是正态随机变量 X 的数学期望。

例7 (χ^2-分布）设随机变量 X 服从自由度为 n 的 χ^2-分布，即 X 的概率密度函数为

$$p(x) = \begin{cases} \dfrac{1}{2^{\frac{n}{2}} \Gamma\left(\dfrac{n}{2}\right)} x^{\frac{n}{2}-1} e^{-\frac{x}{2}}, & x > 0, \\ 0, & x \leq 0。 \end{cases}$$

求 $E(X)$。

解 按公式（4.2）得

$$E(X) = \int_0^{+\infty} x \cdot \frac{1}{2^{\frac{n}{2}} \Gamma\left(\frac{n}{2}\right)} x^{\frac{n}{2}-1} e^{-\frac{x}{2}} dx = \frac{1}{2^{\frac{n}{2}} \Gamma\left(\frac{n}{2}\right)} \int_0^{+\infty} x^{\frac{n}{2}} e^{-\frac{x}{2}} dx \; (\diamondsuit \; x = 2t)$$

$$= \frac{2}{\Gamma\left(\frac{n}{2}\right)} \int_0^{+\infty} t^{\frac{n}{2}} e^{-t} dt = \frac{2}{\Gamma\left(\frac{n}{2}\right)} \cdot \Gamma\left(\frac{n}{2} + 1\right) = n。$$

3 随机变量函数的数学期望

设 X 为一随机变量，下面研究 X 的函数 $Y = g(X)$ 的数学期望。我们不加证明地给出下面的定理1，利用这个定理，可以不必算出 Y 的分布，就能直接计算 $E(Y)$。

定理1 设 $Y = g(X)$，这里 $g(x)$ 是一个连续的实函数。

（1）设 X 是离散型随机变量，其分布律为 $P\{X = x_k\} = p_k$, $k = 1, 2, \cdots$，若 $\sum\limits_{k=1}^{\infty} g(x_k) p_k$ 绝对收敛，则

$$E(Y) = E[g(X)] = \sum_{k=1}^{\infty} g(x_k) p_k。 \tag{4.3}$$

（2）设 X 是连续型随机变量，其密度函数为 $p(x)$。若积分 $\int_{-\infty}^{+\infty} g(x) p(x) dx$ 绝对收敛，则

$$E(Y) = E[g(X)] = \int_{-\infty}^{+\infty} g(x) p(x) dx。 \tag{4.4}$$

例8 设 $X \sim N(0,1)$，求 $E(X^2)$。

解 $E(X^2) = \int_{-\infty}^{+\infty} x^2 \frac{1}{\sqrt{2\pi}} e^{-\frac{x^2}{2}} dx = \int_{-\infty}^{+\infty} -x d\left(\frac{1}{\sqrt{2\pi}} e^{-\frac{x^2}{2}}\right)$

$= -\left[x \cdot \frac{1}{\sqrt{2\pi}} e^{-\frac{x^2}{2}}\right]_{-\infty}^{+\infty} + \int_{-\infty}^{+\infty} \frac{1}{\sqrt{2\pi}} e^{-\frac{x^2}{2}} dx = 0 + 1 = 1。$

例9 设随机变量 X 的概率分布律如下表所示，求 $E(2X^3 + 5)$。

X	-2	0	1	3
p_i	$\dfrac{1}{3}$	$\dfrac{1}{2}$	$\dfrac{1}{12}$	$\dfrac{1}{12}$

解 由公式（4.3）得

$$E(2X^3+5)=\sum_{i=1}^{4}(2x_i^3+5)p_i=2\times\left[(-2)^3\times\frac{1}{3}+0^3\times\frac{1}{2}+1^3\times\frac{1}{12}+3^3\times\frac{1}{12}\right]+$$

$$5\times\left(\frac{1}{3}+\frac{1}{2}+\frac{1}{12}+\frac{1}{12}\right)=\frac{13}{3}。$$

4 二维随机变量 (X,Y) 的数学期望

以下介绍二维随机变量 (X,Y) 的数学期望。

定义 3 如果随机变量 X,Y 的数学期望均存在，那么称 $(E(X),E(Y))$ 为二维随机变量 (X,Y) 的**数学期望**。

定理 2 设 $Z=f(X,Y)$ 是随机变量 X,Y 的连续函数，于是 Z 也是随机变量。

（1）若 (X,Y) 为离散型随机变量，则

$$E(Z)=E[f(X,Y)]=\sum_i\sum_j f(x_i,y_j)p(x_i,y_j)。 \tag{4.5}$$

这里要求（4.5）式右边的级数绝对收敛，其中 $p(x_i,y_j)$ 为 (X,Y) 的概率分布律。

（2）若 (X,Y) 为连续型随机变量，则

$$E(Z)=E[f(X,Y)]=\int_{-\infty}^{+\infty}\int_{-\infty}^{+\infty}f(x,y)p(x,y)\mathrm{d}x\mathrm{d}y。 \tag{4.6}$$

这里要求（4.6）式右边积分绝对收敛，其中 $p(x,y)$ 为 (X,Y) 的概率密度函数。

特别，当 (X,Y) 为离散型随机变量时，有

$$E(X)=\sum_i x_i p_X(x_i)=\sum_i\sum_j x_i p(x_i,y_j),$$

$$E(Y)=\sum_j y_j p_Y(y_j)=\sum_j\sum_i y_j p(x_i,y_j)。 \tag{4.7}$$

其中 $p_X(x_i),p_Y(y_j)$ 为边沿概率分布律。

当 (X,Y) 为连续型随机变量时，有

$$E(X)=\int_{-\infty}^{+\infty}xp_X(x)\mathrm{d}x=\int_{-\infty}^{+\infty}\int_{-\infty}^{+\infty}xp(x,y)\mathrm{d}x\mathrm{d}y,$$

$$E(Y)=\int_{-\infty}^{+\infty}yp_Y(y)\mathrm{d}y=\int_{-\infty}^{+\infty}\int_{-\infty}^{+\infty}yp(x,y)\mathrm{d}x\mathrm{d}y。 \tag{4.8}$$

其中 $p_X(x),p_Y(y)$ 为边沿概率密度函数。

例10 设二维随机变量 (X,Y) 具有概率分布律 $p(x_i,y_j) = p^{x_i+y_j}(1-p)^{2-(x_i+y_j)}$, $0 < p < 1$，其中

$$x_i = \begin{cases} 0, & i = 0, \\ 1, & i = 1_\circ \end{cases} \qquad y_j = \begin{cases} 0, & j = 0, \\ 1, & j = 1_\circ \end{cases}$$

试求：(1) $E(X+Y)$；(2) $E(XY)$；(3) $E(X)$。

解 (1) $E(X+Y) = \sum_{i=0}^{1} \sum_{j=0}^{1} (x_i + y_j) p^{x_i+y_j}(1-p)^{2-(x_i+y_j)}$

$$= \sum_{i=0}^{1} [x_i \sum_{j=0}^{1} p^{x_i+y_j}(1-p)^{2-(x_i+y_j)} + \sum_{j=0}^{1} y_j p^{x_i+y_j}(1-p)^{2-(x_i+y_j)}]$$

$$= p(1-p) + p^2 + p(1-p) + p^2 = 2p;$$

(1) $E(XY) = \sum_{i=0}^{1} \sum_{j=0}^{1} x_i y_j p^{x_i+y_j}(1-p)^{2-(x_i+y_j)} = p^2$；

(3) $E(X) = \sum_{i=0}^{1} \sum_{j=0}^{1} x_i p^{x_i+y_j}(1-p)^{2-(x_i+y_j)} = p(1-p) + p^2 = p_\circ$

例11 设二维随机变量 (X,Y) 具有概率密度函数

$$p(x,y) = \begin{cases} 4xy, & 0 < x < 1, 0 < y < 1, \\ 0, & \text{其他}_\circ \end{cases}$$

求：(1) $E(3X+2Y)$；(2) $E(XY)$；(3) $E(X)$。

解 (1) $E(3X+2Y) = \int_0^1 \int_0^1 (3x+2y) 4xy \, dx \, dy = \dfrac{10}{3}$；

(2) $E(XY) = \int_0^1 \int_0^1 xy \cdot 4xy \, dx \, dy = \dfrac{4}{9}$；

(3) $E(X) = \int_0^1 \int_0^1 x \cdot 4xy \, dx \, dy = \dfrac{2}{3}_\circ$

4.1.2 数学期望的性质

以下在假设各个随机变量的数学期望存在的情况下，研究数学期望的一些性质。

性质1 设 c 为一常数，则 $E(c) = c_\circ$

证明 将常数 c 看作只有一个可能取值的离散型随机变量，其概率分布律为

X	c
p	1

所以，$E(c) = c \cdot 1 = c$。

性质 2 设 X 为一随机变量，c 是一个常数，则 $E(cX) = cE(X)$。

此性质的证明由读者完成。

性质 3 设 X,Y 是任意两个随机变量，则 $E(X + Y) = E(X) + E(Y)$。 (4.9)

证明 这里只证明 (X,Y) 为连续型随机变量的情形，离散型随机变量的情形请读者证明。设 (X,Y) 的联合概率密度函数为 $p(x,y)$，则得

$$E(X + Y) = \int_{-\infty}^{+\infty} \int_{-\infty}^{+\infty} (x + y)p(x,y)\mathrm{d}x\mathrm{d}y$$

$$= \int_{-\infty}^{+\infty} \int_{-\infty}^{+\infty} xp(x,y)\mathrm{d}x\mathrm{d}y + \int_{-\infty}^{+\infty} \int_{-\infty}^{+\infty} yp(x,y)\mathrm{d}x\mathrm{d}y = E(X) + E(Y)。$$

这一性质可推广到任意有限个随机变量和的情形。

特别地，设 X 为一随机变量，b,c 是任意常数，则 $E(bX + c) = bE(X) + c$。

性质 4 设随机变量 X,Y 相互独立，则 $E(XY) = E(X)E(Y)$。 (4.10)

证明 设 X,Y 的联合概率密度函数为 $p(x,y)$，其边沿概率密度函数为 $p_X(x),p_Y(y)$，由于 X,Y 相互独立，所以有 $p(x,y) = p_X(x)p_Y(y)$，则

$$E(XY) = \int_{-\infty}^{+\infty} \int_{-\infty}^{+\infty} xyp(x,y)\mathrm{d}x\mathrm{d}y = \int_{-\infty}^{+\infty} \int_{-\infty}^{+\infty} xyp_X(x)p_Y(y)\mathrm{d}x\mathrm{d}y$$

$$= \left[\int_{-\infty}^{+\infty} xp_X(x)\mathrm{d}x\right]\left[\int_{-\infty}^{+\infty} yp_Y(y)\mathrm{d}y\right] = E(X)E(Y)。$$

这一性质也可以推广到任意有限个相互独立的随机变量积的情形。

例 12 某旅游景点有一个摆地摊的赌主，在一个布袋中放了 20 个玻璃球，红白各 10 个，游客从布袋内随意抽取 10 个球（或不放回地分几次抽取），其中奖情况如表所示。

抽取情况	10 个白或 10 个红	9 红 1 白或 9 白 1 红	8 红 2 白或 8 白 2 红	7 红 3 白或 7 白 3 红	6 红 4 白或 6 白 4 红	5 红或 5 白
奖品（元）	200	50	2	1	0.5	罚 5

试计算：

（1）获 200 元奖品的概率；

（2）获 50 元奖品的概率；

（3）按抽取 1 000 次统计，赌主可赚多少元？

分析 从 20 个球中随意抽出 10 个球，共有 $C_{20}^{10} = 184\ 756$ 种可能的结果，其中

（1）抽取的 10 个球均为白（或红）的情况有 $C_{10}^{10} = 1$ 种，故获得 200 元奖品的概率为

$$\frac{2 \times C_{10}^{10}}{C_{20}^{10}} = \frac{1}{92\ 378},$$

得奖概率不到 9 万分之一。

(2) 抽取 10 个球时，9 红 1 白（或 9 白 1 红）的情况有 $C_{10}^9 C_{10}^1$ 种，因此获得 50 元奖品的概率为

$$\frac{2 \times C_{10}^9 C_{10}^1}{C_{20}^{10}} = \frac{100}{92\,378},$$

得奖概率约九百分之一。

(3) 分别算出获 2 元、1 元、0.5 元以及罚 5 元的概率为

$$\frac{2 \times C_{10}^8 C_{10}^2}{C_{20}^{10}} = \frac{2\,025}{92\,378}, \quad \frac{2 \times C_{10}^7 C_{10}^3}{C_{20}^{10}} = \frac{14\,400}{92\,378},$$

$$\frac{2 \times C_{10}^6 C_{10}^4}{C_{20}^{10}} = \frac{42\,100}{92\,378}, \quad \frac{C_{10}^5 C_{10}^5}{C_{20}^{10}} = \frac{31\,752}{92\,378}。$$

故抽取一次赌主平均可赚

$$\frac{C_{10}^5 C_{10}^5}{C_{20}^{10}} \times 5 - \frac{2 C_{10}^{10}}{C_{20}^{10}} \times 200 - \frac{2 C_{10}^9 C_{10}^1}{C_{20}^{10}} \times 50 - \frac{2 C_{10}^8 C_{10}^2}{C_{20}^{10}} \times 2 - \frac{2 C_{10}^7 C_{10}^3}{C_{20}^{10}} \times 1 - \frac{2 C_{10}^6 C_{10}^4}{C_{20}^{10}} \times 0.5 \approx 1.223\,88\,(元)，$$

如果以抽取 1 000 次统计，赌主可赚 1 223.88 元。

例 13 某学校流行某种传染病，据统计患者约占 $\frac{1}{10}$，为此学校决定对全校 1 000 名师生进行抽血化验。现有两个方案，问哪种方案更好。

方案 Ⅰ：逐个化验；

方案 Ⅱ：按四人一组分组，并把四个人抽到的血混合在一起化验，若发现有问题再对四个人逐个化验。

解 方案 Ⅰ 化验 1 000 次。

对方案 Ⅱ，设 X_i 表示第 i 组化验的次数（$i = 1, 2, \cdots, 250$），则 $X_1, X_2, \cdots, X_{250}$ 相互独立并具有相同的分布，其分布律为

X_i	1	5
P	$\left(1 - \dfrac{1}{10}\right)^4$	$1 - \left(1 - \dfrac{1}{10}\right)^4$

各组化验次数的数学期望为

$$E(X_i) = 1 \times \left(1 - \frac{1}{10}\right)^4 + 5 \times \left[1 - \left(1 - \frac{1}{10}\right)^4\right] = 0.656\,1 + 5 \times 0.342\,9 = 2.375\,6。$$

则方案 Ⅱ 所需的化验次数为 $\sum_{i=1}^{250} X_i$，需要的平均化验次数为

$$E\left(\sum_{i=1}^{250} X_i\right) = \sum_{i=1}^{250} E(X_i) = 250 \times 2.3756 = 594,$$

所以，方案Ⅱ优于方案Ⅰ，大约减少40%的工作量。

例 14 设 $X = X_1^2 + X_2^2 + \cdots + X_n^2, X_i \sim N(0,1), i = 1,2,\cdots,n$，且 X_i 相互独立，求 $E(X)$。

解 因为 $X_1, X_2, \cdots, X_n$ 是 n 个相互独立的标准正态随机变量，由例 8 知 $E(X_i^2) = 1$，又 $X = X_1^2 + X_2^2 + \cdots + X_n^2$，则由数学期望的性质 3 得

$$E(X) = E(X_1^2) + E(X_2^2) + \cdots + E(X_n^2) = n。$$

例 14 中的随机变量 X 称为服从自由度为 n 的 χ^2-分布（其概率密度函数见本节例 7），数学期望与例 7 所求得的结论相同，即服从 χ^2-分布的随机变量的自由度 n 就是其数学期望。

习题 4-1

1. 设 X 的概率分布如下表所示，求：$(1) E(X); (2) E(-X+1); (3) E(X^2)$。

X	-1	0	$\dfrac{1}{2}$	1	2
p	$\dfrac{1}{3}$	$\dfrac{1}{6}$	$\dfrac{1}{6}$	$\dfrac{1}{12}$	$\dfrac{1}{4}$

2. 分别求服从均匀分布和服从指数分布的随机变量的数学期望。

3. 某机携有导弹 3 枚，各枚命中率为 p，现该机向同一目标射击，击中或导弹用尽为止，问平均射击几次？

4. 一批产品有正品 4 件，次品 3 件。每次从中无放回抽取 1 件，直到全部次品抽出为止。试求平均抽取次数。

5. 今有甲乙两支篮球队进行比赛，若有一队胜 4 场则宣告比赛结束，若设甲、乙两队在每场比赛中获胜的概率均为 $\dfrac{1}{2}$，则需要比赛的场数的数学期望是多少？

6. 设 X 的分布密度为 $p(x) = \dfrac{1}{2} e^{-|x|}$，求：$(1) E(X); (2) SE(X^2)$。

7. 设随机变量 X 的概率密度函数为 $p(x) = \begin{cases} e^{-x}, & x > 0, \\ 0, & x \leq 0. \end{cases}$ 令 $Y_1 = 2X, Y_2 = e^{-2X}$，试求 $E(Y_1)$，$E(Y_2)$。

8. 对球的直径作近似测量，其值均匀分布在 $[a,b]$ 上，求球的体积的均值。

9. 设点随机地落在中心是原点、半径为 r 的圆周上，并对弧长是均匀分布的。求落点横坐标的均值。

10. 设随机变量 X_1, X_2 的概率密度函数分别为 $p_1(x) = \begin{cases} 2e^{-2x}, & x > 0, \\ 0, & x \leq 0; \end{cases}$ $p_2(x) = \begin{cases} 4e^{-4x}, & x > 0, \\ 0, & x \leq 0。 \end{cases}$ 求：
(1) $E(X_1 + X_2)$; (2) $E(2X_1 - 3X_2^2)$。

11. 设随机变量 (X,Y) 具有概率密度函数 $p(x,y) = \begin{cases} 1, & |y| < x, 0 < x < 1, \\ 0, & 其他。 \end{cases}$ 试求 $E(X), E(Y)$。

12. 设随机变量 (X,Y) 具有概率密度函数 $p(x,y) = \dfrac{1}{8}(x+y)$，其中 $0 \leq x \leq 2, 0 \leq y \leq 2$，试求 $E(X), E(Y)$。

13. 设 $X \sim \Gamma(\alpha, \beta)$，求 $E(X)$。

第 2 节 方差、协方差与相关系数

4.2.1 方差的定义及其性质

1 方差的定义

对于随机变量 X，我们已经知道数学期望反映了它的平均特征，但是有时仅知道平均特征是不够的，还要考虑 X 偏离其"中心"$E(X)$ 的程度。

引例 设甲、乙两名射击运动员在一次射击比赛中命中的环数分别为 X 和 Y，并有如下分布律

X	10	9	8	7
p_{1i}	0.4	0.3	0.2	0.1

Y	10	9	8
p_{2i}	0.25	0.5	0.25

问两名射击运动员谁的射击水平更稳定些？

经过计算可知，甲、乙两人命中的平均环数相同，均为 $E(X) = E(Y) = 9$（环）。这表明两位的射击水平相当，但是谁的射击水平更稳定些？通常的想法是，命中的环数与其平均环数的偏差越小越稳定。该偏差可以用 $|X - E(X)|$ 表示，但考虑到绝对值运算有许多不便，人们便用 $(X - E(X))^2$ 来度量这个偏差。而 $(X - E(X))^2$ 是一个随机变量，应该用它的平均值，即用 $E(X - E(X))^2$ 这个数字来度量 X 的离散程度，这就引出下述方差的定义。

定义 1 设 X 是一随机变量，如果 $E(X - E(X))^2$ 存在，则称它为 X 的**方差**，记作 $D(X)$ 或 $Var(X)$ 或 $\sigma^2(X)$，即 $D(X) = E(X - E(X))^2$，又称 $\sqrt{D(X)}$ 为 X 的**标准差**或均

方差，记为 $\sigma(X)$。

（1）若 X 为离散型随机变量，其概率分布为

X	x_1	x_2	...	x_n	...
p_k	p_1	p_2	...	p_n	...

则
$$D(X) = \sum_{k=1}^{\infty} (x_k - E(X))^2 p_k \text{。} \quad (4.11)$$

（2）如果 X 为连续型随机变量，其概率密度函数为 $p(x)$，则
$$D(X) = \int_{-\infty}^{+\infty} (x - E(X))^2 p(x) \mathrm{d}x \text{。} \quad (4.12)$$

计算方差常用如下公式
$$D(X) = E(X^2) - (E(X))^2 \text{。} \quad (4.13)$$

证明 $D(X) = E(X - E(X))^2 = E(X^2 - 2XE(X) + (E(X))^2)$
$= E(X^2) - 2E(X)E(X) + (E(X))^2 = E(X^2) - (E(X))^2 \text{。}$

例1 求本章第一节例2中的随机变量 X 及 Y 的方差。

解（1）因为 $E(X) = 2$，所以，由公式（4.11）得
$D(X) = (1-2)^2 \times 0.4 + (2-2)^2 \times 0.3 + (3-2)^2 \times 0.2 + (4-2)^2 \times 0.1 = 1 \text{。}$

（2）因为 $E(Y) = 2.5$，根据幂级数的性质可求得
$$E(Y^2) = \sum_{m=1}^{\infty} m^2 \times 0.4 \times 0.6^{m-1} = 0.4 \sum_{m=1}^{\infty} m^2 (0.6)^{m-1} = 0.4 \times \frac{1+0.6}{(1-0.6)^3} = 10,$$

所以，由公式（4.13）得
$$D(Y) = E(Y^2) - (E(Y))^2 = 10 - 2.5^2 = 3.75 \text{。}$$

例2 设随机变量 X 具有概率密度函数
$$p(x) = \begin{cases} 1+x, & -1 \leqslant x < 0, \\ 1-x, & 0 \leqslant x < 1, \\ 0, & \text{其他。} \end{cases}$$

求 X 的方差 $D(X)$。

解 $E(X) = \int_{-1}^{0} x(1+x) \mathrm{d}x + \int_{0}^{1} x(1-x) \mathrm{d}x = 0$, $E(X^2) = \int_{-1}^{0} x^2(1+x) \mathrm{d}x +$
$\int_{0}^{1} x^2(1-x) \mathrm{d}x = \frac{1}{6}$，于是由公式（4.13）得

$$D(X) = E(X^2) - (E(X))^2 = \frac{1}{6} \text{。}$$

2　方差的性质

以下假设随机变量的方差都存在。

性质 1　设 c 为任意常数，则 $D(c) = 0$。

证明　$D(c) = E(c - E(c))^2 = E(c - c)^2 = E(0) = 0$。

性质 2　$D(cX) = c^2 D(X)$（c 是任意常数）。

性质 3　$D(X + c) = D(X)$（c 是任意常数）。

一般地，设 X 是随机变量，b,c 是任意常数，则 $D(bX + c) = b^2 D(X)$。　　　　(4.14)

性质 2 与性质 3 的证明请读者完成。

性质 4　若随机变量 X 与 Y 相互独立，则 $D(X \pm Y) = D(X) + D(Y)$。　　　　(4.15)

证明　下面只证相加情形，相减类似。

$$D(X + Y) = E((X + Y) - E(X + Y))^2 = E((X - E(X)) + (Y - E(Y)))^2$$
$$= E(X - E(X))^2 + E(Y - E(Y))^2 + 2E((X - E(X))(Y - E(Y))),$$

而　$E((X - E(X))(Y - E(Y))) = E(XY + E(X)E(Y) - XE(Y) - YE(X))$
$$= E(XY) + E(X)E(Y) - E(X)E(Y) - E(Y)E(X) = 0,$$

所以，$D(X + Y) = D(X) + D(Y)$。

此性质还可推广到有限多个相互独立的随机变量和的情形，即

推论　设随机变量 X_i ($i = 1,2,3,\cdots,n$) 均存在方差，且 $X_1, X_2, \cdots, X_n$ 相互独立，则随机变量 $Y = X_1 + X_2 + \cdots + X_n$ 的方差为

$$D(X_1 + X_2 + \cdots + X_n) = D(X_1) + D(X_2) + \cdots + D(X_n)。 \tag{4.16}$$

例 3　设 n 个随机变量 $X_1, X_2, \cdots, X_n$ 相互独立，且 $E(X_i) = \mu, D(X_i) = \sigma^2, i = 1, 2, \cdots, n$，$\bar{X} = \dfrac{1}{n} \sum_{i=1}^{n} X_i$，求 $E(\bar{X}), D(\bar{X})$。

解　$E(\bar{X}) = E\left(\dfrac{1}{n}\sum_{i=1}^{n} X_i\right) = \dfrac{1}{n}\sum_{i=1}^{n} E(X_i) = \mu$，$D(\bar{X}) = D\left(\dfrac{1}{n}\sum_{i=1}^{n} X_i\right) = \dfrac{1}{n^2}\sum_{i=1}^{n} D(X_i) = \dfrac{\sigma^2}{n}$。

性质 5　$D(X) = 0$ 的充分必要条件是 $P\{X = E(X)\} = 1$。

性质 6　函数 $f(x) = E(X - x)^2$ 在 $x = E(X)$ 处取得最小值。

证明　由 $f(x) = E(X - x)^2 = E(X^2 - 2xX + x^2) = E(X^2) - 2xE(X) + x^2$，求导得 $f'(x) = -2E(X) + 2x$。令 $f'(x) = 0$，得 $x = E(X)$，又 $f''(x) = 2 > 0$。所以函数 $f(x)$ 在 $x = E(X)$ 处取得极小值，也是最小值。

3 几种常见随机变量的方差

例 4 （二项分布）设 $X \sim B(n,p)$，求 $D(X)$。

解 因为 $E(X) = np$，令 $q = 1 - p$，而

$$\begin{aligned}
E(X^2) &= \sum_{k=0}^{n} k^2 \cdot C_n^k p^k q^{n-k} = \sum_{k=1}^{n} (k(k-1) + k) \cdot C_n^k p^k q^{n-k} \\
&= \sum_{k=2}^{n} k(k-1) \cdot C_n^k p^k q^{n-k} + \sum_{k=1}^{n} k \cdot C_n^k p^k q^{n-k} \\
&= \sum_{k=2}^{n} \frac{n!}{(k-2)!(n-k)!} \cdot p^k q^{n-k} + E(X) \\
&= n(n-1)p^2 \sum_{k=2}^{n} C_{n-2}^{k-2} p^{k-2} q^{n-k} + np = n(n-1)p^2 (p+q)^{n-2} + np \\
&= n(n-1)p^2 + np,
\end{aligned}$$

于是 $D(X) = n(n-1)p^2 + np - (np)^2 = npq$。

当 $n = 1$ 时，就是 0-1 分布，即服从 0-1 分布的随机变量 X 的方差为 $D(X) = pq$。

例 5 （泊松分布）设 $X \sim P(\lambda)$，求 $D(X)$。

解 因为 $E(X) = \lambda$，而

$$\begin{aligned}
E(X^2) &= \sum_{k=0}^{\infty} k^2 \frac{\lambda^k}{k!} e^{-\lambda} = \sum_{k=1}^{\infty} (k - 1 + 1) \frac{\lambda^k}{(k-1)!} e^{-\lambda} \\
&= \sum_{k=2}^{\infty} \frac{\lambda^2 \lambda^{k-2}}{(k-2)!} e^{-\lambda} + \sum_{k=1}^{\infty} \frac{\lambda^k}{(k-1)!} e^{-\lambda} \text{（第一式令 } k-2 = t, \text{第二式令 } k-1 = s\text{）} \\
&= \lambda^2 \sum_{t=0}^{\infty} \frac{\lambda^t}{t!} e^{-\lambda} + \lambda \sum_{s=0}^{\infty} \frac{\lambda^s}{s!} e^{-\lambda} = \lambda^2 + \lambda。
\end{aligned}$$

所以 $D(X) = E(X^2) - (E(X))^2 = \lambda^2 + \lambda - \lambda^2 = \lambda$。

当 X 服从 $[a,b]$ 上的均匀分布时，$D(X) = \dfrac{(b-a)^2}{12}$；当 X 服从参数为 $\lambda(\lambda > 0)$ 的指数分布时，$D(X) = \dfrac{1}{\lambda^2}$（这两个随机变量的方差请读者证明）。

例 6 （正态分布）设 $X \sim N(\mu,\sigma^2)$，求 $D(X)$。

解 因为 $E(X) = \mu$，于是

$$D(X) = E(X - \mu)^2 = \frac{1}{\sqrt{2\pi}\sigma} \int_{-\infty}^{+\infty} (x - \mu)^2 e^{-\frac{(x-\mu)^2}{2\sigma^2}} dx。$$

令 $t = \dfrac{x - \mu}{\sigma}$，得

$$D(X) = \frac{\sigma^2}{\sqrt{2\pi}} \int_{-\infty}^{+\infty} t^2 e^{-\frac{t^2}{2}} dt = \frac{\sigma^2}{\sqrt{2\pi}} \cdot \sqrt{2\pi} = \sigma^2,$$

所以 $D(X) = \sigma^2$。

例7 设连续型随机变量 X 服从区间 $[-a,a]$ $(a>0)$ 上均匀分布,且已知 $P\{X>1\} = \frac{1}{3}$,求:

(1) 常数 a 的值;(2) $E(X), D(X)$。

解 由于连续型随机变量 X 服从区间 $[-a,a]$ $(a>0)$ 上均匀分布,因而它的密度函数为

$$p(x) = \begin{cases} \frac{1}{2a}, & -a \le x \le a, \\ 0, & 其他。 \end{cases}$$

注意到已知概率 $P\{X>1\} = \frac{1}{3} \ne 0$,说明点 $X=1$ 在区间 $(-a,a)$ 内,即 $a>1$。又因为概率

$$P\{X>1\} = \int_1^{+\infty} p(x)dx = \int_1^a p(x)dx + \int_a^{+\infty} p(x)dx,$$

代入 $p(x)$ 得

$$P\{X>1\} = \int_1^a \frac{1}{2a} dx + \int_a^{+\infty} 0 dx = \frac{1}{2} - \frac{1}{2a},$$

这个值等于所给概率值 $\frac{1}{3}$,所以有 $\frac{1}{2} - \frac{1}{2a} = \frac{1}{3}$,即 $a=3$。

(2) X 的数学期望和方差为

$$E(X) = \frac{1}{2}[3+(-3)] = 0, D(X) = \frac{1}{12}[3-(-3)]^2 = 3。$$

例8 (Γ-分布) 设 $X \sim \Gamma(\alpha,\beta)$,求 $D(X)$。

解 因为 $E(X) = \frac{\alpha}{\beta}$ (见本章第一节习题13),而

$$E(X^2) = \int_0^{+\infty} x^2 \frac{\beta^\alpha}{\Gamma(\alpha)} x^{\alpha-1} e^{-\beta x} dx = \frac{1}{\Gamma(\alpha)\beta^2} \int_0^{+\infty} t^{\alpha+1} e^{-t} dt (其中 t = \beta x)$$

$$= \frac{\Gamma(\alpha+2)}{\Gamma(\alpha)\beta^2} = \frac{(\alpha+1)\alpha}{\beta^2},$$

于是

$$D(X) = E(X^2) - (E(X))^2 = \frac{\alpha(\alpha+1)}{\beta^2} - \left(\frac{\alpha}{\beta}\right)^2 = \frac{\alpha}{\beta^2}。$$

在 Γ-分布中，令 $\alpha = \dfrac{n}{2}, \beta = \dfrac{1}{2}$ 就得 χ^2 分布（自由度为 n），从而，服从 χ^2-分布的随机变量 X 的方差为 $D(X) = 2n$。

上面给出的是一维随机变量的方差及其性质，对二维随机变量或更多维的情形，依此类推，见以下定义。

定义 2 设随机变量 X,Y 的方差 $D(X), D(Y)$ 存在，则称 $(D(X), D(Y))$ 为**二维随机变量** (X,Y) 的**方差**。

(1) 当 (X,Y) 为二维离散型随机变量时，

$$D(X) = \sum_i (x_i - E(X))^2 \cdot P_X(x_i) = \sum_i \sum_j (x_i - E(X))^2 \cdot P(x_i, y_j),$$

$$D(Y) = \sum_j (y_j - E(Y))^2 \cdot P_Y(y_j) = \sum_i \sum_j (y_j - E(Y))^2 \cdot P(x_i, y_j)。 \quad (4.17)$$

(2) 当 (X,Y) 为二维连续型随机变量时

$$D(X) = \int_{-\infty}^{+\infty} (x - E(X))^2 P_X(x) \mathrm{d}x = \int_{-\infty}^{+\infty} \int_{-\infty}^{+\infty} (x - E(X))^2 p(x,y) \mathrm{d}x\mathrm{d}y,$$

$$D(Y) = \int_{-\infty}^{+\infty} (y - E(Y))^2 P_Y(y) \mathrm{d}y = \int_{-\infty}^{+\infty} \int_{-\infty}^{+\infty} (y - E(Y))^2 p(x,y) \mathrm{d}x\mathrm{d}y。 \quad (4.18)$$

注：二维随机变量方差的性质，与一维随机变量的方差的性质类似。

4.2.2 协方差与相关系数

1 协方差与相关系数的定义

对于二维随机变量 (X,Y)，除了研究 X,Y 各自的期望和方差之外，还需研究表征它们相互联系的数字特征。协方差和相关系数就是描述两个随机变量之间联系的数字特征。

定义 3 设 (X,Y) 是二维随机变量，若 $E((X - E(X))(Y - E(Y)))$ 存在，则称 $E((X - E(X))(Y - E(Y)))$ 为 X,Y 的**协方差**，记作 $\mathrm{Cov}(X,Y)$ 或 σ_{XY}。即

$$\mathrm{Cov}(X,Y) = E((X - E(X))(Y - E(Y)))。 \quad (4.19)$$

当 (X,Y) 是离散型随机变量时，

$$\mathrm{Cov}(X,Y) = \sum_i \sum_j ((x_i - E(X))(y_j - E(Y)) p_{ij})。 \quad (4.20)$$

当 (X,Y) 是连续型随机变量时，

$$\mathrm{Cov}(X,Y) = \int_{-\infty}^{+\infty} \int_{-\infty}^{+\infty} (x - E(X))(y - E(Y)) p(x,y) \mathrm{d}x\mathrm{d}y。 \quad (4.21)$$

若 $D(X) > 0, D(Y) > 0$，则称 $\rho_{XY} = \dfrac{\mathrm{Cov}(X,Y)}{\sqrt{D(X)D(Y)}}$ 为随机变量 X,Y 的**相关系数**或标准

协方差。

注：$D(X)$ 与 $D(Y)$ 也常分别记为 σ_{XX}, σ_{YY}。

将（4.19）式展开即得

$$\mathrm{Cov}(X,Y) = E(XY) - E(X)E(Y)\text{。} \tag{4.22}$$

用此式计算协方差更简捷。

2 协方差的性质

设 $D(X)$ 与 $D(Y)$ 均存在，则有

性质 1 $\mathrm{Cov}(Y,X) = \mathrm{Cov}(X,Y)$。

性质 2 $\mathrm{Cov}(a_1 X + b_1, a_2 Y + b_2) = a_1 a_2 \mathrm{Cov}(X,Y)$，其中 a_1, a_2, b_1, b_2 均为常数。

性质 3 $\mathrm{Cov}(X_1 + X_2, Y) = \mathrm{Cov}(X_1, Y) + \mathrm{Cov}(X_2, Y)$。

性质 4 若 X, Y 相互独立，则 $\mathrm{Cov}(X,Y) = 0$，从而 $\rho_{XY} = 0$。

证明 性质 1，2，3 易证，下面仅证性质 4

因为 X, Y 相互独立，有 $E(XY) = E(X)E(Y)$，于是

$$\mathrm{Cov}(X,Y) = E((X - E(X))(Y - E(Y))) = E(XY) - E(X)E(Y) = 0\text{。}$$

定义 4 若随机变量 X 与 Y 的相关系数 $\rho_{XY} = 0$，则称 X 与 Y **不相关**。

注：若 X 与 Y 相互独立，则 X 与 Y 必不相关。但反之不真。

例 9 设二维随机变量 (X,Y) 的概率密度函数为

$$p(x,y) = \begin{cases} \dfrac{1}{\pi}, & x^2 + y^2 \leq 1, \\ 0, & \text{其他。} \end{cases}$$

试证 X 与 Y 不相互独立且不相关。

证明 当 $|x| \leq 1$ 时，随机变量 X 的概率密度函数为

$$p_X(x) = \int_{-\infty}^{+\infty} p(x,y)\,\mathrm{d}y = \int_{-\sqrt{1-x^2}}^{\sqrt{1-x^2}} \frac{1}{\pi}\,\mathrm{d}y = \frac{2}{\pi}\sqrt{1-x^2}\text{。}$$

当 $|y| \leq 1$ 时，随机变量 Y 的概率密度函数为

$$p_Y(y) = \int_{-\infty}^{+\infty} p(x,y)\,\mathrm{d}x = \int_{-\sqrt{1-y^2}}^{\sqrt{1-y^2}} \frac{1}{\pi}\,\mathrm{d}x = \frac{2}{\pi}\sqrt{1-y^2},$$

则 $P_X(x) \cdot P_Y(y) = \dfrac{4}{\pi^2}\sqrt{1-x^2} \cdot \sqrt{1-y^2} \neq p(x,y)$，所以 X 与 Y 不相互独立。

下证 X 与 Y 不相关，即 $\rho_{XY} = 0$。

先求 $E(X), E(Y)$：

$$E(X) = \int_{-\infty}^{+\infty}\int_{-\infty}^{+\infty} xp(x,y)\mathrm{d}x\mathrm{d}y = \iint_{x^2+y^2\leq 1} x\cdot\frac{1}{\pi}\mathrm{d}x\mathrm{d}y = 0.$$

同理
$$E(Y) = \iint_{x^2+y^2\leq 1} y\cdot\frac{1}{\pi}\mathrm{d}x\mathrm{d}y = 0.$$

$$\begin{aligned}\mathrm{Cov}(X,Y) &= \int_{-\infty}^{+\infty}\int_{-\infty}^{+\infty}[x-E(X)][y-E(Y)]p(x,y)\mathrm{d}x\mathrm{d}y \\ &= \frac{1}{\pi}\iint_{x^2+y^2\leq 1} xy\mathrm{d}x\mathrm{d}y = \frac{1}{\pi}\int_0^{2\pi}\int_0^1 r^2\sin\theta\cdot\cos\theta\cdot r\mathrm{d}r\mathrm{d}\theta \\ &= \frac{1}{\pi}\int_0^{2\pi}\sin\theta\cdot\cos\theta\mathrm{d}\theta\int_0^1 r^3\mathrm{d}r = 0.\end{aligned}$$

所以 $\rho_{XY} = 0$，即 X 与 Y 不相关。

此例说明 $\rho_{XY} = 0$ 不是 X 与 Y 相互独立的充分条件。

例10 对于二维随机变量 (X,Y)，已知 $D(X) = D(Y) = 1$，$\rho_{XY} = \frac{1}{2}$，求 $D(X-2Y)$。

解 根据方差的定义有
$$\begin{aligned}D(X-2Y) &= E((X-2Y) - E(X-2Y))^2 = E(X-E(X) - 2(Y-E(Y)))^2 \\ &= E(X-E(X))^2 - 4E((X-E(X))(Y-E(Y))) + 4E(Y-E(Y))^2 \\ &= D(X) - 4\sigma_{XY} + 4D(Y) = 3.\end{aligned}$$

随机变量的相关系数反映了随机变量之间的一种联系，到底是哪一种联系呢？看下面的定理。

定理 设 ρ_{XY} 是随机变量 X 与 Y 的相关系数，则

(1) $|\rho_{XY}| \leq 1$；

(2) $|\rho_{XY}| = 1$ 的充要条件是 $P\{Y = aX + b\} = 1$，其中 a,b 为常数且 $a \neq 0$。

证明 略。

此定理说明相关系数刻划了 X 与 Y 之间的线性相关关系。当 $|\rho_{XY}| = 1$ 时，表明 X 与 Y 间存在着线性关系（除零概率事件外）；当 $\rho_{XY} = 1$ 时为正线性相关（$a > 0$）；当 $\rho_{XY} = -1$ 时为负线性相关（$a < 0$）；当 $|\rho_{XY}| < 1$ 时这种线性相关程度就随着 $|\rho_{XY}|$ 的减小而减弱；当 $\rho_{XY} = 0$ 时 X 与 Y 之间无线性相关关系。

例11 设二维随机变量 (X,Y) 服从正态分布，它的概率密度函数为
$$p(x,y) = \frac{1}{2\pi\sigma_1\sigma_2\sqrt{1-\rho^2}}\exp\left\{-\frac{1}{2(1-\rho^2)}\left[\frac{(x-\mu_1)^2}{\sigma_1^2} - 2\rho\frac{(x-\mu_1)(y-\mu_2)}{\sigma_1\sigma_2} + \frac{(y-\mu_2)^2}{\sigma_2^2}\right]\right\},$$
求 X 与 Y 的相关系数。

解 因 (X,Y) 的边沿概率密度函数分别为

$$p_X(x) = \frac{1}{\sqrt{2\pi}\sigma_1}\exp\left[-\frac{(x-\mu_1)^2}{2\sigma_1^2}\right],$$
$$p_Y(y) = \frac{1}{\sqrt{2\pi}\sigma_2}\exp\left[-\frac{(y-\mu_2)^2}{2\sigma_2^2}\right]。 \quad (-\infty < x,y < +\infty)$$

即有 $E(X) = \mu_1, E(Y) = \mu_2, D(X) = \sigma_1^2, D(Y) = \sigma_2^2$,

于是
$$\mathrm{Cov}(X,Y) = \int_{-\infty}^{+\infty}\int_{-\infty}^{+\infty}(x-\mu_1)(y-\mu_2)\frac{1}{2\pi\sigma_1\sigma_2\sqrt{1-\rho^2}}$$
$$\cdot \exp\left\{-\frac{1}{2(1-\rho^2)}\left[\frac{(x-\mu_1)^2}{\sigma_1^2}-2\rho\frac{(x-\mu_1)(y-\mu_2)}{\sigma_1\sigma_2}+\frac{(y-\mu_2)^2}{\sigma_2^2}\right]\right\}\mathrm{d}x\mathrm{d}y$$
$$= \frac{1}{2\pi\sigma_1\sigma_2\sqrt{1-\rho^2}}\int_{-\infty}^{+\infty}\exp\left[-\frac{(x-\mu_1)^2}{2\sigma_1^2}\right]\int_{-\infty}^{+\infty}(x-\mu_1)(y-\mu_2)$$
$$\cdot \exp\left[-\frac{1}{2(1-\rho^2)}\left(\frac{y-\mu_2}{\sigma_2}-\rho\frac{x-\mu_1}{\sigma_1}\right)^2\right]\mathrm{d}x\mathrm{d}y。$$

令 $t = \frac{1}{\sqrt{1-\rho^2}}\left(\frac{y-\mu_2}{\sigma_2}-\rho\frac{x-\mu_1}{\sigma_1}\right), \mu = \frac{x-\mu_1}{\sigma_1}$,则

$$\mathrm{Cov}(X,Y) = \frac{1}{2\pi}\int_{-\infty}^{+\infty}(\sigma_1\sigma_2\sqrt{1-\rho^2}t\mu + \rho\sigma_1\sigma_2\mu^2)\cdot\exp\left(-\frac{\mu^2+t^2}{2}\right)\mathrm{d}t\mathrm{d}\mu$$
$$= \frac{\rho\sigma_1\sigma_2}{2\pi}\left[\int_{-\infty}^{+\infty}\mu^2\exp\left(-\frac{\mu^2}{2}\right)\mathrm{d}\mu\right]\left[\int_{-\infty}^{+\infty}\exp\left(-\frac{t^2}{2}\right)\mathrm{d}t\right]$$
$$+ \frac{\sigma_1\sigma_2\sqrt{1-\rho^2}}{2\pi}\left[\int_{-\infty}^{+\infty}\mu\exp\left(-\frac{\mu^2}{2}\right)\mathrm{d}\mu\int_{-\infty}^{+\infty}\exp\left(-\frac{t^2}{2}\right)\mathrm{d}t\right]$$
$$= \frac{\rho\sigma_1\sigma_2}{2\pi}\cdot\sqrt{2\pi}\sqrt{2\pi} = \rho\sigma_1\sigma_2,$$

得 $\rho_{XY} = \dfrac{\mathrm{Cov}(X,Y)}{\sqrt{D(X)D(Y)}} = \dfrac{\rho\sigma_1\sigma_2}{\sigma_1\sigma_2} = \rho$。

此例表明就二维正态分布而言,不相关和独立等价,且参数 ρ 为 X 与 Y 的相关系数。

例 12 有 A,B 两种不相关的证券,它们的收益与概率如下表所示。

类型	收益(元)	概率
证券 A	-30	$\dfrac{1}{3}$
	30	$\dfrac{2}{3}$

续表

类型	收益（元）	概率
证券 B	-20	$\frac{1}{2}$
	40	$\frac{1}{2}$

问应该如何投资这两种证券最佳（即要满足收益越大越好，风险越小越好）？

解 证券 A 的平均收益为

$$E(A) = -30 \times \frac{1}{3} + 30 \times \frac{2}{3} = 10 \text{（元）},$$

证券 A 的风险为

$$D(A) = (-30 - 10)^2 \times \frac{1}{3} + (30 - 10)^2 \times \frac{2}{3} = 800;$$

证券 B 的平均收益为

$$E(B) = -20 \times \frac{1}{2} + 40 \times \frac{1}{2} = 10 \text{（元）},$$

证券 B 的风险为

$$D(B) = (-20 - 10)^2 \times \frac{1}{2} + (40 - 10)^2 \times \frac{1}{2} = 900 。$$

若单独投资于一种证券，则显然会选择证券 A，因为在平均收益相同的情况下，风险越低越好。若两种证券均投资，则构造一个投资组合

$$C = \alpha A + (1 - \alpha) B,$$

其中 α 指一份 C 中 A 占的比例（$0 < \alpha < 1$）。此时

$$E(C) = E(\alpha A + (1 - \alpha) B) = \alpha E(A) + (1 - \alpha) E(B) = 10 \text{（元）},$$
$$D(C) = E(\alpha A + (1 - \alpha) B) = \alpha^2 D(A) + (1 - \alpha)^2 D(B) = 800\alpha^2 + 900(1 - \alpha)^2 。$$

要选择适当的 α 使得 $D(C)$ 最小，由高等数学知识可算得当 $\alpha = \frac{9}{17}$ 时，$D(C)$ 达到最小值为 423.53，则当 A 与 B 按 9∶8 的比例构造 C 时，平均收益仍为 10 元，但是风险比单独投资 A 减少将近一半，故采用上述投资组合策略进行投资时最佳。

为了便于读者查阅，本章末尾列出了常用分布及其数学期望与方差。

习题 4-2

1. 每次射击击中目标的概率都是 0.8，现连续向一目标射击直到第一次击中为止，求射击次数 X 的期望和方差。

2. 设连续型随机变量 X 在区间 $\left[-\dfrac{\pi}{2},\dfrac{\pi}{2}\right]$ 上取值，分布密度为 $\dfrac{2}{\pi}\cos^2 x$，求 $D(X)$。

3. 设连续型随机变量 X 的概率密度函数为 $p(x)=\begin{cases}\dfrac{1}{\pi\sqrt{1-x^2}}, & |x|<1,\\ 0, & |x|\geqslant 1。\end{cases}$ 求 $D(X)$。

4. 设连续型随机变量 X 的概率密度函数为 $p(x)=\begin{cases}k\cos x, & |x|\leqslant\dfrac{\pi}{2},\\ 0, & \text{其他}。\end{cases}$ 求 k 值及 X 的期望与方差。

5. 设随机变量 X 的数学期望为 $E(X)$，方差为 $D(X)>0$，引入新的随机变量 X^*（称为**标准化的随机变量**）$X^*=\dfrac{X-E(X)}{\sqrt{D(X)}}$。验证 $E(X^*)=0, D(X^*)=1$。

6. 已知 $D(X)=25, D(Y)=36, \rho_{XY}=0.4$。求 $D(X+Y), D(X-Y)$。

7. 设 (X,Y) 的联合分布律如下表所示，求 $E(X+Y), E(XY), D(X+Y), D(XY)$。

X \ Y	1	2	3
-1	0	$\dfrac{1}{15}$	$\dfrac{3}{15}$
0	$\dfrac{2}{15}$	$\dfrac{5}{15}$	$\dfrac{4}{15}$

8. 设 X,Y 是两个随机变量，已知 $E(X)=2, E(X^2)=20, E(Y)=3, E(Y^2)=34, \rho_{XY}=0.5$。求：
(1) $E(3X+2Y), E(X-Y)$；(2) $D(3X+2Y), D(X-Y)$。

9. 已知随机变量 $X、Y$ 相互独立，且同服从分布 $N(0,1)$，又 $Z=\sqrt{X^2+Y^2}$，求 $E(Z), D(Z)$。

10. 设 $X_1,X_2,\cdots,X_n$ 独立同分布，数学期望为 μ，方差为 σ^2，又设 $Y=\dfrac{1}{n}(X_1+X_2+\cdots+X_n)$，求 $D(Y)$。

11. （2000 年考研题）设随机变量 (X,Y) 在以点 $(0,1),(1,0),(1,1)$ 为顶点的三角形区域上服从均匀分布，试求随机变量 $U=X+Y$ 的方差。

第 3 节　矩、协方差矩阵

数学期望和方差是随机变量的两个最重要的数字特征，但也常用到其他一些数字特征，本节就矩的概念作简略介绍。

定义 1　设 X 和 Y 是随机变量。

(1) 若 $E(X^k)$ 和 $E(X-E(X))^k$ ($k=1,2,\cdots$) 均存在，则分别称它们为 X 的 k 阶**原点矩**和 k 阶**中心矩**。

(2) 若 $E(X^k Y^l)$ 和 $E((X-E(X))^k (Y-E(Y))^l)$ ($k,l=1,2,\cdots$) 均存在，则分别称它们为 X,Y 的 $k+l$ 阶**原点混合矩**和 $k+l$ 阶**中心混合矩**。

显然，数学期望是一阶原点矩，方差是二阶中心矩，协方差是二阶中心混合矩。

上述定义的原点矩和中心矩之间有如下关系

$$E(X-E(X))^n = \sum_{k=0}^{n} C_n^k \cdot (-1)^{n-k} \cdot E(X^k) \cdot (E(X))^{n-k}。$$

此式说明，由原点矩可求中心矩。反过来，由中心矩也可求原点矩。事实上

$$E(X^n) = E(X-E(X)+E(X))^n = \sum_{k=0}^{n} C_n^k \cdot E(X-E(X))^k \cdot (E(X))^{n-k}。$$

定义 2 设二维随机变量 (X_1, X_2) 有四个二阶中心矩（如果它们都存在），记为

$C_{11} = E(X_1 - E(X_1))^2$, $C_{12} = E((X_1 - E(X_1))(X_2 - E(X_2)))$,

$C_{21} = E((X_2 - E(X_2))(X_1 - E(X_1)))$, $C_{22} = E(X_2 - E(X_2))^2$。

则称矩阵 $\begin{pmatrix} C_{11} & C_{12} \\ C_{21} & C_{22} \end{pmatrix}$ 为二维随机变量 (X_1, X_2) 的**协方差矩阵**。

一般地，对于 n 维随机变量 $(X_1, X_2, \cdots, X_n)$，如果二阶中心矩

$$C_{ij} = \text{Cov}(X_i, X_j) = E((X_i - E(X_i))(X_j - E(X_j))), (i,j = 1,2,\cdots,n)$$

都存在，则称矩阵

$$C = \begin{pmatrix} C_{11} & C_{12} & \cdots & C_{1n} \\ C_{21} & C_{22} & \cdots & C_{2n} \\ \cdots & \cdots & \cdots & \cdots \\ C_{n1} & C_{n2} & \cdots & C_{nn} \end{pmatrix}$$

为 n **维随机变量** $(X_1, X_2, \cdots, X_n)$ 的**协方差矩阵**。

协方差矩阵有下列性质：

(1) 矩阵 C 是对称矩阵；

(2) $C_{ii} = D(X_i), i = 1,2,\cdots,n$；

(3) 矩阵 C 是非负定的。

证明 略。

在处理多维随机变量的实际问题中，协方差矩阵有很重要的作用。

常用分布及其数学期望与方差

名称及记号	概率分布或概率密度函数	数学期望	方差
0-1 分布	$P\{X=i\}=p^k q^{1-k}, k=0,1$ $(0<p<1, q=1-p)$	p	pq
二项分布 $B(n,p)$	$P\{X=k\}=C_n^k p^k q^{n-k}$, $k=0,1,2,\cdots,n$。 $(0<p<1, q=1-p)$	np	npq
超几何分布	$P\{X=k\}=\dfrac{C_M^k C_{N-M}^{n-k}}{C_N^n}$, $k=0,1,\cdots,\min(n,M)$。 $(0<M<N, 0<n\leqslant N-M)$	$\dfrac{nM}{N}$	$\dfrac{nM(N-M)(N-n)}{N^2(N-1)}$
泊松分布 $P(\lambda)$	$P\{X=k\}=\dfrac{\lambda^k}{k!}e^{-\lambda}$, $k=0,1,2,\cdots, \lambda>0$	λ	λ
几何分布	$P\{X=k\}=p(1-p)^{k-1}$, $k=1,2,3,\cdots$。$(0<p<1)$	$\dfrac{1}{p}$	$\dfrac{1-p}{p^2}$
均匀分布	$p(x)=\begin{cases}\dfrac{1}{b-a}, & a\leqslant x\leqslant b; \\ 0, & \text{其他}\end{cases}$	$\dfrac{a+b}{2}$	$\dfrac{(b-a)^2}{12}$
指数分布	$p(x)=\begin{cases}\lambda e^{-\lambda x}, & x>0; \\ 0, & x\leqslant 0\end{cases}$ $(\lambda>0)$	$\dfrac{1}{\lambda}$	$\dfrac{1}{\lambda^2}$
正态分布 $N(\mu,\sigma^2)$	$p(x)=\dfrac{1}{\sqrt{2\pi}\sigma}e^{-\frac{(x-\mu)^2}{2\sigma^2}}$, $(\sigma>0, -\infty<x<+\infty)$	μ	σ^2
Γ-分布 $\Gamma(\alpha,\beta)$	$p(x)=\begin{cases}\dfrac{\beta^\alpha}{\Gamma(\alpha)}x^{\alpha-1}e^{-\beta x}, & x>0; \\ 0, & x\leqslant 0\end{cases}$ $(\alpha>0, \beta>0)$ $\left(\Gamma(\alpha)=\int_0^{+\infty}x^{\alpha-1}e^{-x}dx\right)$	$\dfrac{\alpha}{\beta}$	$\dfrac{\alpha}{\beta^2}$
χ^2-分布 $\chi^2(n)$	$p(x)=\begin{cases}\dfrac{1}{2^{\frac{n}{2}}\Gamma\left(\dfrac{n}{2}\right)}x^{\frac{n}{2}-1}e^{-\frac{x}{2}}, & x>0, \\ 0, & x\leqslant 0\end{cases}$ $(n\text{ 为正整数})$	n	$2n$
t-分布	$p(x)=\dfrac{\Gamma\left(\dfrac{n+1}{2}\right)}{\sqrt{n\pi}\Gamma\left(\dfrac{n}{2}\right)}\left(1+\dfrac{x^2}{n}\right)^{-\frac{n+1}{2}}$, $(n\text{ 为正整数}, -\infty<x<+\infty)$	$0\,(n>1)$	$\dfrac{n}{n-2}\,(n>2)$

复习参考题四（A）

1. 设离散型随机变量 X 的分布列为 $P\left\{X=(-1)^k \dfrac{2^k}{k}\right\}=\dfrac{1}{2^k},(k=1,2,\cdots)$，问 X 是否有数学期望？为什么？

2. 对三架仪器进行检验，各仪器产生故障是相互独立的，且概率分别为 p_1, p_2, p_3，求产生故障的仪器数的数学期望。

3. （1995 年考研题）设 X 表示 10 次独立重复射击中命中目标的次数，每次射中目标的概率为 0.4，求 X^2 的数学期望 $E(X^2)$。

4. 将 n 只球放入 M 只盒中，设各球落入每个盒子是等可能的，求有球的盒子数 X 的数学期望。

5. 设随机变量 X 的期望 $E(X)$ 存在，且 $E(X)=a, E(X^2)=b, c$ 为一常数，则 $D(cX)=($)。
(A) $c(a-b^2)$；   (B) $c(b-a^2)$；   (C) $c^2(b-a^2)$；   (D) $c^2(a-b^2)$。

6. 设连续型随机变量 X 的概率密度函数为 $p(x)=\begin{cases}a\sin x+b, & 0\leqslant x\leqslant\dfrac{\pi}{2}\\ 0, & \text{其他}\end{cases}$，且 $E(X)=\dfrac{\pi+4}{8}$，求常数 a 与 b 及 $D(X)$。

7. 设连续型随机变量 X 的分布函数为 $F(x)=\begin{cases}0, & x<-1\\ a+b\arcsin x, & -1\leqslant x<1\\ 1, & x\geqslant 1\end{cases}$，试确定常数 a, b，并求 $E(X), D(X)$。

8. （2001 年考研题）将一枚硬币重复掷 n 次，以 X 和 Y 分别表示正面向上和反面向上的次数，求 X 和 Y 的相关系数。

9. 设随机变量 (X,Y) 的概率密度函数为 $p(x,y)=A\sin(x+y), 0\leqslant x\leqslant\dfrac{\pi}{2}, 0\leqslant y\leqslant\dfrac{\pi}{2}$，求：(1) 系数 A；(2) $E(X), E(Y), D(X), D(Y)$；(3) ρ_{XY}。

10. 三个随机变量 X, Y, Z 中，$E(X)=E(Y)=1, E(Z)=-1, D(X)=D(Y)=D(Z)=1, \rho_{XY}=0, \rho_{XZ}=\dfrac{1}{2}, \rho_{YZ}=\dfrac{1}{2}$，设 $W=X+Y+Z$，求 $E(W), D(W)$。

11. 设随机变量 (X,Y) 只能取 $(-1,0), (-1,1)$ 和 $(0,1)$ 三组数，且取这三组的概率分别为 $\dfrac{1}{2}, \dfrac{1}{3}$ 和 $\dfrac{1}{6}$。(1) 计算 X, Y 的相关系数，(2) X, Y 是否不相关？(3) X, Y 是否独立？

12. 设 (X,Y) 的密度函数为 $p(x,y)=\begin{cases}\dfrac{1}{8}(x+y), & 0\leqslant x\leqslant 2, 0\leqslant y\leqslant 2\\ 0, & \text{其他}\end{cases}$，求：(1) $E(X)$，(2) ρ_{XY}。

13. 设 (X,Y) 在区域 $D=\{(x,y)\mid 0<x<1, 0<y<x\}$ 上服从均匀分布，求 ρ_{XY}。

14. 设 (X,Y) 的联合分布列为下表，验证：(1) X 与 Y 不相关，(2) X 与 Y 不独立。

X \ Y	-1	0	1
-1	$\frac{1}{8}$	$\frac{1}{8}$	$\frac{1}{8}$
0	$\frac{1}{8}$	0	$\frac{1}{8}$
1	$\frac{1}{8}$	$\frac{1}{8}$	$\frac{1}{8}$

复习参考题四（B）

15. 设二维随机变量 (X,Y) 的联合概率密度函数为 $f(x,y) = \dfrac{1}{2\pi\sigma^2} e^{-\frac{x^2+y^2}{2\sigma^2}}$，其中 $\sigma > 0$。求 X 与 Y 的最大值的数学期望 $E[\max(X,Y)]$。

16. 将三个球随机地放入三个盒子里，用 X、Y 分别表示放入第一个与第二个盒子里的球的个数。写出二维随机变量 (X,Y) 的联合分布列，并计算 $E(X),E(Y),D(X),D(Y)$ 及 X,Y 的相关系数，并判断 X 与 Y 是否独立？是否不相关？

17. 三维随机变量 (X,Y,Z) 的协方差矩阵为 $\begin{pmatrix} 9 & 1 & -2 \\ 1 & 20 & 3 \\ -2 & 3 & 12 \end{pmatrix}$，令 $U = 2X + 3Y + Z$，$V = X - 2Y + 5Z$，$W = Y - Z$，求三维随机变量 (U,V,W) 的协方差矩阵。

18. （1993 年考研题）设随机变量 X 的概率分布密度为 $p(x) = \dfrac{1}{2} e^{-|x|}$，$-\infty < x < +\infty$。

　　(1) 求 X 的数学期望 $E(X)$ 和方差 $D(X)$。

　　(2) 求 X 与 $|X|$ 的协方差，并问 X 与 $|X|$ 是否不相关？

　　(3) 问 X 与 $|X|$ 是否相互独立？为什么？

19. （1997 年考研题）从学校乘汽车到火车站的途中有 3 个交通岗，假设在各个交通岗遇到红灯的事件是相互独立的，并且概率都是 0.4。设 X 为途中遇到红灯的次数，求随机变量 X 的分布律、分布函数和数学期望。

20. （1996 年考研题）设两个随机变量 X,Y 相互独立，且都服从均值为 0、方差为 $\dfrac{1}{2}$ 的正态分布，求随机变量 $|X-Y|$ 的数学期望和方差。

21. （2000 年考研题）某流水生产线上每个产品不合格的概率为 $p(0 < p < 1)$，各产品合格与否相互独立，当出现一个不合格产品时即停机检修。设开机后第一次停机时已生产了的产品个数为 X，求 X 的数学期望 $E(X)$ 和方差 $D(X)$。

22. （2002 年考研题）设随机变量 X 的概率密度函数为 $f(x) = \begin{cases} \dfrac{1}{2}\cos\dfrac{1}{2}x, & 0 \leqslant x \leqslant \pi, \\ 0, & \text{其他} \end{cases}$，对 X 独立地

重复观察 4 次，用 Y 表示观察值大于 $\dfrac{\pi}{3}$ 的次数，求 Y^2 的数学期望。

23. （2004 年考研题）设 A,B 为两个随机事件，且 $P(A)=\dfrac{1}{4}, P(B\mid A)=\dfrac{1}{3}, P(A\mid B)=\dfrac{1}{2}$，令
$X=\begin{cases}1, A\text{ 发生},\\0, A\text{ 不发生};\end{cases} Y=\begin{cases}1, B\text{ 发生},\\0, B\text{ 不发生}.\end{cases}$ 求：(1) 二维随机变量 (X,Y) 的概率分布；(2) X 与 Y 的相关系数 ρ_{XY}；(3) $Z=X^2+Y^2$ 的概率分布。

24. 设 (X,Y) 的联合密度函数为 $\varphi(x,y)=\begin{cases}2-x-y, 0\leqslant x\leqslant 1, 0\leqslant y\leqslant 1,\\0, \text{其他}.\end{cases}$ (1) 判别 X,Y 是否相互独立，是否相关；(2) 求 $D(X+Y)$。

25. （2006 年考研题）设随机变量 X 的概率密度函数为 $p_X(x)=\begin{cases}\dfrac{1}{2},-1<x<0,\\\dfrac{1}{4}, 0\leqslant x<2,\\0,\text{其他}.\end{cases}$ 令 $Y=X^2$，$F(x,y)$ 为二维随机变量 (X,Y) 的分布函数。求：(1) Y 的概率密度函数 $p_Y(y)$；(2) $\mathrm{Cov}(X,Y)$；(3) $F(-\dfrac{1}{2},4)$。

26. 按节气出售的某种节令商品，每售出 1 千克可获利 a 元，过了节气处理剩余的这种商品，每售出 1 千克净亏损 b 元。设某店在季度内这种商品的销量 X 是一随机变量，X 在区间 (t_1,t_2) 内服从均匀分布。为使商店所获利润的数学期望最大，问该店应进多少货？

第 5 章
大数定律和中心极限定理

本章介绍的大数定律和中心极限定理是概率论的基本理论之一,它们在概率论与数理统计的理论研究和应用中都是十分重要的。本章主要介绍切比雪夫不等式,随机变量序列依概率收敛,大数定律及中心极限定理。

第 1 节 大数定律

5.1.1 切比雪夫(Chebyshev)不等式

切比雪夫不等式 设随机变量 X 具有有限的数学期望 $E(X)$ 和方差 $D(X)$,则对于任意的 $\varepsilon > 0$,恒有

$$P\{|X - E(X)| \geq \varepsilon\} \leq \frac{D(X)}{\varepsilon^2}。 \tag{5.1}$$

这一不等式叫做**切比雪夫不等式**。

证明 (仅对连续型随机变量给出证明)设 X 的概率密度函数为 $p(x)$,则有

$$\begin{aligned}
D(X) &= \int_{-\infty}^{+\infty} (x - E(X))^2 p(x) \mathrm{d}x \\
&\geq \int_{-\infty}^{E(X)-\varepsilon} (x - E(X))^2 p(x) \mathrm{d}x + \int_{E(X)+\varepsilon}^{+\infty} (x - E(X))^2 p(x) \mathrm{d}x \\
&\geq \varepsilon^2 \int_{-\infty}^{E(X)-\varepsilon} p(x) \mathrm{d}x + \varepsilon^2 \int_{E(X)+\varepsilon}^{+\infty} p(x) \mathrm{d}x \\
&= \varepsilon^2 P\{X \leq E(X) - \varepsilon\} + \varepsilon^2 P\{X \geq E(X) + \varepsilon\} \\
&= \varepsilon^2 P\{|X - E(X)| \geq \varepsilon\}。
\end{aligned}$$

由此即得 (5.1)。

不等式（5.1）也可以写成另一形式

$$P\{|X-E(X)|<\varepsilon\} \geqslant 1-\frac{D(X)}{\varepsilon^2}, \tag{5.2}$$

或

$$P\{|X-E(X)| \geqslant \varepsilon\sqrt{D(X)}\} \leqslant \frac{1}{\varepsilon^2}, \tag{5.3}$$

切比雪夫不等式表明随机变量 X 的方差可以很好地刻画其偏离其数学期望 $E(X)$ 的离散程度。因为根据切比雪夫不等式，随机变量 X 落在区间 $(E(X)-\varepsilon, E(X)+\varepsilon)$ 内的概率不小于 $1-\frac{D(X)}{\varepsilon^2}$。于是当方差 $D(X)$ 越小时，$1-\frac{D(X)}{\varepsilon^2}$ 越接近于 1，从而 X 的取值集中在 $E(X)$ 附近的可能性就越大。因此，方差作为描述随机变量取值偏离其数学期望的离散程度的一个量是恰当的。

式（5.3）给出了随机变量偏离其均值为标准差的某一倍数的可能性大小的估计。如取 $\varepsilon = 3$，则有

$$P\{|X-E(X)| \geqslant 3\sqrt{D(X)}\} \leqslant \frac{1}{9}。 \tag{5.4}$$

如果 $X \sim N(\mu, \sigma^2)$，则有 $P\{|X-\mu| \geqslant 3\sigma\} \leqslant \frac{1}{9}$。

例 1 投掷一枚均匀的硬币，问：至少需掷多少次才能保证正面出现的频率在 0.4～0.6 之间的概率不小于 0.9？

解 设需要掷 n 次，X 表示投掷 n 次中出现正面的次数，由题意得

$$X \sim B(n, 0.5), E(X) = 0.5n, D(X) = 0.25n。$$

$$P\left\{0.4 < \frac{X}{n} < 0.6\right\} = P\{0.4n < X < 0.6n\} = P\{|X-E(X)| < 0.1n\} \geqslant 1-\frac{D(X)}{(0.1n)^2} =$$

$1-\dfrac{\frac{n}{4}}{0.01n^2} = 1-\dfrac{25}{n}$，要使 $P\left\{0.4 < \dfrac{X}{n} < 0.6\right\} \geqslant 0.9$，只需 $1-\dfrac{25}{n} \geqslant 0.9$，解得 $n \geqslant 250$。

5.1.2 随机变量序列依概率收敛

随机现象的统计规律性，只有在相同条件下进行大量重复试验或观察才呈现出来。因此研究"大量"随机现象常常采用极限的形式。随机变量的极限在不同的意义下有不同的定义方法，这里仅给出随机变量序列依概率收敛的定义。

定义 1 如果对任意正数 ε，事件 $\{|X_n - a| < \varepsilon\}$ 的概率当 $n \to \infty$ 时趋于 1，即

$$\lim_{n\to\infty} P\{|X_n - a| < \varepsilon\} = 1, \tag{5.5}$$

则称随机变量序列 $\{X_n\}$ 当 $n \to \infty$ 时**依概率收敛于** a，记作

$$\lim_{n\to\infty} X_n = a\,(P), \text{ 或 } X_n \xrightarrow{P} a。$$

这里随机变量序列 $\{X_n\}$ 依概率收敛和微积分中的收敛有很大的不同，$X_n \xrightarrow{P} a$ 意味着概率序列 $P\{|X_n - a| < \varepsilon\} \to 1(n \to \infty)$，即对任意 $\varepsilon > 0$，当 n 无限增大时，事件 $\{|X_n - a| < \varepsilon\}$ 发生的概率无限接近于 1。

例 2 设随机变量序列 $\{X_n\}$ 的概率分布定义为 $P\{X_n = 1\} = \dfrac{1}{n}, P\{X_n = 0\} = 1 - \dfrac{1}{n}$。试证 $X_n \xrightarrow{P} 0$。

证明 由于

$$P\{|X_n| < \varepsilon\} = \begin{cases} P\{X_n = 0\} = 1 - \dfrac{1}{n}, & \text{当 } 0 < \varepsilon \leqslant 1, \\ P\{X_n = 0\} + P\{X_n = 1\} = 1, & \text{当 } \varepsilon > 1。 \end{cases}$$

因此，对任意 $\varepsilon > 0$，可得 $\lim\limits_{n\to\infty} P\{|X_n| < \varepsilon\} = 1$，故 $X_n \xrightarrow{P} 0$。

5.1.3 大数定律

在大量随机现象中人们不仅发现随机事件频率的稳定性，而且发现大量随机现象平均结果的稳定性。概率论中用来阐明大量随机现象平均结果的稳定性的一系列定理称为大数定律。

1 伯努利（Bernoulli）大数定律

定理 1（伯努利大数定律） 设 n_A 是 n 次重复独立试验中事件 A 发生的次数，p 是事件 A 在每次试验中发生的概率，则 $\dfrac{n_A}{n} \xrightarrow{P} p$，即对于任意 $\varepsilon > 0$，恒有

$$\lim_{n\to\infty} P\left\{\left|\dfrac{n_A}{n} - p\right| < \varepsilon\right\} = 1。 \tag{5.6}$$

证明 设随机变量 $X_i(i = 1, 2, \cdots, n, \cdots)$ 表示第 i 次试验中事件 A 发生的次数，显然有 $n_A = \sum\limits_{i=1}^{n} X_i$，且 $X_i(i = 1, 2, \cdots, n, \cdots)$ 相互独立服从 0-1 分布：

$$P\{X_i = 1\} = p, P\{X_i = 0\} = 1 - p = q, i = 1, 2, \cdots, n, \cdots$$
$$E(X_i) = p, D(X_i) = pq\,(q = 1 - p, i = 1, 2, \cdots, n, \cdots)。$$

而
$$\frac{n_A}{n} - p = \frac{n_A - np}{n} = \frac{\sum_{i=1}^{n} X_i - E(\sum_{i=1}^{n} X_i)}{n},$$

由切比雪夫不等式，得

$$P\left\{\left|\frac{n_A}{n} - p\right| \geqslant \varepsilon\right\} = P\left\{\left|\sum_{i=1}^{n} X_i - E(\sum_{i=1}^{n} X_i)\right| \geqslant n\varepsilon\right\} \leqslant \frac{D(\sum_{i=1}^{n} X_i)}{n^2 \varepsilon^2},$$

又由独立性，有

$$D(\sum_{i=1}^{n} X_i) = \sum_{i=1}^{n} D(X_i) = npq,$$

所以

$$P\left\{\left|\frac{n_A}{n} - p\right| \geqslant \varepsilon\right\} \leqslant \frac{npq}{n^2 \varepsilon^2} = \frac{1}{n} \cdot \frac{pq}{\varepsilon^2} \to 0, (n \to \infty),$$

则有

$$\lim_{n \to \infty} P\left\{\left|\frac{1}{n}\sum_{i=1}^{n} X_i - p\right| < \varepsilon\right\} = 1,$$

即

$$\lim_{n \to \infty} P\left\{\left|\frac{n_A}{n} - p\right| < \varepsilon\right\} = 1。$$

伯努利大数定律表明事件 A 发生的频率 $\frac{n_A}{n}$ 依概率收敛于 p，从而以严格的数学形式表达了频率的稳定性，即当试验次数 n 很大时，事件 A 发生的频率与概率有较大偏差的可能性很小，故在实际应用中当试验次数很大时，便可用事件发生的频率作为事件发生的概率。

如果事件 A 的概率很小，则正如伯努利大数定律所指出的，事件 A 的频率也很小，或者说事件 A 很少发生。例如，设 $P(A) = 0.001$，则在一千次试验中只希望事件 A 发生一次。实际生活中那些概率很小的事件发生的可能性常常被忽略。例如，交通事故发生的概率是很小的，对于每个人来说几乎是不可能发生的，否则，哪个人还敢在公路上行走啊。

2 切比雪夫大数定律

定理 2（切比雪夫大数定律） 设随机变量 $X_1, X_2, \cdots, X_n, \cdots$ 是一列两两不相关的随机变量，分别有数学期望 $E(X_i)$ 和方差 $D(X_i)$，且 $D(X_i) \leqslant c$（常数 $c > 0, i = 1, 2, \cdots$），则 $\frac{1}{n}\sum_{i=1}^{n} X_i \xrightarrow{P} \frac{1}{n}\sum_{i=1}^{n} E(X_i)$，即对于任意 $\varepsilon > 0$，恒有

$$\lim_{n\to\infty} P\left\{\left|\frac{1}{n}\sum_{i=1}^{n} X_i - \frac{1}{n}\sum_{i=1}^{n} E(X_i)\right| < \varepsilon\right\} = 1_\circ \tag{5.7}$$

证明 根据期望和方差的定义及性质，得

$$E\left(\frac{1}{n}\sum_{i=1}^{n} X_i\right) = \frac{1}{n}\sum_{i=1}^{n} E(X_i),$$

$$D\left(\frac{1}{n}\sum_{i=1}^{n} X_i\right) = \frac{1}{n^2}\sum_{i=1}^{n} D(X_i) \leqslant \frac{1}{n^2}\sum_{i=1}^{n} c = \frac{c}{n}_\circ$$

再由切比雪夫不等式，得

$$P\left\{\left|\frac{1}{n}\sum_{i=1}^{n} X_i - \frac{1}{n}\sum_{i=1}^{n} E(X_i)\right| \geqslant \varepsilon\right\} \leqslant \frac{c}{n\varepsilon^2} \to 0, n \to \infty,$$

于是有

$$\lim_{n\to\infty} P\left\{\left|\frac{1}{n}\sum_{i=1}^{n} X_i - \frac{1}{n}\sum_{i=1}^{n} E(X_i)\right| < \varepsilon\right\} = 1_\circ$$

此定理表明，在所给条件下随机变量的算术平均值 $\overline{X}_n = \frac{1}{n}\sum_{i=1}^{n} X_i$ 当 n 充分大时，偏离其数学期望的算术平均值 $E(\overline{X}_n) = \frac{1}{n}\sum_{i=1}^{n} E(X_i)$ 的离散程度很小。换句话说，经过算术平均以后得到的随机变量 $\overline{X}_n$ 的取值，将紧密地聚集在它的数学期望 $E(\overline{X}_n)$ 的附近。

推论 设随机变量 $X_1, X_2, \cdots, X_n, \cdots$ 相互独立，且服从同一分布，具有数学期望 μ 及方差 σ^2，则 $\frac{1}{n}\sum_{i=1}^{n} X_i \xrightarrow{P} \mu$，即对任意 $\varepsilon > 0$，恒有

$$\lim_{n\to\infty} P\left\{\left|\frac{1}{n}\sum_{i=1}^{n} X_i - \mu\right| < \varepsilon\right\} = 1_\circ \tag{5.8}$$

这个推论使关于算术平均值的法则有了理论根据。假设要测量某一物理量 a，在不变的条件下重复测量 n 次，得到的结果 $x_1, x_2, \cdots, x_n$ 是不完全相同的，这些结果可以看作 n 个独立随机变量 $X_1, X_2, \cdots, X_n$（显然，它们服从同一分布，并且有数学期望 a）的试验数值。于是，按大数定律可知，当 n 充分大时，我们取 n 次测量结果 $x_1, x_2, \cdots, x_n$ 的算术平均值作为 a 的近似值

$$a \approx \frac{x_1 + x_2 + \cdots + x_n}{n}$$

所发生的误差是很小的。

上述大数定律的证明中都是以切比雪夫不等式为基础的，所以要求随机变量具有方差，但是进一步研究表明，方差存在这个条件并不是必要的。下面的辛钦（**Khinchine**）大数定律只要求随机变量具有期望即可。

3 辛钦（Khinchine）大数定律

定理 3（辛钦大数定律） 设 $X_1, X_2, \cdots, X_n, \cdots$ 是相互独立的随机变量序列，它们服从相同的分布，且具有有限的数学期望 $a = E(X_i)$, $i = 1, 2, \cdots$，则对任意的 $\varepsilon > 0$，有

$$\lim_{n \to \infty} P \left\{ \left| \frac{1}{n} \sum_{i=1}^{n} X_i - a \right| < \varepsilon \right\} = 1 \text{。} \tag{5.9}$$

证明 略。

此定理只要求随机变量的数学期望存在而不必考虑方差，所以比切比雪夫大数定律的适用性广泛。此定理只要会应用其结论即可。

习题 5-1

1. 设随机变量 X 服从参数为 2 的泊松分布，用切比雪夫不等式估计 $P(|X - 2| \geq 4)$。

2. 某工厂生产某种产品，每周的产量是均值为 50，方差为 25 的随机变量，试对某一周产量在 40~60 件之间的概率进行估计。

3. 设随机变量 X 服从区间 $[-1, b]$ 上的均匀分布，若由切比雪夫不等式有 $P\{|X-1| < \varepsilon\} \geq \frac{2}{3}$，求常数 b 与 ε。

4. 设随机变量 X 和 Y 的数学期望分别为 -2 和 2，方差分别为 1 和 4，相关系数为 -0.5，试根据切比雪夫不等式估计 $P(|X + Y| \geq 6)$。

5. 设男婴出生率为 $\frac{22}{43}$，某地区有 7 000 名产妇，试估计男婴出生的个数。

6. 设 $X_1, X_2, \cdots, X_n, \cdots$ 相互独立同分布，且 $E(X_n) = 0$，试求 $\lim_{n \to \infty} P\left(\sum_{i=1}^{n} X_i < n\right)$。

第 2 节 中心极限定理

在随机变量的一切可能的概率分布中，正态分布占有特殊重要的地位，实践中经常遇到大量的随机变量都服从正态分布。自然就提出这样的问题：为什么正态分布如此广泛地存在，从而在概率论中占有如此重要的地位？应该如何解释大量随机现象中的这一客观规律性呢？

下面给出的中心极限定理说明了在某些非常一般的充分条件下，当随机变量的个数无限增加时，独立随机变量和的分布趋近于正态分布。因此，可以用正态分布对这样的问题作近似，而"误差"却是高阶无穷小。

5.2.1 列维-林德伯格（Levy-Lindeberg）定理

定理 1 （列维-林德伯格定理）设随机变量序列 $X_1, X_2, \cdots, X_n, \cdots$ 独立同分布，且 $E(X_k) = \mu, D(X_k) = \sigma^2 \neq 0 \ (k = 1, 2, \cdots, n, \cdots)$，则随机变量

$$Y_n = \frac{\sum_{k=1}^{n} X_k - n\mu}{\sqrt{n}\sigma}$$

的分布函数 $F_n(x)$ 对于任意 x，满足

$$\lim_{n \to \infty} F_n(x) = \lim_{n \to \infty} P\{Y_n \leqslant x\} = \int_{-\infty}^{x} \frac{1}{\sqrt{2\pi}} e^{-\frac{t^2}{2}} \mathrm{d}t_{\circ} \tag{5.10}$$

证明 略。

这个定理表明，当 n 很大时，随机变量 $Y_n = \dfrac{\sum_{k=1}^{n} X_k - n\mu}{\sqrt{n}\sigma}$ 近似地服从标准正态分布 $N(0,1)$。由此可知，当 n 很大时随机变量 $\sum_{k=1}^{n} X_k$ 将近似地服从正态分布 $N(n\mu, n\sigma^2)$。这就是说，对于独立随机变量序列 $\{X_n\}$，不管各个 $X_k (k = 1, 2, \cdots)$ 服从什么分布，只要同分布且有有限的期望和方差，那么这些独立随机变量之和 $\sum_{k=1}^{n} X_k$ 当 n 很大时就近似地服从正态分布。

5.2.2 棣莫佛-拉普拉斯（De Moivre-Laplace）定理

定理 2 （棣莫佛-拉普拉斯定理）设随机变量 $Y_n (n = 1, 2, \cdots)$ 服从参数为 $n, p (0 < p < 1)$ 的二项分布，则对于任意区间 $(a, b]$，恒有

$$\lim_{n \to \infty} P\left\{ a < \frac{Y_n - np}{\sqrt{np(1-p)}} \leqslant b \right\} = \int_{a}^{b} \frac{1}{\sqrt{2\pi}} e^{-\frac{t^2}{2}} \mathrm{d}t_{\circ} \tag{5.11}$$

证明 将 Y_n 看成是 n 个相互独立且服从同一"0-1"分布的各随机变量 $X_1, X_2, \cdots, X_n$ 之和，即 $Y_n = X_1 + X_2 + \cdots + X_n$，其中 $X_k (k = 1, 2, \cdots, n)$ 的概率分布为

$$P\{X_k = i\} = p^i (1-p)^{1-i}, \ (i = 0, 1)_{\circ}$$

由于 $E(X_k) = p, D(X_k) = p(1-p), (k = 1, 2, \cdots, n)$，由 (5.10) 式得

$$\lim_{n\to\infty} P\left\{\frac{Y_n - np}{\sqrt{np(1-p)}} \leq x\right\} = \lim_{n\to\infty} P\left\{\frac{\sum_{k=1}^{n} X_k - np}{\sqrt{np(1-p)}} \leq x\right\} = \int_{-\infty}^{x} \frac{1}{\sqrt{2\pi}} e^{-\frac{t^2}{2}} dt.$$

于是，对于任意区间 (a,b)，有

$$\lim_{n\to\infty} P\left\{a < \frac{Y_n - np}{\sqrt{np(1-p)}} \leq b\right\} = \int_{a}^{b} \frac{1}{\sqrt{2\pi}} e^{-\frac{t^2}{2}} dt.$$

下面用此定理计算本书引言中关于用电量的问题。

某车间有 200 台车床，它们独立地工作着，开工率各为 0.6，开工时耗电各为 1 千瓦，问供电所至少要供给这个车间多少电力才能以 99% 的概率保证这个车间不会因供电不足而影响生产。

此问题可以看成试验次数 $n = 200$ 的伯努利试验，若把某台车床在工作看作成功，则出现成功的概率为 0.6。记某时在工作着的车床数为 X，则 X 是随机变量，服从 $p = 0.6$ 的二项分布。问题是要求 m，使

$$P\{0 < X \leq m\} = \sum_{k=1}^{m} C_{200}^{k} 0.6^{k} 0.4^{200-k} \geq 0.999. \qquad (※)$$

利用中心极限定理计算这个概率。

$$\sum_{k=1}^{m} C_{200}^{k} 0.6^{k} 0.4^{200-k} \approx \Phi\left(\frac{m - 200 \times 0.6}{\sqrt{200 \times 0.6 \times 0.4}}\right) - \Phi\left(\frac{-200 \times 0.6}{\sqrt{200 \times 0.6 \times 0.4}}\right)$$

$$= \Phi\left(\frac{m - 120}{\sqrt{48}}\right) - \Phi(-17.32) \approx \Phi\left(\frac{m - 120}{\sqrt{48}}\right) \geq 0.999.$$

查标准正态分布表，得

$$\frac{m - 120}{\sqrt{48}} = 3.1,$$

所以 $m = 141$。

这个结果表明 $P\{X \leq 141\} \geq 0.999$，所以若供电 141 千瓦，那么由于供电不足而影响生产的可能性小于 0.001，相当于在 8 小时工作中有半分钟受影响，这在一般工厂中是允许的。当然不同的生产单位，可能提出不同的要求，那么可以改变（※）式右端的概率值，但是方法还是相同的。

例 某单位内部有 260 架电话分机，每个分机有 4% 的时间要用外线通话，可以认为各个电话分机是否用外线是相互独立的，问总机要备有多少条外线才能以 95% 的把握保证各个分机在用外线时不必等候。

解 令

$$X_i = \begin{cases} 1, & \text{第 } i \text{ 个分机要用外线}, \\ 0, & \text{第 } i \text{ 个分机不用外线}, \end{cases} i = 1, 2, \cdots, 260,$$

则 X_i 服从 $0-1$ 分布，且 $P\{X_i=1\}=p=0.04$，$P\{X_i=1\}=q=0.96$，

记 260 架分机中同时要求使用外线的分机数为 X，则 $X=\sum_{i=1}^{260}X_i$，由题意要求最小的整数 x 使得

$$P\{X\leqslant x\}\geqslant 0.95。$$

由定理 2 得

$$P\{X\leqslant x\}=P\left\{\frac{X-260p}{\sqrt{260pq}}\leqslant\frac{x-260}{\sqrt{260pq}}\right\}\approx\Phi\left(\frac{x-260p}{\sqrt{260pq}}\right),$$

查标准正态分布表，得 $\Phi(1.65)\approx 0.9505>0.95$。所以，取 $\frac{x-260p}{\sqrt{260pq}}=1.65$，将 $p=0.04$，$q=0.96$ 代入，得 $x\approx 15.61$。取最接近的整数 $x=16$，所以总计只需要备有 16 条外线，即可保证以 95% 的把握保证各个分机在用外线时不必等候。

习题 5-2

1. 设 $X_1,X_2,\cdots,X_n,\cdots$ 独立同分布，且 $X_i(i=1,2,\cdots)$ 服从参数为 λ 的指数分布，则
$\lim\limits_{n\to\infty}P\{\underline{\qquad}\leqslant x\}=\Phi(x)$。

2. 对敌人的防御阵地进行 100 次轰炸，每次轰炸命中目标的炸弹数目是一个随机变量。其数字期望是 2，方差是 1.69，求在 100 次轰炸中有 180 颗到 220 颗炸弹命中目标的概率？

3. 将一枚硬币连掷 100 次，计算出现正面的次数大于 60 次的概率。

4. 对某游动目标用步枪射击的命中率为 5%，问需要多少支步枪同时射击才能使目标至少命中 5 弹的概率达到 80%？

5. 在人寿保险公司里有 10 000 个同一年龄的人参加人寿保险，在一年里这些人死亡概率为 0.001，参加保险的人在一年的头一天交付保险费 10 元，死亡时，家属可以从保险公司领取 2 000 元的抚恤金，求：（1）保险公司一年获利不小于 70 000 元的概率；（2）保险公司亏本的概率。

6. 一学校有 1 000 名学生，每人都以 80% 的概率去图书馆上自习。问图书馆至少应该设多少个座位，才能以 99% 的概率保证去上自习的同学都有座位？

复习参考题五（A）

1. 设随机变量 X 的数学期望 $E(X)=\mu$，方差 $D(X)=\sigma^2$，则由切比雪夫不等式有 $P(\mu-4\sigma<X<\mu+4\sigma)\geqslant\underline{\qquad}$。

2. 设随机变量 X 的数学期望为 $E(X)$，方差为 2，则由切比雪夫不等式有 $P(|X-E(X)|\geqslant 2)\leqslant\underline{\qquad}$。

3. 设 $X_1, X_2, \cdots, X_n, \cdots$ 为相互独立的随机变量序列，且 $X_i(i=1,2,\cdots)$ 服从参数为 λ 的泊松分布，则 $\lim\limits_{n\to\infty} P\{\underline{\hspace{2cm}} \leq x\} = \Phi(x)$。

4. 已知 $X \sim B(200, 0.6)$，设 $P(X \leq k) \geq 0.999$，则 k 的取值为 _____。

5. 设 X 为一随机变量，若 $E(X^2) = 1.1, D(X) = 0.1$，则根据切比雪夫不等式有（ ）成立。

  (A) $P(-1 < X < 1) \geq 0.9$； (B) $P(0 < X < 2) \geq 0.9$；

  (C) $P(|X+1| \geq 2 \leq 0.9)$； (D) $P(|X| \geq 1) \leq 0.1$。

6. 设随机变量 $X_1, X_2, \cdots, X_n, \cdots$ 为独立同分布序列，且 $X_i(i=1,2,\cdots)$ 服从参数为 λ 的指数分布，则下面式子中正确的是（ ）

(A) $\lim\limits_{n\to\infty} P\left(\dfrac{\lambda \sum_{i=1}^{n} X_i - n}{\sqrt{n}} \leq x\right) = \Phi(x)$； (B) $\lim\limits_{n\to\infty} P\left(\dfrac{\sum_{i=1}^{n} X_i - n}{\sqrt{n}} \leq x\right) = \Phi(x)$；

(C) $\lim\limits_{n\to\infty} P\left(\dfrac{\sum_{i=1}^{n} X_i - \lambda}{\sqrt{n\lambda}} \leq x\right) = \Phi(x)$； (D) $\lim\limits_{n\to\infty} P\left(\dfrac{\sum_{i=1}^{n} X_i - \lambda}{\sqrt{n\lambda}} \leq x\right) = \Phi(x)$。

7. 设供电网中有 10 000 盏灯，夜晚每一盏灯开着的概率都是 0.7，假设各灯开、关时间彼此无关，试估计同时开着的灯数在 6 800 到 7 200 之间的概率。

8. 某地区种植某种农作物，根据统计求得某块田的平均产量为 412 kg，产量的均方差 $\sqrt{D(X)} = 16\mathrm{kg}$，试估计该块田的产量与 412 kg 的偏差不小于 47 kg 的概率。

9. 已知一本 300 页的书中每页印刷错误的个数服从泊松分布 $P(0.2)$，求这本书印刷错误的总数不超过 70 的概率？

10. 某计算机系统有 120 个终端，每个终端有 5% 时间在使用，若各个终端使用与否是相互独立的，试求有 10 个或更多终端在使用的概率。

11. 抽样检查产品质量时，如果发现次品多于 10 个，则拒绝接受这批产品。设某批产品的次品率为 10%，问至少应该抽取多少个产品检查才能保证拒绝该批产品的概率达到 0.9？

复习参考题五（B）

12. 设 $X_1, X_2, \cdots, X_n$ 独立同分布，$E(X_i) = \mu, D(X_i) = 8, (i=1,2,\cdots,n)$，$\overline{X} = \dfrac{1}{n}\sum_{i=1}^{n} X_i$，试估计 $P(|\overline{X} - \mu| < 4) \geq \underline{\hspace{2cm}}$。

13. 设 μ_n 表示 n 次重复独立试验中 A 出现的次数，p 为 A 在每次试验中出现的概率，则对任意的 $\varepsilon > 0$，$\lim\limits_{n\to\infty} P\left(\left|\dfrac{\mu_n}{n} - p\right| \geq \varepsilon\right) = \underline{\hspace{1cm}}$，$P(a < \mu_n \leq b) \approx \underline{\hspace{2cm}}$。

14. 设随机变量 X 服从正态分布 $N(\mu, \sigma^2)$，则随 σ 的增大，概率 $P(|X - \mu| < \sigma)$ 是（ ）。

  (A) 单调增大； (B) 单调减小； (C) 保持不变； (D) 增减不定。

15. 设 $X_1, X_2, \cdots, X_n$ 独立同分布，其分布函数为 $F(x) = a + \dfrac{1}{\pi}\arctan\dfrac{x}{b}, b \neq 0$，则辛钦大数定律对此

序列( )。

(A) 适用；　　(B) 当 a,b 取适当数值时适用；　　(C) 不适用；　　(D) 无法判定。

16. 设随机变量 X 的密度函数为 $p(x) = \begin{cases} \frac{1}{2}x^2 e^{-x}, & x > 0 \\ 0, & x < 0 \end{cases}$，利用切比雪夫不等式估计概率 $P(0 < X < 6)$。

17. 设 $X_1, X_2, \cdots, X_{100}$ 是相互独立的随机变量，且均服从参数为 $\lambda = 1$ 的泊松分布，试计算概率 $P\{\sum_{i=1}^{100} X_i < 120\}$。

18. 进行某种射击试验，射击不断地独立进行，设每次命中的概率为 0.1，试求：

（1）500 次射击中，射中的次数在 49 至 55 的概率；

（2）问至少要射击多少次，才能使命中的次数不小于 50 的概率等于 0.9？

19. 计算机进行加法计算时，把每个加数取为最接近于它的整数来计算，设所有的取整误差是相互独立的随机变量，并且都在区间 $[-0.5, 0.5]$ 上服从均匀分布，求 300 个数相加时误差总和的绝对值小于 10 的概率。

20. 一个复杂的系统，由 n 个相互独立起作用的部件组成，每个部件的可靠性（正常工作概率）为 0.9 且至少要有 80% 的部件工作才能使系统工作，问 n 至少为多少才能使系统的可靠性为 0.95？

21. 掷一枚均匀硬币，问至少需掷多少次才能保证正面出现的频率介于 0.4～0.6 之间的概率不小于 90%，试用切比雪夫不等式与中心极限定理分别估计这一概率。

第6章
数理统计的基本概念

从本章开始将介绍数理统计的基本内容。数理统计是以概率论为理论基础,根据试验或观察获得的数据资料,对所研究对象的客观规律作出合理估计和推断的科学。

数理统计的内容很丰富,这里只介绍参数估计、假设检验及方差分析与回归分析的部分内容。

本章介绍总体、随机样本及统计量的基本概念,并着重介绍几个常用统计量及抽样分布。

第1节 基本概念

6.1.1 总体 个体 简单随机样本

在数理统计中,所研究的对象往往比较庞大,不可能对所有对象进行试验或观察。所以常常从研究对象中抽取一部分进行试验或观察,并通过这些信息来推断总体的性质。

所研究对象的全体所构成的集合称为**总体或母体**,总体中的每个元素称为**个体**。例如,某工厂生产的电子元件的寿命的全体是一个总体,每一个电子元件的寿命是一个个体。显然,各个电子元件的寿命是不同的,且寿命取值有一定的分布,因此,工厂生产的全部电子元件的寿命取值的全体即总体是一个随机变量。

总体中的每一个个体是随机试验的一个观察值,因此它是某一个随机变量 X 的值,一个总体对应一个随机变量 X。我们对总体的研究就是对一个随机变量 X 的研究,X 的分布函数和数字特征称为总体的分布函数和数字特征。今后将不区分总体与相应的随机变量,统称为总体 X。

根据总体所含个体的多少,可以把总体分为**有限总体**和**无限总体**。例如,某工厂5月份生产的电子元件的寿命所成的总体中，个体的总数就是 5 月份生产的电子元件数，这是一个有限总体。而这个工厂生产的所有电子元件的寿命所成的总体可以看成是一个无限总体。

要想对总体的性质作全面了解，最理想的办法是对每个个体逐个进行试验或观察，但实际上这样做往往是不现实的。例如，要研究电子元件的寿命，由于寿命试验具有破坏性，一旦获得试验的所有结果，这些电子元件也全烧毁了。我们只能从整批电子元件中抽取一部分做寿命试验，并记录其结果，然后根据这些数据来推断整批电子元件的寿命情况。

一般地，都是从总体中抽出一部分个体进行试验或观察，然后根据所得数据来推断总体的性质，从总体中抽出的 n 个个体叫做总体的一个**样本**（或**子样**），n 称为这个**样本的容量**。

抽样观察的实质是利用样本对总体的性质进行推断，为此从总体中抽取样本时，必须要求样本具有代表性。因此在抽取具体个体时应满足两个条件：

(1) 总体中每个个体有同等机会被抽到，且每个个体都与总体同分布；

(2) 各个体之间相互独立。

这样得到的样本称为总体的一个**简单随机样本**。以后如无特别说明，所提到的样本都是简单随机样本，简称**样本**。

综合上述，给出以下定义。

定义 1 设 X 是一个随机变量，$X_1, X_2, \cdots, X_n$ 是一组相互独立与 X 具有相同分布的随机变量。称 X 为**总体**，$X_1, X_2, \cdots, X_n$ 为来自总体 X 的**简单随机样本**，简称**样本**。n 为**样本容量**。在一次试验中，样本的观察值 $x_1, x_2, \cdots, x_n$ 称为**样本值**。

设总体 X 的分布函数为 $F(x)$，$X_1, X_2, \cdots, X_n$ 是 X 的一个样本，它们的分布函数分别为 $F(x_1), F(x_2), \cdots, F(x_n)$，则 $X_1, X_2, \cdots, X_n$ 的联合分布函数为

$$F^*(x_1, x_2, \cdots, x_n) = \prod_{i=1}^{n} F(x_i),$$

又若 X 具有概率密度 $p(x)$，则 $X_1, X_2, \cdots, X_n$ 的联合概率密度函数为

$$p^*(x_1, x_2, \cdots, x_n) = \prod_{i=1}^{n} p(x_i)。$$

6.1.2 分布函数和分布密度的近似求法

1 经验分布函数

设 $X_1, X_2, \cdots, X_n$ 是来自总体 X 的一个样本，设 $x_1, x_2, \cdots, x_n$ 为样本的观察值，将观察

值按大小次序排列成 $x_1^* \leq x_2^* \leq \cdots \leq x_n^*$。

如果 $x_k^* \leq x \leq x_{k+1}^*$，则不大于 x 的观察值的频率为 $\dfrac{k}{n}$。因而，函数

$$F_n(x) = \begin{cases} 0, x < x_1^*, \\ \dfrac{k}{n}, x_k^* \leq x < x_{k+1}^*, k = 1,2,\cdots,n-1, \\ 1, x_n^* \leq x_\circ \end{cases}$$

等于在 n 次重复独立试验中，事件 $\{X \leq x\}$ 的频率，显然函数 $F_n(x)$ 是一个非减的右连续函数，且 $0 \leq F_n(x) \leq 1$，它具备分布函数的性质。故称 $F_n(x)$ 为 X 的**经验分布函数**或**样本分布函数**。

经验分布函数的图形也叫累计频率曲线，它是跳跃式上升的一条阶梯曲线。

显然，对于不同的样本观察值，将得到不同的经验分布函数 $F_n(x)$。因此，$F_n(x)$ 也是一个随机变量。

由大数定律知，在满足一定的条件下事件发生的频率依概率收敛于这个事件发生的概率，人们自然要问 X 的经验分布函数 $F_n(x)$，即事件 $\{X \leq x\}$ 发生的频率，当 n 充分大时，是否也渐近于事件 $\{X \leq x\}$ 的概率，格里文科定理给出了这个问题的肯定回答。因此，经验分布函数 $F_n(x)$ 可以作为未知总体分布函数的一个近似，n 越大，近似程度越好，这是用样本推断总体的一个重要依据。

2 直方图

关于分布函数的近似求法，在上面已经得到解决，现在来讨论分布密度的近似问题，这里介绍在实际中常用的求近似分布密度的图解法—直方图法。

设样本观察值 $x_1, x_2, \cdots, x_n$ 落在某个区间 $(a, b]$ 上，为了获得频率分布，将区间 $(a, b]$ 用分点 $a = t_0 < t_1 < t_2 < \cdots < t_m = b$ 划分成 m 个小区间 $(t_i, t_{i+1}]$，一般划分区间 $(a, b]$ 采用等分（也可不等分），但要注意使每个小区间 $(t_i, t_{i+1}]$（$i = 0, 1, \cdots, m-1$）内都有观察值落入其中，从而可按这些小区间把一切观察值分组。小区间 $(t_i, t_{i+1}]$ 的长度 Δt_i 称为**组距**，t_i 称为**组下限**，t_{i+1} 称为**组上限**，中点 $\dfrac{t_i + t_{i+1}}{2}$ 称为**组中值**。

以 v_i 表示观察值落入 $(t_i, t_{i+1}]$ 中的数目，则 $\dfrac{v_i}{n} = f_i$ 是观察值落入 $(t_i, t_{i+1}]$ 内的频率。因此，f_i 可以近似地表示随机变量 X 落入区间 $(t_i, t_{i+1}]$ 内的概率。如果 X 的分布密度为 $p(x)$，则 $f_i \approx P\{t_i < X \leq t_{i+1}\} = \displaystyle\int_{t_i}^{t_{i+1}} p(x)\,dx$。

如果在 xoy 平面上，以 $y_i = \dfrac{f_i}{\Delta t_i}$ 为高，以 $(t_i, t_{i+1}]$ 为底作矩形，则在 $(t_i, t_{i+1}]$ 上的矩形面积为 $\dfrac{f_i}{\Delta t_i} \cdot \Delta t_i = f_i$。对于一切 $i(i=0,1,\cdots,m-1)$，作出一排这样的矩形图（图 6-1），称为**直方图**。

直方图大致描述了总体 X 的概率分布情况，因为每个矩形的面积近似地代表 X 落入其"底边"上的概率，因此，可以把它看成是分布密度曲线 $y = p(x)$ 下，同底的曲边梯形的面积。

这样，只要有了直方图，就可大致地画出分布密度曲线：让曲线大致经过每个矩形的"上边"。换句话说，直方图给出了分布密度的大致形状，显然，如果样本容量取的充分大，分组充分细（m 充分大），则直方图就近似于分布密度曲线下的"曲边梯形"。从而给出分布密度较准确的图形（图 6-2）。

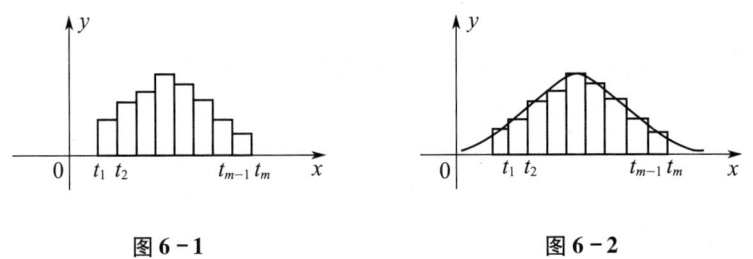

图 6-1　　　　　　　　　　图 6-2

关于直方图的作法再作如下说明：

(1) 设观察值 $x_1, x_2, \cdots, x_n$ 的最小值与最大值分别为 x_1^* 和 x_n^*。一般选 $(a, b]$ 的端点 a 略小于 x_1^*，端点 b 略大于 x_n^*。

(2) 组数 m 的大小没有硬性规定。样本容量大时，可分成 10~20 组，样本容量小于 50 时，可分成 5、6 组。分组时，一般先定组距，后定组数。

(3) 根据上面的讨论分组时，每组包含右端点不包含左端点（这是为了和分布函数一致）。

(4) 作直方图之前先作出频率表，每组的观察值可以看成是相同的，且都等于组中值。

统计学上，按类似的方法，以组距为底，直接以频率为高作矩形构成的一排矩形图，称为**频率分布直方图**。

6.1.3 样本的数字特征和统计量

与随机变量的数字特征一样，样本的数字特征是表征样本分布的数字特征，今后将利用从样本中获得的信息来对总体的数字特征和分布函数作出估计与推断。

下面介绍一些常用的数字特征。

定义 2 设 $X_1, X_2, \cdots, X_n$ 是来自总体 X 的一个样本，$x_1, x_2, \cdots, x_n$ 是这一样本的观察值，则规定样本的数字特征如下：

样本均值 $\overline{X} = \dfrac{1}{n} \sum\limits_{i=1}^{n} X_i$；

样本方差 $S^2 = \dfrac{1}{n-1} \sum\limits_{i=1}^{n} (X_i - \overline{X})^2 = \dfrac{1}{n-1} \left[\sum\limits_{i=1}^{n} X_i^2 - n\overline{X}^2 \right]$；

样本标准差 $S = \sqrt{S^2} = \sqrt{\dfrac{1}{n-1} \sum\limits_{i=1}^{n} (X_i - \overline{X})^2}$；

样本 k 阶（原点）矩 $A_k = \dfrac{1}{n} \sum\limits_{i=1}^{n} X_i^k, \ k=1,2,3,\cdots$；

样本 k 阶中心矩 $B_k = \dfrac{1}{n} \sum\limits_{i=1}^{n} (X_i - \overline{X})^k, \ k=1,2,3,\cdots$。

若将 X_i 换成 x_i，相应得到的样本的数字特征的值，称为该数字特征的观察值。

样本是总体的代表和反映，是进行统计推断的依据。在应用时，往往不是直接使用样本，而是针对不同的问题构造样本的适当函数，利用这些样本函数进行统计推断。下面介绍统计量的概念。

定义 3 设 $X_1, X_2, \cdots, X_n$ 是来自总体 X 的一个样本，$g(X_1, X_2, \cdots, X_n)$ 是 $X_1, X_2, \cdots, X_n$ 的函数，若 g 是连续函数，且 g 中不含任何未知参数，则称 $g(X_1, X_2, \cdots, X_n)$ 是一个**统计量**。如果 $x_1, x_2, \cdots, x_n$ 是相应于样本 $X_1, X_2, \cdots, X_n$ 的观察值，则称 $g(x_1, x_2, \cdots, x_n)$ 是 $g(X_1, X_2, \cdots, X_n)$ 的**观察值**。

例 1 设 $X_1, X_2, \cdots, X_n$ 为来自正态总体 $N(\mu, \sigma^2)$ 的样本，其中 μ, σ^2 都是未知参数，则 $\sum\limits_{i=1}^{n} X_i, \ \sum\limits_{i=1}^{n} (X_i - \overline{X})^2, \ \dfrac{1}{n} \sum\limits_{i=1}^{n} (X_i - \overline{X})^2$ 都是统计量；而 $\sum\limits_{i=1}^{n} \left(\dfrac{X_i - \overline{X}}{\sigma} \right)^2, \ \sum\limits_{i=1}^{n} (X_i - \mu)^2$ 都不是统计量。

例 2 从某一年龄的学生中任意抽取 10 名，测得他们的身高（单位：cm）如下：

123　124　126　129　120　132　123　123　129　128

试求样本均值和样本方差。

解 由 $\overline{X} = \frac{1}{10}\sum_{i=1}^{10} X_i$，得

$$\bar{x} = \frac{1}{10}(123 + 124 + \cdots + 128) = 125.7 \text{ (cm)},$$

由 $S^2 = \frac{1}{9}\sum_{i=1}^{10}(X_i - \overline{X})^2$，得

$$s^2 = \frac{1}{9}[(123 - 125.7)^2 + \cdots + (128 - 125.7)^2] \approx 13.7889。$$

习题 6-1

1. 设总体 X 服从二项分布 $B(1,p)$，其中 p 未知，$(X_1, X_2, X_3, X_4, X_5)$ 是从中抽出的一个容量为 5 的简单随机样本。
   (1) 写出样本 $(X_1, X_2, X_3, X_4, X_5)$ 的概率分布率。
   (2) 指出 $X_1 + X_2$，$\min\{X_i\}$，$X_5 + 3p$，$(X_5 - X_1)^2$ 之中哪些是统计量，哪些不是统计量，为什么？
   (3) 如果样本的一个观测值是 $(0, 1, 0, 1, 1)$，计算它的样本均值和样本方差。

2. 设 $X_1, X_2, \cdots, X_n$ 为 $0-1$ 分布的一个样本，求样本均值 $\overline{X}$ 的数学期望 $E(\overline{X})$ 和方差 $D(\overline{X})$，并求样本方差 S^2 的数学期望 $E(S^2)$。

3. 从某地区十四岁的男学生中随机抽取 10 人，测得其身长和体重如下（括号中第一个数字是身长，第二个数字是体重，单位（厘米，斤））（160.5, 87.5），（157, 80.5），（153, 85），（158, 99.5），（157, 91），（154, 85.5），（154.5, 82），（163, 93.5），（156.5, 91），（157, 90）。试计算：身长、体重样本的均值、方差、均方差。

第 2 节　抽样分布

统计量是随机变量，是样本的函数。统计量的分布称为**抽样分布**，求统计量的分布是数理统计的基本问题之一。

要确定统计量的分布，在一般情况下比较困难，但对于正态总体还是比较容易的。今后我们主要讨论正态总体的情况。因为在实际问题中，用正态随机变量刻画随机现象比较普遍，即使随机变量不服从正态分布，根据中心极限定理，当 n 很大时也可用正态分布来近似。

本节介绍来自**正态总体**的几个常用统计量的分布。

6.2.1　χ^2 分布

设 $X_1, X_2, \cdots, X_n$ 是来自总体 $N(0,1)$ 的样本，则称统计量

$$\chi^2 = \chi_1^2 + \chi_2^2 + \cdots + \chi_n^2$$

服从自由度为 n 的 χ^2 分布，记为 $\chi^2 \sim \chi^2(n)$。此处，自由度是指上式右端包含的独立变量的个数。

$\chi^2(n)$ 分布的概率密度为

$$f(y) = \begin{cases} \dfrac{1}{2^{\frac{n}{2}} \Gamma(\frac{n}{2})} y^{\frac{n}{2}-1} e^{-\frac{y}{2}}, & y > 0, \\ 0, & y \leq 0. \end{cases}$$

该函数的图形如图 6-3 所示。

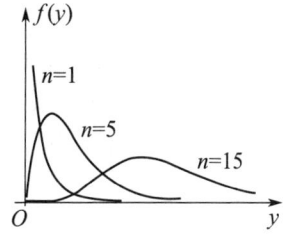

图 6-3

χ^2 分布具有如下性质

（1）可加性 设 $\chi_1^2 \sim \chi^2(n_1), \chi_2^2 \sim \chi^2(n_2)$，并且 χ_1^2, χ_2^2 相互独立，则有

$$\chi_1^2 + \chi_2^2 \sim \chi^2(n_1 + n_2);$$

（2）若 $\chi^2 \sim \chi^2(n)$，则有 $E(\chi^2) = n, D(\chi^2) = 2n$；

（3）对于给定的正数 $\alpha, 0 < \alpha < 1$，称满足条件 $P\{\chi^2 > \chi_\alpha^2(n)\} = \int_{\chi_\alpha^2(n)}^{+\infty} f(y) \mathrm{d}y = \alpha$ 的点 $\chi_\alpha^2(n)$ 为 $\chi^2(n)$ 分布的上 α 分位点，如图 6-4 所示。对于不同的 α, n，上 α 分位点的值已制成表格（附表 4），可以查用。但该表只详列到 $n = 45$，当 n 充分大时，即 $n > 45$ 时，近似地有 $\chi_\alpha^2(n) \approx \dfrac{1}{2}(z_\alpha + \sqrt{2n-1})^2$，其中 z_α 是标准正态分布的上 α 分位点，定义如下：

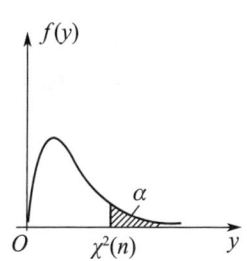

图 6-4

随机变量 $X \sim N(0,1)$，对给定的正数 $\alpha(0 < \alpha < 1)$，称满足 $P\{X > z_\alpha\} = \int_{z_\alpha}^{+\infty} \varphi(x) \mathrm{d}x = \alpha$ 的点 z_α 为标准正态分布的上 α 分位点。

例如，由 $\chi_\alpha^2(n) \approx \dfrac{1}{2}(z_\alpha + \sqrt{2n-1})^2$ 可得，$\chi_{0.05}^2(50) \approx \dfrac{1}{2}(1.645 + \sqrt{99})^2 = 67.221$（由更详细的表得 $\chi_{0.05}^2(50) = 67.505$）。

6.2.2 t 分布

设 $X \sim N(0,1), Y \sim \chi^2(n)$，并且 X, Y 相互独立，则称随机变量 $T = \dfrac{X}{\sqrt{Y/n}}$ 服从自由

度为 n 的 t 分布。记为 $T \sim t(n)$。

t 分布又称学生氏（Student）分布。$t(n)$ 分布的概率密度函数为

$$h(t) = \frac{\Gamma\left(\frac{n+1}{2}\right)}{\sqrt{n\pi}\,\Gamma\left(\frac{n}{2}\right)}\left(1+\frac{t^2}{n}\right)^{-\frac{n+1}{2}}, -\infty < t < \infty。$$

t 分布具有如下性质

（1）$h(t)$ 的图形关于 $t = 0$ 对称，当自由度 n 充分大时其图形类似于标准正态变量概率密度图形（图 6-5）。事实上，利用 Γ 函数的性质可得

$$\lim_{n\to+\infty} h(t) = \frac{1}{\sqrt{2\pi}} e^{-\frac{t^2}{2}},$$

故当 n 足够大时，t 分布近似于 $N(0,1)$ 分布。但对较小的 n，t 分布与 $N(0,1)$ 相差很大（见附表 1 与附表 3）；

（2）对于给定的正数 $\alpha(0<\alpha<1)$，称满足条件 $P\{T>t_\alpha(n)\} = \int_{t_\alpha(n)}^{+\infty} h(t)\mathrm{d}t = \alpha$ 的点 $t_\alpha(n)$ 为 $t(n)$ 分布的上 α 分位点（图 6-6）。

由图形的对称性及 $t(n)$ 分布的上 α 分位点的定义知，$t_{1-\alpha}(n) = -t_\alpha(n)$；

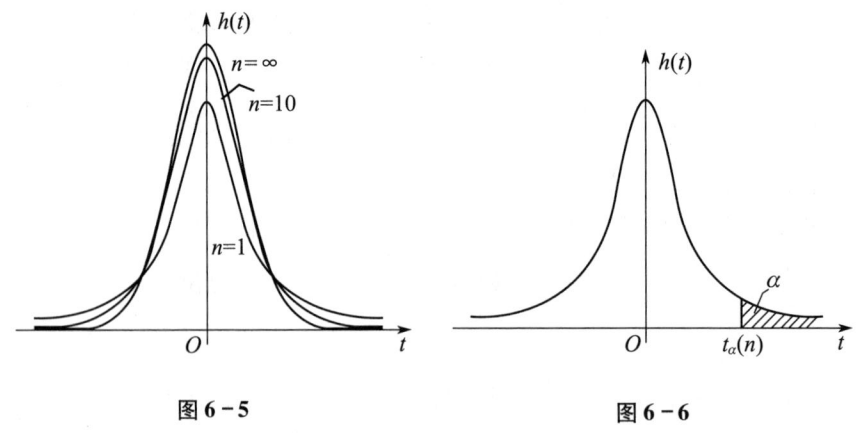

图 6-5　　　　　　　　　　图 6-6

（3）自由度 $n>45$ 时，用标准正态分布的上 α 分位点近似代替 $t(n)$ 分布的上 α 分位点，即 $t_\alpha(n) \approx z_\alpha$。

6.2.3　F 分布

设 $U \sim \chi^2(n_1)$, $V \sim \chi^2(n_2)$，且 U, V 相互独立，则称随机变量 $F = \dfrac{U/n_1}{V/n_2}$ 服从第一自由度为 n_1，第二自由度为 n_2 的 F 分布，记为 $F \sim F(n_1, n_2)$。

F 分布的概率密度函数为

$$f(y) = \begin{cases} \dfrac{\Gamma(\frac{n_1+n_2}{2})(\frac{n_1}{n_2})^{\frac{n_1}{2}} y^{\frac{n_1}{2}-1}}{\Gamma(\frac{n_1}{2})\Gamma(\frac{n_2}{2})(1+\frac{n_1 y}{n_2})^{\frac{n_1+n_2}{2}}}, & y > 0, \\ 0, & y \leqslant 0. \end{cases}$$

F 分布的密度函数图形如图 6-7 所示。

F 分布的性质

(1) 由定义可知，若 $F \sim F(n_1, n_2)$，则 $\dfrac{1}{F} \sim F(n_2, n_1)$；

(2) 对于给定的正数 $\alpha(0 < \alpha < 1)$，称满足条件 $P\{F > F_\alpha(n_1, n_2)\} = \int_{F_\alpha(n_1, n_2)}^{+\infty} f(y) \mathrm{d}y = \alpha$ 的点 $F_\alpha(n_1, n_2)$ 为 $F(n_1, n_2)$ 分布的上 α 分位点。如图 6-8 所示；

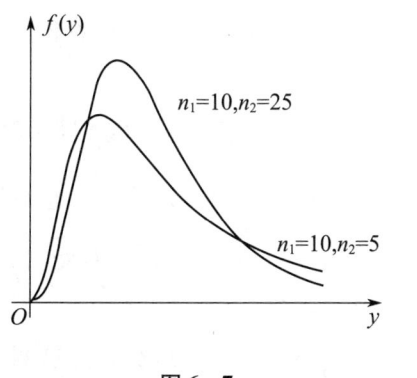

图 6-7

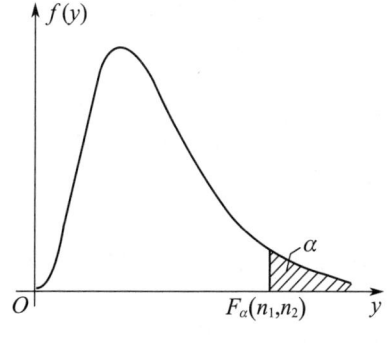

图 6-8

(3) F 分布的上 α 分位点满足　$F_{1-\alpha}(n_1, n_2) = \dfrac{1}{F_\alpha(n_2, n_1)}$。

此式常用来求 F 分布表中未列出的一些常用的上 α 分为点，例如

$$F_{0.95}(12,9) = \frac{1}{F_{0.05}(9,12)} = \frac{1}{2.80} = 0.357。$$

6.2.4 总体的样本均值与样本方差的分布

设总体 X（不管服从什么分布）的均值为 μ，方差为 σ^2，$X_1, X_2, \cdots, X_n$ 是总体 X 的一个样本，则总有 $E(\overline{X}) = \mu$，$D(\overline{X}) = \frac{\sigma^2}{n}$。进而设 $X \sim N(\mu, \sigma^2)$，则 $\overline{X} \sim N(\mu, \frac{\sigma^2}{n})$，将其标准化为 $U = \frac{\overline{X} - \mu}{\sigma/\sqrt{n}} \sim N(0,1)$。

对于正态总体 $N(\mu, \sigma^2)$，有以下的定理。

定理 1 设 $X_1, X_2, \cdots, X_n$ 是总体 $N(\mu, \sigma^2)$ 的样本，$\overline{X}, S^2$ 分别是样本均值和样本方差，则有 （1）$\chi^2 = \frac{(n-1)S^2}{\sigma^2} = \frac{\sum_{i=1}^{n}(X_i - \overline{X})^2}{\sigma^2} \sim \chi^2(n-1)$；(2) $\overline{X}$ 与 S^2 相互独立。

证明 略。

定理 2 设 $X_1, X_2, \cdots, X_n$ 是总体 $N(\mu, \sigma^2)$ 的样本，$\overline{X}, S^2$ 分别是样本均值和样本方差，则有 $T = \frac{\overline{X} - \mu}{S/\sqrt{n}} \sim t(n-1)$。

证明 因为 $U = \frac{\overline{X} - \mu}{\sigma/\sqrt{n}} \sim N(0,1)$，$\chi^2 = \frac{(n-1)S^2}{\sigma^2} \sim \chi^2(n-1)$，且两者相互独立，则由 t 分布的定义知 $T = \frac{\overline{X} - \mu}{\sigma/\sqrt{n}} \Big/ \sqrt{\frac{(n-1)S^2}{\sigma^2(n-1)}} \sim t(n-1)$。化简上式左边，即得所证结果。

定理 3 设 $X_1, X_2, \cdots, X_{n_1}$ 与 $Y_1, Y_2, \cdots, Y_{n_2}$ 分别是具有相同方差的两正态总体 $N(\mu_1, \sigma^2)$，$N(\mu_2, \sigma^2)$ 的样本，且这两个样本相互独立。设 $\overline{X} = \frac{1}{n_1}\sum_{i=1}^{n_1} X_i$，$\overline{Y} = \frac{1}{n_2}\sum_{j=1}^{n_2} Y_j$ 分别是这两个样本均值。$S_1^2 = \frac{1}{n_1-1}\sum_{i=1}^{n_1}(X_i - \overline{X})^2$，$S_2^2 = \frac{1}{n_2-1}\sum_{j=1}^{n_2}(Y_j - \overline{Y})^2$ 分别是这两个样本方差，则有

$$T = \frac{(\overline{X} - \overline{Y}) - (\mu_1 - \mu_2)}{S_\omega \sqrt{\frac{1}{n_1} + \frac{1}{n_2}}} \sim t(n_1 + n_2 - 2),\ \text{其中}\ S_\omega^2 = \frac{(n_1-1)S_1^2 + (n_2-1)S_2^2}{(n_1 + n_2 - 2)}。$$

证明 易知 $\overline{X} - \overline{Y} \sim N(\mu_1 - \mu_2, \frac{\sigma^2}{n_1} + \frac{\sigma^2}{n_2})$,即有 $U = \dfrac{(\overline{X} - \overline{Y}) - (\mu_1 - \mu_2)}{\sigma\sqrt{\dfrac{1}{n_1} + \dfrac{1}{n_2}}} \sim N(0,1)$.

又由条件知

$$\frac{(n_1 - 1)S_1^2}{\sigma^2} \sim \chi^2(n_1 - 1), \frac{(n_2 - 1)S_2^2}{\sigma^2} \sim \chi^2(n_2 - 1),$$

且它们相互独立,故由 χ^2 分布的可加性知

$$V = \frac{(n_1 - 1)S_1^2}{\sigma^2} + \frac{(n_2 - 1)S_2^2}{\sigma^2} \sim \chi^2(n_1 + n_2 - 2),$$

且 U,V 相互独立,从而按 t 分布的定义

$$\frac{U}{\sqrt{V/(n_1 + n_2 - 2)}} = \frac{(\overline{X} - \overline{Y}) - (\mu_1 - \mu_2)}{S_\omega \sqrt{\dfrac{1}{n_1} + \dfrac{1}{n_2}}} \sim t(n_1 + n_2 - 2) \text{。}$$

本节所介绍的三个分布和三个定理,在下面的各章中都起着重要作用。应注意它们都是在总体为正态这一基本假设下得到的。

例1 已知两总体 X,Y 相互独立,$X \sim N(20,3)$,$Y \sim N(20,5)$。分别从 X,Y 中取出 $n_1 = 10, n_2 = 25$ 的简单随机样本。$\overline{X}, \overline{Y}$ 分别为总体 X,Y 的样本均值,求 $P\{|\overline{X} - \overline{Y}| > 0.3\}$。

解 因为 $X \sim N(20,3)$,$Y \sim N(20,5)$,且相互独立,所以

$$\overline{X} \sim N(20, \frac{3}{10}), \overline{Y} \sim N(20, \frac{5}{25}),$$

由正态分布的可加性,得

$$\overline{X} - \overline{Y} \sim N(0, \frac{3}{10} + \frac{5}{25}) = N(0,0.5),$$

所以

$$P\{|\overline{X} - \overline{Y}| > 0.3\} = 1 - P\{|\overline{X} - \overline{Y}| \leq 0.3\} = 1 - P\left\{\left|\frac{\overline{X} - \overline{Y}}{\sqrt{0.5}}\right| \leq \frac{0.3}{\sqrt{0.5}}\right\} = 1 - [\Phi(0.424\,3) - \Phi(-0.424\,3)] \approx 0.671\,4 \text{。}$$

例2 设 $X \sim N(\mu, \sigma^2)$,$\overline{X}, S^2$ 分别是容量为 n 的样本均值与样本方差,求 $E(S^2)$,$D(S^2)$。

解 因为 $\dfrac{(n-1)S^2}{\sigma^2} \sim \chi^2(n-1)$,由 χ^2 分布的性质,得

$$E\left(\frac{(n-1)S^2}{\sigma^2}\right) = n-1, D\left(\frac{(n-1)S^2}{\sigma^2}\right) = 2(n-1),$$

所以 $E(S^2) = \sigma^2, D(S^2) = \dfrac{2\sigma^4}{n-1}$。

例3 设 $X_1, X_2, \cdots, X_{16}$ 是总体 $X \sim N(\mu, \sigma^2)$ 的样本，求 $P\left\{\dfrac{\sigma^2}{2} \leqslant \dfrac{1}{16}\sum\limits_{i=1}^{16}(X_i - \mu)^2 \leqslant 2\sigma^2\right\}$。

解 因为 $\dfrac{X_i - \mu}{\sigma} \sim N(0,1)$，所以 $\sum\limits_{i=1}^{16}\left(\dfrac{X_i - \mu}{\sigma}\right)^2 \sim \chi^2(16)$。所以

$$P\left\{\frac{\sigma^2}{2} \leqslant \frac{1}{16}\sum_{i=1}^{16}(X_i - \mu)^2 \leqslant 2\sigma^2\right\} = P\{8 \leqslant \chi^2(16) \leqslant 32\}$$

$$= P\{\chi^2(16) \geqslant 8\} - P\{\chi^2(16) > 32\} = 0.95 - 0.01 = 0.94。$$

例4 某厂生产的灯泡，厂家标定平均寿命为 500 小时，为保持此标准，每个月测试 25 个灯泡，若算出的 t 值大于 $-t_{0.05}$ 才会满意。现以样本均值 $\bar{x} = 518$ 小时，标准差 $S = 40$ 小时为样本，将会有什么推断？(假设寿命近似服从正态分布)

解 取 $n = 25$ 的样本，判断平均寿命是否为 500 小时，借助于 t 分布变量，假设 $\mu = 500$，由已知得

$$\bar{x} = \frac{1}{25}\sum_{i=1}^{25}x_i = 518, S^2 = \frac{1}{24}\left(\sum_{i=1}^{25}x_i^2 - 25\bar{x}^2\right) = 40^2,$$

因为 $\dfrac{\overline{X} - \mu}{S/\sqrt{n}} \sim t(n-1)$，计算得

$$t = \frac{\bar{x} - \mu}{s/\sqrt{n}} = \frac{518 - 500}{40/5} = 2.25,$$

查 t 分布表得

$$t_{0.05}(24) = 1.711,$$

$t > -1.711$，对于灯泡寿命来讲，其值越大说明产品质量越好，$\bar{x}$ 大，t 值就大，说明这批灯泡的平均寿命 $\mu > 500$，产品质量比厂家标定的范围更好。

例5 设 X_1, X_2, X_3, X_4 是来自正态总体 $N(0, 2^2)$ 的简单随机样本，当 a, b 为何值时，统计量 $Y = a(X_1 - 2X_2)^2 + b(3X_3 - 4X_4)^2$ 服从 χ^2 分布，自由度为多少？

解 X_1, X_2, X_3, X_4 独立同分布，因为

$$E(X_1 - 2X_2) = 0, D(X_1 - 2X_2) = D(X_1) + 4D(X_2) = 20,$$
$$E(3X_3 - 4X_4) = 0, D(3X_3 - 4X_4) = 9D(X_3) + 16D(X_4) = 100,$$

从而 $\dfrac{X_1 - 2X_2}{\sqrt{20}} \sim N(0,1), \dfrac{3X_3 - 4X_4}{10} \sim N(0,1),$

又 $X_1 - 2X_2$ 与 $3X_3 - 4X_4$ 相互独立，于是

$$\frac{(X_1 - 2X_2)^2}{20} + \frac{(3X_3 - 4X_4)^2}{100} \sim \chi^2(2),$$

所以，当 $a = \frac{1}{20}, b = \frac{1}{100}$ 时，统计量 Y 服从 χ^2 分布，自由度为 2。

习题 6-2

1. 设 $X \sim t(n)$ 分布，求证：$X^2 \sim F(1, n)$。

2. 设 $X_1, X_2, \cdots, X_{10}$ 为 $N(0, 0.3^2)$ 的一个样本，求 $P\{\sum_{i=1}^{10} X_i^2 > 1.44\}$。

3. 在总体 $N(52, 6.3^2)$ 中随机抽取一容量为 36 的样本，求样本均值 $\bar{X}$ 落在 50.8 到 53.8 之间的概率。

4. 在总体 $N(\mu, \sigma^2)$ 中抽取一容量为 16 的样本。这里 μ, σ^2 均为未知，其中 S^2 为样本方差；求
(1) $P\left\{\frac{S^2}{\sigma^2} \leqslant 2.041\right\}$，(2) 求 $D(S^2)$。

5. 设 $X_1, X_2, \cdots X_n$ 是取自总体 $X \sim N(\mu, \sigma^2)$ 的一个样本，$\bar{X}, S^2$ 分别为样本平均值和样本方差，若 $n = 17$，求 $P\{\bar{X} > \mu + kS\} = 0.95$ 中 k 的值。

6. 求总体 $N(20, 3)$ 的容量分别为 10, 15 的两独立样本均值差的绝对值大于 0.3 的概率。

复习参考题六 （A）

1. 设 $X_1, X_2, \cdots X_n$ 为来自总体为 $\chi^2(n)$ 分布的样本，则 $E(\bar{X}) = $ _____，$D(\bar{X}) = $ _____。

2. 设总体 $X \sim N(\mu, \sigma^2)$，$X_1, X_2, \cdots, X_{16}$ 是来自于总体 X 的一个样本，则

$$P\left\{\frac{\sigma^2}{2} \leqslant \frac{1}{16}\sum_{i=1}^{16}(X_i - \mu)^2 \leqslant 2\sigma^2\right\} = \underline{\quad\quad}。$$

3. 设总体 $X \sim N(0, \sigma^2)$，其中 σ^2 未知，μ 已知，$X_1, X_2, \cdots, X_n$ 是来自总体 X 的一个样本，则下列样本函数中，不是统计量的是（ ）。

(A) $\frac{1}{n}\sum_{i=1}^{n}(X_i - \mu)^2$；　　　　(B) $\sum_{i=1}^{n}\left(\frac{X_i - \mu}{\sigma}\right)^2$；

(C) $\frac{1}{n}\sum_{i=1}^{n}(X_i - \bar{X})^2$；　　　　(D) $\sum \frac{1}{2(n-1)}(X_{i+1} - X_i)^2$。

4. 设总体 X 服从正态分布 $N(\mu, \sigma^2)$，其中 μ 是已知，而 σ^2 未知，(X_1, X_2, X_3) 是从总体中抽取的一个简单随机样本，则下列表达式中不是统计量的是（ ）。

(A) $X_1 + X_2 + X_3$；　(B) $\min(X_1, X_2, X_3)$；　(C) $\sum_{i=1}^{3}\frac{X_i^2}{\sigma^2}$；　(D) $X_1 + 2\mu$。

5. 设 $X_1, X_2, \cdots, X_{16}$ 是来自总体 $X \sim N(2, \sigma^2)$ 的一个样本，$\bar{X} = \frac{1}{16}\sum_{i=1}^{16}X_i$，则 $\frac{4\bar{X} - 8}{\sigma}$ 服从的分布

是( )。

(A) $t(15)$; (B) $t(16)$; (C) $\chi^2(15)$; (D) $N(0,1)$。

6. 设 $X_1, X_2, \cdots, X_n$ 为来自总体为 $N(\mu, \sigma^2)$ 的样本, $\overline{X}$ 为样本均值 $S_1^2 = \dfrac{1}{n-1}\sum\limits_{i=1}^{n}(X_i - \overline{X})^2$, $S_2^2 = \dfrac{1}{n}\sum\limits_{i=1}^{n}(X_i - \overline{X})^2$, $S_3^2 = \dfrac{1}{n-1}\sum\limits_{i=1}^{n}(X_i - \mu)^2$, $S_4^2 = \dfrac{1}{n}\sum\limits_{i=1}^{n}(X_i - \mu)^2$ 则服从自由度为 $n-1$ 的 t 分布的随机变量是( )。

(A) $\dfrac{\overline{X} - \mu}{S_1/\sqrt{n}}$; (B) $\dfrac{\overline{X} - \mu}{S_2/\sqrt{n}}$; (C) $\dfrac{\overline{X} - \mu}{S_3/\sqrt{n}}$; (D) $\dfrac{\overline{X} - \mu}{S_4/\sqrt{n}}$。

7. 设 $X_1, X_2, \cdots, X_{10}$ 是总体 $X \sim N(\mu, 4^2)$ 的一个样本, S^2 为样本方差, 已知 $P\{S^2 > a\} = 0.1$, 求 a。

8. 从正态总体 $N(3.4, 6^2)$ 中抽取容量为 n 的样本, 如果要求其样本均值位于区间 $(1.4, 5.4)$ 内的概率不小于 0.95, 问样本容量 n 至少应取多大?

复习参考题六（B）

9. 设 $X \sim N(\mu, \sigma^2)$, $\overline{X}, S^2$ 分别是容量为 n 的样本均值与样本方差, 则

$$\sum_{i=1}^{n}\left(\dfrac{X_i - \overline{X}}{\sigma}\right)^2 \sim \underline{\quad}, \quad D(S^2) = \underline{\quad}。$$

10. 设 X 与 Y 相互独立且都服从 $N(0, 3^2)$, 而 $X_1, X_2, \cdots, X_9$ 和 $Y_1, Y_2, \cdots, Y_9$ 分别是来自总体 X 和 Y 的样本, 则统计量 $U = \dfrac{X_1 + \cdots + X_3}{\sqrt{Y_1^2 + \cdots + Y_9^2}}$ 服从 _____ 分布。

11. 设 $X_1, X_2, \cdots, X_n$ 为来自总体为 $N(0, \sigma^2)$ 的样本, 且随机变量 $Y = C\left(\sum\limits_{i=1}^{n}X_i\right)^2 \sim \chi^2(1)$, 则常数 $C = \underline{\quad}$。

12. 设 $(X_1, X_2, \cdots, X_n)$ 为来自总体 $N(\mu, 4)$ (μ 未知) 的样本, 则( )不是统计量( )。

(A) $\mu + \max(X_1 - \mu, \cdots, X_n - \mu)$; (B) $\sum\limits_{i=1}^{n}(X_i - \mu)^2 - n(\overline{X} - \mu)^2$;

(C) $\sum\limits_{i=1}^{3}(X_i - 3)^2$; (D) $\dfrac{1}{4}\sum\limits_{i=1}^{n}(X_i - \mu)^2$。

13. 设总体 X 服从 $N(0, 2^2)$, 而 $X_1, \cdots, X_{15}$ 是来自总体 X 的样本, 则随机变量 $Y = \dfrac{X_1^2 + \cdots + X_{10}^2}{2(X_{11}^2 + \cdots X_{15}^2)}$ 服从( )分布。

(A) $\chi^2(15)$; (B) $t(14)$; (C) $F(10,5)$; (D) $F(1,1)$。

14. 对于给定的正数 $\alpha (0 < \alpha < 1)$, 设 $Z_\alpha, \chi^2_\alpha(n), t_\alpha(n), F_\alpha(n_1, n_2)$ 分别是标准正态分布, $\chi^2(n)$ 分布, $t(n)$ 分布, $F(n_1, n_2)$ 分布的上分位点, 则下面结论中, 不正确的是( )

(A) $Z_{1-\alpha} = -Z_\alpha$; (B) $\chi^2_{1-\alpha}(n) = -\chi^2_\alpha(n)$;

(C) $t_{1-\alpha}(n) = -t_\alpha(n)$; (D) $F_{1-\alpha}(n_1, n_2) = \dfrac{1}{F_\alpha(n_2, n_1)}$。

15. 设总体 $X \sim N(0,1)$，$X_1, X_2, \cdots, X_6$ 是来自总体的容量为 6 的样本，令
$Y = (X_1 + X_2 + X_3)^2 + (X_4 + X_5 + X_6)^2$，试求常数 C，使 CY 服从 χ^2 分布。

16. 从一正态总体中抽取容量为 10 的样本，若有 2% 的样本均值与总体均值之差的绝对值在 4 以上，试求总体的标准差。

17. 设总体 $X \sim N(\mu, \sigma^2)$，$X_1, X_2, \cdots X_{n+1}$ 是来自于总体 X 的样本，则 $T = \sqrt{\dfrac{n}{n+1}} \dfrac{X_{n+1} - \overline{X}}{S}$ 服从什么分布？其中 $\overline{X}$ 是样本均值，S 是样本标准差。

18. 设 $X_1, X_2, \cdots, X_9$ 是来自正态总体 X 的简单随机样本，$Y_1 = \dfrac{1}{6}(X_1 + X_2 + \cdots + X_6)$，$Y_2 = \dfrac{1}{3}(X_7 + X_8 + X_9)$，$S^2 = \dfrac{1}{2}\sum\limits_{i=7}^{9}(X_i - Y_2)^2$，$Z = \dfrac{\sqrt{2}(Y_1 - Y_2)}{S}$。证明：统计量 Z 服从自由度为 2 的 t 分布。

第 7 章
参 数 估 计

数理统计的基本问题是统计推断。统计推断可以分为两类,一类是参数估计问题,另一类是假设检验问题。

参数估计是统计推断的基本内容之一。它是凭借从总体中抽取的样本,构造合适的样本函数,对总体中的未知参数作出符合预定要求的估计。依据估计形式的不同,参数估计分为点估计和区间估计两种。

第 1 节 参数估计的概念

许多实际问题中遇到的随机变量,总体分布类型已知,但总体中含有未知参数。如何根据抽取的样本估计总体的未知参数呢? 先看一个具体问题。

例 1 已知某种灯泡的寿命 $X \sim N(\mu, \sigma^2)$,其中 μ, σ^2 未知。由于随机因素的干扰,生产出来的灯泡的寿命是不同的,在该批灯泡中随机抽取 10 只,测得寿命(小时)为:1 067, 919, 1 196, 785, 1 126, 936, 918, 1 156, 920, 848。为了断定所生产的该批灯泡的质量,自然会提出如何估计这批灯泡的平均寿命 μ,以及使用时数长短的相差程度 σ^2 等问题。即要估计数学期望和方差。有时还希望经过分析一系列的试验结果,以一定的可靠性来估计灯泡的平均寿命落在某个范围内或者不低于某个数。

由第 4 章知,$E(X) = \mu, D(X) = \sigma^2$。因此,上述问题就是对总体的数学期望和方差做出估计。解决这类问题,就是从样本出发构造一些统计量作为总体数字特征的估计量,当取得一个样本值时,就以相应的统计量的值作为总体数字特征的估计值。

例如,用统计量 $\bar{X} = \frac{1}{n}\sum_{i=1}^{n} X_i$ 作为总体均值的估计量,自然用统计量的值 $\bar{x} = \frac{1}{n}\sum_{i=1}^{n} x_i$ 作为总体均值的估计值;用统计量 $\frac{1}{n}\sum_{i=1}^{n}(X_i - \bar{X})^2$ 作为总体方差的估计量,自然用统

计量的值 $\frac{1}{n}\sum_{i=1}^{n}(x_i-\bar{x})^2$ 作为总体方差的估计值。因此，例 1 中 μ,σ^2 的估计值为 $\hat{\mu}=987.1,\hat{\sigma}^2=132^2$。

参数估计问题分为两种情况：（1）已知总体的分布类型，而其中的参数未知；（2）无论总体服从什么分布，只需对某些数字特征（如数学期望、方差等）作出估计。由第 4 章的讨论知，随机变量的数字特征与它的分布中的参数有一定关系，因而数字特征的估计问题也就称为**参数估计**问题。

由于样本来自总体，它必然在一定程度上反映总体的性质，因而在参数估计问题中，常要用样本的某个适当函数来估计总体的参数。给出如下定义：

定义 1 设总体的分布函数为 $F(x,\theta)$（或分布密度为 $p(x,\theta)$），其中 θ 为未知参数，$X_1,X_2,\cdots,X_n$ 为来自总体的样本。今由样本构造一个统计量 $\hat{\theta}=\hat{\theta}(X_1,X_2,\cdots,X_n)$，如果以这个样本函数 $\hat{\theta}$ 去估计参数 θ，则称 $\hat{\theta}$ 为参数 θ 的**估计量**。如果 $x_1,x_2,\cdots,x_n$ 是样本的一组观察值，将它代入 $\hat{\theta}=\hat{\theta}(X_1,X_2,\cdots,X_n)$ 就得到 $\hat{\theta}$ 的具体值，这个数值常称为参数 θ 的**估计值**。

如果要求构造一个统计量 $\hat{\theta}(X_1,X_2,\cdots,X_n)$ 作为未知参数 θ 的估计量，就称为参数 θ 的**点估计**。

如果要求构造两个这样的统计量 $\hat{\theta}_1(X_1,X_2,\cdots,X_n)$ 和 $\hat{\theta}_2(X_1,X_2,\cdots,X_n)$，而用 $(\hat{\theta}_1,\hat{\theta}_2)$（$\hat{\theta}_1<\hat{\theta}_2$）作为未知参数 θ 可能取值范围的一种估计，就称为参数的**区间估计**。如果 $x_1,x_2,\cdots,x_n$ 是样本的一组观察值，以它代入就得到确定的估计值 $\hat{\theta}_1(x_1,x_2,\cdots,x_n)$ 和 $\hat{\theta}_2(x_1,x_2,\cdots,x_n)$，这时 $(\hat{\theta}_1,\hat{\theta}_2)$ 就是一个确定的区间。

对于总体分布含有多个参数的情形，也有参数的点估计和区间估计的问题。如果总体 X 的分布函数 $F(x;\theta_1,\theta_2,\cdots,\theta_l)$ 中有 l 个未知参数（例如正态总体中有两个未知参数 μ,σ），这时要由样本 $X_1,X_2,\cdots,X_n$ 建立 l 个统计量作为这些未知参数的估计量，分别记为 $\hat{\theta}_1,\hat{\theta}_2,\cdots,\hat{\theta}_l$。

在下面各节中，将分别讨论点估计和区间估计的有关问题。

第 2 节　点估计

下面介绍求未知参数的点估计量（值）的矩估计法与最大似然估计法，并对估计量的评选标准作一些说明。

7.2.1 矩估计法

矩估计是英国统计学家 Karl Pearson 提出并使用的，其理论依据是大数定律，基本思想是以样本矩估计相应的总体矩，以样本矩的函数估计总体矩的相应函数。

例1 在某公路上，50 分钟之间，观察每 15 秒内过路汽车的辆数 X 是一个随机变量，假设它服从以 λ 为参数的泊松分布，参数 λ 为未知。设有以下的样本值，试估计参数 λ。

过路的车辆数 k	0	1	2	3	4	5	$\sum$
频数 n_k	92	68	28	11	1	0	200

解 由于 $X \sim p(\lambda)$，故有 $\lambda = E(X)$。我们自然想到用样本均值来估计总体均值 $E(X)$。由已知数据得

$$\bar{x} = \frac{\sum_{k=0}^{5} k n_k}{\sum_{k=0}^{5} n_k} = \frac{1}{200}[0 \times 92 + 1 \times 68 + 2 \times 28 + 3 \times 11 + 4 \times 1 + 5 \times 0] = 0.805,$$

于是得 $E(X) = \lambda$ 的估计值为 0.805。

由第 6 章的讨论知，样本的经验分布函数在一定程度上反映总体的分布特征。由于样本来自总体，样本的数字特征也在一定程度上反映了总体的数字特征，因而使我们想到用样本的数字特征作为总体数字特征的估计。例如，分别采用样本均值 $\bar{X}$ 及方差 S^2 作为总体数学期望 μ 及方差 σ^2 的估计量，即有

$$\hat{\mu} = \hat{\mu}(X_1, X_2, \cdots, X_n) = \frac{1}{n}\sum_{i=1}^{n} X_i = \bar{X},$$

$$\hat{\sigma}^2 = \hat{\sigma}^2(X_1, X_2, \cdots, X_n) = \frac{1}{n-1}\sum_{i=1}^{n} (X_i - \bar{X})^2 = S^2。$$

一般地，采用样本 $k(k=1,2,\cdots)$ 阶原点矩作为总体相应阶原点矩的估计。

定义1 设总体 X 的分布函数 $F(x;\theta_1,\theta_2,\cdots,\theta_l)$ 中有 l 个未知参数 $\theta_1,\theta_2,\cdots,\theta_l$，假定总体 X 的 k 阶原点矩 $E(X^k)$ 存在，它也是 $\theta_1,\theta_2,\cdots,\theta_l$ 的函数，并记为

$$v_k(\theta_1,\theta_2,\cdots,\theta_l) = E(X^k) \quad (k=1,2,\cdots,l) \tag{7.1}$$

设 $X_1,X_2,\cdots,X_n$ 为来自总体的样本，其 k 阶原点矩为 $A_k = \frac{1}{n}\sum_{i=1}^{n} X_i^k$，用样本矩作为总体矩的估计，则得到含 l 个未知参数 $\theta_1,\theta_2,\cdots,\theta_l$ 的方程组

$$\begin{cases} \dfrac{1}{n}\sum_{i=1}^{n} X_i = v_1(\theta_1,\theta_2,\cdots,\theta_l), \\ \dfrac{1}{n}\sum_{i=1}^{n} X_i^2 = v_2(\theta_1,\theta_2,\cdots,\theta_l), \\ \quad\cdots\cdots\cdots \\ \dfrac{1}{n}\sum_{i=1}^{n} X_i^l = v_l(\theta_1,\theta_2,\cdots,\theta_l)。\end{cases} \quad (7.2)$$

解此方程组得 $\theta_1,\theta_2,\cdots,\theta_l$ 的一组解 $\hat{\theta}_1 = \hat{\theta}_1(X_1,X_2,\cdots,X_n),\cdots,\hat{\theta}_l = \hat{\theta}_l(X_1,X_2,\cdots,X_n)$。则称 $\hat{\theta}_k(k=1,2,\cdots,l)$ 为参数 θ_k 的**矩法估计量**。这种求估计量的方法称为**矩估计法**。

如果 $\hat{\theta}$ 为 θ 的矩法估计量，$g(\theta)$ 为 θ 的连续函数，则称 $g(\hat{\theta})$ 为 $g(\theta)$ 的矩法估计量。矩法估计的更一般提法，就是上面所说的利用样本的数字特征作为总体数字特征的估计。

例2 求总体 $X \sim N(\mu,\sigma^2)$ 的数学期望 μ 与方差 σ^2 的矩法估计量。

解 设 $X_1,X_2,\cdots,X_n$ 为来自总体的样本，因为总体的分布中有两个未知参数 μ 和 σ^2，所以应考虑一、二阶原点矩，用矩估计法得方程组：

$$\begin{cases} \hat{\mu} = \dfrac{1}{n}\sum_{i=1}^{n} X_i = \overline{X}, \\ \hat{\sigma}^2 + \hat{\mu}^2 = \dfrac{1}{n}\sum_{i=1}^{n} X_i^2。\end{cases}$$

解之得 $\hat{\mu} = \overline{X},\ \hat{\sigma}^2 = \dfrac{1}{n}\sum_{i=1}^{n} X_i^2 - \left(\dfrac{1}{n}\sum_{i=1}^{n} X_i\right)^2 = \dfrac{1}{n}\sum_{i=1}^{n}(X_i - \overline{X})^2 = \dfrac{(n-1)S^2}{n}$。 (7.3)

结果表明，总体均值 $E(X)$ 的矩估计量是样本均值 $\overline{X}$；总体方差 $D(X)$ 的矩估计量是样本二阶中心矩。从解题过程易知，这个结论不仅对正态总体成立，而且无论总体 X 服从什么分布，只要总体的均值与方差存在，上述结论都成立。

矩估计法的优点是直观、简便，不论总体分布类型已知或未知，对其参数估计，矩估计法均可行。但是，矩估计法对于那些原点矩不存在的总体是不适用的。

7.2.2 最大似然估计法

当总体分布类型已知时，对其参数估计最好用最大似然估计法。因为这种方法充分利用了总体分布所提供的信息，有很多优良性质。

最大似然估计法是求估计的另一种方法。它最早是由高斯（C. Gauss）提出的，后来费希尔（R. A. Fisher）在1912年的文章中重新提出，并且证明了这个方法的一些性质（最大似然估计法这一名称也是费希尔给出的）。最大似然估计法是建立在最大似然原理的基础上的一个统计方法,其应用十分广泛。

最大似然原理的直观想法是:一个随机试验若有若干个可能的结果 A,B,C⋯,在一次试验中,结果 A 出现,则一般认为试验条件对 A 出现有利,也即 A 出现的概率很大。

最大似然估计法的基本思想是:用样本去估计总体参数时,应使得参数取这些值时所观察到的样本出现的概率为最大。按此想法再利用总体的分布函数及样本提供的信息找出总体未知参数的估计量。

例如 设一盒内装有许多个红球和白球,只知两种球的数目之比为 1:3,但不知哪种颜色的球多,今希望用放回抽样法作抽球试验,来判断红球占的比例是 $\frac{1}{4}$ 或 $\frac{3}{4}$。今从中任取一球,结果是红球,由于在一次试验中那么容易取到红球,凭直观经验可以想到红球比白球多才合理,这说明红球出现的概率应比白球出现的概率大。由于红球出现的概率为 $\frac{1}{4}$ 或 $\frac{3}{4}$,所以我们自然认为红球出现的概率为 $\frac{3}{4}$。

为了便于从理论上得到一般结果,我们对上述问题引进随机变量进行讨论。令

$$X = \begin{cases} 0, \text{取到白球}, \\ 1, \text{取到红球}。 \end{cases}$$

假设 $P\{X=1\} = p, P\{X=0\} = 1-p$,则 p 为 $\frac{1}{4}$ 或 $\frac{3}{4}$。把 X 看成总体,通过抽取样本对 X 的未知参数 p 进行估计。

从总体中任取一只球,就是取容量为 1 的样本 X_1。则样本 X_1 的观察值 x_1 可能取值 0 或 1,且 X_1 取到样本值 x_1 的概率为 $P\{X_1 = x_1\} = p^{x_1}(1-p)^{1-x_1}, x_1 = 0,1$。

如果样本值 $X_1 = x_1$ 在一次试验中出现了,说明事件 $\{X_1 = x_1\}$ 出现的概率大,即认为 $P\{X_1 = x_1\} = p^{x_1}(1-p)^{1-x_1}$ 的值应达到最大,而现在知道 $x_1 = 1$,将 p 的两个值代入计算,结果使 $X_1 = x_1 = 1$ 出现的概率达到最大的 p 是 $\frac{3}{4}$,故 p 的估计值 $\hat{p} = \frac{3}{4}$。

若有放回地抽取 n 次,就是对总体 X 抽取了一个样本容量为 n 的样本 $X_1, X_2, \cdots, X_n$,其样本值为 $x_1, x_2, \cdots, x_n$ ($x_i = 0,1$),则样本 $X_1, X_2, \cdots, X_n$ 取到样本值 $x_1, x_2, \cdots, x_n$ 的概率为

$$P\{X_1 = x_1, X_2 = x_2, \cdots, X_n = x_n\} = \prod_{i=1}^{n} P\{X_i = x_i\} = \prod_{i=1}^{n} p^{x_i}(1-p)^{1-x_i} = p^{\sum_{i=1}^{n} x_i}(1-p)^{(n-\sum_{i=1}^{n} x_i)}。 \tag{7.4}$$

由于样本观察值 $x_1, x_2, \cdots, x_n$ 出现了,说明事件 $\{X_1 = x_1, X_2 = x_2, \cdots, X_n = x_n\}$ 出现的概率最大,即取 p 使 $p^{\sum_{i=1}^{n} x_i}(1-p)^{(n-\sum_{i=1}^{n} x_i)}$ 的值达到最大。将 p 的两个可能值分别代入上式,

取使上式达到最大的 p 的值作为 p 的估计值。

定义 2 设总体 X 为离散型随机变量，其概率分布律为 $P\{X = x_i\} = p(x_i;\theta_1,\theta_2,\cdots,\theta_l)$，其中 $\theta_1,\theta_2,\cdots,\theta_l$ 是未知参数，设 $X_1,X_2,\cdots,X_n$ 为来自总体的样本，则 $X_1,X_2,\cdots,X_n$ 的联合概率分布律为

$$P\{X_1 = x_1, X_2 = x_2, \cdots, X_n = x_n\} = \prod_{i=1}^{n} p(x_i;\theta_1,\theta_2,\cdots,\theta_l), \tag{7.5}$$

函数

$$L(\theta_1,\theta_2,\cdots,\theta_l) = \prod_{i=1}^{n} p(x_i;\theta_1,\theta_2,\cdots,\theta_l) \tag{7.6}$$

称为**似然函数**。

当 $x_1,x_2,\cdots,x_n$ 固定时，$L(\theta_1,\theta_2,\cdots,\theta_l)$ 是 $\theta_1,\theta_2,\cdots,\theta_l$ 的函数，如果 $L(\theta_1,\theta_2,\cdots,\theta_l)$ 在 $\hat{\theta}_1,\hat{\theta}_2,\cdots,\hat{\theta}_l$ 达到最大值，则分别称 $\hat{\theta}_1,\hat{\theta}_2,\cdots,\hat{\theta}_l$ 为 $\theta_1,\theta_2,\cdots,\theta_l$ 的**最大似然估计值**，而相应的统计量 $\hat{\theta}_1(X_1,X_2,\cdots,X_n),\cdots,\hat{\theta}_l(X_1,X_2,\cdots,X_n)$ 分别称为 $\theta_1,\theta_2,\cdots,\theta_l$ 的**最大似然估计量**。

当 X 为连续型随机变量时，只须将定义 2 中的概率分布律 $P\{X = x_i\} = p(x_i;\theta_1,\theta_2,\cdots,\theta_l)$ 换成 X 的概率密度函数 $p(x;\theta_1,\theta_2,\cdots,\theta_l)$，对来自总体 X 的样本 $X_1,X_2,\cdots,X_n$，$X_1,X_2,\cdots,X_n$ 的联合概率密度函数为

$$p(x_1,x_2,\cdots,x_n;\theta_1,\cdots,\theta_l) = \prod_{i=1}^{n} p(x_i;\theta_1,\theta_2,\cdots,\theta_l), \tag{7.5'}$$

相应仍可写出与（7.6）相同形式的似然函数，用同样的方法来求最大似然估计量。

由上述讨论知，求最大似然估计量的问题，就是求似然函数 $L(\theta_1,\theta_2,\cdots,\theta_l)$ 的最大值问题，因此，当 $L(\theta_1,\theta_2,\cdots,\theta_l)$ 关于 $\theta_1,\theta_2,\cdots,\theta_l$ 可微时，可由方程组

$$\frac{\partial L(\theta_1,\cdots,\theta_l)}{\partial \theta_i} = 0 \quad (i = 1,2,\cdots,l), \tag{7.7}$$

定出 $\hat{\theta}_i$（$i = 1,2,\cdots,l$）。因为 $\ln L$ 是 L 的增函数，所以 L 与 $\ln L$ 在 θ 的同一值处取得最大值，所以 $\hat{\theta}_i$ 也可由方程组

$$\frac{\partial \ln L(\theta_1,\cdots,\theta_l)}{\partial \theta_i} = 0 \quad (i = 1,2,\cdots,l) \tag{7.8}$$

定出。

应用方程组（7.8）常比直接应用（7.7）方便。一般地求最大似然估计量时，常采用方程组（7.8），称方程组（7.8）为**似然方程**。

例 3 设总体 X 服从正态分布 $N(\mu,\sigma^2)$，求 μ,σ^2 的最大似然估计量。

解 由假设知总体 X 的分布密度为

$$p(x) = \frac{1}{\sqrt{2\pi}\sigma} \exp\left[-\frac{1}{2\sigma^2}(x-\mu)^2\right],$$

似然函数为

$$L(\mu,\sigma^2) = \prod_{i=1}^{n} \frac{1}{\sqrt{2\pi}\sigma} \exp\left[-\frac{1}{2\sigma^2}(x_i - \mu)^2\right] = \left(\frac{1}{2\pi\sigma^2}\right)^{\frac{n}{2}} \exp\left[-\frac{1}{2\sigma^2}\sum_{i=1}^{n}(x_i - \mu)^2\right],$$

$$\ln L(\mu,\sigma^2) = -\frac{n}{2}\ln(2\pi\sigma^2) - \frac{1}{2\sigma^2}\sum_{i=1}^{n}(x_i - \mu)^2。$$

似然方程为

$$\begin{cases} \dfrac{\partial \ln L(\mu,\sigma^2)}{\partial \mu} = \dfrac{1}{\sigma^2}\sum_{i=1}^{n}(x_i - \mu) = 0, \\ \dfrac{\partial \ln L(\mu,\sigma^2)}{\partial \sigma^2} = -\dfrac{n}{2\sigma^2} + \dfrac{1}{2\sigma^4}\sum_{i=1}^{n}(x_i - \mu)^2 = 0。 \end{cases}$$

解得 μ 和 σ^2 的最大似然估计量为

$$\hat{\mu} = \overline{X},\ \hat{\sigma}^2 = \frac{1}{n}\sum_{i=1}^{n}(X_i - \overline{X})^2 = \frac{(n-1)}{n}S^2。$$

例 4 设总体 X 服从参数为 $\lambda > 0$ 的泊松分布，求参数 λ 的最大似然估计量。

解 因总体 X 的概率分布为 $p(x,\lambda) = \dfrac{\lambda^x}{x!}e^{-\lambda},\ \lambda > 0, x = 0,1,2,\cdots$，似然函数为

$$L(\lambda) = \prod_{i=1}^{n}\frac{\lambda^{x_i}}{x_i!}e^{-\lambda} = e^{-n\lambda}\frac{\lambda^{\sum_{i=1}^{n}x_i}}{\prod_{i=1}^{n}(x_i)!},\ \ln L(\lambda) = \left(\sum_{i=1}^{n}x_i\right)\ln\lambda - \sum_{i=1}^{n}\ln(x_i!) - n\lambda。$$

似然方程为

$$\frac{\mathrm{d}\ln L(\lambda)}{\mathrm{d}\lambda} = \frac{\sum_{i=1}^{n}x_i}{\lambda} - n = 0,$$

解得 λ 的最大似然估计量为

$$\hat{\lambda} = \frac{1}{n}\sum_{i=1}^{n}X_i = \overline{X}。$$

例 5 从一批产品中放回抽样依次抽取 60 件样品，发现其中有 3 件次品，用最大似然估计法估计这批产品的次品率。

解 设这批产品的次品率为 p，随机变量 X 表示任一次抽样时取得次品的件数，则 X 服从 0-1 分布，其概率分布律为

$$p(x,p) = p^x(1-p)^{1-x},\ x = 0,1。$$

所以，似然函数为 $L(p) = \prod_{i=1}^{n} p^{x_i}(1-p)^{1-x_i} = p^{\sum_{i=1}^{n}x_i}(1-p)^{n-\sum_{i=1}^{n}x_i}。$

取对数，得

$$\ln L(p) = \sum_{i=1}^{n}x_i \ln p + \left(n - \sum_{i=1}^{n}x_i\right)\ln(1-p),$$

所以由

$$\frac{\mathrm{d}\ln L(p)}{\mathrm{d}p} = \frac{\sum_{i=1}^{n} x_i}{p} - \frac{(n - \sum_{i=1}^{n} x_i)}{1 - p} = 0,$$

解得

$$\hat{p} = \frac{1}{n} \sum_{i=1}^{n} x_i。$$

因为 $n = 60$，$\sum_{i=1}^{n} x_i = 3$，所以这批产品的次品率 p 的最大似然估计值为 $\hat{p} = \frac{3}{60} = 0.05$。

设参数 θ 的函数 $g = g(\theta)$ 具有单值反函数 $\theta = \theta(g)$，若 $\hat{\theta}$ 是 θ 的最大似然估计，则 $\hat{g} = g(\hat{\theta})$ 是 $g(\theta)$ 的最大似然估计。

因此，例 3 中正态总体的标准差 σ 的最大似然估计值为 $\hat{\sigma} = \sqrt{\hat{\sigma}^2} = \sqrt{\frac{1}{n} \sum_{i=1}^{n} (x_i - \bar{x})^2}$。

7.2.3 估计量的评选标准

对于总体分布的未知参数，不同的估计方法可能获得不同的估计量。采用哪一个更合理呢？这便涉及估计量的评选问题。下面介绍点估计的三种常用的评选标准。

1 无偏性

由于估计量是随机变量，对于不同的样本观察值求得的参数估计值是不同的，要确定一个估计量的评选标准就不能依据一次试验结果来衡量，而希望在多次试验中它都能在参数真值附近摆动，即希望它的数学期望等于未知参数的真值，因而引入如下定义。

定义 3 设 $\hat{\theta}$ 是未知参数 θ 的估计量，如果 $E(\hat{\theta}) = \theta$，则称 $\hat{\theta}$ 是 θ 的**无偏估计量**。

例 6 验证样本均值 $\bar{X} = \frac{1}{n} \sum_{i=1}^{n} X_i$ 是总体数学期望 μ 的无偏估计量。

证明 因为 $E(\bar{X}) = E(\frac{1}{n} \sum_{i=1}^{n} X_i) = \frac{1}{n} \sum_{i=1}^{n} E(X_i) = \frac{1}{n} \sum_{i=1}^{n} \mu = \mu$，所以 $\bar{X}$ 是 μ 的无偏估计量。

例 7 设 $\hat{\mu}' = \sum_{i=1}^{n} c_i X_i$ 其中 $c_i > 0$（$i = 1, 2, \cdots, n$），且 $\sum_{i=1}^{n} c_i = 1$，验证 $\hat{\mu}'$ 是总体数学期望 μ 的无偏估计量。

证明 因为 $E(\sum_{i=1}^{n} c_i X_i) = \sum_{i=1}^{n} c_i E(X_i) = \mu \sum_{i=1}^{n} c_i = \mu$，所以 $\hat{\mu}$ 是总体数学期望 μ 的无

偏估计量。

例 8 验证总体方差的估计量 $\hat{\sigma}^2 = \frac{1}{n}\sum_{i=1}^{n}(X_i - \overline{X})^2$ 不是总体方差 σ^2 的无偏估计量，并求 σ^2 的无偏估计量。

解 令 $E(X) = \mu$，则

$$E(\hat{\sigma}^2) = E(\frac{1}{n}\sum_{i=1}^{n}(X_i - \overline{X})^2) = \frac{1}{n}E(\sum_{i=1}^{n}((X_i - \mu) - (\overline{X} - \mu))^2)$$

$$= \frac{1}{n}E(\sum_{i=1}^{n}(X_i - \mu)^2 - n(\overline{X} - \mu)^2) = \frac{1}{n}\sum_{i=1}^{n}E(X_i - \mu)^2 - E(\overline{X} - \mu)^2,$$

而 $E(X_i - \mu)^2 = E[(X - \mu)^2] = D(X) = \sigma^2$,

$$E(\overline{X} - \mu)^2 = D(\overline{X}) = D(\frac{1}{n}\sum_{i=1}^{n}X_i) = \frac{1}{n^2}\sum_{i=1}^{n}D(X_i) = \frac{1}{n^2}nD(X) = \frac{1}{n}\sigma^2。$$

代入上式得

$$E(\hat{\sigma}^2) = \sigma^2 - \frac{1}{n}\sigma^2 = \frac{n-1}{n}\sigma^2。$$

所以 $\hat{\sigma}^2$ 不是 σ^2 的无偏估计量。如果用 $S^2 = \frac{n}{n-1}\hat{\sigma}^2 = \frac{1}{n-1}\sum_{i=1}^{n}(X_i - \overline{X})^2$ 作为 σ^2 的估计量，则 S^2 是 σ^2 的无偏估计量。事实上，

$$E(S^2) = E(\frac{n}{n-1}S^2) = \frac{n}{n-1} \cdot \frac{n-1}{n}\sigma^2 = \sigma^2。$$

因此，一般取 S^2 作为总体方差 σ^2 的估计量。

2 有效性

要比较参数 θ 的两个无偏估计量 $\hat{\theta},\hat{\theta}'$ 的优劣，自然是方差较小的估计量较好，因而引进如下定义。

定义 4 设 $\hat{\theta},\hat{\theta}'$ 都是 θ 的无偏估计量，如果 $D(\hat{\theta}) \leqslant D(\hat{\theta}')$，则称 $\hat{\theta}$ 较 $\hat{\theta}'$ **有效**。

例 9 由例 6 和例 7 知 $\hat{\mu} = \overline{X} = \frac{1}{n}\sum_{i=1}^{n}X_i$ 及 $\hat{\mu}' = \sum_{i=1}^{n}c_iX_i$（其中 $c_i > 0, i = 1, 2, \cdots, n$，且 $\sum_{i=1}^{n}c_i = 1$）都是总体数学期望 μ 的无偏估计量，验证 $\hat{\mu}$ 较 $\hat{\mu}'$ 有效。

解 由 $D(\hat{\mu}) = D(\frac{1}{n}\sum_{i=1}^{n}X_i) = \frac{1}{n}D(X)$，$D(\hat{\mu}') = D(\sum_{i=1}^{n}c_iX_i) = D(X)\sum_{i=1}^{n}c_i^2$，由不等式 $(\sum_{i=1}^{n}c_i)^2 \leqslant n\sum_{i=1}^{n}c_i^2$，得

$$D(\hat{\mu}) = \frac{1}{n}D(X) = \frac{1}{n}D(X)\left(\sum_{i=1}^{n}c_i\right)^2 \leqslant D(X)\sum_{i=1}^{n}c_i^2 = D(\hat{\mu}')。$$

可见，$\bar{X}$ 较所有 $\sum_{i=1}^{n}c_iX_i$ 有效。

3 一致性

无偏性与有效性都是在样本容量 n 固定的前提下提出的。我们自然希望随着样本容量的增大，一个估计量的值稳定于待估参数的真值。这样，对估计量又有下述一致性的定义。

定义 5 设 $\hat{\theta}$ 为参数 θ 的估计量，若对于任意 θ，当 $n \to \infty$ 时，$\hat{\theta}$ 依概率收敛于 θ，则称 $\hat{\theta}$ 为 θ 的**一致估计量**。

例 10 设总体 X 的均值 $E(X) = \mu$，方差 $D(X) = \sigma^2$，证明：样本均值 $\bar{X}$ 是总体均值 μ 的一致估计。

解 因为样本 $X_1, X_2, \cdots, X_n$ 相互独立，且与总体服从相同的分布，所以
$$E(X_i) = \mu, D(X_i) = \sigma^2, i = 1, 2, \cdots, n。$$
于是，由切比雪夫大数定律知
$$\lim_{n\to\infty}P\left\{\left|\frac{1}{n}\sum_{i=1}^{n}X_i - \frac{1}{n}\sum_{i=1}^{n}E(X_i)\right| < \varepsilon\right\} = 1,$$
此处，$\bar{X} = \frac{1}{n}\sum_{i=1}^{n}X_i, \frac{1}{n}\sum_{i=1}^{n}E(X_i) = \frac{1}{n}\cdot n\mu = \mu$，即有 $\lim_{n\to\infty}P\{|\bar{X} - \mu| < \varepsilon\} = 1$。因此，样本均值 $\bar{X}$ 是总体均值 μ 的一致估计量。

此外，还可以证明：样本方差 S^2 是总体方差 σ^2 的一致估计量。

综上所述，可知样本均值 $\bar{X}$ 与样本方差 S^2 分别是总体均值 μ 与总体方差 σ^2 的无偏、一致估计量，因此，对这些数字特征的点估计比较简易。例如正态分布 $N(\mu, \sigma^2)$ 中的 μ，σ^2，泊松分布 $P(\lambda)$ 中的 λ，二项分布 $B(n, p)$ 中的 n, p 等的点估计都不难求得。

估计量的一致性只有当样本容量相当大时，才显出优越性，在实际中难以做到。因此，在工程实际中往往使用无偏性和有效性。

习题 7-2

1. 随机地取 8 只活塞环，测得它们的直径为（以 mm 计）
   74.001 74.005 74.003 74.001 74.000 73.993 74.006 74.002。
试求总体均值 μ 及方差 σ^2 的矩估计值，并求样本方差 S^2。

2. 设 $(x_1, x_2, \cdots, x_n)$ 为从总体 ξ 中取出的一组样本观察值，试用最大似然估计法估计 ξ 的概率密度 $\varphi(x)$ 中的未知参数 θ，设

$$\varphi(x) = \begin{cases} \theta x^{\theta-1}, & 0 < x < 1, (\theta > 0) \\ 0, & \text{其他} \end{cases},$$

3. 设总体 X 的分布律为 $P\{X = x\} = (1-p)^{x-1}p, x = 1, 2, \cdots, (X_1, X_2, \cdots, X_n)$ 是来自总体 X 的样本，试求 p 的矩估计量。

4. 设总体 $X \sim N(\mu, \sigma^2)$，$X_1, X_2, \cdots, X_n$ 是来自 X 的一个样本。试确定常数 c，使 $c\sum_{i=1}^{n}(X_{i+1} - X_i)^2$ 为 σ^2 的无偏估计量。

5. 设总体 X 的概率密度为

$$p(x) = \begin{cases} (\theta + 1)x^\theta, & 0 < x < 1, \\ 0, & \text{其他}. \end{cases}$$

其中 $\theta > -1$ 是未知参数，$X_1, X_2, \cdots, X_n$ 是来自总体 X 的一个容量为 n 的简单随机样本，分别用矩估计法和最大似然估计法求 θ 的估计量。

第 3 节 区间估计

7.3.1 置信区间

上面讨论了参数的点估计，即用样本给出未知参数的一个估计值，它与未知参数的真值有误差，而点估计不能给出精确程度。因此，希望估计出一个范围，并知道这个范围包含参数真值的可信程度。这样的范围通常以区间的形式给出，这种形式的估计称为区间估计，这样的区间即所谓的置信区间。

定义 1 设总体 X 的分布函数 $F(x;\theta)$ 含有一个未知参数 θ。对于给定 $\alpha(0 < \alpha < 1)$，若由样本 $X_1, X_2, \cdots, X_n$ 确定的两个统计量 $\underline{\theta} = \underline{\theta}(X_1, X_2, \cdots, X_n)$ 和 $\overline{\theta} = \overline{\theta}(X_1, X_2, \cdots, X_n)$ 满足

$$P\{\underline{\theta}(X_1, X_2, \cdots, X_n) < \theta < \overline{\theta}(X_1, X_2, \cdots, X_n)\} = 1 - \alpha, \quad (7.9)$$

则称随机区间 $(\underline{\theta}, \overline{\theta})$ 是 θ 的置信度为 $1 - \alpha$ 的**置信区间**，$\underline{\theta}$ 和 $\overline{\theta}$ 分别称为置信度为 $1 - \alpha$ 的置信区间的**置信下限**和**置信上限**，$1 - \alpha$ 称为**置信度**。

由于置信下限 $\underline{\theta} = \underline{\theta}(X_1, X_2, \cdots, X_n)$ 和置信上限 $\overline{\theta} = \overline{\theta}(X_1, X_2, \cdots, X_n)$ 都是样本的函数，而样本 $(X_1, X_2, \cdots, X_n)$ 是一 n 维随机变量，因而 $(\underline{\theta}, \overline{\theta})$ 是一随机区间，它的两个端点都是不依赖于未知参数 θ 的随机变量。随机区间 $(\underline{\theta}, \overline{\theta})$ 包含未知参数 θ 的真值为一随机事件。所以置信度 $1 - \alpha$ 的大小反映了这一随机事件发生的可能性的大小，反映了置信区间的可信度。

置信区间的具体意义：若反复抽样多次（每次抽样的样本容量相等，都是 n），每个

样本值确定一个随机区间 $(\underline{\theta}, \bar{\theta})$。每个这样的区间可能包含 θ 的真值,也可能不包含 θ 的真值,其中包含 θ 真值的约占 $100(1-\alpha)\%$。注意,这并不是说参数 θ 以 $1-\alpha$ 的概率落入随机区间 $(\underline{\theta}, \bar{\theta})$,因为参数 θ 是非随机变量。

例 1 设总体 $X \sim N(\mu, \sigma^2)$,σ^2 为已知,μ 为未知,$X_1, X_2, \cdots, X_n$ 是来自总体 X 的样本,求总体数学期望 μ 的置信度为 $1-\alpha$ 的置信区间。

解 因为 $\bar{X}$ 是 μ 的无偏估计,且有 $U = \dfrac{\bar{X} - \mu}{\sigma/\sqrt{n}} \sim N(0,1)$。而 $N(0,1)$ 是不依赖于任何未知参数的。所以按标准正态分布的上 α 分位点的定义,有

$$P\left\{\left|\dfrac{\bar{X} - \mu}{\sigma/\sqrt{n}}\right| < z_{\alpha/2}\right\} = 1 - \alpha,$$

即

$$P\left\{\bar{X} - \dfrac{\sigma}{\sqrt{n}} z_{\alpha/2} < \mu < \bar{X} + \dfrac{\sigma}{\sqrt{n}} z_{\alpha/2}\right\} = 1 - \alpha。 \tag{7.10}$$

这样就得到了 μ 的一个置信度为 $1-\alpha$ 的置信区间为

$$\left(\bar{X} - \dfrac{\sigma}{\sqrt{n}} z_{\alpha/2}, \bar{X} + \dfrac{\sigma}{\sqrt{n}} z_{\alpha/2}\right)。 \tag{7.11}$$

如果取 $\alpha = 0.05$,即 $1 - \alpha = 0.95$,又若 $\sigma = 1$,$n = 16$,查表得 $z_{\alpha/2} = z_{0.025} = 1.96$,于是得到一个置信度为 0.95 的置信区间 $(\bar{X} - 0.49, \bar{X} + 0.49)$。

说明:置信度为 $1 - \alpha$ 的置信区间并不是唯一的。以上例来说,若给定的 $\alpha = 0.05$,则有

$$P\left\{-z_{0.04} < \dfrac{\bar{X} - \mu}{\sigma/\sqrt{n}} < z_{0.01}\right\} = 0.95,$$

即

$$P\left\{\bar{X} - \dfrac{\sigma}{\sqrt{n}} z_{0.01} < \mu < \bar{X} + \dfrac{\sigma}{\sqrt{n}} z_{0.04}\right\} = 0.95,$$

故 $\left(\bar{X} - \dfrac{\sigma}{\sqrt{n}} z_{0.01}, \bar{X} + \dfrac{\sigma}{\sqrt{n}} z_{0.04}\right)$ 也是 μ 置信度为 0.95 的置信区间。

将上述 μ 的置信度为 0.95 的两个置信区间相比较可知,取对称区间的置信区间的长度短。置信区间短表示估计的精确度高。由于标准正态分布的概率密度的图形是单峰且对称的,当 n 固定时,以形如(7.11)那样的区间长度为最短,自然应选择它作为置信区间。

归纳总结求未知参数 θ 的置信区间的步骤如下:
(1)从未知参数 θ 的点估计出发,构造一个样本 $X_1, X_2, \cdots, X_n$ 的函数:

$$Z = Z(X_1, X_2, \cdots, X_n; \theta),$$

它包含待估参数 θ,而不包含其他未知参数,并且 Z 的分布已知且不依赖于任何未知参数

(当然不依赖待估参数 θ)；

(2) 对于给定的置信度 $1-\alpha$，定出两个常数 a 和 b，使
$$P\{a < Z(X_1, X_2, \cdots, X_n; \theta) < b\} = 1 - \alpha;$$

(3) 若能从 $a < Z(X_1, X_2, \cdots, X_n; \theta) < b$ 得到等价的不等式 $\underline{\theta} < \theta < \overline{\theta}$，其中
$$\underline{\theta} = \underline{\theta}(X_1, X_2, \cdots, X_n), \overline{\theta} = \overline{\theta}(X_1, X_2, \cdots, X_n)$$
都是统计量，那么 $(\underline{\theta}, \overline{\theta})$ 就是 θ 的一个置信度为 $1-\alpha$ 的置信区间。

7.3.2 单个正态总体均值与方差的区间估计

设总体 $X \sim N(\mu, \sigma^2)$，$X_1, X_2, \cdots, X_n$ 是来自总体 X 的容量为 n 的样本，样本均值为 $\overline{X}$，方差为 S^2。

1 均值 μ 的置信区间

(1) σ^2 已知，此时由例 1 已得到 μ 的置信度为 $1-\alpha$ 的置信区间为
$$\left(\overline{X} - \frac{\sigma}{\sqrt{n}} z_{\alpha/2}, \overline{X} + \frac{\sigma}{\sqrt{n}} z_{\alpha/2}\right).$$

(2) σ^2 未知，此时不能使用上述区间，因其中含有未知参数 σ，考虑到 S^2 是 σ^2 的无偏估计量，将 (7.11) 中 σ 换成 $S = \sqrt{S^2}$，由第 6 章定理 2，知 $T = \dfrac{\overline{X} - \mu}{S/\sqrt{n}} \sim t(n-1)$，并且右端的分布 $t(n-1)$ 不依赖于任何未知参数，对于给定的置信度 $1-\alpha$，查 t 分布表得 $t_{\alpha/2}(n-1)$，使得（参见图 7-1）

$$P\left\{-t_{\alpha/2}(n-1) < \frac{\overline{X} - \mu}{S/\sqrt{n}} < t_{\alpha/2}(n-1)\right\} = 1 - \alpha, \tag{7.12}$$

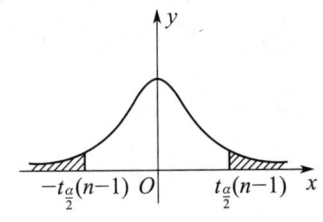

图 7-1

即
$$P\left\{\overline{X} - \frac{S}{\sqrt{n}} t_{\alpha/2}(n-1) < \mu < \overline{X} + \frac{S}{\sqrt{n}} t_{\alpha/2}(n-1)\right\} = 1 - \alpha.$$

于是得 μ 的置信度为 $1-\alpha$ 的置信区间为
$$\left(\overline{X} - \frac{S}{\sqrt{n}} t_{\alpha/2}(n-1), \overline{X} + \frac{S}{\sqrt{n}} t_{\alpha/2}(n-1)\right). \tag{7.13}$$

例 2 有一大批糖果，现从中随机地取 16 袋，称得重量（单位：g）如下：
506　508　499　503　504　510　497　512　514　505　493　496　506　502　509　496。
设袋装糖果的重量近似地服从正态分布，试求总体均值 μ 的置信度为 0.95 的置信区间。

解 因为样本均值 $\bar{X}$ 是总体均值 μ 的无偏估计量,又当 σ 未知时,$T = \dfrac{\bar{X} - \mu}{S/\sqrt{n}} \sim t(n-1)$,按(7.12)式,得 μ 的置信度为 $1 - \alpha$ 的置信区间为

$$\left(\bar{X} - \frac{S}{\sqrt{n}} t_{\alpha/2}(n-1), \bar{X} + \frac{S}{\sqrt{n}} t_{\alpha/2}(n-1) \right)。$$

这里 $1 - \alpha = 0.95$,$\alpha/2 = 0.025$,$n - 1 = 15$。查表得 $t_{0.025} = 2.1315$,由所给数据计算得 $\bar{x} = 503.75$,$s = 6.2022$,所以总体均值 μ 的置信度为 0.95 的置信区间为

$$\left(503.75 - \frac{6.2022}{\sqrt{16}} \times 2.1315, 503.75 + \frac{6.2022}{\sqrt{16}} \times 2.1315 \right) = (500.4, 507.1)。$$

这就是说估计袋重的均值在 500.4 克与 507.1 克之间,这个估计的可信度为 95%。若以此区间内任一值作为 μ 的近似值,其误差不大于 $\dfrac{6.2022}{\sqrt{16}} \times 2.1315 \times 2 = 6.61$(克),这个误差的可信程度为 95%。

2 方差 σ^2 的置信区间

(1) 数学期望 μ 已知

因为 $X \sim N(\mu, \sigma^2)$,所以 $\chi^2 = \sum\limits_{i=1}^{n} \left(\dfrac{X_i - \mu}{\sigma} \right)^2 \sim \chi^2(n)$,对于给定的置信度 $1 - \alpha$,查 χ^2 分布表得 $\chi^2_{\alpha/2}(n), \chi^2_{1-\alpha/2}(n)$,使得

$$P\left\{ \chi^2_{1-\alpha/2}(n) < \sum_{i=1}^{n} \left(\frac{X_i - \mu}{\sigma} \right)^2 < \chi^2_{\alpha/2}(n) \right\} = 1 - \alpha, \quad (7.14)$$

从而得到 σ^2 的置信度 $1 - \alpha$ 的置信区间为

$$\left(\frac{\sum\limits_{i=1}^{n}(X_i - \mu)^2}{\chi^2_{\alpha/2}(n)}, \frac{\sum\limits_{i=1}^{n}(X_i - \mu)^2}{\chi^2_{1-\alpha/2}(n)} \right)。 \quad (7.15)$$

由(7.14)式,还容易得到标准差 σ 的一个置信度 $1 - \alpha$ 的置信区间为

$$\left(\sqrt{\frac{\sum\limits_{i=1}^{n}(X_i - \mu)^2}{\chi^2_{\alpha/2}(n)}}, \sqrt{\frac{\sum\limits_{i=1}^{n}(X_i - \mu)^2}{\chi^2_{1-\alpha/2}(n)}} \right)。 \quad (7.16)$$

(2) 数学期望 μ 未知

因为样本方差 S^2 作为总体方差 σ^2 的无偏估计,由第 6 章定理 1 知 $\dfrac{(n-1)S^2}{\sigma^2} \sim \chi^2(n-1)$,并且上式右端的分布不依赖于任何未知参数,对于给定的置信度 $1 - \alpha$,查 χ^2 分布表得 $\chi^2_{\alpha/2}(n-1), \chi^2_{1-\alpha/2}(n-1)$,使得(参见图 7-2)

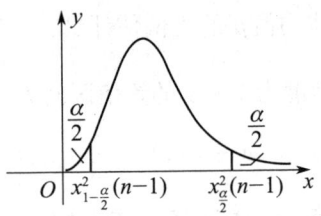

图 7 - 2

$$P\left\{\chi^2_{1-\alpha/2}(n-1) < \frac{(n-1)S^2}{\sigma^2} < \chi^2_{\alpha/2}(n-1)\right\} = 1 - \alpha, \quad (7.17)$$

从而得到方差 σ^2 的一个置信度 $1-\alpha$ 的置信区间为

$$\left(\frac{(n-1)S^2}{\chi^2_{\alpha/2}(n-1)}, \frac{(n-1)S^2}{\chi^2_{1-\alpha/2}(n-1)}\right)。 \quad (7.18)$$

由 (7.17) 式,还容易得到标准差 σ 的一个置信度 $1-\alpha$ 的置信区间为

$$\left(\frac{\sqrt{(n-1)}S}{\sqrt{\chi^2_{\alpha/2}(n-1)}}, \frac{\sqrt{(n-1)}S}{\sqrt{\chi^2_{1-\alpha/2}(n-1)}}\right)。 \quad (7.19)$$

例 3 求例 2 中总体方差 σ^2 的置信度为 0.95 的置信区间。

解 因为样本方差 S^2 是总体方差 σ^2 的无偏估计量,又当 μ 未知时,$\frac{(n-1)S^2}{\sigma^2} \sim \chi^2(n-1)$,按 (7.17) 式,得到方差 σ^2 的一个置信度 $1-\alpha$ 的置信区间为

$$\left(\frac{(n-1)S^2}{\chi^2_{\alpha/2}(n-1)}, \frac{(n-1)S^2}{\chi^2_{1-\alpha/2}(n-1)}\right)。$$

这里 $\alpha/2 = 0.025$,$1-\alpha/2 = 0.975$,$n-1 = 15$。查表得 $\chi^2_{0.025} = 27.488$,$\chi^2_{0.975} = 6.262$,经计算得 $\bar{x} = 503.75$,$s = 6.2022$,所以所求的方差 σ^2 的一个置信度为 0.95 的置信区间为 $(20.9913, 92.1446)$。

7.3.3 两个正态总体均值差和方差比的区间估计

设 $X \sim N(\mu_1, \sigma_1^2)$,$Y \sim N(\mu_2, \sigma_2^2)$,并设 $X_1, X_2, \cdots, X_{n_1}$ 是来自总体 X 的容量为 n_1 的样本,$Y_1, Y_2, \cdots, Y_{n_2}$ 为来自总体 Y 的容量为 n_2 的样本,且这两个样本相互独立,样本的均值和方差分别为

$$\bar{X} = \frac{1}{n_1}\sum_{i=1}^{n_1} X_i, \quad \bar{Y} = \frac{1}{n_2}\sum_{j=1}^{n_2} Y_j, \quad S_1^2 = \frac{1}{n_1-1}\sum_{i=1}^{n_1}(X_i - \bar{X})^2, \quad S_2^2 = \frac{1}{n_2-1}\sum_{j=1}^{n_2}(Y_j - \bar{Y})^2。$$

1 两个总体均值差 $\mu_1 - \mu_2$ 的区间估计

(1) σ_1^2 与 σ_2^2 均为已知。因为 $\overline{X}, \overline{Y}$ 分别为 μ_1, μ_2 的无偏估计量，故 $\overline{X} - \overline{Y}$ 是 $\mu_1 - \mu_2$ 的无偏估计量。由 $\overline{X}, \overline{Y}$ 的独立性及 $\overline{X} \sim N(\mu_1, \dfrac{\sigma_1^2}{n_1})$，$\overline{Y} \sim N(\mu_2, \dfrac{\sigma_2^2}{n_2})$，得

$$\overline{X} - \overline{Y} \sim N\left(\mu_1 - \mu_2, \dfrac{\sigma_1^2}{n_1} + \dfrac{\sigma_2^2}{n_2}\right) \text{ 或 } U = \dfrac{\overline{X} - \overline{Y} - (\mu_1 - \mu_2)}{\sqrt{\dfrac{\sigma_1^2}{n_1} + \dfrac{\sigma_2^2}{n_2}}} \sim N(0,1)\text{。}$$

对于给定的置信度 $1 - \alpha$，查标准正态分布表得 $z_{\alpha/2}$，使得

$$P\left\{-z_{\alpha/2} < \dfrac{\overline{X} - \overline{Y} - (\mu_1 - \mu_2)}{\sqrt{\dfrac{\sigma_1^2}{n_1} + \dfrac{\sigma_2^2}{n_2}}} < z_{\alpha/2}\right\} = 1 - \alpha, \tag{7.20}$$

从而得到 $\mu_1 - \mu_2$ 的一个置信度 $1 - \alpha$ 的置信区间为

$$\left(\overline{X} - \overline{Y} - z_{\alpha/2}\sqrt{\dfrac{\sigma_1^2}{n_1} + \dfrac{\sigma_2^2}{n_2}}, \overline{X} - \overline{Y} + z_{\alpha/2}\sqrt{\dfrac{\sigma_1^2}{n_1} + \dfrac{\sigma_2^2}{n_2}}\right)\text{。} \tag{7.21}$$

(2) $\sigma_1^2 = \sigma_2^2 = \sigma^2$，但 σ^2 未知。此时，由第 6 章的定理 3 知

$$T = \dfrac{(\overline{X} - \overline{Y}) - (\mu_1 - \mu_2)}{S_\omega \sqrt{\dfrac{1}{n_1} + \dfrac{1}{n_2}}} \sim t(n_1 + n_2 - 2)\text{。}$$

对于给定的置信度 $1 - \alpha$，查 t 分布表得 $t_{\alpha/2}(n_1 + n_2 - 2)$，使得

$$P\left\{-t_{\alpha/2}(n_1 + n_2 - 2) < \dfrac{(\overline{X} - \overline{Y}) - (\mu_1 - \mu_2)}{S_\omega \sqrt{\dfrac{1}{n_1} + \dfrac{1}{n_2}}} < t_{\alpha/2}(n_1 + n_2 - 2)\right\} = 1 - \alpha,$$
$$\tag{7.22}$$

从而得到 $\mu_1 - \mu_2$ 的一个置信度 $1 - \alpha$ 的置信区间为

$$\left(\overline{X} - \overline{Y} - t_{\alpha/2}(n_1 + n_2 - 2)S_\omega\sqrt{\dfrac{1}{n_1} + \dfrac{1}{n_2}}, \overline{X} - \overline{Y} + t_{\alpha/2}(n_1 + n_2 - 2)S_\omega\sqrt{\dfrac{1}{n_1} + \dfrac{1}{n_2}}\right),$$
$$\tag{7.23}$$

其中 $S_\omega^2 = \dfrac{(n_1 - 1)S_1^2 + (n_2 - 1)S_2^2}{n_1 + n_2 - 2}$，$S_\omega = \sqrt{S_\omega^2}$。

例 4 两批导线，从第一批中抽取 4 根，从第二批中抽取 5 根，测得它们的电阻如下 (单位：Ω)：

第一批：0.143，0.142，0.143，0.138；第二批：0.140，0.142，0.136，0.140，0.138。这两批导线的电阻分别服从 $N(\mu_1, \sigma_1^2), N(\mu_2, \sigma_2^2)$，其中参数 $\mu_1, \sigma_1, \mu_2, \sigma_2$ 均未知，求这两批导线电阻的均值差 $\mu_1 - \mu_2$ 的置信度为 0.90 的置信区间（假定 $\sigma_1 = \sigma_2$）。

解 因为 $\overline{X_1} - \overline{X_2}$ 是总体均值差 $\mu_1 - \mu_2$ 的无偏估计量，当两总体的方差相等且未知时，$\dfrac{(\overline{X_1} - \overline{X_2}) - (\mu_1 - \mu_2)}{S_\omega \sqrt{\dfrac{1}{n_1} + \dfrac{1}{n_2}}} \sim t(n_1 + n_2 - 2)$，按（7.22）式，得到 $\mu_1 - \mu_2$ 的置信度 $1 - \alpha$ 的置信区间为

$$\left(\overline{X} - \overline{Y} - t_{\alpha/2}(n_1 + n_2 - 2) S_\omega \sqrt{\dfrac{1}{n_1} + \dfrac{1}{n_2}}, \overline{X} - \overline{Y} + t_{\alpha/2}(n_1 + n_2 - 2) S_\omega \sqrt{\dfrac{1}{n_1} + \dfrac{1}{n_2}} \right),$$

这里 $n_1 = 4, n_2 = 5$。查表得 $t_{\alpha/2}(n_1 + n_2 - 2) = t_{0.05}(7) = 1.895$，经计算得 $\overline{x_1} = 0.141\ 5, \overline{x_2} = 0.139\ 2, s_1^2 = 5.67 \times 10^{-6}, s_2^2 = 5.20 \times 10^{-6}$，经计算得 $S_\omega = \sqrt{\dfrac{(n_1 - 1)S_1^2 + (n_2 - 1)S_2^2}{n_1 + n_2 - 2}} \approx 2.324 \times 10^{-3}$，所以所求的均值差 $\mu_1 - \mu_2$ 的置信度为 0.90 的置信区间为 $(-0.000\ 7, 0.005\ 3)(\Omega)$。

2　两个总体方差比 σ_1^2/σ_2^2 的置信区间

（1）总体均值 μ_1, μ_2 未知

由于 $\chi_1^2 = \dfrac{(n_1 - 1)S_1^2}{\sigma_1^2} \sim \chi^2(n_1 - 1), \chi_2^2 = \dfrac{(n_2 - 1)S_2^2}{\sigma_2^2} \sim \chi^2(n_2 - 1)$，且由于 χ_1^2 与 χ_2^2 相互独立。由 F 分布的定义，知 $F = \dfrac{S_1^2/\sigma_1^2}{S_2^2/\sigma_2^2} \sim F(n_1 - 1, n_2 - 1)$。由于 F 分布的分布曲线是不对称的，与 χ^2 分布的情形类似，对于已给的置信水平 $1 - \alpha$，取区间 $(F_{1-\frac{\alpha}{2}}, F_{\frac{\alpha}{2}})$，使得

$$P\left\{ F_{1-\alpha/2}(n_1 - 1, n_2 - 1) < \dfrac{S_1^2/\sigma_1^2}{S_2^2/\sigma_2^2} < F_{\alpha/2}(n_1 - 1, n_2 - 1) \right\} = 1 - \alpha, \quad (7.24)$$

并且分布 $F(n_1 - 1, n_2 - 1)$ 不依赖于任何未知参数，从而得到 σ_1^2/σ_2^2 的一个置信度为 $1 - \alpha$ 的置信区间为

$$\left(\dfrac{S_1^2}{S_2^2} \dfrac{1}{F_{\alpha/2}(n_1 - 1, n_2 - 1)}, \dfrac{S_1^2}{S_2^2} \dfrac{1}{F_{1-\alpha/2}(n_1 - 1, n_2 - 1)} \right)。 \quad (7.25)$$

（2）总体均值 μ_1, μ_2 已知

由于 $\chi_1^2 = \dfrac{1}{\sigma_1^2}\sum\limits_{i=1}^{n_1}(X_i-\mu_1)^2 \sim \chi^2(n_1)$，$\chi_2^2 = \dfrac{1}{\sigma_2^2}\sum\limits_{j=1}^{n_2}(Y_j-\mu_2)^2 \sim \chi^2(n_2)$，且两随机变量相互独立，由 F 分布的定义，知

$$F = \dfrac{\sum\limits_{i=1}^{n_1}(X_i-\mu_1)^2/\sigma_1^2 n_1}{\sum\limits_{j=1}^{n_2}(Y_j-\mu_2)^2/\sigma_2^2 n_2} \sim F(n_1,n_2)$$

对于给定的置信度 $1-\alpha$，查 F 分布表得 $F_{\alpha/2}(n_1,n_2), F_{1-\alpha/2}(n_1,n_2)$，使得

$$P\left\{ F_{1-\alpha/2}(n_1,n_2) < \dfrac{\sum\limits_{i=1}^{n_1}(X_i-\mu_1)^2/\sigma_1^2 n_1}{\sum\limits_{j=1}^{n_2}(Y_j-\mu_2)^2/\sigma_2^2 n_2} < F_{\alpha/2}(n_1,n_2) \right\} = 1-\alpha, \quad (7.26)$$

从而得到 σ_1^2/σ_2^2 的一个置信度为 $1-\alpha$ 的置信区间为

$$\left(\dfrac{\dfrac{1}{n_1}\sum\limits_{i=1}^{n_1}(X_i-\mu_1)^2}{\dfrac{1}{n_2}\sum\limits_{j=1}^{n_2}(Y_j-\mu_2)^2} \dfrac{1}{F_{\alpha/2}(n_1,n_2)},\; \dfrac{\dfrac{1}{n_1}\sum\limits_{i=1}^{n_1}(X_i-\mu_1)^2}{\dfrac{1}{n_2}\sum\limits_{j=1}^{n_2}(Y_j-\mu_2)^2} \dfrac{1}{F_{1-\alpha/2}(n_1,n_2)} \right). \quad (7.27)$$

例 5 研究由机器 A 和机器 B 生产的钢管的内径，随机抽取机器 A 生产的管子 18 只，测得样本方差 $S_1^2 = 0.34\,(\mathrm{mm}^2)$；抽取机器 B 生产的管子 13 只，测得样本方差为 $S_2^2 = 0.29\,(\mathrm{mm}^2)$。设两样本相互独立，且设由机器 A、机器 B 生产的管子的内径分别服从正态分布 $N(\mu_1,\sigma_1^2)$，$N(\mu_2,\sigma_2^2)$，这里 $\mu_i, \sigma_i^2\,(i=1,2)$ 均未知。试求方差比 σ_1^2/σ_2^2 的置信度为 0.90 的置信区间。

解 由以上讨论知，$F = \dfrac{S_1^2/\sigma_1^2}{S_2^2/\sigma_2^2} \sim F(n_1-1,n_2-1)$，对于给定的置信度 $1-\alpha$，按 (7.24) 式，得到 σ_1^2/σ_2^2 的一个置信度为 $1-\alpha$ 的置信区间为

$$\left(\dfrac{S_1^2}{S_2^2}\dfrac{1}{F_{\alpha/2}(n_1-1,n_2-1)},\; \dfrac{S_1^2}{S_2^2}\dfrac{1}{F_{1-\alpha/2}(n_1-1,n_2-1)} \right),$$

这里 $n_1=18, n_2=13, S_1^2=0.34, S_2^2=0.29, \alpha=0.1$。查表得 $F_{\alpha/2}(n_1-1,n_2-1) = F_{0.05}(17,12) = 2.59$，$F_{1-\alpha/2}(n_1-1,n_2-1) = F_{0.95}(17,12) = \dfrac{1}{F_{0.05}(12,17)} = \dfrac{1}{2.38}$。因此，所求的方差比 σ_1^2/σ_2^2 的置信度为 0.90 的置信区间为 $(0.45, 2.79)$。

为方便查阅，将置信区间列表如下：

表 7-1 正态总体参数的置信区间

待估参数	随机变量	置信区间
μ	$U = \dfrac{\bar{X}-\mu}{\sigma_0}\sqrt{n}$ ($\sigma^2=\sigma_0^2$ 已知)	$\left(\bar{X}-\dfrac{\sigma}{\sqrt{n}}z_{\alpha/2},\bar{X}+\dfrac{\sigma}{\sqrt{n}}z_{\alpha/2}\right)$
	$T = \dfrac{\bar{X}-\mu}{S}\sqrt{n}$ ($\sigma^2=\sigma_0^2$ 未知)	$\left(\bar{X}-\dfrac{S}{\sqrt{n}}t_{\alpha/2}(n-1),\bar{X}+\dfrac{S}{\sqrt{n}}t_{\alpha/2}(n-1)\right)$
σ^2	$\chi^2 = \sum_{i=1}^{n}\left(\dfrac{X_i-\mu}{\sigma}\right)^2$ (μ 已知)	$\left(\dfrac{\sum_{i=1}^{n}(X_i-\mu)^2}{\chi^2_{\alpha/2}(n)},\dfrac{\sum_{i=1}^{n}(X_i-\mu)^2}{\chi^2_{1-\alpha/2}(n)}\right)$
	$\chi^2 = \dfrac{(n-1)S^2}{\sigma^2}$ (μ 未知)	$\left(\dfrac{(n-1)S^2}{\chi^2_{\alpha/2}(n-1)},\dfrac{(n-1)S^2}{\chi^2_{1-\alpha/2}(n-1)}\right)$
$\mu_1-\mu_2$	$U = \dfrac{\bar{X}-\bar{Y}-(\mu_1-\mu_2)}{\sqrt{\dfrac{\sigma_1^2}{n_1}+\dfrac{\sigma_2^2}{n_2}}}$ (σ_1^2,σ_2^2 已知)	$\left(\bar{X}-\bar{Y}-z_{\alpha/2}\sqrt{\dfrac{\sigma_1^2}{n_1}+\dfrac{\sigma_2^2}{n_2}},\bar{X}-\bar{Y}+z_{\alpha/2}\sqrt{\dfrac{\sigma_1^2}{n_1}+\dfrac{\sigma_2^2}{n_2}}\right)$
	$T = \dfrac{(\bar{X}-\bar{Y})-(\mu_1-\mu_2)}{S_\omega\sqrt{\dfrac{1}{n_1}+\dfrac{1}{n_2}}}$ $\sigma_1^2=\sigma_2^2=\sigma^2$,但 σ^2 未知	$\left(\bar{X}-\bar{Y}\pm t_{\alpha/2}(n_1+n_2-2)S_\omega\sqrt{\dfrac{1}{n_1}+\dfrac{1}{n_2}}\right)$, 这里 $S_\omega^2 = \dfrac{(n_1-1)S_1^2+(n_2-1)S_2^2}{n_1+n_2-2}$, $S_\omega=\sqrt{S_\omega^2}$
σ_1^2/σ_2^2	$F = \dfrac{\sum_{i=1}^{n_1}(X_i-\mu_1)^2/\sigma_1^2 n_1}{\sum_{j=1}^{n_2}(Y_j-\mu_2)^2/\sigma_2^2 n_2}$ 总体均值 μ_1,μ_2 已知	$\left(\dfrac{F^*}{F_{\alpha/2}(n_1,n_2)},\dfrac{F^*}{F_{1-\alpha/2}(n_1,n_2)}\right)$, $F^* = \dfrac{\dfrac{1}{n_1}\sum_{i=1}^{n_1}(X_i-\mu_1)^2}{\dfrac{1}{n_2}\sum_{j=1}^{n_2}(Y_j-\mu_2)^2}$
	$F = \dfrac{S_1^2/\sigma_1^2}{S_2^2/\sigma_2^2}$, 总体均值 μ_1,μ_2 未知	$\left(\dfrac{S_1^2}{S_2^2}\dfrac{1}{F_{\alpha/2}(n_1-1,n_2-1)},\dfrac{S_1^2}{S_2^2}\dfrac{1}{F_{1-\alpha/2}(n_1-1,n_2-1)}\right)$

习题 7-3

1. 设总体 X 的分布中未知参数 θ 的置信度为 $1-\alpha$ 的置信区间是 $[T_1,T_2]$,即 $P(T_1\leq\theta\leq T_2)=1-\alpha$,则下面说法正确的是( )

   (A) 对 T_1,T_2 的观测值 t_1,t_2,$\theta\in[t_1,t_2]$;   (B) θ 以 $1-\alpha$ 的概率落入区间 $[T_1,T_2]$;
   (C) 区间 $[T_1,T_2]$ 以 $1-\alpha$ 的概率包含 θ;   (D) θ 的数学期望 $E(\theta)$ 必属于 $[T_1,T_2]$。

2. 设由来自正态总体 $X\sim N(\mu,0.9^2)$ 容量为 9 的简单随机样本,得样本均值 $\bar{x}=5$,求未知参数 μ 的置信度为 0.95 的置信区间?

3. 设某种油漆的 9 个样品,其干燥时间(以小时计)分别为
   6.0 5.7 5.8 6.5 7.0 6.3 5.6 6.1 5.0。

设干燥时间总体服从正态分布 $N(\mu,\sigma^2)$，求以下两种情形之下 μ 的置信度为 0.95 的置信区间。

（1）若由以往经验知 $\sigma = 0.6$（小时）；（2）若 σ 为未知。

4. 现有两批导线，A 批导线长度服从正态分布 $N(\mu_1,\sigma^2)$，B 批导线长度服从正态分布 $N(\mu_2,\sigma^2)$，并且它们相互独立，μ_1,μ_2,σ^2 均未知；今从 A 批导线中随机抽取 4 根，其长度为 x_1,x_2,x_3,x_4；从 B 批导线中随机抽取 5 根，其长度为 y_1,y_2,y_3,y_4,y_5，经计算知

$$\bar{x} = \frac{1}{4}\sum_{i=1}^{4} x_i = 0.14125,\ S_A^2 = \frac{1}{4-1}\sum_{i=1}^{4}(x_i - \bar{x})^2 = 7.84 \times 10^{-6},$$

$$\bar{y} = \frac{1}{5}\sum_{i=1}^{5} y_i = 0.1392,\ S_B^2 = \frac{1}{5-1}\sum_{i=1}^{5}(y_i - \bar{y})^2 = 5.29 \times 10^{-6}。$$

试求这两批导线均值差 $\mu_1 - \mu_2$ 的置信度为 0.95 的置信区间。

5. 设两位化验员 A，B 独立地对某种聚合物含氯量用相同的方法各作 10 次测定，其测定值的样本方差依次为 $s_A^2 = 0.5419, s_B^2 = 0.6065$。设 σ_A^2, σ_B^2 分别为 A，B 所测定的测定值总体的方差，设总体均为正态的，求方差比 σ_A^2/σ_B^2 的置信度为 0.95 的置信区间。

复习参考题七（A）

1. 选择题

（1）设随机变量 $X_1, X_2, \cdots, X_n$ 相互独立且同分布，$D(X_i) = \sigma^2$（$i = 1, 2, \cdots, n$），$\bar{X} = \frac{1}{n}\sum_{i=1}^{n} X_i$，$S^2 = \frac{1}{n-1}\sum_{i=1}^{n}(X_i - \bar{X})^2$，则 S（ ）

(A) 是 σ 的无偏估计；　　　　(B) 是 σ 的最大似然估计；

(C) 是 σ 的一致估计；　　　　(D) 与 $\bar{X}$ 相互独立。

（2）假设总体 X 的方差 DX 存在，$x_1, x_2, \cdots, x_n$ 是取自总体 X 的简单随机样本，其均值和方差分别为 $\bar{x}$ 和 S^2，则 EX^2 的矩估计量为（ ）

(A) $S^2 + \bar{x}^2$；　　(B) $(n-1)S^2 + \bar{X}^2$；(C) $nS^2 + \bar{X}^2$；(D) $\frac{n-1}{n}S^2 + \bar{X}^2$。

（3）单个正态总体当已知 σ 时，对被估参数 μ 求置信区间时，分位数按公式（ ）计算。

(A) $\Phi(u_{\alpha/2}) = 1 - \frac{\alpha}{2}$；　　(B) $P\{t > t_{\alpha/2}(n-1)\} = \frac{\alpha}{2}$；

(C) $\Phi(u_\alpha) = 1 - \frac{\alpha}{2}$；　　　(D) $\Phi(u_{\alpha/2}) = \frac{\alpha}{2}$。

2. （2002 年考研题）设总体 X 的概率密度为 $f(x;\theta) = \begin{cases} e^{-(x-\theta)}, & \text{若 } x \geq \theta, \\ 0, & \text{若 } x < \theta, \end{cases}$ 而 $X_1, X_2, \cdots, X_n$ 是来自总体 X 的简单随机样本，则未知参数 θ 的矩估计量为_____。

3. （2006 年考研题）设总体 X 的概率密度函数为

$$f(x;\theta) = \begin{cases} \theta, & 0 < x < 1, \\ 1-\theta, & 1 \leq x < 2, \\ 0, & \text{其他}。\end{cases}$$

其中 θ 是未知参数 $(0 < \theta < 1)$，$X_1, X_2, \cdots, X_n$ 是来自总体 X 的简单随机样本，记 N 为样本值 $x_1, x_2, \cdots, x_n$ 中小于 1 的个数，求 θ 的最大似然估计。

4. 在测量反应时间中，一位科学家估计的标准差为 $S = 0.05$，为了以 95% 的置信度使他对平均反应时间的估计误差不超过 $0.01s$，应取多大样本容量 n。

5. 若在某学校中，随机抽取 25 名同学测量身高数据，假设所测身高近似服从正态分布，算得平均身高为 170 cm，标准差为 12 cm，试求该校学生身高标准差 σ 的 0.95 置信区间。

6. 为研究某种汽车轮胎的磨损特性，随机的选择 16 只轮胎，每只轮胎行驶到磨损为止，记录所行驶的路程（以公里计）如下：

   41 250 40 187 43 175 41 010 39 265 41 872 42 654 41 287
   38 970 40 200 42 550 41 095 40 680 43 500 39 775 40 400。

假设这些数据来自正态总体 $N(\mu, \sigma^2)$，其中 μ, σ^2 未知，试求 μ 的置信度为 0.95 的单侧置信下限。

7. 岩石密度的测量误差服从正态分布，随机抽测 12 个样品，得 $S = 0.2$，求 σ^2 的置信区间（$\alpha = 0.1$）。

复习参考题七（B）

8. 设 $\hat{\theta}$ 是参数 θ 的无偏估计，且有 $\lim\limits_{n \to +\infty} D(\hat{\theta}) = 0$，则 $\hat{\theta}$（　　）。

  （A）是 θ 的一致估计， （B）是 θ 的有效估计量，
  （C）不是 θ 的一致估计， （D）不是 θ 的有效估计量。

9. 设一批零件的长度服从正态分布 $N(\mu, \sigma^2)$，其中 μ, σ 均未知，现从中随机抽取 16 个零件，测得样本均值 $\bar{x} = 20 \text{(cm)}$，样本标准差 $S = 1 \text{(cm)}$，则 μ 的置信度为 0.90 的置信区间是（　　）。

  （A）$\left(20 - \dfrac{1}{4}t_{0.05}(16), 20 + \dfrac{1}{4}t_{0.05}(16)\right)$， （B）$\left(20 - \dfrac{1}{4}t_{0.1}(16), 20 + \dfrac{1}{4}t_{0.1}(16)\right)$，
  （C）$\left(20 - \dfrac{1}{4}t_{0.05}(15), 20 + \dfrac{1}{4}t_{0.05}(15)\right)$， （D）$\left(20 - \dfrac{1}{4}t_{0.1}(15), 20 + \dfrac{1}{4}t_{0.1}(15)\right)$。

10. 随机地取某种炮弹 9 发做试验，得炮口速度的样本标准差 $s = 11 \text{(m/s)}$。设炮口速度服从正态分布，求这种炮弹的炮口速度的标准差 σ 的置信度为 0.95 的置信区间。

11. 设某种电子管的使用寿命服从正态分布，从中随机抽取 15 个进行检验，得平均使用寿命 1 950 小时，标准差 S 为 300 小时，以 0.95 的可靠性估计整批电子管平均使用寿命的置信上、下限。

12. 根据第 4 题的数据，对整批电子管使用寿命的方差进行区间估计（$\alpha = 0.05$）。

13. 设总体 X 的概率密度为

$$p(x; \alpha) = \begin{cases} \lambda \alpha x^{\alpha-1} e^{-\lambda x^\alpha}, & x > 0, \\ 0, & x \leq 0, \end{cases}$$

其中 $\lambda > 0$ 是未知参数，$\alpha > 0$ 是已知常数，根据来自总体 X 的简单随机样本 $X_1, X_2, \cdots, X_n$，求 λ 的最大似然估计量 $\hat{\lambda}$。

14. （2003 年考研题）已知一批零件的长度 X（单位：cm）服从正态分布 $N(\mu, 1)$，从中随机的抽取 16 个零件，得到长度的平均值为（40cm），求 μ 的置信度为 0.95 的置信区间？

15. (2007 年考研题) 设总体 X 的概率密度函数为

$$f(x;\theta) = \begin{cases} \dfrac{1}{2\theta} & 0 < x < \theta, \\ \dfrac{1}{2(1-\theta)}, & \theta \le x < 1, \\ 0, & \text{其他}。 \end{cases}$$

其中参数 $\theta\,(0 < \theta < 1)$ 未知,$X_1, X_2, \cdots, X_n$ 是来自总体 X 的简单随机样本,$\bar{X}$ 是样本均值。

(1) 求参数 θ 的矩估计量 $\hat{\theta}$;

(2) 判断 $4\bar{X}^2$ 是否为 θ^2 的无偏估计量,并说明理由。

16. (2004 年考研题) 设随机变量 X 的分布函数为

$$F(x,\alpha,\beta) = \begin{cases} 1 - \left(\dfrac{\alpha}{x}\right)^{\beta}, & x > \alpha, \\ 0, & \text{其他}。 \end{cases}$$

其中参数 $\alpha > 0, \beta > 1$,设 $X_1, X_2, \cdots, X_n$ 为来自总体 X 的简单随机样本

(1) 当 $\alpha = 1$ 时,求未知参数 β 的矩估计量;

(2) 当 $\alpha = 1$ 时,求未知参数 β 的最大似然估计量;

(3) 当 $\beta = 2$ 时,求未知参数 α 的最大似然估计量。

第 8 章 假设检验

本章将讨论统计推断的另一类重要问题——假设检验问题。

第 1 节 假设检验的基本概念

在总体的分布函数完全未知或只知其形式，但不知其参数的情况下，为了推断总体的某些性质，提出关于总体的假设，然后从总体中抽取样本并集中样本的有关信息，对假设的正确性进行推断。例如，提出总体服从泊松分布的假设，又如，对于正态总体提出数学期望等于 μ_0 的假设等。假设检验就是根据样本对所提出的假设做出判断：是接受，还是拒绝。假设检验分为参数假设检验和非参数假设检验两大类，此处只讨论参数假设检验。

8.1.1 假设检验的基本思想与推理方法

通过下面的实例来说明假设检验的基本思想与推理方法。

例 1 某车间用一台包装机包装葡萄糖。包得的袋装糖的质量是一个随机变量，它服从正态分布。当机器正常时，其均值为 0.5 kg，标准差为 0.015 kg。某日开工后为检验包装机是否正常，随机抽取它所包装的糖 9 袋，称得净重为（kg）

  0.497 0.506 0.518 0.524 0.498 0.511 0.520 0.515 0.512。

问机器是否正常？

以 μ,σ 分别表示这一天袋装糖的质量总体 X 的均值和标准差。由于长期实践表明标准差比较稳定，因此设 $\sigma = 0.015$。于是 $X \sim N(\mu, 0.015^2)$，这里 μ 未知。问题是根据样本值来判断 $\mu = 0.5$ 还是 $\mu \neq 0.5$。为此，提出假设

$$H_0: \mu = \mu_0 = 0.5, H_1: \mu \neq \mu_0。$$

这是两个对立的假设。然后，给出一个合理的法则，根据这一法则，利用已知样本判断是接受 H_0（即拒绝 H_1），还是拒绝 H_0（即接受 H_1）。若作出的判断是接受 H_0，则认为 $\mu = \mu_0$，即认为机器工作是正常的，否则，则认为机器工作是不正常的。

由于要检验的假设 $\mu = \mu_0$，则首先想到可借助样本均值 $\overline{X}$ 这一统计量来进行判断。因为 $\overline{X}$ 是 μ 的无偏估计量，$\overline{X}$ 的观察值 $\bar{x}$ 的大小在一定程度上反映了 μ 的大小。所以，若假设 H_0 为真，则观察值 $\bar{x}$ 与 μ_0 的偏差 $|\bar{x} - \mu_0|$ 一般不应太大。若 $|\bar{x} - \mu_0|$ 过分大，则怀疑假设 H_0 的正确性而拒绝 H_0。

当 H_0 为真时，$U = \dfrac{\overline{X} - \mu_0}{\sigma/\sqrt{n}} \sim N(0,1)$。而衡量 $|\bar{x} - \mu_0|$ 的大小可归结为衡量 $\dfrac{|\bar{x} - \mu_0|}{\sigma/\sqrt{n}}$ 的大小。因此可适当选定一个正数 k，使当观察值 $\bar{x}$ 满足 $\dfrac{|\bar{x} - \mu_0|}{\sigma/\sqrt{n}} \geq k$ 时就拒绝假设 H_0，反之，若 $\dfrac{|\bar{x} - \mu_0|}{\sigma/\sqrt{n}} < k$，就接受 H_0。

由于作出判断的依据是一个样本，因此，当 H_0 为真时仍可能做出拒绝 H_0 的判断，这是一种错误，犯这类错误的概率记为 $P\{拒绝 H_0 \mid H_0 为真\}$，因此希望犯这类错误的概率控制在一定范围之内，即给出一个较小的数 $\alpha(0 < \alpha < 1)$，使犯这类错误的概率不超过 α，即使得

$$P\{拒绝 H_0 \mid H_0 为真\} \leq \alpha。 \quad (8.1)$$

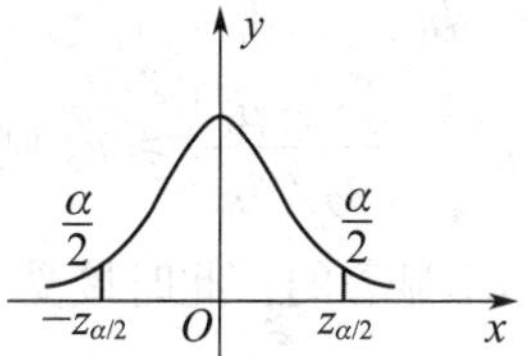

实际计算时只取等号，即取犯此类错误的概率最大为 α，就能确定数 k 了。事实上，

$$P\left\{\left|\dfrac{\bar{x} - \mu_0}{\sigma/\sqrt{n}}\right| \geq k\right\} = \alpha,$$

由于当 H_0 为真时，$U = \dfrac{\overline{X} - \mu_0}{\sigma/\sqrt{n}} \sim N(0,1)$，由标准正态分布上分位点的定义得 $k = z_{\alpha/2}$。

图 8-1

因此，若观察值满足 $\left|\dfrac{\bar{x} - \mu_0}{\sigma/\sqrt{n}}\right| \geq k = z_{\alpha/2}$，则拒绝 H_0，而若 $\left|\dfrac{\bar{x} - \mu_0}{\sigma/\sqrt{n}}\right| < k = z_{\alpha/2}$，则接受 H_0。

例如，在本例中取 $\alpha = 0.05$，则有 $k = z_{\alpha/2} = z_{0.05/2} = 1.96$，又已知 $n = 9, \sigma = 0.015$，再由样本观察值得 $\bar{x} = 0.511$，即有

$$\left|\dfrac{\bar{x} - \mu_0}{\sigma/\sqrt{n}}\right| = 2.2 > 1.96,$$

于是拒绝 H_0,即认为这天包装机工作不正常。

上例中,因为 $\alpha = 0.05$ 很小,因而若 H_0 为真,即当 $\mu = \mu_0$ 时,事件 $\left\{ \left| \dfrac{\bar{X} - \mu_0}{\sigma / \sqrt{n}} \right| \geqslant z_{\alpha/2} \right\}$ 是一个小概率事件,根据小概率事件的实际不可能性原理,可以认为若 H_0 为真,则一次试验得到的观察值 $\bar{x}$ 满足不等式 $\left| \dfrac{\bar{x} - \mu_0}{\sigma / \sqrt{n}} \right| \geqslant z_{\alpha/2}$ 几乎是不可能发生的。现在抽样检查的结果竟然出现了满足 $\left| \dfrac{\bar{x} - \mu_0}{\sigma / \sqrt{n}} \right| \geqslant k = z_{\alpha/2}$ 的 $\bar{x}$,则有理由怀疑原假设 H_0 的正确性,因而拒绝 H_0。若出现的观察值 $\bar{x}$ 满足 $\left| \dfrac{\bar{x} - \mu_0}{\sigma / \sqrt{n}} \right| < z_{\alpha/2}$,此时没有理由拒绝 H_0,因此只能接受 H_0。

上例中,当样本容量固定时,选定 α 后数 k 就可以确定,然后按统计量的观察值 $u = \dfrac{\bar{x} - \mu_0}{\sigma / \sqrt{n}}$ 的绝对值大于等于 k 还是小于 k 来作出决定。数 k 是检验上述假设的一个关键。若 $|u| = \left| \dfrac{\bar{x} - \mu_0}{\sigma / \sqrt{n}} \right| \geqslant k$,则称 $\bar{x}$ 与 μ_0 的差异是显著的,此时拒绝 H_0,反之则称 $\bar{x}$ 与 μ_0 的差异是不显著的,此时接受 H_0。

8.1.2 假设检验的基本概念

以上讨论中,称

(1) $H_0 : \mu = \mu_0$ 为**原假设**,$H_1 : \mu \neq \mu_0$ 为**备择假设**。

(2) 统计量 $U = \dfrac{\bar{X} - \mu_0}{\sigma / \sqrt{n}}$ 称为**检验统计量**。

(3) 数 α 称为**显著性水平**。

(4) 当检验统计量取某个区域 C 中的值时,拒绝原假设 H_0,则称区域 C 为**拒绝域**。拒绝域的边界点称为临界值点。如上例中的 $|U| \geqslant z_{\alpha/2}$,而 $U = -z_{\alpha/2}$,$U = z_{\alpha/2}$ 为临界值点。于是,前面的检验问题通常可叙述成:在显著性水平 α 下,检验假设

$$H_0 : \mu = \mu_0 = 0.5 , H_1 : \mu \neq \mu_0 . \tag{8.2}$$

对于原假设 H_0 及备择假设 H_1,要进行的工作是:根据样本,按上述检验方法在 H_0 与 H_1 两者之间作出决定,接受其中之一。

由上例可见,假设检验中使用的推理方法可以说是一种"反证法"。为了检验假设

H_0 是否成立,先假定原假设 H_0 成立,然后用统计方法考察由此将导致什么后果。若导致小概率事件 A 竟然在一次试验中发生了,则认为这是不合理的现象,表明原假设 H_0 很可能不成立,从而拒绝 H_0;相反若没有导致小概率事件发生,则没有理由拒绝原假设 H_0。注意,这种"反证法"与纯数学中的反证法不能完全相同,因为这里所谓的不合理现象并不是逻辑推理中出现的矛盾,而仅仅是根据小概率事件的实际不可能性原理来推断的。

8.1.3 假设检验可能犯的两类错误

假设检验的推理方法是根据小概率事件的实际不可能性原理作出判断的一种"反证法"。由于小概率事件无论其概率多么小,还是可能发生的,因此利用上述方法进行检验,可能作出错误的判断,这种错误的判断有两种情况:

(1) 原假设 H_0 是正确的,但是却错误地拒绝了 H_0,称为"弃真",通常称为第一类错误。由于仅当小概率事件 A 发生时才拒绝 H_0,所以犯第一类错误的概率就是条件概率
$$P\{拒绝 H_0 \mid H_0 为真\} \leqslant \alpha.$$

(2) 原假设 H_0 实际是不正确的,但却错误地接受了 H_0,称为"取伪",通常称为第二类错误。犯第二类错误的概率记为 β。

在确定检验法则时,尽可能使犯两类错误的概率都很小。但是,当样本容量固定时,若减少犯一类错误的概率,则犯另一类错误的概率往往增大。若要使犯两类错误的概率都减少,除非增大样本容量。在给定样本容量的情况下,一般来说,总是控制犯第一类错误的概率,使它小于或等于 α。α 的大小视具体情况而定,通常 α 取 $0.1, 0.05, 0.01$, 0.005 等值。这种只对犯第一类错误的概率加以控制,而不考虑犯第二类错误的检验问题,称为显著性检验问题。

8.1.4 假设检验的一般步骤

从上面的讨论知,假设检验一般可以按下述步骤进行:
(1) 根据实际问题的需要,提出原假设 H_0 与备择假设 H_1;
(2) 选取适当的统计量,并在原假设 H_0 成立的条件下确定该统计量的分布;
(3) 按问题的具体要求,选取适当的显著性水平 α,并根据统计量的分布查表,确定对应于 α 的临界值和拒绝域;
(4) 根据样本观察值计算统计量的观察值,并与临界值加以比较,从而作出拒绝或接受原假设 H_0 的判断。

第 2 节　单个正态总体的假设检验

8.2.1　单个正态总体 $N(\mu, \sigma^2)$ 均值 μ 的假设检验

1　σ^2 已知，关于 μ 的检验（U 检验）

设总体 $X \sim N(\mu,\sigma^2)$，其中 σ^2 已知。检验假设

$$H_0: \mu = \mu_0, H_1: \mu \neq \mu_0。$$

在第 1 节中，已讨论过当 σ^2 已知时正态总体 $N(\mu,\sigma^2)$ 关于 $\mu = \mu_0$ 的检验问题。在这些检验问题中都是利用在 H_0 为真时服从 $N(0,1)$ 分布的统计量来确定拒绝域的。这种检验方法通常称为 U 检验法。

当 H_0 为真时，选取检验统计量 $U = \dfrac{\overline{X} - \mu_0}{\sigma/\sqrt{n}} \sim N(0,1)$。对于给定的显著性水平 α，其拒绝域为 $|U| \geq z_{\alpha/2}$。

根据样本观察值算出统计量 U 的观察值 u，并比较 u 与 $z_{\alpha/2}$。若 $|u| \geq z_{\alpha/2}$，则拒绝 H_0；若 $|u| < z_{\alpha/2}$，则接受 H_0。

2　σ^2 未知，关于参数 μ 的检验（T 检验）

设总体 $X \sim N(\mu,\sigma^2)$，其中 σ^2 未知。检验假设：$H_0: \mu = \mu_0, H_1: \mu \neq \mu_0$。

当 H_0 为真时，由于 σ^2 未知，而 S^2 是 σ^2 的无偏估计量，因此用 S 代替 σ，选取检验统计量

$$T = \dfrac{\overline{X} - \mu_0}{S/\sqrt{n}} \sim t(n-1)。$$

对于给定的显著性水平 α，当 $P\{$拒绝 $H_0 \mid H_0$ 为真$\} = P\left\{\left|\dfrac{\overline{X} - \mu_0}{S/\sqrt{n}}\right| \geq k\right\} = \alpha$ 得 $k = t_{\alpha/2}(n-1)$，由此得拒绝域为 $|T| = \left|\dfrac{\overline{X} - \mu_0}{S/\sqrt{n}}\right| \geq t_{\alpha/2}(n-1)$。然后根据样本观察值算出统计量 T 的观察值 t，并比较 t 与 $t_{\alpha/2}(n-1)$。若 $|t| \geq t_{\alpha/2}(n-1)$，则拒绝 H_0；若 $|t| < t_{\alpha/2}(n-1)$，则接受 H_0。

例 1　化肥厂用自动包装机包装化肥，某日测得 9 包化肥的质量（单位：kg）如下：

49.7　49.8　50.3　50.5　49.7　50.1　49.9　50.5　50.4，设每包化肥的质量服从正态分布，是否可以认为每包化肥的平均质量为 50 kg（取显著性水平 $\alpha = 0.05$）？

解　设每包化肥的质量 $X \sim N(\mu, \sigma^2)$，要检验的假设为 $H_0: \mu = 50, H_1: \mu \neq 50$。

因为 σ 未知，所以当 H_0 为真时，选取检验统计量

$$T = \frac{\bar{X} - \mu_0}{S/\sqrt{n}} \sim t(n-1)。$$

对于给定的显著性水平 $\alpha = 0.05$，拒绝域 $|T| \geq t_{\alpha/2}(n-1)$。

已知 $\mu_0 = 50, n = 9$，计算样本均值及样本标准差得 $\bar{x} = 50.1, s \approx 0.335$。由此得统计量观察值 $t = \dfrac{50.1 - 50}{0.335/\sqrt{9}} \approx 0.896$。查附表得 $t_{\alpha/2}(n-1) = t_{0.025}(8) = 2.31$，因为 $|t| < t_{0.025}(8)$，所以接受原假设 H_0，即可认为每包化肥的平均质量为 50 kg。

8.2.2　单个正态总体方差 $\sigma^2 = \sigma_0^2$ 的假设检验

1　若 $\mu = \mu_0$ 已知，方差 $\sigma^2 = \sigma_0^2$ 的假设检验（χ^2 检验）

设总体 $X \sim N(\mu, \sigma^2)$，$\mu = \mu_0$ 已知，$X_1, X_2, \cdots, X_n$ 是来自总体 X 的样本。检验假设：$H_0: \sigma^2 = \sigma_0^2, H_1: \sigma^2 \neq \sigma_0^2$。

当 H_0 为真时，选取检验统计量 $\chi^2 = \dfrac{1}{\sigma_0^2} \sum_{i=1}^{n}(X_i - \mu_0)^2 \sim \chi^2(n)$。对于给定的显著性水平 α，由 χ^2 分布表查得临界值 $\chi_{\alpha/2}^2(n)$ 和 $\chi_{1-\alpha/2}^2(n)$，使得

$$P\{\chi^2 \geq \chi_{\alpha/2}^2(n)\} = \frac{\alpha}{2}, P\{\chi^2 \leq \chi_{1-\alpha/2}^2(n)\} = \frac{\alpha}{2}，$$

于是得拒绝域为 $\chi^2 \geq \chi_{\alpha/2}^2(n)$ 或 $\chi^2 \leq \chi_{1-\alpha/2}^2(n)$。

然后根据样本观察值计算出统计量 χ^2 的观察值。若 χ^2 的观察值小于等于 $\chi_{1-\alpha/2}^2(n)$ 或大于等于 $\chi_{\alpha/2}^2(n)$，则拒绝原假设 H_0，否则接受 H_0。

2　μ 未知，方差 $\sigma^2 = \sigma_0^2$ 的假设检验（χ^2 检验）

设总体 $X \sim N(\mu, \sigma^2)$，μ, σ^2 均未知，$X_1, X_2, \cdots, X_n$ 是来自总体 X 的样本。检验假设：$H_0: \sigma^2 = \sigma_0^2, H_1: \sigma^2 \neq \sigma_0^2$。

因为 S^2 是 σ^2 的无偏估计量，当 H_0 为真时，比值 $\dfrac{S^2}{\sigma_0^2}$ 一般来说应在 1 附近摆动，而不

应偏离 1 太远。因此，当 H_0 为真时，选取检验统计量 $\chi^2 = \dfrac{(n-1)S^2}{\sigma_0^2} \sim \chi^2(n-1)$。

上述假设检验的拒绝域具有以下形式

$$\frac{(n-1)S^2}{\sigma_0^2} \leqslant k_1 \text{ 或 } \frac{(n-1)S^2}{\sigma_0^2} \geqslant k_2,$$

此处 k_1, k_2 的值由下式确定

$$P\{\text{拒绝 } H_0 \mid H_0 \text{ 为真}\} = P\left\{\left(\frac{(n-1)S^2}{\sigma_0^2} \leqslant k_1\right) \cup \left(\frac{(n-1)S^2}{\sigma_0^2} \geqslant k_2\right)\right\} = \alpha_\circ$$

为计算方便，习惯上取

$$P\left\{\left(\frac{(n-1)S^2}{\sigma_0^2} \leqslant k_1\right)\right\} = \frac{\alpha}{2},\ P\left\{\frac{(n-1)S^2}{\sigma_0^2} \geqslant k_2\right\} = \frac{\alpha}{2},$$

故得

$$k_1 = \chi^2_{1-\alpha/2}(n-1),\ k_2 = \chi^2_{\alpha/2}(n-1),$$

于是得拒绝域为

$$\frac{(n-1)S^2}{\sigma_0^2} \leqslant \chi^2_{1-\alpha/2}(n-1) \text{ 或 } \frac{(n-1)S^2}{\sigma_0^2} \geqslant \chi^2_{\alpha/2}(n-1)_\circ$$

然后根据样本观察值计算出统计量 χ^2 的观察值。若 χ^2 的观察值小于等于 $\chi^2_{1-\alpha/2}(n-1)$ 或大于等于 $\chi^2_{\alpha/2}(n-1)$，则拒绝原假设 H_0，否则接受 H_0。

上述检验方法称为 χ^2 检验法。

例 2 某工厂生产的某种型号的电池，其寿命长期以来服从方差为 $\sigma^2 = 5\,000$（小时）的正态分布，现有一批这种电池，从它的生产情况来看，寿命的波动性有所改变。现随机取 26 只电池，测出其寿命的样本方差 $s^2 = 9\,200$（小时）。问根据这一数据能否推断这批电池的寿命的波动性较以往的具有显著的变化（取显著性水平 $\alpha = 0.02$）?

解 本题要求的检验假设

$$H_0: \sigma^2 = 5\,000,\ H_1: \sigma^2 \neq 5\,000_\circ$$

当 H_0 为真时，$\dfrac{(n-1)S^2}{\sigma_0^2} \sim \chi^2(n-1)$，所以选取检验统计量为 $\chi^2 = \dfrac{(n-1)S^2}{\sigma_0^2}$。

因为 $n = 26, \chi^2_{\alpha/2}(n-1) = \chi^2_{0.01}(25) = 44.341, \chi^2_{1-\alpha/2}(n-1) = \chi^2_{0.99}(25) = 11.524$, $\sigma_0^2 = 5\,000$。所以假设检验的拒绝域为

$$\frac{(n-1)S^2}{\sigma_0^2} \leqslant 11.524 \text{ 或 } \frac{(n-1)S^2}{\sigma_0^2} \geqslant 44.314_\circ$$

由观察值 $s^2 = 9\,200$ 得 $\dfrac{(n-1)s^2}{\sigma_0^2} = 46 > 44.314$，所以拒绝 H_0，即认为这批电池的寿命的波动性较以往的有显著的变化。

8.2.3 单侧假设检验与单个正态总体的单侧假设检验

若假设检验中的备择假设 H_1 表示 μ 可能大于 μ_0 也可能小于 μ_0，称为双侧备择假设。但有时只关心总体均值是否增大（减小），此时需要检验假设

$$H_0: \mu = \mu_0, \quad H_1: \mu > \mu_0, \tag{8.3}$$

或

$$H_0: \mu = \mu_0, \quad H_1: \mu < \mu_0。 \tag{8.4}$$

称形如（8.3）的假设检验称为右侧检验；形如（8.4）的假设检验为左侧检验。右侧检验和左侧检验统称为单侧检验。

下面来讨论正态总体单侧检验的拒绝域。

设总体 $X \sim N(\mu, \sigma^2)$，σ 为已知，$X_1, X_2, \cdots, X_n$ 是来自总体 X 的样本。给定显著性水平 α。求检验问题 $H_0: \mu = \mu_0, H_1: \mu > \mu_0$ 的拒绝域。

当 H_0 为真时，$\dfrac{\overline{X} - \mu_0}{\sigma/\sqrt{n}} \sim N(0,1)$，所以选取检验统计量 $U = \dfrac{\overline{X} - \mu_0}{\sigma/\sqrt{n}}$。

当 H_0 为真时，u 不应太大，H_1 为真时，u 往往偏大，因而拒绝域的形式为

$$U = \dfrac{\overline{X} - \mu_0}{\sigma/\sqrt{n}} \geqslant k \ (k \text{ 待定})。$$

由 $P\{\text{拒绝 } H_0 \mid H_0 \text{ 为真}\} = P\left\{\dfrac{\overline{X} - \mu_0}{\sigma/\sqrt{n}} \geqslant k\right\} = \alpha$，得 $k = z_\alpha$，故拒绝域为

$$U = \dfrac{\overline{X} - \mu_0}{\sigma/\sqrt{n}} \geqslant z_\alpha, \tag{8.5}$$

类似地，左侧检验问题

$$H_0: \mu = \mu_0, \quad H_1: \mu < \mu_0$$

的拒绝域为

$$U = \dfrac{\overline{X} - \mu_0}{\sigma/\sqrt{n}} \leqslant -z_\alpha。 \tag{8.6}$$

例3 某工厂生产的固体燃料推进器的燃烧率服从正态分布 $N(\mu, \sigma^2)$，其中 $\mu = 40$ cm/s，$\sigma = 2$ cm/s。现在用新方法生产了一批推进器，从中随机取 $n = 25$ 只，测得燃烧率的样本均值为 $\bar{x} = 41.25$ cm/s。设在新方法下总体均方差仍为 2 cm/s，问这批推进器的燃烧率是否较以往生产的推进器的燃烧率有显著的提高？取显著性水平 $\alpha = 0.05$。

解 （1）按题意需检验假设

$$H_0: \mu = \mu_0 = 40, \quad H_1: \mu > \mu_0。$$

（2）当 H_0 为真时，选取检验统计量 $U = \dfrac{\overline{X} - \mu_0}{\sigma/\sqrt{n}} \sim N(0,1)$。

(3) 给定 $\alpha = 0.05$，使 $P\left\{\dfrac{\overline{X} - \mu_0}{\sigma/\sqrt{n}} \geqslant z_{0.05}\right\} = 0.05$，查出 $z_{0.05} = 1.645$。故其拒绝域为

$$U = \dfrac{\overline{X} - \mu_0}{\sigma/\sqrt{n}} \geqslant z_{0.05} = 1.645。$$

(4) 由样本观察值得 $u = \dfrac{41.25 - 40}{2/\sqrt{25}} = 3.125 > 1.645$，$u$ 的值落在拒绝域中，所以在显著性水平 $\alpha = 0.05$ 下拒绝 H_0，即认为这批推进器的燃烧率较以往生产的有显著的提高。

例 4 已知某炼钢厂的铁水含碳量服从正态分布 $N(4.40, 0.05^2)$，某日测得 5 炉铁水的含碳量如下：4.34 4.40 4.42 4.30 4.35。若标准差不变，问该日铁水含碳量的均值是否显著降低（取显著性水平 $\alpha = 0.05$）？

解 设该日铁水含碳量 $X \sim N(\mu, \sigma^2)$，因为假定标准差不变，所以可认为 $\sigma = 0.05$，要检验的假设为

$$H_0: \mu = 4.40, \quad H_1: \mu < 4.40。$$

当 H_0 为真时，选取检验统计量 $U = \dfrac{\overline{X} - \mu_0}{\sigma_0/\sqrt{n}} \sim N(0, 1)$。

对于给定的显著性水平 $\alpha = 0.05$，拒绝域为 $U < -z_\alpha$。

已知 $\mu_0 = 4.40$，$\sigma_0 = 0.05$，$n = 5$，计算样本均值 $\bar{x} = 4.362$，由此得统计量 U 的观察值为 $u = \dfrac{4.362 - 4.40}{0.05/\sqrt{5}} \approx -1.699$，查附表得 $z_\alpha = z_{0.05} = 1.645$。

因为 $u < -z_{0.05}$，所以拒绝 H_0 而接受备择假设 H_1，即认为该日铁水含碳量的平均值显著降低了。

关于正态总体均值与方差的单侧检验的拒绝域在表 8.1 中给出。

习题 8 - 2

1. 某工厂生产 10 欧姆的电阻，根据以往生产的电阻的实际情况，可以认为其电阻值服从正态分布，标准差 $\sigma = 0.1$ 欧姆，现随机的抽取 10 个电阻，测得它们的电阻值为（欧姆）：

   9.9, 10.1, 10.2, 9.7, 9.9, 9.9, 10.0, 10.5, 10.1, 10.2。

   问能否认为该厂生产的电阻的平均值为 10 欧姆？（取显著性水平 $\alpha = 0.1$）

2. 对袋装食盐的质量管理规定：每袋平均净重 500 克，标准差不得大于 10 克，现从某出厂的一批袋装食盐中随机的抽取了 14 袋，测量每袋净重，得数据如下：

   500.90, 490.01, 501.63, 500.73, 515.87, 511.85, 498.39

   514.23, 487.96, 525.01, 509.37, 509.43, 488.46, 497.15。

假设这种袋装食盐每袋的重量 X 服从正态分布 $N(\mu,\sigma^2)$，试在显著性水平 $\alpha = 0.05$ 下，检验这批食盐每袋的平均净重 μ。

3. 测定某种溶液中的水分，它的 10 个测定值给出 $s = 0.037\%$，设测定值总体为正态分布，σ^2 为总体方差，试在水平 $\alpha = 0.05$ 下检验假设

$$H_0: \sigma \geq 0.04\%, \quad H_1: \sigma < 0.04\%。$$

4. 某车间用一台机器包装茶叶，由经验可知，该机器称得茶叶的重量服从正态分布 $N(0.5, 0.015^2)$，现从某天所包装的茶叶袋中随机抽取 9 袋，其平均重量为 0.509，试问该机器工作是否正常？（取显著性水平 $\alpha = 0.05$）

5. 某种导线，要求其电阻的标准差不得超过 0.005 欧姆。今在生产的一批导线中取样本 9 根，测得样本标准差为 0.007 欧姆，设总体为正态分布。问在显著性水平 0.05 下能否认为这批导线的标准差显著地偏大？

第 3 节　两个正态总体的假设检验

设总体 $X \sim N(\mu_1,\sigma_1^2)$，$Y \sim N(\mu_2,\sigma_2^2)$，$X_1,X_2,\cdots,X_{n_1}$，$Y_1,Y_2,\cdots,Y_{n_2}$ 分别是来自总体 X,Y 的样本，设这两个样本相互独立，样本均值及样本方差分别为

$$\bar{X} = \frac{1}{n_1}\sum_{i=1}^{n_1} X_i, \quad S_1^2 = \frac{1}{n_1-1}\sum_{i=1}^{n_1}(X_i-\bar{X})^2 \text{ 及 } \bar{Y} = \frac{1}{n_2}\sum_{j=1}^{n_2} Y_j, \quad S_2^2 = \frac{1}{n_2-1}\sum_{j=1}^{n_2}(Y_j-\bar{Y})^2。$$

8.3.1　两个正态总体均值差 $\mu_1 - \mu_2$ 的假设检验

1　已知 σ_1^2，σ_2^2，关于均值差 $\mu_1 - \mu_2$ 的假设检验（U 检验）

假设检验 $H_0: \mu_1 = \mu_2$，$H_1: \mu_1 \neq \mu_2$。

当 H_0 为真时，$\dfrac{\bar{X}-\bar{Y}}{\sqrt{\dfrac{\sigma_1^2}{n_1}+\dfrac{\sigma_2^2}{n_2}}} \sim N(0,1)$，所以选取检验统计量

$$U = \frac{\bar{X}-\bar{Y}}{\sqrt{\dfrac{\sigma_1^2}{n_1}+\dfrac{\sigma_2^2}{n_2}}}。$$

对于给定的显著性水平 α，拒绝域为 $|U| \geq z_{\alpha/2}$。然后根据样本观察值算出统计量 U 的观察值 u，并比较 u 与 $z_{\alpha/2}$。若 $|u| \geq z_{\alpha/2}$，则拒绝 H_0；若 $|u| < z_{\alpha/2}$，则接受 H_0。

2 若未知 σ_1^2, σ_2^2, 但 $\sigma_1^2 = \sigma_2^2$, 关于 $\mu_1 = \mu_2$ 的假设检验（T 检验）

假设检验 $H_0: \mu_1 = \mu_2, H_1: \mu_1 \neq \mu_2$。

当 H_0 为真时，因为 σ_1^2, σ_2^2 未知，所以不能用 σ_1^2, σ_2^2，可利用 σ_1^2, σ_2^2 的无偏估计量 S_1^2，S_2^2 来代替，因此，选取检验统计量

$$T = \frac{\bar{X} - \bar{Y}}{S_\omega \sqrt{\frac{1}{n_1} + \frac{1}{n_2}}} \sim t(n_1 + n_2 - 2),$$

其中

$$S_\omega = \sqrt{\frac{(n_1 - 1)S_1^2 + (n_2 - 1)S_2^2}{n_1 + n_2 - 2}}.$$

对于给定的显著性水平 α，其拒绝域为

$$|T| = \left| \frac{\bar{X} - \bar{Y}}{S_\omega \sqrt{\frac{1}{n_1} + \frac{1}{n_2}}} \right| \geq t_{\alpha/2}(n_1 + n_2 - 2).$$

然后根据样本观察值算出统计量 T 的观察值 t，并比较 t 与 $t_{\alpha/2}(n_1 + n_2 - 2)$。若 $|t| \geq t_{\alpha/2}(n_1 + n_2 - 2)$，则拒绝 H_0；若 $|t| < t_{\alpha/2}(n_1 + n_2 - 2)$，则接受 H_0。

关于均值差其他的检验问题的拒绝域在表 8.1 中给出。

例 1 在平炉上进行一项试验以确定改变操作方法的建议是否会增加钢的得率，试验是在同一只平炉上进行的。每炼一炉钢时除操作方法外，其他条件都尽可能做到相同，先用标准方法炼一炉，然后用建议的新方法炼一炉，以后交替进行，各炼了 10 炉，其得率分别为

（1）标准方法   78.1 72.4 76.2 74.3 77.4 78.4 76.0 75.5 76.7 77.3
（2）新方法   79.1 81.0 77.3 79.1 80.0 79.1 79.1 77.3 80.2 82.1

设这两个样本相互独立，且分别来自正态总体 $N(\mu_1, \sigma^2)$, $N(\mu_2, \sigma^2)$，μ_1, μ_2, σ^2 未知，问建议的新操作方法能否提高得率（取显著性水平 $\alpha = 0.05$）？

解 需要检验假设

$$H_0: \mu_1 = \mu_2, H_1: \mu_1 < \mu_2.$$

当 H_0 为真时，选取检验统计量为 $T = \dfrac{\bar{X} - \bar{Y}}{S_\omega \sqrt{\dfrac{1}{n_1} + \dfrac{1}{n_2}}} \sim t(n_1 + n_2 - 2)$。

分别求出标准方法和新方法下的样本均值和样本方差如下

$$n_1 = 10, \bar{x} = 76.23, s_1^2 = 3.325, n_2 = 10, \bar{y} = 79.43, s_2^2 = 2.225.$$

又 $$s_\omega^2 = \frac{(10-)s_1^2 + (10-1)s_2^2}{10+10-2} = 2.775, t_{0.05}(18) = 1.7341。$$

故其拒绝域为

$$t = \frac{\bar{X} - \bar{Y}}{s_\omega\sqrt{\frac{1}{10} + \frac{1}{10}}} \leq -t_{0.05}(18) = -1.7341。$$

由于样本观察值 $t = -4.295 < -1.7341$，所以拒绝 H_0，即认为建议的新操作方法较原来的方法为优。

8.3.2 两个正态总体方差比的假设检验

1　设 μ_1，μ_2 均未知，关于方差比的检验（F 检验）

检验假设　　　　　　　$H_0: \sigma_1^2 = \sigma_2^2, H_1: \sigma_1^2 \neq \sigma_2^2$。

由于 S_1^2, S_2^2 的独立性及 $\frac{(n_i-1)S_i^2}{\sigma_i^2} \sim \chi^2(n_i-1)$，$i=1,2$，得知

$$F = \frac{S_1^2/\sigma_1^2}{S_2^2/\sigma_2^2} \sim F(n_1-1, n_2-1),$$

当 H_0 为真时，$F = \frac{S_1^2}{S_2^2} \sim F(n_1-1, n_2-1)$，所以选取检验统计量 $F = \frac{S_1^2}{S_2^2}$。

当 H_0 为真时，$E(S_1^2) = \sigma_1^2 = \sigma_2^2 = E(S_2^2)$，而当 H_1 为真时，由于 $E(S_1^2) = \sigma_1^2 \neq \sigma_2^2 = E(S_2^2)$，故 $F = \frac{S_1^2}{S_2^2}$ 有偏大或偏小的趋势，因此拒绝域的形式为

$$\frac{S_1^2}{S_2^2} \geq k_2, \text{或} \frac{S_1^2}{S_2^2} \leq k_1,$$

其中 k_1, k_2 由式

$$P\{拒绝 H_0 \mid H_0 \text{ 为真}\} = P\left\{\left(\frac{S_1^2}{S_2^2} \geq k_2\right) \cup \left(\frac{S_1^2}{S_2^2} \leq k_1\right)\right\} = \alpha$$

确定，取

$$P\left\{\frac{S_1^2}{S_2^2} \geq k_2\right\} = \frac{\alpha}{2}, P\left\{\frac{S_1^2}{S_2^2} \leq k_1\right\} = \frac{\alpha}{2},$$

则有 $k_1 = F_{1-\alpha/2}(n_1-1, n_2-1)$，$k_2 = F_{\alpha/2}(n_1-1, n_2-1)$。于是拒绝域为

$$\frac{S_1^2}{S_2^2} \geq F_{\alpha/2}(n_1-1, n_2-1) \ 或 \ \frac{S_1^2}{S_2^2} \leq F_{1-\alpha/2}(n_1-1, n_2-1).$$

然后根据样本观察值算出统计量 F 的观察值 f。当 $f \geq F_{\alpha/2}(n_1-1, n_2-1)$ 或 $f \leq F_{1-\alpha/2}(n_1-1, n_2-1)$ 时，拒绝 H_0；当 $F_{1-\alpha/2}(n_1-1, n_2-1) < f < F_{\alpha/2}(n_1-1, n_2-1)$ 时，接受 H_0。

2 μ_1, μ_2 已知时，关于方差比的检验（F 检验）

检验假设 $\quad\quad\quad\quad H_0 : \sigma_1^2 = \sigma_2^2, H_1 : \sigma_1^2 \neq \sigma_2^2.$

因为 $\dfrac{1}{\sigma_1^2}\sum_{i=1}^{n_1}(X_i-\mu_1)^2 \sim \chi^2(n_1), \dfrac{1}{\sigma_2^2}\sum_{j=1}^{n_2}(Y_j-\mu_2)^2 \sim \chi^2(n_2)$，所以当 H_0 为真时，即

当 $\sigma_1^2 = \sigma_2^2$ 时，选取检验统计量 $F = \dfrac{n_2 \cdot \sum_{i=1}^{n_1}(X_i-\mu_1)^2}{n_1 \cdot \sum_{j=1}^{n_2}(Y_j-\mu_2)^2} \sim F(n_1, n_2).$

对于给定的显著性水平 α，拒绝域为

$$F \geq F_{\alpha/2}(n_1, n_2) \ 或 \ F \leq F_{1-\alpha/2}(n_1, n_2).$$

然后根据样本观察值算出统计量 F 的观察值 f。当 $F_{1-\alpha/2}(n_1, n_2) < f < F_{\alpha/2}(n_1, n_2)$ 时，接受 H_0；当 $f \geq F_{\alpha/2}(n_1, n_2)$ 或 $f \leq F_{1-\alpha/2}(n_1, n_2)$ 时，拒绝 H_0。

上述检验法称为 F 检验法。关于 σ_1^2, σ_2^2 的其他检验问题的拒绝域在表 8.1 中给出。

例 2 试对本节例 1 中的数据检验假设 $H_0 : \sigma_1^2 = \sigma_2^2, H_1 : \sigma_1^2 \neq \sigma_2^2$（取显著性水平 $\alpha = 0.01$）。

解 此处 μ_1, μ_2 未知，当 H_0 为真时，选取检验统计量 $F = \dfrac{S_1^2}{S_2^2} \sim F(n_1-1, n_2-1)$。又 $n_1 = n_2 = 10, \alpha = 0.01$，所以拒绝域为

$$\frac{S_1^2}{S_2^2} \geq F_{0.005}(9,9) = 6.54 \ 或 \ \frac{S_1^2}{S_2^2} \leq F_{1-0.005}(9,9) = \frac{1}{F_{0.005}(9,9)} = \frac{1}{6.54} = 0.153.$$

现在 $s_1^2 = 3.325, s_2^2 = 2.225$，$s_1^2/s_2^2 = 1.49$，即有 $0.153 < s_1^2/s_2^2 < 6.54$。故接受 H_0，认为两总体方差相等。

两总体方差相等也称两总体**方差齐性**。这表明本节例 1 中假设两总体方差相等是合理的。

最后将关于正态总体均值、方差的检验法汇总为表 8.1，以便查阅。

注意，此表原假设一栏中，在右侧检验时，如将"="号换成"≤"，拒绝域不变；

在左侧检验时，如将"="号换成"≥"，拒绝域不变。

表8-1 正态总体均值、方差的检验法（显著性水平为 α）

序号	原假设 H_0	检验统计量	H_0 为真时统计量的分布	备择假设 H_1	拒绝域
1	$\mu = \mu_0$ (σ^2 已知)	$U = \dfrac{\bar{X} - \mu_0}{\sigma/\sqrt{n}}$	$N(0,1)$	$\mu > \mu_0$ $\mu < \mu_0$ $\mu \neq \mu_0$	$U \geq z_\alpha$ $U \leq -z_\alpha$ $\|U\| \geq z_{\alpha/2}$
2	$\mu = \mu_0$ (σ^2 未知)	$T = \dfrac{\bar{X} - \mu_0}{S/\sqrt{n}}$	$t(n-1)$	$\mu > \mu_0$ $\mu < \mu_0$ $\mu \neq \mu_0$	$T \geq t_\alpha(n-1)$ $T \leq -t_\alpha(n-1)$ $\|T\| \geq t_{\alpha/2}(n-1)$
3	$\mu_1 = \mu_2$ (σ_1^2, σ_2^2 已知)	$U = \dfrac{\bar{X} - \bar{Y}}{\sqrt{\dfrac{\sigma_1^2}{n_1} + \dfrac{\sigma_2^2}{n_2}}}$	$N(0,1)$	$\mu_1 > \mu_2$ $\mu_1 < \mu_2$ $\mu_1 \neq \mu_2$	$U \geq z_\alpha$ $U \leq -z_\alpha$ $\|U\| \geq z_{\alpha/2}$
4	$\mu_1 = \mu_2$ ($\sigma_1^2 = \sigma_2^2$ 未知)	$T = \dfrac{\bar{X} - \bar{Y}}{S_\omega \sqrt{\dfrac{1}{n_1} + \dfrac{1}{n_2}}}$ $S_\omega^2 = \dfrac{(n_1-1)S_1^2 + (n_2-1)S_2^2}{n_1 + n_2 - 2}$	$t(n_1 + n_2 - 2)$	$\mu_1 > \mu_2$ $\mu_1 < \mu_2$ $\mu_1 \neq \mu_2$	$T \geq t_\alpha(n_1+n_2-2)$ $T \leq -t_\alpha(n_1+n_2-2)$ $\|T\| \geq t_{\alpha/2}(n_1+n_2-2)$
5	$\sigma^2 = \sigma_0^2$ (μ 未知)	$\chi^2 = \dfrac{(n-1)S^2}{\sigma_0^2}$	$\chi^2(n-1)$	$\sigma^2 > \sigma_0^2$ $\sigma^2 < \sigma_0^2$ $\sigma^2 \neq \sigma_0^2$	$\chi^2 \geq \chi_\alpha^2(n-1)$ $\chi^2 \leq \chi_{1-\alpha}^2(n-1)$ $\chi^2 \geq \chi_{\alpha/2}^2(n-1)$ 或 $\chi^2 \leq \chi_{1-\alpha/2}^2(n-1)$
6	$\sigma^2 = \sigma_0^2$ ($\mu = \mu_0$ 已知)	$\chi^2 = \dfrac{\sum\limits_{i=1}^{n}(X_i - \mu_0)^2}{\sigma_0^2}$	$\chi^2(n)$	$\sigma^2 > \sigma_0^2$ $\sigma^2 < \sigma_0^2$ $\sigma^2 \neq \sigma_0^2$	$\chi^2 \geq \chi_\alpha^2(n)$ $\chi^2 \leq \chi_{1-\alpha}^2(n)$ $\chi^2 \geq \chi_{\alpha/2}^2(n)$ 或 $\chi^2 \leq \chi_{1-\alpha/2}^2(n)$
7	$\sigma_1^2 = \sigma_2^2$ (μ_1, μ_2 未知)	$F = \dfrac{S_1^2}{S_2^2}$	$F(n_1-1, n_2-1)$	$\sigma_1^2 > \sigma_2^2$ $\sigma_1^2 < \sigma_2^2$ $\sigma_1^2 \neq \sigma_2^2$	$F \geq F_\alpha(n_1-1, n_2-1)$ $F \leq F_{1-\alpha}(n_1-1, n_2-1)$ $F \geq F_{\alpha/2}(n_1-1, n_2-1)$ 或 $F \leq F_{1-\alpha/2}(n_1-1, n_2-1)$
8	$\sigma_1^2 = \sigma_2^2$ (μ_1, μ_2 已知)	$F = \dfrac{n_2 \cdot \sum\limits_{i=1}^{n_1}(X_i - \mu_1)^2}{n_1 \cdot \sum\limits_{j=1}^{n_2}(Y_j - \mu_2)^2}$	$F(n_1, n_2)$	$\sigma_1^2 > \sigma_2^2$ $\sigma_1^2 < \sigma_2^2$ $\sigma_1^2 \neq \sigma_2^2$	$F \geq F_\alpha(n_1, n_2)$ $F \leq F_{1-\alpha}(n_1, n_2)$ $F \geq F_{\alpha/2}(n_1, n_2)$ 或 $F \leq F_{1-\alpha/2}(n_1, n_2)$

习题 8-3

1. 测得两批电子器件的样品的电阻为（欧姆）

A 批	0.140	0.138	0.143	0.142	0.144	0.137
B 批	0.135	0.140	0.142	0.136	0.138	0.140

设这两批电器的电阻值总体服从分布 $N(\mu_1,\sigma_1^2)$ $N(\mu_2,\sigma_2^2)$，且两样本独立。

(1) 检验假设 ($\alpha=0.05$)：$H_0:\sigma_1^2=\sigma_2^2$，，$H_1:\sigma_1^2=\sigma_2^2$；

(2) 在 (1) 的基础上检验假设 ($\alpha=0.05$)：$H_0:\mu_1=\mu_2$，$H_1:\mu_1\neq\mu_2$。

2. 甲、乙两台机床生产同一型号的滚珠，根据已有经验知，这两台机床生产的滚珠直径服从正态分布，现分别从这两台机床生产的滚珠中随机的抽取 7 个和 9 个，测得直径（单位：毫米）如下：

机床甲：15.2　14.5　15.5　14.8　15.1　15.6　14.7，

机床乙：15.2　15.0　14.8　15.2　15.0　14.9　15.1　14.8　15.3。

试问机床乙生产的滚珠直径的方差是否比机床甲生产的滚珠直径的方差小？取显著性水平 $\alpha=0.05$。

3. 某香烟厂生产甲、乙两种香烟，独立的随机抽取容量大小相同的烟叶标本，测量尼古丁含量的毫克数，一实验室分别作了 6 次测定，记录数据如下：

甲	25	28	23	26	29	22
乙	28	23	30	25	21	27

假定尼古丁含量服从正态分布且具有相同的方差，试问在显著性水平 $\alpha=0.05$ 下这两种香烟的尼古丁含量有无显著差异？

4. 两台机器生产金属部件。分别在两台机器所生产的部件中各取一容量为 $n_1=60,n_2=40$ 的样本，测得部件重量的样本方差分别为 $s_1^2=15.46, s_2^2=9.66$。设两样本相互独立。两总体分别服从 $N(\mu_1,\sigma_1^2)$，$N(\mu_2,\sigma_2^2)$ 的分布。试在水平 $\alpha=0.05$ 下检验假设 $H_0:\sigma_1^2=\sigma_2^2, H_1:\sigma_1^2>\sigma_2^2$。

复习参考题八（A）

1. 在假设检验中，显著性水平 α 的意义是（　）。

(A) 原假设 H_0 成立，经检验不能拒绝的概率；(B) 原假设 H_0 不成立，经检验被拒绝的概率；

(C) 原假设 H_0 成立，经检验被拒绝的概率；　(D) 原假设 H_0 不成立，经检验不能拒绝的概率。

2. 在假设检验中，H_0 表示原假设，H_1 表示备择假设，则称为犯第二类错误的是（　）。

(A) H_1 不真，接受 H_1；　　　(B) H_1 不真，接受 H_0；

(C) H_0 不真，接受 H_1；　　　(D) H_0 不真，接受 H_0。

3. 在显著性检验中，要使犯两类错误的概率同时变小，则只能_____。

4. u 检验和 t 检验分别是关于_____的假设检验，当总体方差已知时用_____检验；当总体方差未知时用_____检验.

5. 设 α 是显著性水平，β 是置信水平，γ 是统计量 T 的临界值，则 $\alpha = P\{\_\_\_\}$，$\beta = P\{\_\_\_\}$.

6. 某厂生产一种灯管，已知灯管的寿命 X 服从正态分布 $N(\mu, 200^2)$，根据以往经验知灯管的平均寿命不会超过 1 500 小时，为了提高灯管的平均寿命，工厂采用了新的工艺，为了弄清新工艺是否真的能提高灯管的平均寿命，他们随机的测试了新工艺生产的 25 只灯管的寿命，得其平均值为 1 575 小时，问可否由此判定新工艺生产的灯管的平均寿命，较以往生产的灯管的平均寿命有显著性差异？取显著性水平 $\alpha = 0.05$.

7. 设某次考试的学生成绩服从正态分布，从中随机的抽取 36 位考生的成绩，算得平均成绩为 66.5 分，标准差为 15 分，在显著性水平 $\alpha = 0.05$ 下可否认为这次考试学生的成绩的方差为 16^2？

8. 要求一种元件使用寿命不得低于 1 000 小时，今从一批这种元件中随机抽取 25 件，测得其寿命的均值为 950 小时，已知该种元件寿命服从标准差为 $\sigma = 100$ 小时的正态分布，试在显著性水平 $\alpha = 005$ 下确定这批元件是否合格？设总体均值为 μ，即需检验假设 $H_0: \mu \geq 1\,000$，$H_1: \mu < 1\,000$.

9. 某化工厂为了提高某种化学药品的得率，提出两种方案，为了研究哪一种方案较好，分别用两种工艺各进行了 10 次试验，得数据如下表所示：

| 甲方案得率（%） | 68.1 | 62.4 | 64.3 | 64.7 | 68.4 | 66.0 | 65.5 | 66.7 | 67.3 | 66.2 |
| 乙方案得率（%） | 69.1 | 71.0 | 69.1 | 70.0 | 69.1 | 69.1 | 67.3 | 70.2 | 72.1 | 67.3 |

假设得率服从正态分布，问乙方案是否比甲方案显著提高得率（取 $\alpha = 0.05$）？

10. 在漂白工艺中要改变温度对针织品断裂强力的影响，在两种不同温度下分别作了 8 次试验，测得断裂强力的数据如下（单位：千克）：

70 度：20.5　18.8　19.8　20.9　21.5　19.5　21.0　21.2，
80 度：17.7　20.3　20.0　18.8　19.0　20.1　20.2　19.1.

判断两种温度下的强力有无显著性差别（断裂强力可认为服从正态分布，$\alpha = 0.05$）？

复习参考题八（B）

11. 今有 5 人彼此独立的测量同一块土地，分别测得其面积（单位：km^2）为 1.27，1.24，1.21，1.28，1.23，设测量值 X 服从正态分布 $N(\mu, \sigma^2)$，试根据这些数据检验假设：这块土地的实际面积为 1.23 km^2（$\alpha = 0.05$）.

12. 两家工商银行分别对 21 个储户和 16 个储户的年存款余额进行抽样调查，测得其平均年存款余额分别为 $\bar{x} = 650$ 元和 $\bar{y} = 800$ 元，样本标准差为 $s_1 = 50$ 元和 $s_2 = 70$ 元，假设年存款余额服从正态分布，试问在显著性水平 $\alpha = 0.1$ 下可否认为两家银行储户年存款余额的方差相等？

13. 设有甲、乙两种砌块，彼此可以代用，但乙砌块比甲砌块制作简单，造价低，经过实验获得抗压强数据如下：（单位：公斤/厘米^2）

甲	88	87	92	90	91
乙	89	89	90	84	88

假设两种砌块的抗压强度分别服从正态分布 $N(\mu_1,\sigma^2)$，$N(\mu_2,\sigma^2)$。试问可否用乙砌块代替甲砌块？取显著性水平 $\alpha=0.05$。

14. 假设 $\xi_1,\xi_2,\cdots,\xi_{36}$ 是来自正态总体 $N(\mu,0.04)$ 的简单随机样本，其中 μ 为未知参数，记 $\bar{\xi}=\frac{1}{36}\sum_{i=1}^{36}\xi_i$，现对检验问题 $H_0:\mu=0.5$，$H_1:\mu=\mu_1>0.5$，并取检验否定域 $D=\{(x_1,x_2,\cdots,x_{36}):\bar{\xi}>C\}$，在检验显著性水平 $\alpha=0.05$ 下，试计算（1）C 的值；（2）若 $\alpha=0.05$，$\mu_1=0.65$ 时犯第二类错误的概率是多少？

15. 电池在货架上滞留的时间不能太长。下面给出某商店随机选取的 8 只电池的货架滞留时间（以天计）：

$$108 \quad 124 \quad 124 \quad 106 \quad 138 \quad 163 \quad 159 \quad 134。$$

设数据来自正态总体 $N(\mu,\sigma^2)$，μ,σ^2 未知。检验假设 $H_0:\mu=125$，$H_1:\mu>125$，取 $\alpha=0.05$。

第 9 章*
方差分析与回归分析

方差分析与回归分析是数理统计中具有广泛应用的内容，本章介绍它们的基本部分。

在科学试验或生产实践中，任何事物总是受很多因素影响的。例如，工业产品的质量受原料、机器、人工等因素的影响；农作物的产量受种子、肥料、土壤、水分、气候等因素的影响。利用试验数据，分析各个因素对该事物的影响是否显著，数理统计中所采用的一种有效方法就是方差分析。

如果一项试验中只有一个因素变化，而其他因素保持不变，就称它为**单因素试验**。有两个或两个以上变动因素的试验称为**多因素试验**。因素所处的不同状态称为**水平**（或叫做"等级"）。

第 1 节 单因素方差分析

先看一个例题。

例 1 对四种小麦进行产量对比试验。假定各小区地力相同，采取同样生产措施，得各小区小麦产量（单位：kg）如下表。

观次 \ 品种 测值数	A_1	A_2	A_3	A_4
1	32.3	33.3	30.8	29.3
2	34.0	33.0	34.3	26.0
3	34.3	36.3	32.3	29.8
4	35.0	36.9		
5	36.5			

试判断不同小麦品种对小区产量有无显著影响。

这就是只有 1 个因素（小麦品种）变化，有 4 个不同水平的试验。在此，要分析引起各小区产量误差的原因是由品种不同，还是由于随机误差所引起的，这就要用方差分析来解决，先研究一般的情形。

设因素 A 有 r 个水平 $A_1, A_2, \cdots, A_r$，在水平 A_i 下的总体 X_i 服从正态分布 $N(\mu_i; \sigma^2)$，$(i = 1, 2, \cdots, r)$。这里假定 $X_1, X_2, \cdots, X_r$ 有相同的标准差 σ（未知的），但总体均值 $\mu_1, \mu_2, \cdots, \mu_r$（也是未知的）可能不同。例如，$X_1, X_2, \cdots, X_r$ 可以是用 r 种不同的工艺生产的电灯泡的使用寿命，或者是 r 个不同品种的小麦的单位面积产量，等等。

在水平 A_i 下进行 n_i 次试验，$i = 1, 2, \cdots, r$，我们假定所有的试验都是独立的。设得到样本观测值 x_{ij} 如下表：

水平	A_1	A_2	$\cdots$	A_r
观测值	x_{11}	x_{21}	$\cdots$	x_{r1}
	x_{12}	x_{22}	$\cdots$	x_{r2}
	$\vdots$	$\vdots$	$\vdots$	$\vdots$
	x_{1n_1}	x_{2n_2}	$\cdots$	x_{rn_r}

因为在水平 A_i 下的样本观测值 x_{ij} $(j = 1, 2, \cdots, n_i)$ 与 X_i 服从相同的分布，所以有
$$x_{ij} \sim N(\mu_i, \sigma^2) \quad (i = 1, 2, \cdots, r)。$$

我们的任务就是根据这 r 组观测值来检验因素 A 对试验结果的影响是否显著。如果因素 A 的影响不显著，那么所有样本观测值 x_{ij} 就可以看作是来自同一总体 $N(\mu_i \sigma^2)$，因此要检验的假设是
$$H_0: \mu_1 = \mu_2 = \cdots = \mu_r。 \tag{9.1}$$

为了将问题写成便于讨论的形式，我们将 $\mu_1, \mu_2, \cdots, \mu_r$ 的加权平均值 $\dfrac{1}{n}\sum_{i=1}^{r} n_i \mu_i$ 记为 μ，即

$$\mu = \frac{1}{n}\sum_{i=1}^{r} n_i \mu_i。$$

其中 $n = \sum_{i=1}^{r} n_i$。记 $\alpha_i = \mu_i - \mu$，其中 $i = 1, 2, \cdots, r$，μ 是各个水平下的总体均值 $\mu_1, \mu_2, \cdots, \mu_r$ 的加权平均值，叫做总均值；α_i 是总体 X_i 的均值 μ_i 与总均值 μ 的差，叫做因素 A 的水平 A_i 的**效应**。我们有

$$\sum_{i=1}^{r} n_i \alpha_i = \sum_{i=1}^{r} n_i (\mu_i - \mu) = n\mu - n\mu = 0。$$

于是，可以把 μ_i 写成 $\mu_i = \mu + \alpha_i$，其中 $i = 1, 2, \cdots, r$。从而要检验的假设 (9.1) 可以写成

$$H_0: \alpha_1 = \alpha_2 = \cdots = \alpha_r = 0 \text{。} \tag{9.1'}$$

为了检验上述假设，需要选取适当的统计量。设第 i 组观测值的组平均值为 $\bar{x}_i (i = 1, 2, \cdots, r)$，即 $\bar{x}_i = \dfrac{1}{n_i} \sum\limits_{j=1}^{n_i} x_{ij}$。于是，全体观测值的总平均值

$$\bar{x} = \frac{1}{n} \sum_{i=1}^{r} \sum_{j=1}^{n_i} x_{ij} = \frac{1}{n} \sum_{i=1}^{r} n_i \bar{x}_i \text{。}$$

考虑全体样本观测值 x_{ij} 对总平均值 $\bar{x}$ 的离差平方和 SS_T：$SS_T = \sum\limits_{i=1}^{r} \sum\limits_{j=1}^{n_i} (x_{ij} - \bar{x})^2$。结合 $\bar{x}_i$，我们分解此式，有

$$SS_T = \sum_{i=1}^{r} \sum_{j=1}^{n_i} [(x_{ij} - \bar{x}_i) + (\bar{x}_i - \bar{x})]^2$$

$$= \sum_{i=1}^{r} \sum_{j=1}^{n_i} (x_{ij} - \bar{x}_i)^2 + \sum_{i=1}^{r} \sum_{j=1}^{n_i} (\bar{x}_i - \bar{x})^2 + 2 \sum_{i=1}^{r} \sum_{j=1}^{n_i} (\bar{x}_i - \bar{x})(x_{ij} - \bar{x}_i) \text{。}$$

因为

$$\sum_{i=1}^{r} \sum_{j=1}^{n_i} (\bar{x}_i - \bar{x})^2 = \sum_{i=1}^{r} n_i (\bar{x}_i - \bar{x})^2,$$

$$\sum_{i=1}^{r} \sum_{j=1}^{n_i} (\bar{x}_i - \bar{x})(x_{ij} - \bar{x}_i) = \sum_{i=1}^{r} (\bar{x}_i - \bar{x}) \sum_{j=1}^{n_i} (x_{ij} - \bar{x}_i) = \sum_{i=1}^{r} (\bar{x}_i - \bar{x})(n_i \bar{x}_i - n_i \bar{x}_i) = 0,$$

于是，就将 SS_T 分解成为

$$SS_T = SS_E + SS_A, \tag{9.2}$$

其中 $SS_E = \sum\limits_{i=1}^{r} \sum\limits_{j=1}^{n_i} (x_{ij} - \bar{x}_i)^2$，$SS_A = \sum\limits_{i=1}^{r} n_i (\bar{x}_i - \bar{x})^2$。

上述的 SS_E 称为**误差平方和**或**组内平方和**，表示各个观测值 x_{ij} 对本组平均值 $\bar{x}_i$ 的离差平方和的总和，它是由随机误差所引起的；称 SS_A 为**效应平方和**或**组间平方和**，表示各组平均值 $\bar{x}_i$ 对总平均值 $\bar{x}$ 的离差平方和，它是由水平 A_i 以及随机误差引起的。(9.2) 式就是所需要的平方和分解式。

当假设 H_0 不真时，各组间差异较大，组间平方和明显大于组内平方和；反之，若 H_0 成立，则组间差异也是由于随机误差引起的，组间平方和与组内平方和差别不大。所以，我们可以用组间平方和与组内平方和的比值来检验 H_0 是否成立。

如果原假设 H_0 成立，则所有的样本观测值 x_{ij} 服从同一正态分布 $N(\mu, \sigma^2)$，并且是相互独立的。因为

$$SS_T = \sum_{i=1}^{r} \sum_{j=1}^{n_i} (x_{ij} - \bar{x})^2 = (n-1)s^2,$$

其中 n 及 s^2 分别是所有观测值 x_{ij} 的样本容量及样本方差；所以，由第六章第二节中 χ^2 分布的性质可知，$\dfrac{SS_T}{\sigma^2} = \dfrac{(n-1)s^2}{\sigma^2}$ 服从自由度为 $n-1$ 的 χ^2 分布，即

$$\frac{SS_T}{\sigma^2} = \frac{(n-1)s^2}{\sigma^2} \sim \chi^2(n-1)\text{。}$$

同理，对各组样本观测值，有 $\sum\limits_{j=1}^{n_i}(x_{ij}-\bar{x}_i)^2 = (n_i-1)s_i^2$。其中 n_i 及 s_i^2 分别是第 i 组观测值 x_{ij} 的样本容量及样本方差，所以，也就有 $\dfrac{(n_i-1)s_i^2}{\sigma^2}$ 服从自由度为 n_i-1 的 χ^2 - 分布，即

$$\frac{(n_i-1)s_i^2}{\sigma^2} \sim \chi^2(n_i-1)\text{。}$$

由 χ^2 - 分布的性质知

$$\frac{SS_E}{\sigma^2} = \frac{1}{\sigma^2}\sum_{i=1}^{r}\sum_{j=1}^{n_i}(x_{ij}-\bar{x}_i)^2 = \sum_{i=1}^{r}\frac{(n_i-1)s_i^2}{\sigma^2}$$

服从自由度为 $\sum\limits_{i=1}^{r}(n_i-1) = n-r$ 的 χ^2 - 分布。

另外，SS_A 与 SS_E 是相互独立的，并且 $\dfrac{SS_A}{\sigma^2}$ 服从自由度为 $r-1$ 的 χ^2 - 分布，由此考虑统计量

$$F = \frac{\overline{SS_A}}{\overline{SS_E}} = \frac{SS_A/(r-1)}{SS_E/(n-r)}\text{。} \tag{9.3}$$

其中 $\overline{SS_A}$ 与 $\overline{SS_E}$ 分别是**组间平均平方和**与**组内平均平方和**。根据统计分布的性质可知，统计量 F 服从自由度为 $(r-1, n-r)$ 的 F 分布。

若 H_0 为真，则 $\alpha_1 = \alpha_2 = \cdots = \alpha_r = 0$，$F$ 接近于 1，说明因素 A 的各个水平对总体的影响差不多；若 H_0 不成立，则 F 值因 SS_A 较大也比较大，说明因素 A 的各个水平对总体的影响显著不同。由此可见，我们可以根据 F 值的大小来检验假设 H_0。

由样本观测值计算出统计量 F 的值，对于给定的显著性水平 α，查 F 分布临界值表得 $F_\alpha(r-1, n-r)$。当 $F > F_\alpha(r-1, n-r)$ 时拒绝假设，认为因素 A 的各个水平对总体的影响显著（$\alpha = 0.05$ 时为显著，$\alpha = 0.01$ 时为极显著）；当 $F \leqslant F_\alpha(r-1, n-r)$ 时接受假设，认为因素 A 的各个水平对总体的影响差不多。

在计算 SS_A 与 SS_E 时，常采用下面的方法。

设 $x_i = \sum\limits_{j=1}^{n_i} x_{ij}$，$x = \sum\limits_{i=1}^{r}\sum\limits_{j=1}^{n_i} x_{ij} = \sum\limits_{i=1}^{r} x_i$，则

$$SS_A = \sum_{i=1}^{r} \frac{1}{n_i} x_i^2 - \frac{1}{n} x^2, SS_E = \sum_{i=1}^{r} \sum_{j=1}^{n_i} x_{ij}^2 - \sum_{i=1}^{r} \frac{1}{n_i} x_i^2 \text{。} \tag{9.4}$$

然后按给出的检验法把计算结果及查 F 临界值表所得数据作成方差分析表

方差来源	平方和	自由度	平均平方和	F 值	临界值	显著性
组间误差	SS_A	$r-1$	$\overline{SS}_A$	$\dfrac{\overline{SS}_A}{\overline{SS}_A}$	$F_{0.05}$	
	SS_E	$n-r$	$\overline{SS}_A$		$F_{0.01}$	
总和	SS_T	$n-1$				

根据此表就可以判断不同水平的显著性程度。

下面我们对本节例 1 进行方差分析。

解 根据公式 (9.4)、(9.3) 计算得 $SS_A = 89.346$，$SS_E = 36.142$；$(r=4, n=15)$。再查 F 分布临界值表，得如下方差分析表

方差来源	平方和	自由度	平均平方和	F 值	临界值	显著性
组间	89.346	3	29.78	9.065	$F_{0.05} = 3.59$	显著
误差	36.15	11	3.285		$F_{0.01} = 6.22$	极显著
总和	125.496	14				

根据上述数据分析可知，因素 A 的各个水平对总体的影响是极显著的，并且，各组内的平均值分别为

$$\bar{x}_1 = 34.42, \bar{x}_2 = 34.875, \bar{x}_3 = 32.467, \bar{x}_4 = 28.367 \text{。}$$

可见，品种 A_2 的平均产量最大，为实际生产提供了一定的科学依据。

例 2 某畜牧场为进行预饲期试验，从猪群中随机抽取育肥猪 20 头，并随机分成 4 组，每组 5 头，各组猪均喂给相同饲料，给予同样的饲养管理条件。在预饲期内各组猪增重结果见下表，试分析预饲期内各组猪的增重有无显著差异。

序号 \ 组别	一	二	三	四
1	20	15	8	9
2	15	14	16	12
3	20	11	9	14
4	12	19	19	17
5	18	21	18	13

解 根据所给的数据及公式 (9.4)、(9.3) 计算得

$$SS_A = 50, SS_E = 252, \text{且知题中 } r = 4, n = 20 \text{。}$$

再查 F 分布临界值表，得如下方差分析表

方差来源	平方和	自由度	平均平方和	F 值	临界值	显著性
组间误差	50 252	3 16	16.67 15.75	1.058	$F_{0.05} = 3.24$ $F_{0.01} = 5.29$	不显著
总和	302	19				

由于 $F = 1.058 < F_{0.05} = 3.24$，所以差异不显著。检验结果表明，预饲期内各组猪的增重没有明显差异。

习题 9-1

1. 某养鸡场为比较四种饲料的效果，分别用每种饲料各饲养 5 只小鸡做增重试验，60 天后，得到增重数据如下表（单位：kg），试判断不同饲料对小鸡的增重有无显著影响。

饲料	增重量数据					平均值
A	87	77	92	103	101	92
B	81	93	104	88	79	89
C	82	80	95	78	75	82
D	75	66	78	81	70	74

2. 用四种不同的工艺生产某种电子元件，为了测试元件的寿命，从各种工艺生产的电子元件中分别抽取样品，并测得样品的寿命（小时）如下

工艺	A_1	A_2	A_3	A_4
观测值	1 620 1 670 1 700 1 750 1 800	1 580 1 600 1 640 1 720	1 460 1 540 1 620	1 500 1 550 1 610 1 680

试检验这四种工艺生产的这种电子元件的寿命是否有显著差异？

3. 某校在升学考试前对四个班级某课程成绩进行五次测验，以百分为满分，各班级平均分数如下

班级	平均成绩				
I	68	75	69	65	74
II	60	64	65	68	63
III	67	63	66	68	69
IV	69	68	72	67	65

问：按 5% 的显著性水平判断各班该课程成绩是否有显著差别？

4. 有一单因素试验，有 4 个水平，每个水平有 8 个数据。已知数据总和为 3 055，数据总平方和为 293 491，各水平数据和为：808，796，754，697。试对各水平进行方差分析（$\alpha = 0.05$）。

5. 某医院应用克矽平治疗矽肺，治疗前、中、后期患者血液中粘蛋白含量（mg%）观察结果如下表。试问用克矽平治疗矽肺对降低血液中粘蛋白含量是否有作用？（$\alpha = 0.05$）

患者	治疗前	治疗中	治疗后
1	6.5	4.5	3.5
2	7.3	4.4	3.6
3	7.3	5.9	3.7
4	3.0	3.6	2.6
5	7.3	5.5	4.3
6	5.6	4.5	3.7
7	7.3	5.2	5.0

第2节 双因素方差分析

上面讨论的是单因素试验的方差分析，而更多的时候是要同时考虑两个因素对所考察的随机变量 X 是否有影响的问题，这类问题称为**双因素试验的方差分析**。各因素的不同水平的配合所产生的新的效应，称为**交互作用**。

设因素 A 有 a 个水平 $A_1, A_2, \cdots, A_a$，因素 B 有 b 个水平 $B_1, B_2, \cdots, B_b$，在因素 A 及 B 的各个水平的每一种配合 (A_i, B_j) 下的总体 X_{ij} 服从正态分布 $N(\mu_{ij}, \sigma^2)$（$i = 1, 2, \cdots, a; j = 1, 2, \cdots, b$）。假定一切 X_{ij} 有相同的标准差 σ（未知参数），但总体均值 μ_{ij}（也是未知的）可能不同。

9.2.1 双因素无重复试验的方差分析

关于双因素试验的方差分析，分为无重复试验和有重复试验的情况。在此先讨论无重复试验的情况，即在因素 A 及 B 的各个水平的每一种配合 (A_i, B_j) 下，只进行一次试验（$i = 1, 2, \cdots, a; j = 1, 2, \cdots, b$）。又假定所有的试验都是独立的。设得到样本观测值 x_{ij} 如下表：

观测值　因素B　因素A	B_1	B_2	...	B_b
A_1	x_{11}	x_{12}	...	x_{1b}
A_2	x_{21}	x_{22}	...	x_{2b}
⋮	⋮	⋮	⋮	⋮
A_a	x_{a1}	x_{a2}	...	x_{ab}

由假设知

$$x_{ij} \sim N(\mu_{ij}, \sigma^2),$$

其中 $i=1,2,\cdots,a; j=1,2,\cdots,b$。我们的任务是由这些观测值来检验因素 A 或 B 对试验结果的影响是否显著。

为了讨论的方便，引入下列记号：

$$\mu = \frac{1}{ab}\sum_{i=1}^{a}\sum_{j=1}^{b}\mu_{ij}, \mu_{i.} = \frac{1}{b}\sum_{j=1}^{b}\mu_{ij}, \alpha_i = \mu_{i.} - \mu, \mu_{.j} = \frac{1}{a}\sum_{i=1}^{a}\mu_{ij}, \beta_j = \mu_{.j} - \mu。$$

这里的 μ 叫做总均值；$\mu_{i.}$ 与 $\mu_{.j}$ 分别叫做在因素 A 的水平 A_i 下的均值和在因素 B 的水平 B_j 下的均值；而 α_i 与 β_j 分别叫做在因素 A 的水平 A_i 下的效应和在因素 B 的水平 B_j 下的效应 ($i=1,2,\cdots,a; j=1,2,\cdots,b$)。从而可得

$$\sum_{i=1}^{a}\alpha_i = \sum_{i=1}^{a}(\mu_{i.} - \mu) = 0, \sum_{j=1}^{b}\beta_j = \sum_{j=1}^{b}(\mu_{.j} - \mu) = 0。$$

于是，可以把 μ_{ij} 写成如下形式：$\mu_{ij} = \mu + \alpha_i + \beta_j$。

与单因素试验的方差分析一样，如果因素 A 的影响不显著，则因素 A 的各个水平的效应都应该等于 0。因此，要检验的原假设为

$$H_{01}: \alpha_1 = \alpha_2 = \cdots = \alpha_a = 0。 \tag{9.5}$$

同样，如果因素 B 的影响不显著，则因素 B 的各个水平的效应都应该等于 0。因此，要检验的原假设为

$$H_{02}: \beta_1 = \beta_2 = \cdots = \beta_b = 0。 \tag{9.5'}$$

为了检验上述两个原假设，需要选取适当的统计量。设第 i 行观测值的平均值为 $\bar{x}_{i.}(i=1,2,\cdots,a)$，第 j 列的观测值的平均值为 $\bar{x}_{.j}(j=1,2,\cdots,b)$，即

$$\bar{x}_{i.} = \frac{1}{b}\sum_{j=1}^{b}x_{ij}, \bar{x}_{.j} = \frac{1}{a}\sum_{i=1}^{a}x_{ij}。$$

于是，全体观测值的总平均值为

$$\bar{x} = \frac{1}{ab}\sum_{i=1}^{a}\sum_{j=1}^{b}x_{ij} = \frac{1}{a}\sum_{i=1}^{a}\bar{x}_{i.} = \frac{1}{b}\sum_{j=1}^{b}\bar{x}_{.j}。$$

与单因素试验的方差分析一样，我们考虑全体观测值 x_{ij} 对总平均值 $\bar{x}$ 的离差平方和

$$SS_T = \sum_{i=1}^{a} \sum_{j=1}^{b} (x_{ij} - \bar{x})^2 \text{。}$$

同样，这里也把 SS_T 分解成几个部分：

$$\begin{aligned} SS_T &= \sum_{i=1}^{a} \sum_{j=1}^{b} [(\bar{x}_{i\cdot} - \bar{x}) + (\bar{x}_{\cdot j} - \bar{x}) + (x_{ij} - \bar{x}_{i\cdot} - \bar{x}_{\cdot j} + \bar{x})]^2 \\ &= \sum_{i=1}^{a} \sum_{j=1}^{b} (\bar{x}_{i\cdot} - \bar{x})^2 + \sum_{i=1}^{a} \sum_{j=1}^{b} (\bar{x}_{\cdot j} - \bar{x})^2 + \sum_{i=1}^{a} \sum_{j=1}^{b} (x_{ij} - \bar{x}_{i\cdot} - \bar{x}_{\cdot j} + \bar{x})^2 \\ &\quad + 2 \sum_{i=1}^{a} \sum_{j=1}^{b} (\bar{x}_{i\cdot} - \bar{x})(\bar{x}_{\cdot j} - \bar{x}) + 2 \sum_{i=1}^{a} \sum_{j=1}^{b} (\bar{x}_{i\cdot} - \bar{x})(x_{ij} - \bar{x}_{i\cdot} - \bar{x}_{\cdot j} + \bar{x}) \\ &\quad + 2 \sum_{i=1}^{a} \sum_{j=1}^{b} (\bar{x}_{\cdot j} - \bar{x})(x_{ij} - \bar{x}_{i\cdot} - \bar{x}_{\cdot j} + \bar{x}) \text{。} \end{aligned}$$

可以证明，上式中的最后三项都等于零。因此有

$$\begin{aligned} SS_T &= b \sum_{i=1}^{a} (\bar{x}_{i\cdot} - \bar{x})^2 + a \sum_{j=1}^{b} (\bar{x}_{\cdot j} - \bar{x})^2 + \sum_{i=1}^{a} \sum_{j=1}^{b} (x_{ij} - \bar{x}_{i\cdot} - \bar{x}_{\cdot j} + \bar{x})^2 \\ &= SS_A + SS_B + SS_E \text{，} \end{aligned} \tag{9.6}$$

其中 $SS_A = b \sum_{i=1}^{a} (\bar{x}_{i\cdot} - \bar{x})^2$ 称为**因素 A 的离差平方和**，它反映的是因素 A 的不同水平所引起的系统误差；$SS_B = a \sum_{j=1}^{b} (\bar{x}_{\cdot j} - \bar{x})^2$ 称为**因素 B 的离差平方和**，它反映的是因素 B 的不同水平所引起的系统误差；$SS_E = \sum_{i=1}^{a} \sum_{j=1}^{b} (x_{ij} - \bar{x}_{i\cdot} - \bar{x}_{\cdot j} + \bar{x})^2$ 称为**误差平方和**，它反映的是由于各种随机因素所引起的试验误差。

如果原假设 H_{01} 及 H_{02} 为真，则所有的 ab 个观测值 x_{ij} 可看作是来自同一正态总体 $N(\mu, \sigma^2)$，这时有

$$SS_T = \sum_{i=1}^{a} \sum_{j=1}^{b} (x_{ij} - \bar{x})^2 = (ab - 1) s^2 \text{，}$$

其中 s^2 是所有 ab 个观测值 x_{ij} 的样本方差。由正态总体统计量的分布性质知，$\dfrac{SS_T}{\sigma^2}$ 服从自由度为 $ab - 1$ 的 χ^2 - 分布。

又由正态分布的性质可知，$\bar{x}_{i\cdot} \sim N(\mu, \dfrac{\sigma^2}{b}), \bar{x}_{\cdot j} \sim N(\mu, \dfrac{\sigma^2}{a})$，所以，同上可知，$\dfrac{SS_A}{\sigma^2} \sim \chi^2(a - 1), \dfrac{SS_B}{\sigma^2} \sim \chi^2(b - 1)$，并且可以证明，$SS_A$、$SS_B$ 与 SS_E 是相互独立的，且 $\dfrac{SS_E}{\sigma^2} \sim$

$\chi^2((a-1)(b-1))$。

分别称 $\overline{SS_A} = \dfrac{SS_A}{a-1}, \overline{SS_B} = \dfrac{SS_B}{b-1}, \overline{SS_E} = \dfrac{SS_E}{(a-1)(b-1)}$ 为因素 A、因素 B 及误差的**平均平方和**。从而，统计量

$$F_A = \frac{\overline{SS_A}}{\overline{SS_E}}, F_B = \frac{\overline{SS_B}}{\overline{SS_E}}。 \tag{9.7}$$

分别服从自由度为 $(a-1,(a-1)(b-1))$ 及 $(b-1,(a-1)(b-1))$ 的 F 分布。

因此，可以分别查 F 分布的临界值，确定因素 A 或因素 B 对试验结果是否有显著或极显著的影响，判别方法与单因素的方差分析方法相似。

为了方便，对上述各量，常采用下述方法来计算：

设 $x = \sum\limits_{i=1}^{a}\sum\limits_{j=1}^{b} x_{ij}, x_{i\cdot} = \sum\limits_{j=1}^{b} x_{ij}, x_{\cdot j} = \sum\limits_{i=1}^{a} x_{ij}$，则有

$$\begin{cases} SS_T = \sum\limits_{i=1}^{a}\sum\limits_{j=1}^{b}\left(x_{ij} - \dfrac{x}{ab}\right)^2 = \sum\limits_{i=1}^{a}\sum\limits_{j=1}^{b} x_{ij}^2 - \dfrac{x^2}{ab}, \\ SS_A = \dfrac{1}{b}\sum\limits_{i=1}^{a} x_{i\cdot}^2 - \dfrac{x^2}{ab}, \\ SS_B = \dfrac{1}{a}\sum\limits_{j=1}^{b} x_{\cdot j}^2 - \dfrac{x^2}{ab}, \\ SS_E = SS_T - SS_A - SS_B。 \end{cases} \tag{9.8}$$

并采用如下的方差分析表来结合讨论。

方差来源	平方和	自由度	平均平方和	F 值	临界值	显著性
因素 A	SS_A	$a-1$	$\overline{SS_A} = \dfrac{SS_A}{a-1}$	$F_A = \dfrac{\overline{SS_A}}{\overline{SS_E}}$	$F_{A\,0.05}$ $F_{A\,0.01}$	
因素 B	SS_B	$b-1$	$\overline{SS_B} = \dfrac{SS_B}{b-1}$	$F_B = \dfrac{\overline{SS_B}}{\overline{SS_E}}$	$F_{B\,0.05}$ $F_{B\,0.01}$	
误差	SS_E	$(a-1)(b-1)$	$\overline{SS_E} = \dfrac{SS_E}{(a-1)(b-1)}$			
总和	SS_T	$ab-1$				

例 1 有四个工人操作三种机器，日产量如下表所示，试对各工人及各机器进行方差分析。

机器＼工人	B_1	B_2	B_3	B_4
A_1	50	47	47	53
A_2	63	54	57	58
A_3	52	42	41	48

解 这是双因素无重复试验的方差分析问题，根据所给的数据及公式（9.8）和（9.7）得

$$SS_T = 466, SS_A = 318.5, SS_B = 114.666\ 7, SS_E = 32.833\ 3。$$
$$\overline{SS_A} = 159.25, \overline{SS_B} = 38.222\ 2, \overline{SS_E} = 5.472\ 2。$$

所以，方差分析表如下：

方差来源	平方和	自由度	平均平方和	F 值	临界值	显著性
因素 A	318.5	2	159.25	29.1015	$F_{A\,0.05} = 5.14$ $F_{A\,0.01} = 10.92$	
因素 B	114.666 7	3	38.222 2	6.984 8	$F_{B\,0.05} = 4.76$ $F_{B\,0.01} = 9.78$	
误差	32.833 3	6	5.472 2			
总和	466	11				

从表中的数据可见，各个机器之间存在极显著的差异，各个工人之间有显著差异，但还不是极显著的。

9.2.2 双因素等重复试验的方差分析

双因素试验的方差分析问题中，还有另一类是有重复试验的情况，即在因素 A 及 B 的各个水平的每一种配合 (A_i, B_j) 下，都进行多次（如 n 次）试验（$i = 1, 2, \cdots, a; j = 1, 2, \cdots, b$），每一种配合都有 n 个观测值。又假定所有的试验都是独立的。设得到样本观测值 x_{ijk}（$k = 1, 2, \cdots, n$）如下表：

观测值 \ 因素 B \ 因素 A	B_1	B_2	$\cdots$	B_b
A_1	x_{111} $\vdots$ x_{11n}	x_{121} $\vdots$ x_{12n}	$\cdots$	x_{1b1} $\vdots$ x_{1bn}
A_2	x_{211} $\vdots$ x_{21n}	x_{221} $\vdots$ x_{22n}	$\cdots$	x_{2b1} $\vdots$ x_{2bn}
$\cdots$	$\cdots$	$\cdots$	$\cdots$	$\cdots$
A_a	x_{a11} $\vdots$ x_{a1n}	x_{a21} $\vdots$ x_{a2n}	$\cdots$	x_{ab1} $\vdots$ x_{abn}

假定样本观测值 x_{ijk} 与总体 X_{ij} 服从相同的正态分布,所以有

$$x_{ijk} \sim N(\mu_{ij}, \sigma^2),$$

其中 $i = 1, 2, \cdots, a; j = 1, 2, \cdots, b; k = 1, 2, \cdots, n$。现在我们的任务就是根据这些观测值来检验因素 A、因素 B 以及因素 A 与 B 的交互作用对试验结果的影响是否显著。

在此,我们沿用无重复试验中的记号,并设在水平 A_i 与 B_j 的配合 (A_i, B_j) 下因素 A 与 B 的交互作用的效应为 γ_{ij},这里,把 μ_{ij} 写成

$$\mu_{ij} = \mu + \alpha_i + \beta_j + \gamma_{ij},$$

其中 $i = 1, 2, \cdots, a; j = 1, 2, \cdots, b$。由前段内容可知,

$$\sum_{i=1}^{a} \gamma_{ij} = 0, (j = 1, 2, \cdots, b), \sum_{j=1}^{b} \gamma_{ij} = 0 \ (i = 1, 2, \cdots, a)。$$

如果因素 A 与 B 的交互作用对试验结果的影响不显著,则一切 γ_{ij} 都应该等于 0。所以,检验的原假设应为

$$\begin{cases} H_{01}: \alpha_1 = \alpha_2 = \cdots = \alpha_a = 0, \\ H_{02}: \beta_1 = \beta_2 = \cdots = \beta_b = 0, \\ H_{03}: \gamma_{11} = \cdots = \gamma_{ij} = \cdots = \gamma_{ab} = 0。\end{cases} \tag{9.9}$$

又设配合 (A_i, B_j) 及因素 A_i、B_j 的观测值的平均值分别为 $\bar{x}_{ij\cdot}$、$\bar{x}_{i\cdot\cdot}$ 及 $\bar{x}_{\cdot j\cdot}$ ($i = 1, 2, \cdots, a; j = 1, 2, \cdots, b$),即

$$\bar{x}_{ij\cdot} = \frac{1}{n} \sum_{k=1}^{n} x_{ijk}, \bar{x}_{i\cdot\cdot} = \frac{1}{bn} \sum_{j=1}^{b} \sum_{k=1}^{n} x_{ijk}, \bar{x}_{\cdot j\cdot} = \frac{1}{an} \sum_{i=1}^{a} \sum_{k=1}^{n} x_{ijk}。$$

于是,全体观测值的总平均值为 $\bar{x} = \frac{1}{abn} \sum_{i=1}^{a} \sum_{j=1}^{b} \sum_{k=1}^{n} x_{ijk}$。

与双因素无重复试验的方差分析类似,考虑全体观测值 x_{ijk} 对总平均值 $\bar{x}$ 的离差平方和 SS_T:

$$SS_T = \sum_{i=1}^{a} \sum_{j=1}^{b} \sum_{k=1}^{n} (x_{ijk} - \bar{x})^2 \text{。}$$

又设

$$SS_A = bn \sum_{i=1}^{a} (\bar{x}_{i..} - \bar{x})^2,$$

$$SS_B = an \sum_{j=1}^{b} (\bar{x}_{.j.} - \bar{x})^2,$$

$$SS_{AB} = n \sum_{i=1}^{a} \sum_{j=1}^{b} (\bar{x}_{ij.} - \bar{x}_{i..} - \bar{x}_{.j.} + \bar{x})^2,$$

$$SS_E = \sum_{i=1}^{a} \sum_{j=1}^{b} \sum_{k=1}^{n} (x_{ijk} - \bar{x}_{ij.})^2 \text{。}$$

可以证明,总平方和可以分解为

$$SS_T = SS_A + SS_B + SS_{AB} + SS_E \text{。} \tag{9.10}$$

其中 SS_T 分解成的四部分的自由度分别为 $a-1, b-1, (a-1)(b-1), ab(n-1)$,且 SS_{AB} 称为因素 A 与 B 的**交互作用的离差平方和**,它反映的是因素 A 与 B 的不同水平的交互作用所引起的系统误差。这四个部分分别除以相应的自由度就是它们相应的平均平方和,分别记作 $\overline{SS_A}$、$\overline{SS_B}$、$\overline{SS_{AB}}$、$\overline{SS_E}$。

如果原假设都是正确的,则所有 abn 个观测值 x_{ijk} 可以看作是来自同一正态总体 $N(\mu, \sigma^2)$,从而总平方和与分解出的四个平方和各自除以 σ^2 就都服从 χ^2-分布,并且四个平方和是相互独立的。于是,统计量

$$F_A = \overline{SS_A}/\overline{SS_E}, F_B = \overline{SS_B}/\overline{SS_E}, F_{AB} = \overline{SS_{AB}}/\overline{SS_E} \text{。} \tag{9.11}$$

分别服从自由度为 $(a-1, ab(n-1))$、$(b-1, ab(n-1))$、$((a-1)(b-1), ab(n-1))$ 的 F 分布。分别查有关的临界值 F_α(取 $\alpha = 0.05$ 或 0.01),从而确定因素 A、因素 B、交互作用 AB 对试验结果是否有显著或特别显著的影响。

实际计算时,各平方和可以按如下的公式简化计算:设

$$x = \sum_{i=1}^{a} \sum_{j=1}^{b} \sum_{k=1}^{n} x_{ijk}, x_{j..} = \sum_{j=1}^{b} \sum_{k=1}^{n} x_{ijk}, x_{.j.} = \sum_{i=1}^{a} \sum_{k=1}^{n} x_{ijk}, x_{ij.} = \sum_{k=1}^{n} x_{ijk},$$

则有

$$SS_T = \sum_{i=1}^{a} \sum_{j=1}^{b} \sum_{k=1}^{n} x_{ijk}^2 - \frac{x^2}{abn}; SS_A = \frac{1}{bn} \sum_{i=1}^{a} x_{i..}^2 - \frac{x^2}{abn};$$
$$SS_B = \frac{1}{an} \sum_{j=1}^{b} x_{.j.}^2 - \frac{x^2}{abn}; SS_{ST} = \frac{1}{n} \sum_{i=1}^{a} \sum_{j=1}^{b} x_{ij.}^2 - \frac{x^2}{abn} \text{。}$$
(9.12)

其中 SS_{ST} 称为次总平方和,满足 $SS_{ST} = SS_A + SS_B + SS_{AB}$。由此可以计算出 SS_{AB} 和 SS_E
$$SS_{AB} = SS_{ST} - SS_A - SS_B, \quad SS_E = SS_T - SS_{ST} \text{。}$$
(9.12′)

按上述方法求出各平方和及 F_A、F_B、F_{AB} 的值后,可以列出如下的方差分析表,并对照显著性水平 $\alpha = 0.05$ 或 $\alpha = 0.01$ 对应的临界值与计算出的 F 值比较,从而确定因素 A、因素 B、交互作用 AB 对试验结果的显著程度。

方差来源	平方和	自由度	平均平方和	F 值	临界值	显著性
因素 A	SS_A	$a-1$	$\overline{SS}_A$	F_A	$F_{A\,0.05}$ $F_{A\,0.01}$	
因素 B	SS_B	$b-1$	$\overline{SS}_B$	F_B	$F_{B\,0.05}$ $F_{B\,0.01}$	
交互作用 AB	SS_{AB}	$(a-1)(b-1)$	$\overline{SS}_{AB}$	F_{AB}	$F_{AB\,0.05}$ $F_{AB\,0.01}$	
误差	SS_E	$ab(n-1)$	$\overline{SS}_E$			
总和	SS_T	$abn-1$				

例2 用三种深翻方案与四种施肥方案配合成 12 种方案,作杨树育苗试验,每个方案重复 3 次,取得苗高数据资料如下表所示。试分析施肥方案、深翻方案及两者间的交互作用对于苗高有无显著影响。

深翻 A \ 施肥 B	B_1	B_2	B_3	B_4
A_1	52 43 39	48 37 29	34 42 38	45 58 42
A_2	41 47 53	50 41 30	36 39 44	44 46 60
A_3	49 38 42	36 48 47	37 40 32	43 56 41

解 根据表中的数据及双因素等重复试验的方差分析理论,计算得如下方差分析表:

方差来源	平方和	自由度	平均平方和	F 值	$F_{0.05}$	$F_{0.01}$
因素 A	29.56	2	14.78	0.29	3.40	5.61
因素 B	562.08	3	187.36	3.68	3.01	4.72
交互作用 AB	76.67	6	12.78	0.25	2.51	3.67
误差	1 220.67	24	50.86			
总和	1 888.97	35				

从上述数值进行分析可得如下结论：施肥方案对于苗高有显著影响，而深翻方案及两者的交互作用对于苗高无显著影响。

习题 9-2

1. 对三个玉米品种 A_1，A_2 和 A_3 用三种管理方法 B_1，B_2 和 B_3 进行管理，得 9 个小区产量如下表（单位：kg）：

方法 品种	B_1	B_2	B_3
A_1	11	30	43
A_2	31	29	45
A_3	15	25	47

（1）在显著水平 $\alpha = 0.05$ 下，品种和管理方法对产量的作用是否显著？
（2）在显著水平 $\alpha = 0.01$ 下，管理方法的作用是否显著？
（3）如果品种的作用可忽略不计时，在 $\alpha = 0.01$ 的水平下管理方法的作用是否显著？

2. 某养猪场进行猪增重试验，选择 4 个品种猪和三种饲料，交叉分组共有 12 种配合方案，每种饲养一头，饲养三个月后增重数据如下表所示。试研究品种与饲料对于猪增重的影响程度。

饲料 品种	B_1	B_2	B_3
A_1	51	53	52
A_2	56	57	58
A_3	45	49	47
A_4	42	44	43

3. 一火箭使用了 4 种燃料和 3 种推进器做射程试验，试验重复数为 2，得数据如下表所示。在 $\alpha = 0.05$ 下检验燃料、推进器及交互作用的影响。

燃料＼推进器	B_1	B_2	B_3
A_1	58.2　52.6	56.2　41.2	65.3　60.8
A_2	49.1　42.8	54.1　50.5	51.9　48.4
A_3	60.1　58.3	70.9　73.2	39.2　40.7
A_4	75.8　71.5	58.2　51.0	48.7　41.4

4. 下表记录了三位工人分别在四台不同的机器上工作三天的产量：

机器＼工人	甲	乙	丙
A_1	15　15　17	19　19　16	16　18　21
A_2	17　17　17	15　15　15	19　22　22
A_3	15　17　16	18　17　16	18　18　18
A_4	18　20　22	15　16　17	17　17　17

试检验：（1）工人之间的差异是否显著？（2）机器之间的差异是否显著？（3）交互影响是否显著（$\alpha = 0.05$）？

5. 有一小麦试验，参试品种为 $A_1, A_2, \cdots, A_8$，在不同土壤小区 B_1, B_2, B_3 上试种。其小区产量如下表所示，试对品种与土壤间的显著性进行方差分析。

品种＼土壤	B_1	B_2	B_3
A_1	10.9	9.1	12.2
A_2	10.8	12.3	14.0
A_3	11.1	12.5	10.5
A_4	9.1	10.7	10.1
A_5	11.8	13.9	16.8
A_6	10.1	10.6	11.8
A_7	10.0	11.5	14.1
A_8	9.3	10.4	14.4

第3节　一元线性回归

回归分析方法是数理统计中的一个常用方法，是处理多个变量之间相关关系的一种数学方法。

对于变量之间的关系,很容易使人想到函数关系。但是,自然界的众多变量之间,还有另一类重要关系,称之为相关关系。显然在相关关系中至少有一个变量是随机的。如人的身高与体重间的关系,虽然一个人的"身高"并不能确定"体重",但是,总的说来,身高者,体也重。我们就说身高与体重这两个变量间具有相关关系。又如环境因素与农作物的产量也有相关关系,因为在相同的环境条件下,农作物的产量也有高低之别,这也就是说,作物产量是一个随机变量。回归分析是研究相关关系的一种数学工具,它能帮助我们从一个变量取得的值去估计另一个变量所取的值。

9.3.1 线性模型

在回归分析中,最简单和最基本的情况是线性回归。在工农业生产及科研中常遇到的配直线问题,就是用回归分析的统计推断方法来求经验公式(线性回归方程)的问题。我们从下面的例子谈起:

例1 今有某种大豆脂肪含量 $x(\%)$ 与蛋白质含量 $y(\%)$ 的测定结果如下表所示,试求它们之间的关系(经验公式)。

x	16.5	17.5	18.5	19.5	20.5	21.5	22.5	23.5	24.5
y	43.5	42.6	42.6	40.6	40.3	38.7	37.2	36.0	34.0

首先,将这批数据在直角坐标纸上描成点,如图9-1所示。一般地按此方法描点所得的图称为**散点图**。

从图上可以看出,这些数据描出的点分布在一条直线的附近,于是推测到它们大致可以表示成为线性关系:

$$\hat{y} = a + bx 。$$

这里,在 y 上加"^"号是为了区别于它的实际值 y。因为 y 与 x 一般不具有确定的函数关系。这样,在散点图的启发下,我们选定了经验公式的形式是线性的,然后根据统计推断的方法来估计出未知参数 a、b,从而确定出所求的经验公式,这就是下面要讲的线性回归问题。

一般地,讨论一元线性回归时,采用如下的线性模型来刻画两个变量间的"线性联系":设随机变量 Y 与变量 x 之间的相关关系可以用线性模型

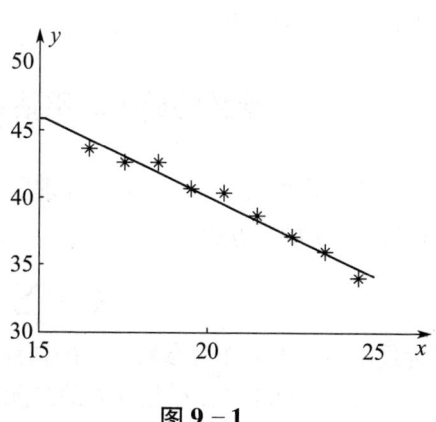

图 9-1

$$Y = a + bx + \varepsilon, \varepsilon \sim N(0, \sigma^2) \tag{9.13}$$

来表示，这里 x 是试验或观察中可以控制或精确观测的变量，即非随机变量。Y 是可观测的随机变量。ε 是不可观测或预测的随机变量（它表示模型误差，是除去 x 对 Y 的线性影响之外的且不能测出的其他各个随机因素对 Y 的影响的总和）。

通过试验或观测可以得到关于变量 x 和 Y 的一组数据 $(x_1, y_1), (x_2, y_2), \cdots, (x_n, y_n)$。因为对于任何一个 $x_i (i = 1, 2, \cdots, n)$，在 y_i 观测取定前不能精确预言它一定取什么值，故把 y_i 看作是随机变量 Y 的观测值。而相互独立的随机变量 $Y_1, Y_2, \cdots, Y_n$ 为 Y 的样本。我们知道，样本与样本观察值之间的区别是：前者是随机变量，后者为取定的数值，但为了叙述方便，今后把样本观察值也称为样本，在符号使用上也不加区分，均用 $y_1, y_2, \cdots, y_n$ 来表示，具体表示的意义可由上下文分析清楚，设观测值 x_i 与样本 y_i 之间满足关系式

$$y_i = a + bx_i + \varepsilon_i (i = 1, 2, \cdots, n), \tag{9.14}$$

其中 $\varepsilon_i \sim N(0, \sigma^2)(i = 1, 2, \cdots, n)$ 且相互独立。

如果两个变量间的关系可以用上述线性模型描述，则称它们间存在线性相关关系。

由 (9.13) 式，有 $E(Y) = a + bx$。

我们希望根据观测的数据 $(x_i, y_i)(i = 1, 2, \cdots, n)$，求出 a, b 的估计量 $\hat{a}, \hat{b}$，这样就可以利用方程

$$\hat{y} = \hat{a} + \hat{b}x \tag{9.15}$$

去估计随机变量 Y 的数学期望 $E(Y)$。也就是说，将 $\hat{a}, \hat{b}$ 代入方程 (9.13)，并略去误差 ε，就得到随机变量 Y 和变量 x 间的经验关系式 (9.15)。

方程 (9.15) 通常称为 Y 对 x 的线性回归方程或回归方程（经验模型）。其图形称为回归直线。

对 (9.13)、(9.14) 式所确定的线性模型，所考虑的统计推断的主要问题是：未知参数 b 及 σ^2 的估计；检验 x 和 Y 之间的关系是否可确信是线性关系，即对假设 (9.13) 进行检验；对 Y 进行预测等。

9.3.2 参数的最小二乘估计

我们将采用"最小二乘法原理"来求参数 a, b 的估计量 $\hat{a}, \hat{b}$，也就是求使误差 $\varepsilon_i (i = 1, 2, \cdots, n)$ 的平方和

$$Q = \sum_{i=1}^{n} \varepsilon_i^2 = \sum_{i=1}^{n} (y_i - a - bx_i)^2 \tag{9.16}$$

为最小的 $\hat{a}, \hat{b}$ 来作为参数 a, b 的估计量。

由 (9.16) 知，Q 是 a, b 的二元函数，即 $Q = Q(a, b)$。按二元函数求极值的方法，可得联立方程组：

$$\begin{cases} \dfrac{\partial Q}{\partial a} = -2\sum_{i=1}^{n}(y_i - a - bx_i) = 0, \\ \dfrac{\partial Q}{\partial b} = -2\sum_{i=1}^{n}(y_i - a - bx_i)x_i = 0. \end{cases} \quad (9.17)$$

这个方程组称为**正规方程组**。解此方程组,由(9.17)第一式得 $na = \sum_{i=1}^{n}y_i - b\sum_{i=1}^{n}x_i$,因此,$a$ 的估计量为

$$\hat{a} = \bar{y} - b\bar{x}, \quad (9.18)$$

其中 $\bar{x} = \dfrac{1}{n}\sum_{i=1}^{n}x_i$, $\bar{y} = \dfrac{1}{n}\sum_{i=1}^{n}y_i$。

由(9.17)第二式得

$$\sum_{i=1}^{n}x_i y_i - a\sum_{i=1}^{n}x_i - b\sum_{i=1}^{n}x_i^2 = 0.$$

利用(9.18),可由上式解得 b 的估计量为

$$\hat{b} = \dfrac{\sum_{i=1}^{n}x_i y_i - n\bar{x}\bar{y}}{\sum_{i=1}^{n}x_i^2 - n\bar{x}^2} = \dfrac{\sum_{i=1}^{n}(x_i - \bar{x})(y_i - \bar{y})}{\sum_{i=1}^{n}(x_i - \bar{x})^2}. \quad (9.19)$$

可以证明,用(9.18)和(9.19)确定的 a,b 确实使平方和 Q 达到最小,从而求出回归方程(经验公式):

$$\hat{y} = \hat{a} + \hat{b}x,$$

其中 $\hat{a},\hat{b}$ 分别表示由(9.18)及(9.19)所确定的 a,b 值,并称 $\hat{b}$ 为**回归系数**。由(9.18)式可得回归方程的另一形式:

$$\hat{y} - \bar{y} = \hat{b}(x - \bar{x}). \quad (9.20)$$

由此不难看出,回归直线通过点 $(\bar{x},\bar{y})$,即通过由观测值的平均值组成的点,并且回归方程由回归系数 $\hat{b}$ 完全确定。

一般地,把由回归方程确定的 x 的对应值 $\hat{y}$ 称为**回归值**。

根据观测数据,利用(9.18)和(9.19)来求回归直线时,常把(9.19)中分子和分母分别记为 L_{xy} 和 L_{xx},且按下面公式计算:

$$L_{xy} = \sum_{i=1}^{n}(x_i - \bar{x})(y_i - \bar{y}) = \sum_{i=1}^{n}x_i y_i - \dfrac{1}{n}\left(\sum_{i=1}^{n}x_i\right)\left(\sum_{i=1}^{n}y_i\right);$$

$$L_{xx} = \sum_{i=1}^{n}(x_i - \bar{x})^2 = \sum_{i=1}^{n}x_i^2 - \dfrac{1}{n}\left(\sum_{i=1}^{n}x_i\right)^2.$$

所以,(9.18)、(9.19)两式可记作

$$\hat{b} = \frac{L_{xy}}{L_{xx}}, \tag{9.18'}$$

$$\hat{a} = \bar{y} - \hat{b}\bar{x}. \tag{9.19'}$$

在下面进一步的分析中,还要用到公式

$$L = L_{yy} = \sum_{i=1}^{n}(y_i - \bar{y})^2 = \sum_{i=1}^{n} y_i^2 - \frac{1}{n}\Big(\sum_{i=1}^{n} y_i\Big)^2. \tag{9.21}$$

下面利用公式(9.18)和(9.19)建立例1中y与x的线性回归关系式。为了方便,把所需计算的数据列表如下:

序号	x_i	y_i	x_i^2	y_i^2	$x_i y_i$
1	16.5	43.5	272.25	1 892.25	717.75
2	17.5	42.6	306.25	1 814.76	745.50
3	18.5	42.6	342.25	1 814.76	788.10
4	19.5	40.6	380.25	1 648.36	791.70
5	20.5	40.3	420.25	1 624.09	826.15
6	21.5	38.7	462.25	1 497.69	832.05
7	22.5	37.2	506.25	1 383.84	837.00
8	23.5	36.0	552.25	1 296.00	846.00
9	24.5	34.0	600.25	1 156.00	833.00
Σ	184.5	355.5	3 842.25	1 4127.75	7 217.25

从而可求得

$$\bar{x} = 20.5, \bar{y} = 39.5, L_{xx} = 60, L_{xy} = -70.5,$$

$$\hat{b} = \frac{L_{xy}}{L_{xx}} = -1.175, \hat{a} = \bar{y} - \hat{b}\bar{x} = 63.588.$$

所求回归方程为

$$\hat{y} = 63.588 - 1.175x.$$

例2 设两个变量x与y有某种相关关系,测得它的一组数据如下表所示,试求其回归方程。

x	49.2	50.0	49.3	49.0	49.0	49.5	49.8	49.9	50.2	50.2
y	16.7	17.0	16.8	16.6	16.7	16.8	16.8	17.0	17.0	17.1

解 根据计算得

$$\bar{x} = 49.61, \bar{y} = 16.85, \sum_{i=1}^{10} x_i^2 = 24\,613.51, \sum_{i=1}^{10} x_i y_i = 8\,359.94;$$

$$\hat{b} = \frac{L_{xy}}{L_{xx}} = 0.329\,3, \hat{a} = \bar{y} - \hat{b}\bar{x} = 0.512\,9.$$

所以回归方程为

$$\hat{y} = 0.512\,9 + 0.329\,3x.$$

9.3.3 线性假设的显著性检验

由上面的讨论知,对于任何两个变量 x 和 Y 的一组观测数据 $(x_i, y_i)(i = 1, 2, \cdots, n)$, 按公式 (9.18)、(9.19) 都可以确定一个回归方程
$$\hat{y} = \hat{a} + \hat{b}x \text{。}$$

然而事前并不知道 Y 和 x 之间是否存在线性关系,如果变量 Y 和 x 之间并不存在显著的线性相关关系,那么这样确定的回归方程显然是毫无实际意义的。因此,我们首先要判明 Y 和 x 是否线性相关,也就是要来检验线性假设
$$Y = a + bx + \varepsilon, \varepsilon \sim N(0, \sigma^2)$$
是否可信。显然,如果 Y 和 x 之间无线性关系,则线性模型的一次项系数 $b = 0$;否则 $b \neq 0$。所以检验两个变量之间是否存在线性相关关系,归根结底就是要检验假设
$$H_0 : b = 0 \text{。}$$

根据线性假设对数据所提的要求 (9.14) 可知,观察值 $y_1, y_2, \cdots, y_n$ 之间的差异,是由两方面的原因引起的:(i) 自变量 x 取值的不同,(ii) 其他因素的影响。检验 H_0 是否成立的问题,也就是检验这两方面的影响哪一个是主要的问题。因此,就必须把它们引起的差异从 Y 的总的差异中分解出来。也就是说,为了选择适当的检验统计量,先导出总离差平方和的分解公式。

1 离差平方和的分解公式

观察值 $y_i(i = 1, 2, \cdots, n)$ 与其平均值 $\bar{y}$ 的离差平方和,称为总的**离差平方和**,记作
$$L = L_{yy} = \sum_{i=1}^{n} (y_i - \bar{y})^2 \text{。}$$

因为
$$L = \sum_{i=1}^{n} (y_i - \bar{y})^2 = \sum_{i=1}^{n} [(y_i - \hat{y}_i) + (\hat{y}_i - \bar{y})]^2$$
$$= \sum_{i=1}^{n} (y_i - \hat{y}_i)^2 + \sum_{i=1}^{n} (\hat{y}_i - \bar{y})^2 + 2\sum_{i=1}^{n} (y_i - \hat{y}_i)(\hat{y}_i - \bar{y}),$$

而 $\hat{y}_i = \hat{a} + \hat{b}x_i$ 中的 $\hat{a}, \hat{b}$ 为 (9.18)、(9.19) 确定,即它们是满足正规方程组 (9.17) 的解,因此交叉项为
$$\sum_{i=1}^{n} (y_i - \hat{y}_i)(\hat{y}_i - \bar{y}) = \sum_{i=1}^{n} (y_i - \hat{a} - \hat{b}x_i)(\hat{a} + \hat{b}x_i - \bar{y})$$
$$= (\hat{a} - \bar{y})\sum_{i=1}^{n} (y_i - \hat{a} - \hat{b}x_i) + \hat{b}\sum_{i=1}^{n} (y_i - \hat{a} - \hat{b}x_i)x_i = 0 \text{。}$$

于是得到了总离差平方和的分解公式

$$L = L_{yy} = \sum_{i=1}^{n}(y_i - \hat{y}_i)^2 + \sum_{i=1}^{n}(\hat{y}_i - \bar{y})^2 = Q + U。$$

其中
$$\begin{cases} Q = \sum_{i=1}^{n}(y_i - \hat{y}_i)^2, \\ U = \sum_{i=1}^{n}(\hat{y}_i - \bar{y})^2。 \end{cases} \qquad (9.22)$$

为了弄清楚(9.22)中两个平方和的意义,说明如下事实:$\hat{y}_i$是回归直线$\hat{y} = \hat{a} + \hat{b}x$上横坐标为$x_i$的点的纵坐标,并且$\hat{y}_1, \hat{y}_2, \cdots, \hat{y}_n$的平均值为$\bar{y}$,$U$是$\hat{y}_1, \hat{y}_2, \cdots, \hat{y}_n$这个$n$数的偏差平方和,它描述了$\hat{y}_1, \hat{y}_2, \cdots, \hat{y}_n$的离散程度,还说明它是来源于$x_1, x_2, \cdots, x_n$的分散性,并且是通过$x$对于$Y$的线性影响而反映出来的,所以,$U$称为**回归平方和**。

至于

$$Q = \sum_{i=1}^{n}(y_i - \hat{y}_i)^2 = \sum_{i=1}^{n}[y_i - (\hat{a} + \hat{b}x_i)]^2,$$

它正好是前面讨论的$Q(a,b)$的最小值。在(9.13)的假定下,它是由不可观察的随机变量ε引起的,也就是说,它是由其他未控制的因素以及试验误差引起的,它的大小反映了其他因素以及试验误差对试验结果的影响。我们称Q为**剩余平方和**或**残差平方和**。

2 $\hat{b}$、$\hat{\sigma}^2$的性质及其分布

由上面的分析知,要解决判断x、Y间是否存在线性相关关系的问题,需要通过比较回归平方和和剩余平方和来实现。为了更清楚地说明这一点,并寻求出检验统计量,考察估计量$\hat{b}$、$\hat{\sigma}^2$的性质及其分布。

(1) $\hat{b}$的分布

由(9.18′)式,有

$$\hat{b} = \frac{L_{xy}}{L_{xx}} = \frac{1}{L_{xx}}\left[\sum_{i=1}^{n}(x_i - \bar{x})y_i - \sum_{i=1}^{n}(x_i - \bar{x})\bar{y}\right] = \frac{1}{L_{xx}}\sum_{i=1}^{n}(x_i - \bar{x})y_i。$$

在$\varepsilon_1, \varepsilon_2, \cdots, \varepsilon_n$相互独立且服从同一分布$N(0, \sigma^2)$的假定下,由(9.14)知$y_1, y_2, \cdots, y_n$是$n$个相互独立的随机变量,且$y_i \sim N(a + bx_i, \sigma^2)$,$(i = 1, 2, \cdots, n)$。所以它们的平均值$\bar{y}$的数学期望为

$$E(\bar{y}) = E\left(\frac{1}{n}\sum_{i=1}^{n}y_i\right) = \frac{1}{n}\sum_{i=1}^{n}E(y_i) = \frac{1}{n}\sum_{i=1}^{n}E(a + bx_i) = a + b\bar{x}。$$

由(9.19)知,$\hat{b}$是$y_i(i = 1, 2, \cdots, n)$的线性函数,且

$$E(\hat{b}) = \frac{1}{L_{xx}}\sum_{i=1}^{n}(x_i-\bar{x})E(y_i) = \frac{1}{L_{xx}}\sum_{i=1}^{n}(x_i-\bar{x})(a+bx_i) = b_\circ$$

这表明 $\hat{b}$ 是 b 的无偏估计量。且 $\hat{b}$ 的方差为 $D(\hat{b}) = \frac{1}{L_{xx}^2}\sum_{i=1}^{n}(x_i-\bar{x})^2 D(y_i) = \frac{\sigma^2}{L_{xx}}$,所以 $\hat{b} \sim N\left(b, \frac{\sigma^2}{L_{xx}}\right)$,即 $\dfrac{\hat{b}-b}{\dfrac{\sigma}{\sqrt{L_{xx}}}} \sim N(0,1)$。

同样可证,对于任意给定的 $x = x_0$,其对应的回归值 $\hat{y}_0 = \hat{a} + \hat{b}x_0$(它是 $a + bx_0$ 的点估计)适合

$$\hat{y}_0 = \bar{y} + \hat{b}(x_0 - \bar{x}) \sim N\left(a+bx_0, \left[\frac{1}{n} + \frac{(x_0-\bar{x})^2}{L_{xx}}\right]\sigma^2\right)_\circ$$

(2) 方差 σ^2 的估计及其分布

因为

$$E(L) = E\left[\sum_{i=1}^{n}(y_i-\bar{y})^2\right] = E\sum_{i=1}^{n}[(a+bx_i+\varepsilon_i)-(a+b\bar{x}+\bar{\varepsilon})]^2$$
$$= E\left[b^2 L_{xx} + \sum_{i=1}^{n}(\varepsilon_i-\bar{\varepsilon})^2 + 2b\sum_{i=1}^{n}(x_i-\bar{x})(\varepsilon_i-\bar{\varepsilon})\right]$$
$$= b^2 L_{xx} + (n-1)\sigma^2_\circ$$

由 U、$E(\hat{b})$ 及 $D(\hat{b})$ 可得

$$E(U) = E[\hat{b}^2 L_{xx}] = E(\hat{b}^2)L_{xx} = \{D(\hat{b}) + [E(\hat{b})]^2\}L_{xx} = \sigma^2 + b^2 L_{xx\circ}$$

又由于 $L = Q + U$ 及 $E(L)$、$E(U)$ 得

$$E(Q) = E(L) + E(U) = (n-2)\sigma^2,$$

从而说明了 $\hat{\sigma}^2 = \dfrac{Q}{n-2} = \dfrac{1}{n-2}\sum_{i=1}^{n}(y_i-\hat{y}_i)^2$ 是 σ^2 的无偏估计量。

由此可见,不论假设 H_0:"$b = 0$" 成立与否,$\dfrac{Q}{n-2}$ 是 σ^2 的一个无偏估计量;而 U 仅当假设 H_0 成立时,才是 σ^2 的一个无偏估计量,否则它的期望值大于 σ^2。说明比值

$$F = \frac{U}{\dfrac{Q}{n-2}} = \frac{(n-2)U}{Q} \tag{9.23}$$

在假设 H_0 不成立时,有偏大倾向,也就是说,如果 F 取的值相当大,表明 x 对 Y 的线性影响很大。反之,如果 F 取的值很小,则没有理由认为 x 与 Y 之间有线性相关关系,这就是下面我们将采用 F 作为检验统计量的原因。

另外，由于 $\hat{a}$、$\hat{b}$ 是 a、b 的最小二乘估计，由 (9.17) 知

$$\sum_{i=1}^{n}(y_i - \hat{y}_i) = 0, \quad \sum_{i=1}^{n}(y_i - \hat{y}_i)x_i = 0。$$

这表明 $\hat{\sigma}^2$ 中的 n 个变量 $y_1 - \hat{y}_1, y_2 - \hat{y}_2, \cdots, y_n - \hat{y}_n$ 之间有两个独立的线性约束条件，故 $\hat{\sigma}^2$ 的自由度为 $n-2$。因此

$$\frac{(n-2)\hat{\sigma}^2}{\sigma^2} = \frac{Q}{\sigma^2} \sim \chi^2(n-2)。$$

3 F 检验

由以上讨论知，当 H_0："$b=0$" 成立时，$\dfrac{Q}{\sigma^2} \sim \chi^2(n-2)$；$\dfrac{U}{\sigma^2} \sim \chi^2(1)$，且二者相互独立，由此可得

$$F = \frac{\dfrac{U}{1}}{\dfrac{Q}{n-2}} = \frac{(n-2)U}{Q} \sim F(1, n-2)。 \tag{9.23'}$$

因此可用这个统计量 F 作为检验假设 H_0 的检验统计量。

对于给定的显著性水平 α，查自由度为 $(1, n-2)$ 的 F 分布的临界值表，得临界值 $F_\alpha(1, n-2)$。如果由实际观察值计算所得的 $F > F_\alpha(1, n-2)$，则否定假设 $H_0: b=0$，即认为 x、Y 间的线性相关关系显著。否则，不能否定 H_0，即认为线性相关关系不显著。

这种采用 F 检验法来对回归方程进行显著性检验的方法，称为**方差分析**。

在 F 检验中，U, Q 的计算公式如下：

$$\begin{cases} U = \hat{b}^2 L_{xx} = \hat{b} L_{xy}, \\ Q = L_{yy} - U, \end{cases} \tag{9.24}$$

其中 $\hat{b} = \dfrac{L_{xy}}{L_{xx}}$，见 (9.18') 式。

例3 对例1进行线性关系显著性检验。

解 $n=9$，根据所给的数据及公式 (9.22)，可计算得

$$U = \hat{b} L_{xy} = -1.175 \times (-70.5) = 82.84, \quad Q = L_{yy} - U = 85.50 - 82.84 = 2.66。$$

具体检验在如下的方差分析表上进行：

方差来源	平方和	自由度	平均平方和	F 值	显著性
回归 剩余	82.84 2.66	1 7	82.84 0.38	218.00	**
总和	85.48	8			

查 F 表，对 $\alpha = 0.01$，$F_{0.01}(1,7) = 12.25$。今 $F = 218.00 > F_{0.01}(1,7) = 12.25$，说明线性关系极显著。即回归方程是有意义的。

习题 9-3

1. 在某试验中，得到 x，y 的下列观察值：

x	-2.0	-1.8	-1.7	-1.6	-1.1	0.1	0.6	0.7	1.3	1.4
y	-6.1	-7.5	-3.9	-2.1	-2.1	-0.2	-0.5	3.8	6.9	7.2

(1) 求 y 对 x 的线性回归方程；(2) 检验线性关系的显著性。

2. 炼铝厂测得所产铸模用的铝的硬度 x 与抗张强度 y 数据如下：

x	68	53	70	84	60	72	51	83	70	64
y	288	293	349	343	290	354	283	324	340	286

(1) 求 y 对 x 的回归直线；(2) 检验所得回归直线的显著性。

3. 为了解身高与体重的关系，随机抽测身高分别为 155，157，159，161，163，165，167（单位：cm）的 15 岁男生 1~2 名的体重（单位：kg），见下表：

x（身高）	155	157	157	159	161	163	163	165	167
y（体重）	42	47	44	47	50	49	53	52	55

(1) 试建立体重与身高之间的线性关系的回归直线；(2) 试用 F 检验法检验回归方程是否显著（$\alpha = 0.05$）。

第 4 节　化非线性回归为线性回归

前面讨论的线性回归问题，是在回归模型为线性这一基本假定下给出的，然而在实际问题中还经常碰到非线性回归的情形，这时因变量 y 与自变量 x 之间的统计相关关系呈现出某种非线性关系。在此，对非线性关系的变量之间的关系，只讨论其化为线性回归的方法，且仅对某些常见的可化为线性回归问题来讨论，阐明解决这类问题的基本思想和方法。

例 一只红铃虫的产卵数与温度有关，下表是产卵数 y 与温度 x 的一组数据，研究 y 与 x 之间的关系。

温度 x	21	23	25	27	29	32	35
产卵数 y	7	11	21	24	66	115	325

解 根据表中的数据描出散点图如下。

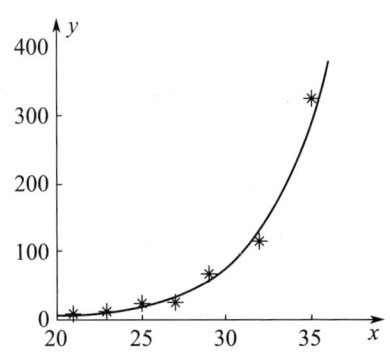

图 9 - 2

从图上可看出 y 与 x 间的关系是非线性的，根据 y 与 x 的变化规律，用指数函数的图形来拟合，将能得出较好的变化关系。于是，假定 y 与 x 之间有如下数据关系式

$$y_i = de^{bx_i + \varepsilon_i}(i = 1, 2, \cdots, 7) 。 \tag{9.25}$$

令 $y'_i = \ln y_i$，$\ln d = a$，则对 (9.25) 两边取对数，就化为线性模型

$$y'_i = a + bx_i + \varepsilon_i (i = 1, 2, \cdots, 7) 。 \tag{9.25'}$$

故可将非线性回归问题转化为线性回归问题来解决。

根据表中所给的数据，可计算出 y'_i 与 x 之间的回归方程为

$$\hat{y}' = -3.8485 + 0.2720x,$$

从而可得

$$\hat{y} = e^{-3.8485 + 0.272x} = 0.0213 e^{0.272x} 。$$

对于方程 $\hat{y}' = -3.8485 + 0.272x$，可计算得 $F = 329.5766 > F_{0.01}(1,5) = 16.26$，故线性回归方程 $\hat{y}' = -3.8485 + 0.272x$ 是极显著的。从而，方程 $\hat{y} = 0.0213 e^{0.272x}$ 也极显著地反映了 y 与 x 之间的变化规律。

由此例可知，对试验数据选用拟合曲线大致可分为以下两个步骤：

（1）确定变量 y 与 x 之间内在关系的函数类型。这主要是从散点图的分布情况及其特点选择适当的曲线来拟合这些试验数据，如上例。另一方面也可以根据专业知识来确定两变量间的函数类型。如，在生物生长或物质蜕变的现象中，常常是指数关系：

$y = ae^{bx}$。

（2）确定 y 与 x 相关函数中的未知参数。这时，对许多类型的函数，总是先通过变量变换，非线性的函数关系化为线性关系。

要选择合适的曲线类型并不是一件容易的事。为便于读者确定曲线类型，下面列举常用的几种曲线图形及其相应的变量变换公式，供参考。

1 双曲线 $\dfrac{1}{y} = a + \dfrac{b}{x}(a > 0)$

令 $y' = \dfrac{1}{y}$，$x' = \dfrac{1}{x}$，则有 $y' = a + bx'$。

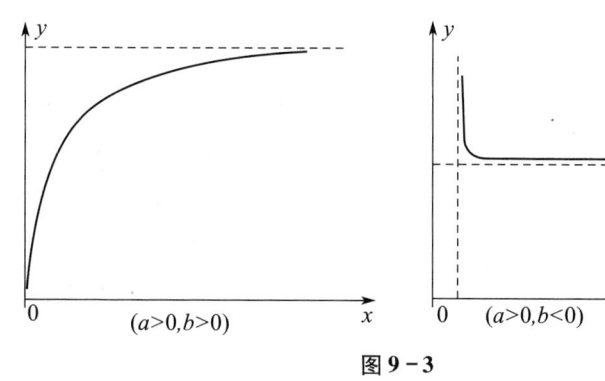

图 9-3

2 幂函数 $y = dx^b (d > 0, x > 0)$

令 $y' = \lg y$，$x' = \lg x$，$a = \lg d$，则有 $y' = a + bx'$。

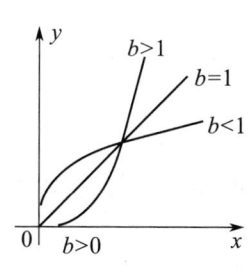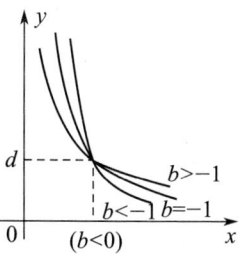

图 9-4

3 指数函数 $y = de^{bx} (d > 0)$

令 $y' = \ln y$，$a = \ln d$，则有 $y' = a + bx$。

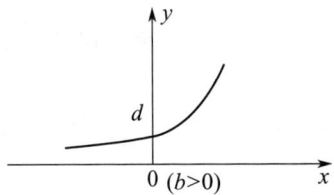 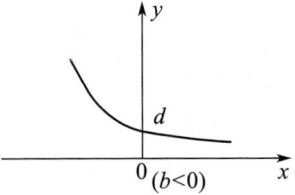

图 9 - 5

4 指数函数 $y = de^{\frac{b}{x}}$ $(d > 0)$

令 $y' = \ln y$,$x' = \dfrac{1}{x}$,$a = \ln d$,则有 $y' = a + bx'$。

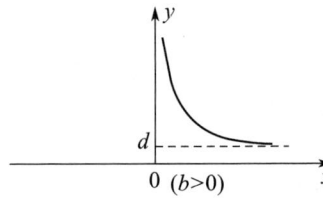 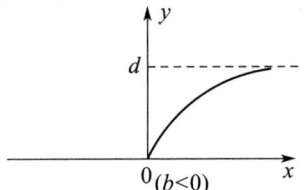

图 9 - 6

5 对数曲线 $y = a + b\lg x$ $(x > 0)$

令 $x' = \lg x$,则有 $y = a + bx'$。

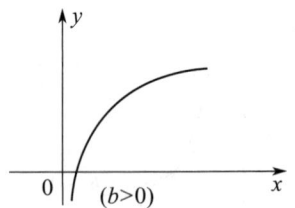 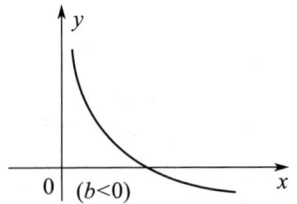

图 9 - 7

6 S 型曲线 $y = \dfrac{1}{a + be^{-x}}$ $(a, b > 0)$

令 $y' = \dfrac{1}{y}$,$x' = e^{-x}$,则有 $y' = a + bx'$。

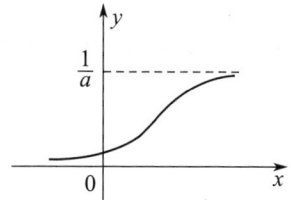

图 9-8

经过上述各种变换，都把曲线公式转化为线性回归方程，从而可以用"最小二乘法"求得回归曲线，而且用上述方法求出的各种回归曲线都可以称之为回归方程。

习题 9-4

1. 据观察小麦产量 y 与五月下旬降水量 x 的数据如下表，试建立关系式 $\hat{y} = \dfrac{x}{a+bx}$。

x	12.9	1.6	50.5	9.1	8.9	27.3	15.4	32.1	6.2	28.1
y	100	73	106	92	110	98	105	119	83	117
x	16.8	17	3.7	1.2	4.2	12.3	45.7	16.6	44.0	22.3
y	85	116	83	69	52	111	114	118	117	99

2. 试由下表中的数据求回归曲线 $\hat{y} = dc^x$。

x	3.82	3.36	2.91	2.49	1.92	1.49	1.05	0.67
y	0.002	0.005	0.01	0.02	0.05	0.1	0.2	0.5

3. 利用下面数据求回归曲线 $\hat{y} = de^{bx}$。

x	0	1	2	3	4	5
y	1.0	1.1	3.0	4.9	7.5	12.5

第 5 节 多元线性回归简介

在实际问题中，随机变量 y 往往与多个普通变量 $x_1, x_2, \cdots, x_n (n>1)$ 有关。对于自变量 $x_1, x_2, \cdots, x_n$ 的一组确定的值，y 有它的分布。若 y 的数学期望存在，则它是 $x_1, x_2, \cdots, x_n$ 的函数，记作 $\mu(x_1, x_2, \cdots, x_n)$，它就是 y 关于 $x_1, x_2, \cdots, x_n$ 的回归。这里仅讨论多元线性回归模型。

$$Y = a + b_1 x_1 + b_2 x_2 + \cdots + b_n x_n + \varepsilon, \varepsilon \sim N(0, \sigma^2), \qquad (9.26)$$

其中 $a, b_1, b_2, \cdots, b_n, \sigma^2$ 都是与 $x_1, x_2, \cdots, x_n$ 无关的未知参数。

9.5.1 最小二乘法

设 $x_1, x_2, \cdots, x_n, y$ 有一组观察值（样本）：$(x_{i1}, x_{i2}, \cdots, x_{in}, y_i)(i = 1, 2, \cdots, m)$。这里仍用"最小二乘法"来确定参数，即取 $\hat{a}, \hat{b}_1, \hat{b}_2, \cdots, \hat{b}_n$，使当 $a = \hat{a}, b_j = \hat{b}_j (j = 1, 2, \cdots, n)$ 时使离差平方和

$$Q = \sum_{i=1}^{m} (y_i - a - b_1 x_{i1} - b_2 x_{i2} - \cdots - b_n x_{in})^2 \qquad (9.27)$$

达到最小。

为了书写方便，以下把"和号" $\sum_{i=1}^{m}$ 简记为 $\sum$。

根据微积分中极值原理知，最小二乘估计 $\hat{a}, \hat{b}_1, \hat{b}_2, \cdots, \hat{b}_n$ 是下列方程组的解。

$$\begin{cases} \dfrac{\partial Q}{\partial a} = -2 \sum (y_i - a - b_1 x_{i1} - \cdots - b_n x_{in}) = 0, \\ \dfrac{\partial Q}{\partial b_j} = -2 \sum (y_i - a - b_1 x_{i1} - \cdots - b_n x_{in}) x_{ij} = 0 (j = 1, 2, \cdots, n) \end{cases} \qquad (9.28)$$

整理得

$$\begin{cases} ma + b_1 \sum x_{i1} + b_2 \sum x_{i2} + \cdots + b_n \sum x_{in} = \sum y_i, \\ a \sum x_{i1} + b_1 \sum x_{i1}^2 + b_2 \sum x_{i1} x_{i2} + \cdots + b_n \sum x_{i1} x_{in} = \sum x_{i1} y_i, \\ \cdots\cdots\cdots\cdots\cdots\cdots\cdots\cdots\cdots\cdots\cdots\cdots\cdots\cdots\cdots \\ a \sum x_{in} + b_1 \sum x_{in} x_{i1} + b_2 \sum x_{in} x_{i2} + \cdots + b_n \sum x_{in}^2 = \sum x_{in} y_i \end{cases} \qquad (9.29)$$

此方程组 (9.29) 称为**正规方程组**。解此方程组就可以求得参数 $a, b_1, b_2, \cdots, b_n$ 的回归值 $\hat{a}, \hat{b}_1, \hat{b}_2, \cdots, \hat{b}_n$。为了求解方便，我们将 (9.29) 式写成矩阵的形式。

令

$$X = \begin{pmatrix} 1 & x_{11} & x_{12} & \cdots & x_{1n} \\ 1 & x_{21} & x_{22} & \cdots & x_{2n} \\ \cdots & \cdots & \cdots & \cdots & \cdots \\ 1 & x_{m1} & x_{m2} & \cdots & x_{mn} \end{pmatrix}, Y = \begin{pmatrix} y_1 \\ y_2 \\ \vdots \\ y_m \end{pmatrix}, B = \begin{pmatrix} a \\ b_1 \\ \vdots \\ b_n \end{pmatrix}。$$

由于矩阵 $X^T X$ 与 $X^T Y$ 就是正规方程组 (9.29) 的系数矩阵和常数项列向量，B 就是参数 $a, b_1, b_2, \cdots, b_n$ 的列向量，正规方程组可写成矩阵形式

$$X^T X B = X^T Y, \tag{9.29'}$$

所以，参数 $a, b_1, b_2, \cdots, b_n$ 的回归值 $\hat{a}, \hat{b}_1, \hat{b}_2, \cdots, \hat{b}_n$ 为

$$\hat{B} = \begin{pmatrix} \hat{a} \\ \hat{b}_1 \\ \vdots \\ \hat{b}_n \end{pmatrix} = (X^T X)^{-1} X^T Y \text{。} \tag{9.30}$$

方程
$$\hat{y} = \hat{a} + \hat{b}_1 x_1 + \hat{b}_2 x_2 + \cdots + \hat{b}_n x_n \tag{9.31}$$

称为 n 元线性回归方程，简称回归方程。

例 1 测定 13 块籼稻高产田的每亩穗数（x_1，单位：万个），每穗实粒数（x_2）和每亩稻谷产量（y，单位：500 克），得结果见下表，试建立每亩实粒数对亩产的二元线性回归方程。

x_1	26.7	31.3	30.4	33.9	34.6	33.8	30.4	27.0	33.3	30.4	31.5	33.1	34.0
x_2	73.4	59.0	65.9	58.2	64.6	64.6	62.1	56.4	64.5	64.1	61.1	56.0	59.8
y	1 008	959	1 051	1 022	1 097	1 103	992	945	1 074	1 029	1 004	995	1 045

解 根据正规方程组（9.31）及上表中的数据，可计算得 $\begin{cases} \hat{b}_1 = 15.572\ 9, \\ \hat{b}_2 = 7.120\ 1, \\ \hat{a} = 89.826\ 7 \text{。} \end{cases}$ 故所求二元回归方程为 $\hat{y} = 89.826\ 7 + 15.572\ 9 x_1 + 7.120\ 1 x_2$。

9.5.2 相关性检验

由于 σ^2 的无偏估计量为
$$\hat{\sigma}^2 = \frac{Q}{m - n - 1}, \tag{9.32}$$

将总的离差平方和 $L_{yy} = \sum (y_i - \bar{y})^2$ 进行分解可得 $L_{yy} = Q + U$，其中

$$Q = \sum (y_i - \hat{y}_i)^2, U = \sum (\hat{y}_i - \bar{y})^2 \text{。}$$

这里 Q 叫做剩余（残差）平方和，其自由度为 n，U 叫做回归平方和，其自由度为 $m - n - 1$。检验假设 $H_0: b_1 = b_2 = \cdots = b_n = 0$ 是否成立。

可以证明，在 H_0 成立时

$$F = \frac{U/n}{Q/(m - n - 1)} \sim F_\alpha(n, m - n - 1) \text{。} \tag{9.33}$$

由此可用 F - 检验法检验线性关系的显著性。

如果 $F > F_{0.05}$，则可以认为 y 与 $x_1, x_2, \cdots, x_n$ 之间的线性相关关系显著；如果 $F > F_{0.01}$，则可以认为 y 与 $x_1, x_2, \cdots, x_n$ 之间的线性相关关系特别显著。否则可以认为 y 与 $x_1, x_2, \cdots, x_n$ 之间不存在线性相关关系，所建立的线性回归方程是不显著的。

例 2 对例 1 的回归方程的显著性进行检验。

解 经过计算得
$$U = 23\,510, Q = L_{yy} - U = 4\,734.6, F = 24.828\,4 > F_{0.01}(2,10) = 7.56。$$
所以，所求二元线性回归方程线性极显著。

习题 9-5

1. 某产品每件平均单价 y（元）与批量 x（件）之间的关系有如下一组数据，试建立二次曲线回归方程
$$y = a + b_1 x + b_2 x^2。$$

x	20	25	30	35	40	50	60	65	70	75	80	90
y	1.81	1.70	1.65	1.55	1.48	1.40	1.30	1.26	1.24	1.21	1.20	1.18

（提示：可令 $x_1 = x, x_2 = x^2$ 则化为二元线性回归方程）

2. 下表是 20 头南阳黄牛（成母牛）的体长、胸围和体重资料，试求体重表示成体长和胸围变化的线性回归方程。

体重 y（kg）	430	481	484	501	419	393	382	351	406	422
体长 x_1（cm）	138	145	155	148	136	143	140	141	139	136
胸围 x_2（cm）	186	165	178	185	176	166	166	160	170	171
体重 y（kg）	452	403	451	397	387	420	387	468	405	433
体长 x_1（cm）	140	134	138	134	138	141	137	146	139	142
胸围 x_2（cm）	178	171	182	169	161	170	167	183	172	175

复习参考题九

1. 对储藏粮食的含水率抽样检验。采用四种不同的方法储藏粮食，一段时间后，分别抽样化验，得到含水率数据如下表：

储藏方法	I	II	III	IV
含水率	7.3	5.8	8.1	7.9
	8.3	7.4	6.4	9.0
	7.6	7.1	7.0	
	8.4			
	8.3			

问:这四种不同的储藏方法对粮食的含水率是否有显著影响。

2. 在制造混凝土中,水泥和砂的比例是一定的,为了增加混凝土的防水力可以按一定比例加入未完全燃烧的石灰粉末,下面数据是按不同比例加入石灰粉末后作成混凝土柱测得破断强力数据:

粉末百分比	破断强力				平均
0%	1 690	1 580	1 745	1 685	1 675
0.05%	1 550	1 445	1 645	1 545	1 546.5
0.10%	1 625	1 450	1 510		1 528.3
0.50%	1 725	1 550	1 430	1 445	1 537.5
1.00%	1 530	1 545	1 565	1 520	1 540

试检验石灰粉末百分比不同是否使破断强力产生显著差异。

(提示:可以对所给数据作变换,如令 $y = (x-b)/a$,并不影响显著性)。

3. 三台机器制造一种产品,记录五天的产量如下:

机器	I	II	III
日产量	138	163	155
	144	148	144
	135	152	159
	149	146	147
	143	157	153

检验这三台机器的日产量是否有显著差异。

4. 已知水平数 $r=3$,$SS_A=36$,$SS_E=18$,当 $\alpha=0.01$ 时认为有显著影响,问总观测次数至少应为多少?

5. 分析 A 的不同水平对 X 的影响,进行方差分析,已知水平数为 5,$SS_A=65$,$SS_E=20$,求出可以认为有显著影响的 α 值。

6. 四个工人分别操作三台机器各一天,日产量如下表:

工人\机器	B_1	B_2	B_3
A_1	50	60	55
A_2	47	55	42
A_3	48	52	44
A_4	53	57	49

试检验工人和机器对产品产量是否有显著影响。

7. 某种化工过程在三种浓度、四种温度下试验得到如下数据:

浓度＼温度	10℃		24℃		38℃		52℃	
2	14	10	11	11	13	9	10	12
4	9	7	10	8	7	11	6	10
6	5	11	13	14	12	13	14	10

试检验：在显著性水平 $\alpha = 0.05$ 及 $\alpha = 0.01$ 下，两种因素的效应及交互作用的效应。

8. 在十组母女中，测得她们的身高（单位：cm）数据如下：

x（母身高）	159	160	160	163	159	154	159	158	159	157
y（女身高）	158	159	160	161	161	155	162	157	162	156

试求 y 对 x 的回归直线方程及 x 对 y 的回归直线方程，并检验线性关系的显著性。

9. 气体在容器中被吸收的比率与气体的温度 x_1 和吸收液体的蒸气压力 x_2 有关，其数学模型为 $y = a + b_1 x_1 + b_2 x_2$。试由下列实测数据求回归方程。

x_1	78	113.5	130	154	169	187	206	214
x_2	1	3.2	4.8	8.4	12	18.5	27.5	32
y	1.5	6	10	20	30	50	80	100

10. 试证明：在一元线性回归分析中，统计量 F 与 x、y 之间的相关系数 r 有如下换算关系

$$F = (n-2) \frac{r^2}{1-r^2}。$$

第 10 章*
SPSS 简介

SPSS（Statistics Package for Social Science）是目前世界上最优秀的统计分析软件之一。SPSS 已广泛应用于自然科学、社会科学中，其中涉及的领域包括工程技术、应用数学、经济学、商业、金融、生物学、医疗卫生、体育、心理学、农林等。SPSS 可以对各种数据如数值型、字符型、逻辑型等进行统计分析。SPSS 除了功能强大、应用广泛的优点之外，还具有通用的 Windows 的窗口方式和友好的操作界面；直观易懂的图表输出；拥有全面生动的帮助等突出优势。对于一般的用户，只要会基本的 Windows 操作和有数理统计的初步知识，就能使用该软件进行一般的统计工作，但要更准确、更深入、更专业地使用和理解 SPSS，需要更专业的数理统计的知识。

用 SPSS 对数据进行统计处理大致包含以下过程：

（1）首先将数据录入成 SPSS 的数据文件。SPSS 也可以导入其他格式的数据文件。

（2）对数据文件进行必要整理，为分析做好准备。

（3）分析统计对象，选择合适、准确的统计方法，利用相应的 SPSS 统计分析过程对编辑好的数据文件进行统计处理。

（4）调整、分析 SPSS 输出的统计结果（包括文本、报表和图形等）。

（5）最后将结果输出、存盘、打印。

第 1 节 数据文件

10.1.1 数据文件的建立

输入数据、建立数据文件是利用 SPSS 进行统计分析的前提。在 SPSS 中，建立数据文件通过数据编辑器 "SPSS Data Editor" 来实现。数据编辑器有两种视图：数据视图 "Date

View"、变量视图"Variable View",如图 10-1 所示。首先,在"Variable View"中定义新变量,然后在"Date View"输入样本观测值。

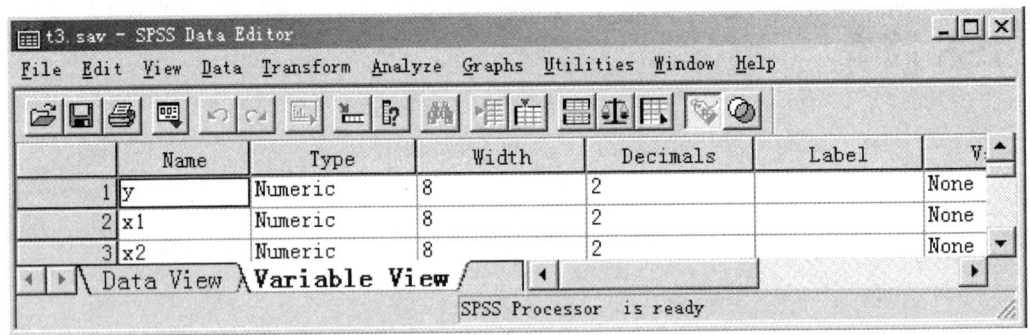

图 10-1　数据编辑器窗口

1　变量的定义

在 SPSS 中变量有八个属性:变量名"Name"、类型"Type"、宽度"Width"、小数位"Decimals"、标签"Label"、值标签"Values"、缺失值"Missing"、列宽"Columns"、对齐方式"Align"、测定水平"Measure"。数据类型选择和格式定义窗口如图 10-2 所示。各属性分别介绍如下:

(1) 变量名"Name"

在 SPSS 中,变量命名遵守如下规则:

● 名称长度不多于 8 个字符。

● 首字符必须为字母,可以接受中文。

● 首字符外的其他字符必须为数字或除"?"、"!"、"-""+"、"="和"*"以外的字符。

● 末字符不能为小圆点"."和下划线"_"。

● 名称不能和 SPSS 的关键字相同。SPSS 中的关键字有:AND、BY、EQ、GE、GT、LT、NE、NOT、OR、TO、WITH、ALL。

● 不区分大小写。

(2) 类型"type"、宽度"width"和小数位"Decimals"

在 SPSS 中,变量有三种基本类型:数值型、字符串型、日期型,其中数值型又分为六小类:Numeric、Comma、Dot、Scientific notate、Dollar、Custom currency,所以变量共有八种类型。变量宽度指显示时变量所占的宽度,宽度单位为字符。小数点和其他分界符都

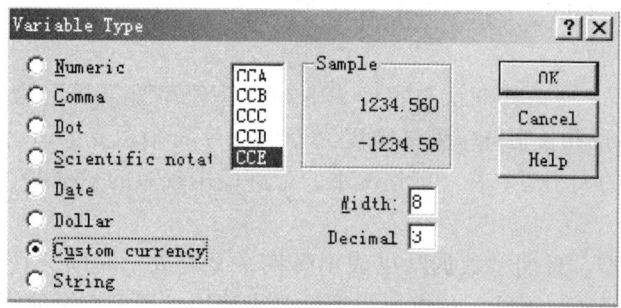

图 10-2　变量类型窗口

包含在变量宽度之内。

- Numeric

Numeric 类型通常称为标准数值型，显示时，默认宽度 8 位，小数点后 2 位，小数点用小圆点"."表示。

- Comma

Comma 类型为带逗号的数值类型。显示时，变量值的整数部分自右向左每三位用一个逗号","分开，小数点用小圆点"."表示，和标准数值型类似。当不指定变量宽度时，Comma 型采用系统默认宽度（总宽度为 8 位，小数点后为两位）。

- Dot

Dot 类型为圆点数值型。其默认宽度和标准数值型、Comma 型相同，均为 8.2 型。和 Comma 型正好相反，圆点数值型中用逗号","表示小数点，而整数部分自右向左每三位用小圆点"."分隔。

- Scientific notate

Scientific notate 表示科学计数法型。对于数值很大或很小的变量值，采用科学技术法显示和输入是最为合适的。这种类型既可有指数部分，也可没有指数部分；即可用"E"也可用"D"表示指数，甚至连"D"、"E"都不用，而只采用指数部分的"+"和"-"来区分基数部分和指数部分。该种数据类型的默认宽度也是 8.2 型。

- Dollar

Dollar 为带美元符号的数值类型。在显示时，有效数字前带有美元符号"$"；用小圆点"."代表小数点，用逗号","作整数部分的分隔符或者采用科学计数法表示。该种数据类型的默认宽度也是 8.2 型。如果输入数据的宽度不超过定义的宽度时，SPSS 将自动转换为逗号分隔符格式；当数据宽度超过变量定义宽度时，则自动转换为科学计数法格式。

- Custom currency

Custom currency 为自定义类型。自定义类型是用户根据自己工作需要、爱好而设置的数据类型，可通过"Edit"下拉式菜单中的"Options…"完成。

- String

String 型为字符串型，其默认总宽度为 8 位。字符串型又可分为两类：短字符串型（宽度小于或等于 8）和长字符串型（宽度大于 8）。字符串型变量不能参与运算。在 SPSS 中，区分字符串中的大小写。在一般情况下，最好使用较短的字符串。

- Date

Date 型为日期型。日期型数据既可表示日期，又可表示时间。日期型数据只能按照指定的格式输入和显示，不能直接参与运算。要想使用日期型变量的值进行计算，必须通过日期函数转换后才可以进行。

(3) 变量的格式

变量的格式包括变量的列宽度"Columns"、对齐方式"Align"和缺失值"Missing"。

- 列宽度"Columns"

这里所说的列宽度（Columns）和定义变量类型时指定的宽度（Width）是不同的。这里所说的变量的列宽度指 SPSS 为变量所在列划分的宽度。而定义变量类型时指定的宽度指变量值在实际编辑器中显示时所占的宽度。

- 对齐方式"Align"

变量显示的对齐方式有三种：左对齐（Left）、中间对齐（Center）和右对齐（Right）。一般来说，数值型变量的默认对齐方式为右对齐，而字符串类型的默认方式为左对齐。

- 缺失值"Missing"

变量的缺失值是指当用户不输入变量的观测值时，或者变量的观测值超出定义的某个范围时采用的默认值。在实际的统计工作中，采用缺失值是比较常见的，原因也是多方面的，比如，记录数据时出现漏记或误记、问卷调查中某些答卷者拒绝回答某些问题，都会出现观测值缺失现象。虽然某个观测量的一些观测值缺失，但该观测量记录的其他观测值还可用于其他统计。当数据记录失误时，比如记录中人的体温达到 60℃，这显然是错误的，这时，如果给变量设置了缺失值，统计处理时，将采用缺失值。缺失值只能用于某些特殊处理，往往不能参与大多数运算。

在 SPSS 中，字符串型变量的默认缺失值为空格，数值型变量的默认缺失值为 0。在"Variable View"中单击变量方框中的"Missing"属性按钮，打开如图 10-3 所示的窗口，允许用户自己选择缺失值的处理方式。用户定义缺失值的方式有 4 种：无缺失值"NO missing values"、离散缺失值"Discrete missing values"、定义缺失值范围"Rang of missing values"、一个范围加一个离散值"Range plus one optional discrete missing values"。

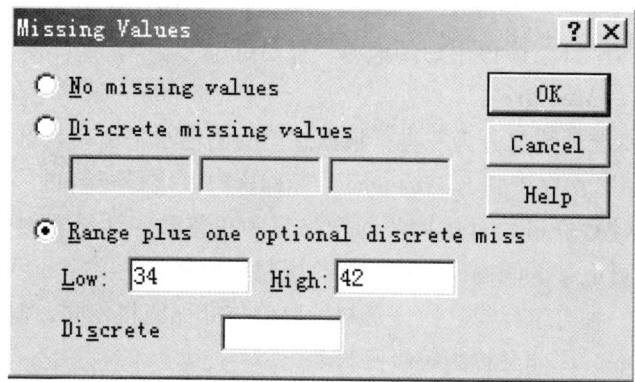

图 10-3 "Missing Value" 窗口

(4) 变量标签

定义变量标签有两项内容：变量标签"Label"、变量值标签"Values"。"Label"用于注释变量名含义，"Values"用于注释变量各值代表的数据范围和含义。

用户可以通过变量的标签查看变量的具体意义。在统计分析的结果中，SPSS 也会在变量对应的位置上用变量的标签来代替变量名称，以便得到更加可读的结果。变量标签弥补了变量名宽度的限制。定义、修改变量名标签在"Variable View"中"Label"列对应单元格中直接输入。

变量值的标签和变量的标签类似，即对变量可能的取值做进一步的说明。同样，变量值标签为可选项，既可定义，也可不定义，既可为英文，也可为中文。

在"Variable View"中"Values"列对应单元格中的按钮，打开定义变量值标签的窗口。如图 10-4 所示，变量"性别"有两个可能取值："1"和"2"，其中值"1"的

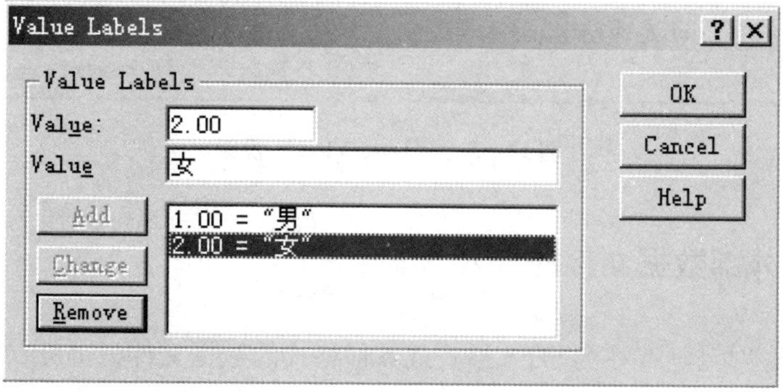

图 10-4 定义变量值标签窗口

标签为"男","2"的标签为"女"。在最后的统计结果中,在值"2"应该出现的地方,用"女"代替;在值"1"应该出现的地方,显示标签"男",这样便于阅读。

(5) 测量水平"**Measure**"

在 **SPSS** 中,将统计数据分为三类,根据它们的测定水平由高到低排列如下:"Scale"定量资料、"Ordinal"次序资料、"Nominal"标称资料。定量资料进一步细分为计数资料和计量资料两类,计数资料的具体取值通常是零和正整数,计量资料的具体取值通常是零、正数、负数,可取某区间内所有值。标称资料取值通常为文字、字母、代号,不代表数量的大小,只是一种分组标志。次序资料的取值与标称资料相同,但不同取值间有半定量关系,可按其排序,因此又称为等级资料。

2 变量值的录入

在数据视图"Date View"(如图 10-5 所示)中进行观测量的录入、编辑和整理。表格中每一列为一个变量,相当于数据库中的一个字段;每一行记录一个观测量,相当于数据库中的记录,其编辑操作方式类似于 Microsoft Excel。详细操作方法可参考"Edit"菜单项,也可通过"Help"菜单项寻求帮助。

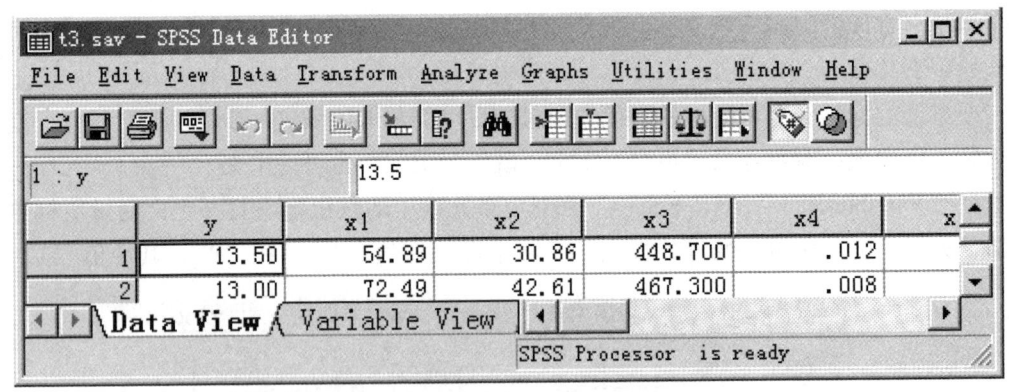

图 10-5   "Date View"视图

10.1.2 外部数据文件的导入

在 SPSS 中,对已经存在的 SPSS 格式或其他格式的数据文件,也可以导入到数据编辑器中。导入外部数据文件有如下三种方式。

1 直接打开

SPSS 10.0 的版本可以直接读入许多格式的数据文件，选择菜单"File"→"Open"→"Data"或直接单击工具栏上的按钮，系统就会弹出"Open File"窗口，如图 10-6 所示。单击"文件类型"列表框，在里面能看到可直接打开的数据文件格式，包括各版本 SPSS 数据文件、EXCEL 数据文件、Lotus 数据文件、SYLK 数据文件、dBase 数据文件、Text 文件、data 文件等。

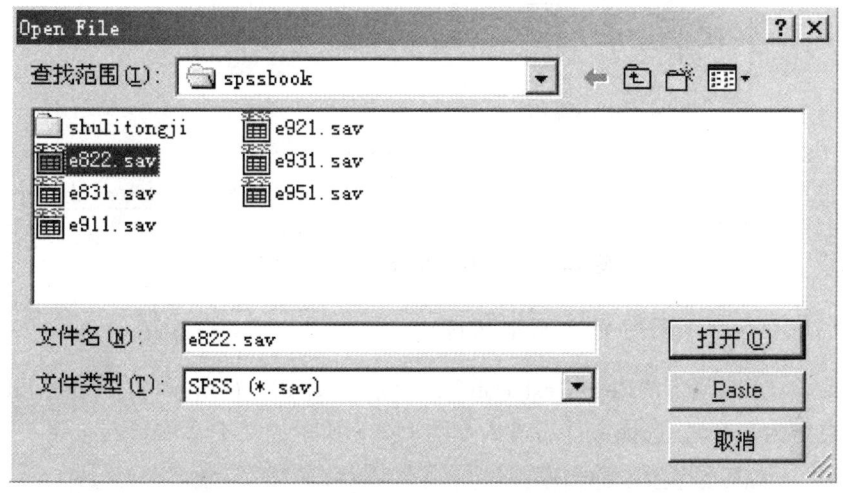

图 10-6　"Open File"窗口

2 使用数据库查询打开

SPSS 通过 ODBC（Open Database Capture）的数据接口，应用程序可以直接访问以结构化查询语言（SQL）为数据访问标准的数据库管理系统。该接口被大多数数据库软件和办公软件（如 MS Office）支持。ODBC 数据引擎是独立于各种应用软件，直接安装到 Windows 系统中的。

选择菜单"File"→"Open Database"→"New Query"系统会弹出数据库向导"Database Wizard"，如图 10-7 所示。将帮助你完成数据库驱动程序、所需的数据源等一系列步骤，直至将数据读入 SPSS 中。

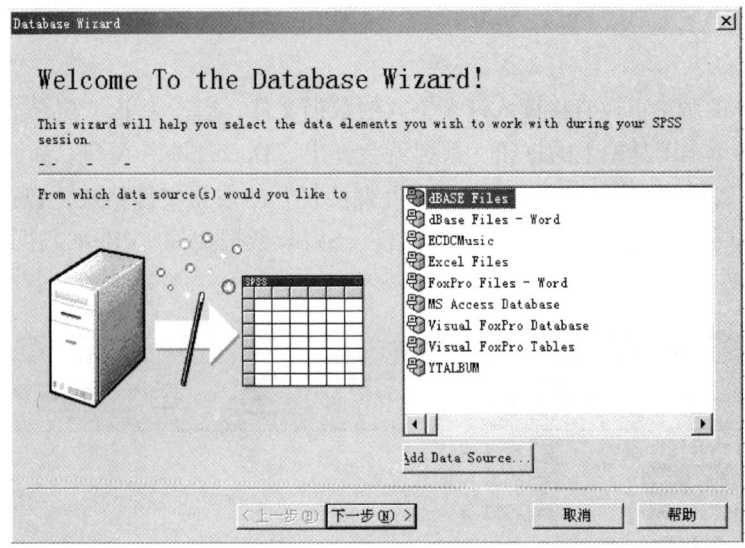

图 10-7 "Database Wizard"窗口

3 使用文本导入向导导入文本文件

选择菜单"File"→"Read Text Date",出现如图 10-6 所示的"Open File"窗口,默认文件类型为 *.txt,选择文件后进入如图 10-8 所示的文本文件导入向导"Text Import

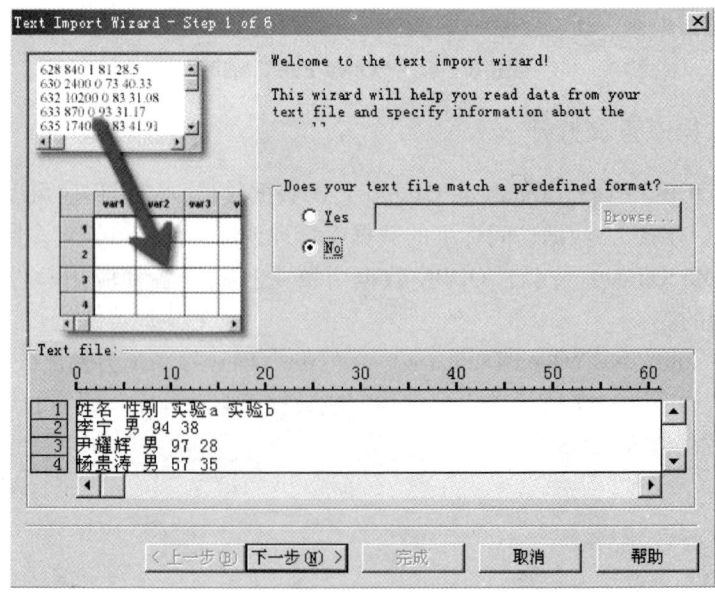

图 10-8 "Text Import Wizard"窗口

Wizard",向导指导你选择变量组织、导入数据量、格式等的设置,直至将数据正确读入 SPSS 中。

10.1.3 数据文件整理

在许多情况下,在 SPSS 的分析过程和输出之前,往往要求对数据按特殊的要求进行整理。数据文件整理主要是关于数据文件的排序、排秩、行列转换、合并、分割、计算、筛选、加权等。

1 观测量的分类排序

为了便于查找数据,在进行统计计算前,有时需要按照某一个变量的值对所有的观测量进行排序。在数据编辑器中,排序通过"Data"菜单中的"Sort Cases…"来完成。

单击"Sort Cases…"项,将打开如图 10-9 所示的"Sort Cases"窗口。窗口中左边为数据变量框;"Sort by"框中显示选定的排序变量,当选择多个变量作为排序变量时,按顺序决定排序级。"Sort Order"框设置决定按"升序"还是"降序"排列。其中,"Ascending"为升序,"Descending"为降序。

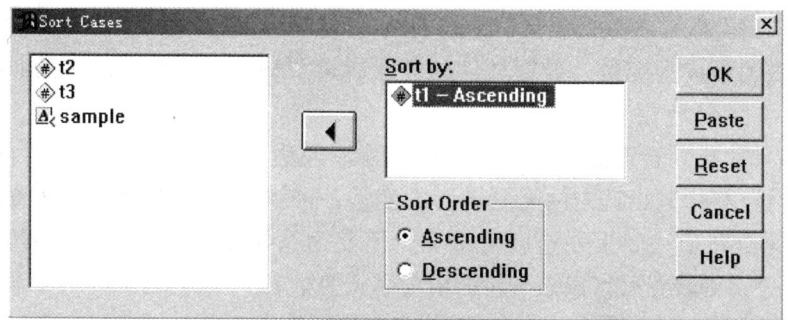

图 10-9 "Sort Cases"窗口

2 变量值的排秩

某变量的秩变量表示变量的分类排序名次。求变量秩的工作可由"Transform"菜单下的"Rank Cases…"项实现。求得的秩序在数据编辑窗口中建立一个新变量保存。"Rank Cases"窗口如图 10-10 所示。在窗口的左边,列出了所有的数值型变量;"Variable(s)"框中为选定需要生成秩变量的变量;"By"框中列出了分类变量;"Assign Rank 1 to…"栏确定变量的排序顺序(升序或降序)。单击"Rank Types…"按钮将打开选择排秩方式窗口。单击"Ties…"按钮将打开秩处理方式窗口。

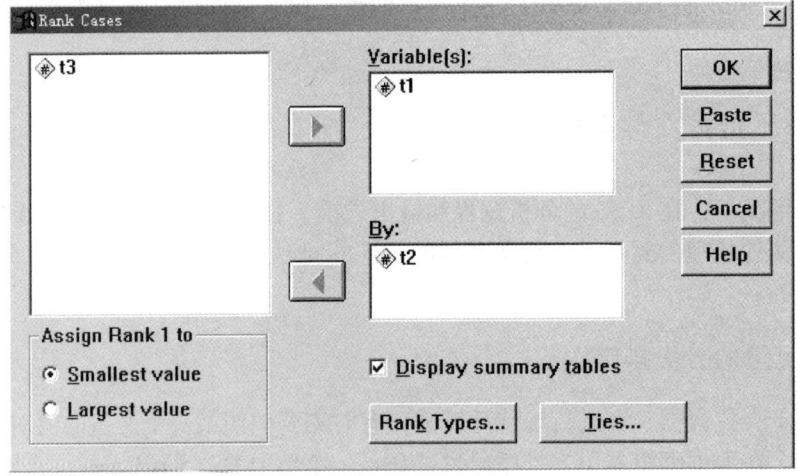

图 10-10　"Rank Cases…"窗口

3　数据文件的转置

数据文件的转置是将数据编辑器中的表格行列互换。经转置后，原来的变量成为观测量；原来的观测量成为变量。数据文件的转置通过"Data"菜单下的"Transpose…"项完成的。

"Transpose"行列转置窗口如图 10-11 所示。左边的框列出了数据文件的所有变量。"Variable（s）"栏中列出选定的需要转置的变量，未被选中的变量将在转置后消失。字符型变量将无法转换。如果强迫转置，变量值变为系统缺失值。把某变量选入"Name Variable"框中，则转置后将以该变量的值命名新变量名。

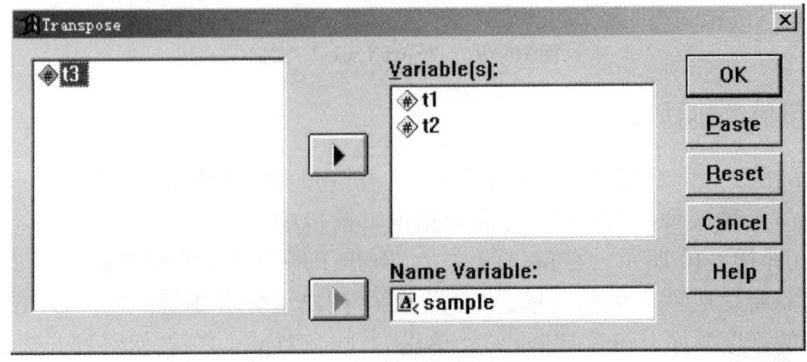

图 10-11　"Transpose"窗口

4 数据文件合并

数据文件合并是将某处的外部文件与当前数据文件合并成一个新的工作数据。数据文件合并分为两种：纵向合并和横向合并。纵向合并指从外部文件中增加观测量到当前文件中，这要求参与合并的两个数据文件有相同的变量；横向合并指从外部文件中增加变量到当前数据文件中，这要求参与合并的两个文件有相同的观测量。

在"Data"→"Merge Files"项下有两个项"Add Cases…"和"Add Variables"，分别实现纵向合并和横向合并。

首先，无论纵向合并还是横向合并，都要先选择外部文件，如图 10-12 所示。

其次，对于"Add Cases…"纵向合并，将打开"Add case from…"窗口，如图 10-13 所示。

"Variables in New Working Data File"框中列出了两个文件中变量名和变量类型都相同的变量，其中字符串型变量后带有"<"符号。

"Unpaired Variables"框中列出了两个文件中所有不匹配的变量。其中，变量名后标有"*"的为当前文件中的变量，标"+"的为外部文件中的变量。两个文件中凡是变量名称和类型不完全相同的变量都被视为不匹配变量。结合光标和"Shift"、"Ctrl"键，在"Unpaired Variables"框中选中一对变量进行配对（两个变量应该为同一类型），再单击"Pair"按钮，则这两个变量将进入到"Variables in New Working Data File"框中，两变量名间加"&"。

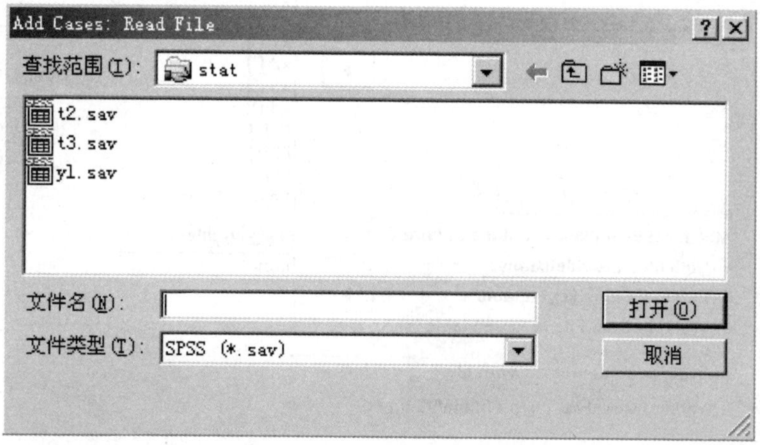

图 10-12 "Read File"窗口

对于没有选取入"Variables in New Working Data File"框中的变量，在合并后产生的新数据文件中将不再存在。

"Rename"可以将变量名更名。

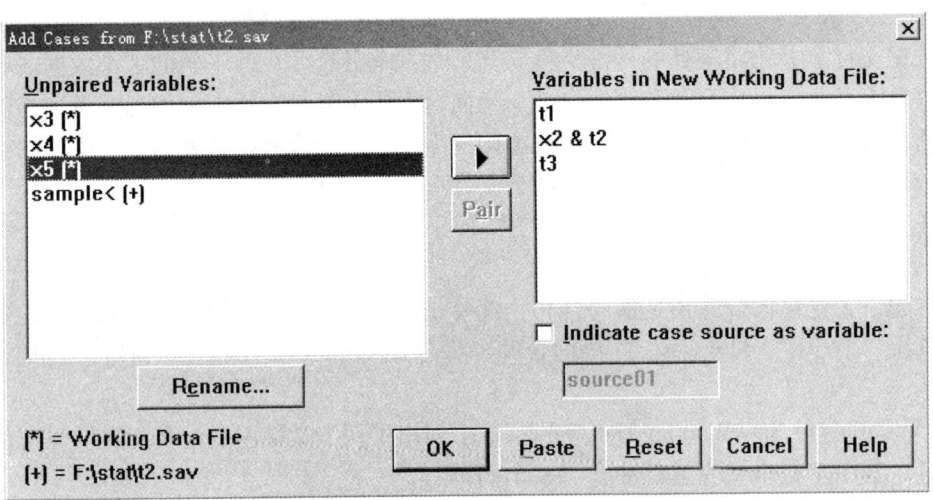

图 10-13 "Add cases"纵向合并窗口

对于"Add Variables"横向合并，将打开"Add Variables from…"窗口，如图 10-14 所示。横向合并必须有一个关键变量来匹配两个文件中的观测量。

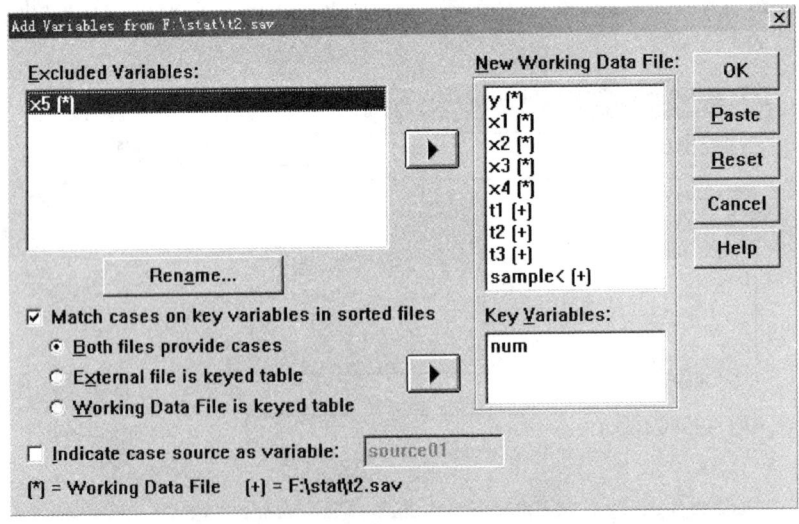

图 10-14 "Add Variables"横向合并窗口

"Excluded Variables"拒绝变量栏，列出了外部文件与当前数据的同名变量，拒绝加入到新工作区。"New Working Data"栏中列出了将添加到新数据文件中的变量。"Excluded Variables"框中的某变量和"New Working Data"框中同名变量的含义不同,则可把该变量通过"Rename"改名后加入到"New Working Data"框中。

注意,在进行合并操作前,应先将两个文件中的观测量以关键变量做升序排列。

5 数据文件的拆分

数据文件的拆分并非将数据文件拆成多个文件,而只是将其重新分组,随后的分析将对每个分组进行,便于比较或对照。数据文件的拆分由"Data"菜单下的"Spilt File"项完成。单击"Split File"项将打开如图 10-15 所示的窗口。

在窗口的左边列出数据文件中的所有变量,"Groups Based on"为分组变量存放栏,"Groups Based on"上方三个单选按钮的意义分别为:

"Analyze all cases, do not create groups"表示分析全部观察值,不设立分组。选择此项可恢复分割前的状态;

"Compare groups"为对照组选项,选此项,分析结果与说明将以对照组形式显示;

"Organize output by groups"为按分组变量组织输出项,选此项,所有统计结果将对各组单独逐个显示;

"Groups Based on"框下面的两个选项的意义为:

"Sort the by grouping variables"项表示按照分组变量整理数据文件;

"File is already sorted"项表示数据文件已经按照分组变量排序。

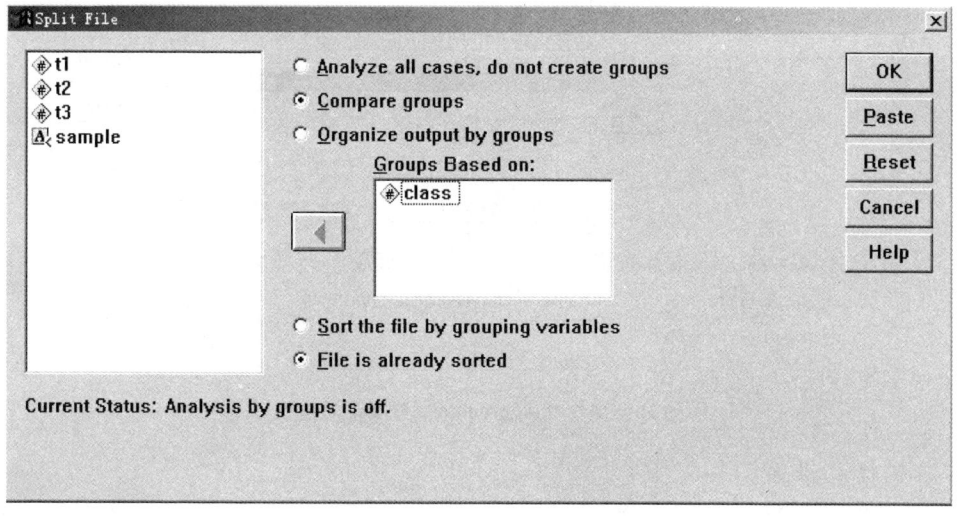

图 10-15 "Split File" 分割文件窗口

6 分类汇总

数据的分类汇总是按照观测量的值对所有的观测量进行分组，对每组分别求出描述统计量，最终生成统计文件。

数据的分类汇总通过"Data"菜单下的"Aggregate…"项来完成的。"Aggregate…"窗口如图 10 - 16 所示。窗口各项功能如下：

"Break Variable（s）"框中列出了分类变量；

"Aggregate Variable（s）"框中列出了将要进行汇总的变量；

选中"Save number of cases in break group as variable"复选项，各分组中观测量的数目将作为新的变量显示出来；

选中"Create new data file"表示将在新文件中显示分类汇总的结果，单击"File…"按钮，可以设置新文件的文件名称目录；

单击"Replace working data file"表示在当前文件中显示汇总结果；

单击"Name Label…"按钮，将打开设置汇总生成的变量的名称和标签的窗口；

单击"Function…"按钮，将打开设置汇总变量的内容的窗口。默认值为均值。

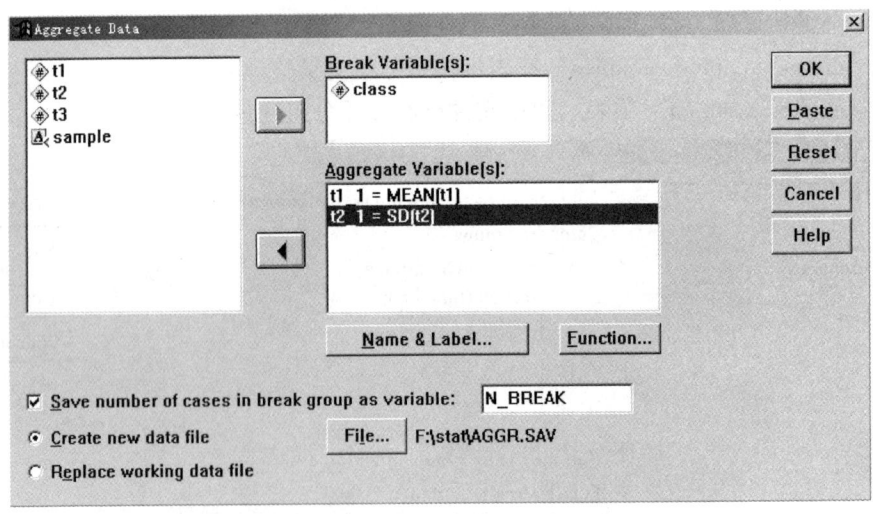

图 10 - 16　"Aggregate"分类汇总窗口

7 转换和计算

菜单"Transform"的"Compute"命令项是一个统计分析中经常要用到的功能。利用"Compute"过程,可以完成值的算数、逻辑、关系计算,并创建新变量;可以有选择地计算满足逻辑条件的数据子集的值;可以利用 SPSS 提供的近 70 种函数功能,进行变量的计算和转换。

Compute Variable 窗口,如图 10-17 所示。"Target Variable:"为目标变量命名文本框,目标变量将作为新变量加入到数据文件中。单击"Type &Label..."按钮打开目标变量类型及标签定义窗口。

"Numeric Expression"为数值表达式编辑栏;

单击"Functions:"左侧按钮 可以将其下面列表框中选择的函数加入到数值表达式,而左侧的数字和运算符按钮可用于数值表达式的编辑;

单击"if..."按钮将打开一个设定参与运算观测量需满足的逻辑条件或范围的窗口。

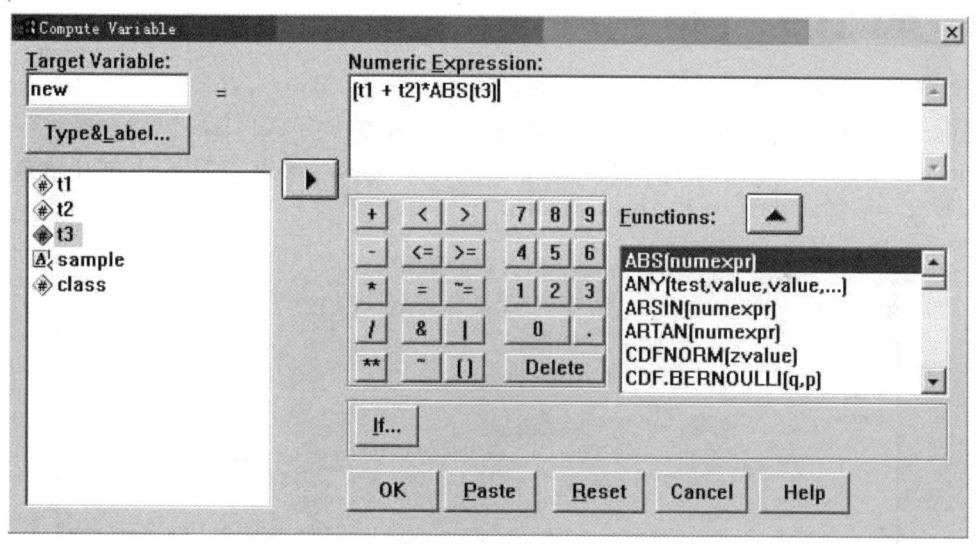

图 10-17 "Compute Variable"计算变量窗口

8 加权处理

在数据采集过程中,往往会有观测值相同的时候。在数据文件中,如果用一个观测量表示所有具有该观测值的观测量,而用另一个变量记录该观测值出现的次数或频率,则可减小数据文件的容量。记录观测值次数或频率的变量称为权变量。

在统计过程中,权变量值为 0、负数或缺失值的观测量将不被统计。

加权处理通过"Date"菜单下的"Weight Cases"项进行,窗口如图 10-18 所示。

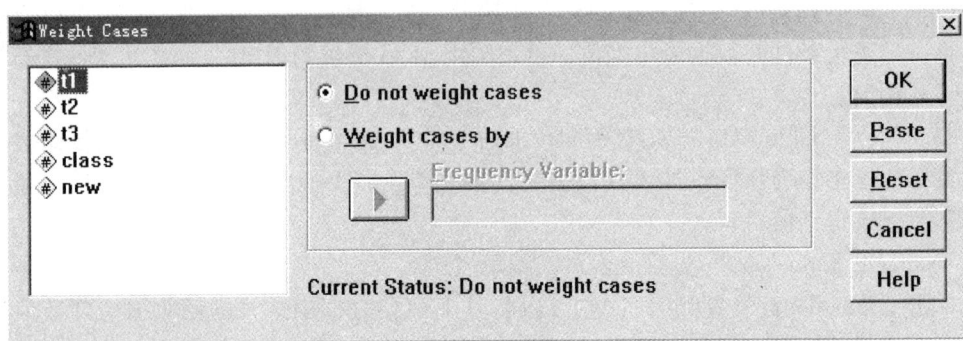

图 10-18 "Weight Cases" 加权窗口

9 观测量筛选

筛选是从数据文件中筛选符合条件的观测量。通过"Date"菜单下的"Select Cases"项进行，窗口如图 10-19 所示。选择方式可以有五种方式："All Cases"所有观测量、"If condition is satisfied"满足条件、"Random sample of cases"随机、"Based on time or case range"基于时间或范围、"Use filter variable："用过滤器。

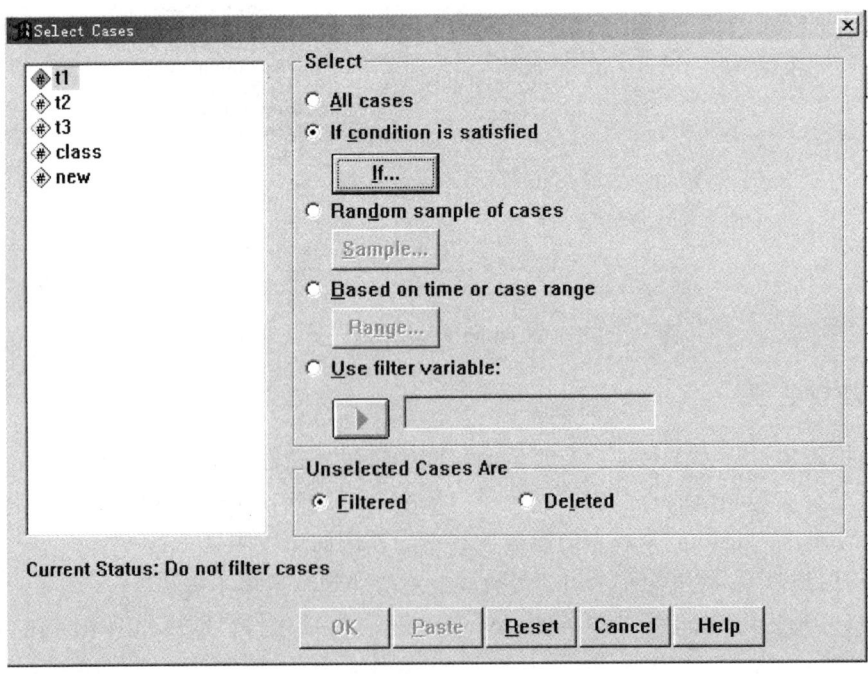

图 10-19 "Select Cases"窗口

第2节 SPSS 数值统计分析功能

SPSS 的统计分析大体上可以分为两方面：数值分析、图形分析。数值分析通过各种分析方法得到数据的数值分析结果，图形分析给人直观认识。数值统计分析是在已获得的样本（数据文件）的基础上，正确运用恰当的统计方法，对随机事件的概率分布、数字特征、变量间的关系进行估计、预测、检验等做出尽可能准确、可靠的推断。

SPSS 提供了各种数值统计分析功能，数值统计分析通过数据编辑器中的"Analyze"菜单来完成。打开菜单"Analyze"，如图 10-20 所示，共有 13 类统计功能。

- "Report" 报告功能；
- "Descriptive Statistics" 描述性统计分析；
- "Compare Means" 比较均值分析；
- "General Linear Model" 一般线性模型分析；
- "Correlate" 相关分析；
- "Regression" 回归分析；
- "Loglinear" 对数线性模型分析；
- "Classify" 聚类分析；
- "Data Reduction" 简化数据处理，主要是因子分析；
- "Scale" 比例分析；
- "Nonparametric Tests" 非参数检验；
- "Survival" 生存分析；
- "Multiple Response" 多重响应分析。

下面简要介绍其中的基本统计功能。

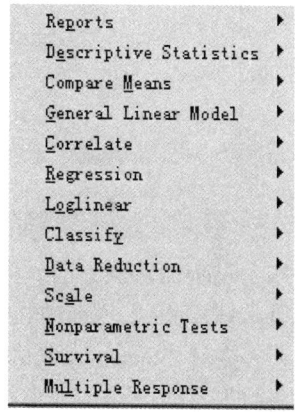

图 10-20 "Analyze" 菜单

10.2.1 "Reports" 统计过程

"Reports" 项的主要功能在于生成有关数据基本信息报告。包括：
"OLAP（Online Analytical Processing）Cubes" 过程——按分类变量对连续变量计算统计量；
"Case Summaries" 过程——按分类变量分类后计算其他变量分组统计量；
"Report Summaries in Rows" 过程——按行格式显示在指定范围内计算的综合描述统

计量；

"Report Summaries in Columns"过程——按列格式显示在指定范围内计算的综合描述统计量。

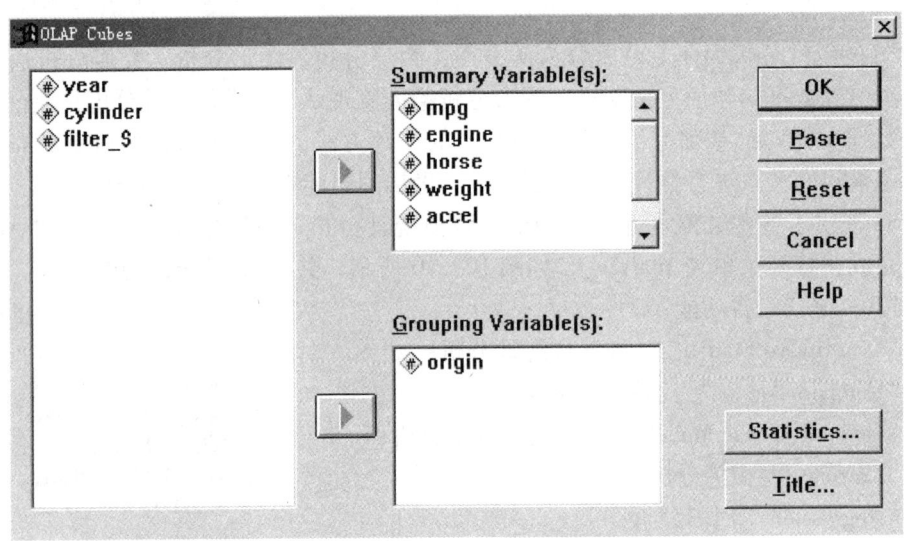

图 10-21 "OLAP Cubes"窗口

四个过程侧重点不同，生成的报告的样式不同，操作方法类似。

"OLAP Cubes"窗口如图 10-21 所示。其中选择 mpg、engine、horse、weight、accel 加入列表变量"Summary Variable（s）"栏；以 origin 作为分组变量；单击"Statistics…"按钮，将打开输出统计量选择窗口，在本例中，输出统计量采用系统默认值；单击"Title…"按钮，将打开报告标题和说明的定义窗口。

图 10-22 为"OLAP Cubes"过程的结果。

Case Processing Summary

	Cases					
	Included		Excluded		Total	
	N	Percent	N	Percent	N	Percent
MPG * ORICIN	397	97.8%	9	2.2%	406	100.0%
ENGING * ORIGIN	405	99.8%	1	2%	406	100.0%
HORSE * ORIGIN	399	98.3%	7	1.7%	406	100.0%
WEIGHT * ORIGIN	405	99.8%	1	2%	406	100.0%
ACCEL * ORIGIN	405	99.8%	1	2%	406	100.0%

OLAP Cubes

ORIGIN: Total

	Sum	N	Mean	Std. Deviation	% of Total Sum	% of Total N
MPG	9 350	397	23.55	7.79	100.0%	100.0%
ENGING	78 776	405	194.51	104.91	100.0%	100.0%
HORSE	41 840	399	104.86	38.57	100.0%	100.0%
WEIGHT	1 204 910	405	2 975.09	843.55	100.0%	100.0%
ACCEL	6 283	405	15.51	2.80	100.0%	100.0%

图 10 – 22 "OLAP Cubes" 结果

10.2.2 "Descriptive Statistics" 描述性统计分析

描述性统计只对统计数据的结构和总体情况进行描述，主要包括三个方面的内容："Frequencies"频数分布表分析过程、"Descriptives"描述性统计过程和"Explore"探索性统计过程、"Crosstabs…"交叉表分析过程。

1 "Frequencies" ——频数分布表分析

频数分布表分析不仅可以产生详细的频数表，而且可以按要求给出某百分位点的数值，还可以生成常用的条形、饼形等统计图。

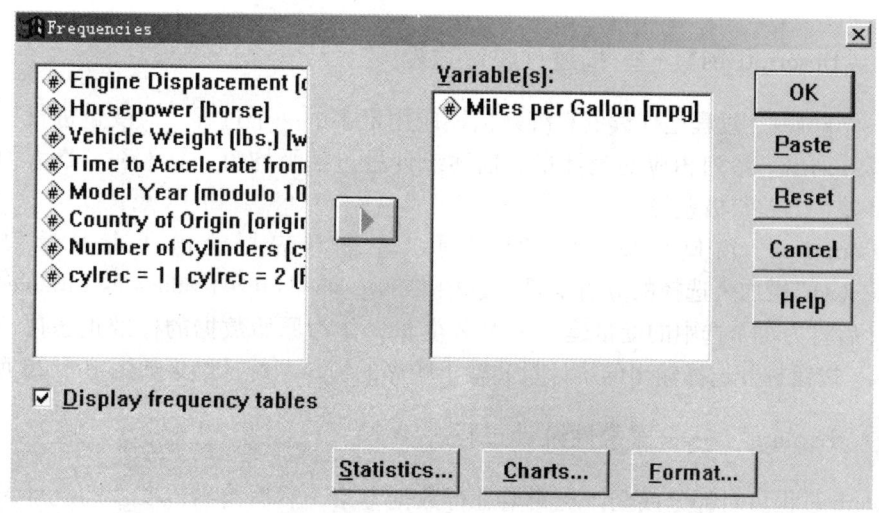

图 10 – 23 "Frequencies" 窗口

Frequencies 窗口如图 10-23 所示。左侧列表栏给出数据文件所有变量列表。在"Variable (s)"栏加入选择的分析变量。选中"Display frequency tables"复选框，将在输出浏览器中显示频数分布表，否则不显示。

"Statistics…"按钮将打开选择输出统计量的窗口；

"Charts…"按钮将打开选择要绘制的统计图类型的窗口；

"Format…"按钮将打开选择频数表格式的窗口。

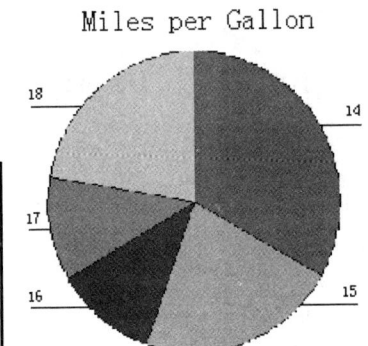

图 10-24 "Frequencies"分析结果

2 "Descriptives"——描述性统计过程

"Descriptives"过程是连续资料统计描述应用最多的一个过程，对变量进行描述性统计，计算并列出一系列相应的统计量。描述统计量包括平均值、算术和、最大值、最小值、标准差、方差、极差等。

"Descriptives"窗口如图 10-25 所示。左侧列表栏给出所有变量列表。在"Variable (s)"栏加入选择的分析变量。选中"Save standardized values as variables"复选框，统计后将为每个选中的变量建立一个 Z 变量，作为原始数据的标准正态评分。单击"Options"按钮打开选择输出的统计量和输出顺序的窗口。统计结果如图 10-26 所示。

3 "Explore"——探索性统计过程

Explore 过程可对部分或全体观测量进行数据考察，然后给出概要性的统计结果和图形。数据考察主要有两个方面。

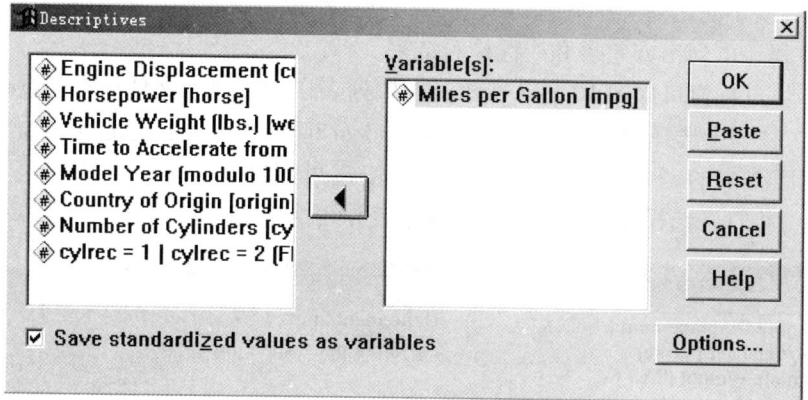

图 10 – 25 "Descriptives" 窗口

Descriptive Statistics

	N	Minimum	Maximum	Mean	Std. Deviation
Miles per Gallon	398	9	47	23.51	7.82
Valid N (listwise)	398				

图 10 – 26 "Descriptives" 统计结果

（1）数据考察可初步检查数据是否有错。数据考察生成的图形可用于观察数据的极值、奇异值数据分布或其他细节。

（2）数据考察生成的结果，有利于观察数据规律，有利于选择合适的统计方法。

10.2.3 均值比较与 T 检验

均值比较主要解决如何从样本均值的差异推知总体的差异。均值比较常用的方法是 T 检验和 u 检验。u 检验法主要用于方差已知的正态检验量的情形，而对于小样本且方差未知的情形，则采用 T 检验法。因此在检验前必须清楚三个问题：样本数量及独立性、方差是否已知、样本容量。

SPSS 提供均值比较过程主要有 "means" 过程、"One-Sample T test" 单样本 T 检验过程、"Independent-Samples T test" 独立样本 T 检验过程、"Paired-Samples T test" 配对样本 T 检验过程等。下面简要介绍几种常用过程。

1 "means" 过程

"means" 过程用于分组计算指定变量的基本统计量，目的在于比较，这是与 "Descriptives"过程不同之处。这些基本统计量包括:均值、标准差、观测量数目、方差等。"Means"过程还可列出方差表和线性检验结果。

"means"过程窗口如图 10-27 所示。左侧列表栏给出数据文件所有变量列表。"Dependent list"栏列出选择的分析变量。"Independent list"栏列出了已选定的分组变量,按层分组。利用图中的"Previous"和"Next"按钮可以在不同层之间切换。单击"Options"按钮,将打开选择输出的统计量、方差表和线性检验结果的窗口。

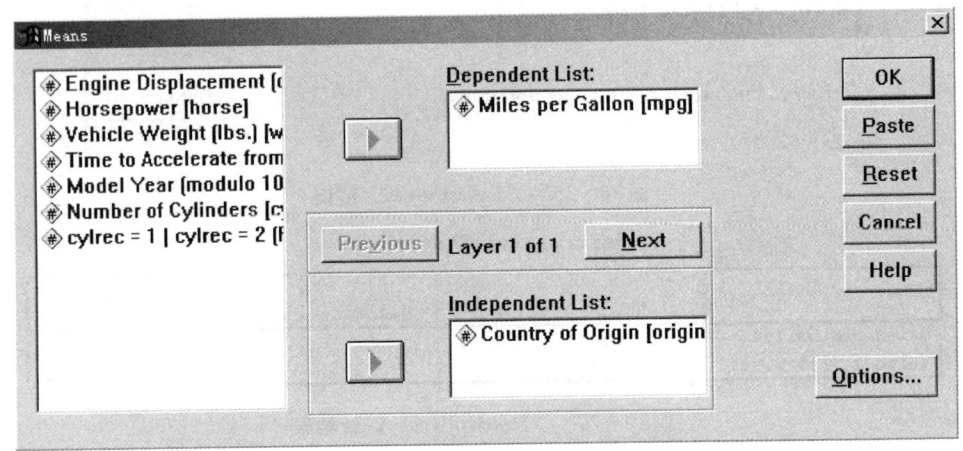

图 10-27 "means"过程窗口

2 "One-Sample T test"单样本 T 检验过程

以第 8 章第 2 节例 4 为例,简要说明单个样本 T 检验过程。单样本 T 检验过程一般分为三步:

(1) 按"Analyze"→"Compare Means"→"One-Sample T test",进入单样本 T 检验窗口,如图 10-28 所示。选择检验变量"weight"。

(2) 在"Test Value"文本框输入检验值"50",单击"Options"按钮,打开"Options"窗口,修改置信水平为"95%"(默认值)。单击"OK"按钮。

(3) 分析产生的统计结果,结果如图 10-29 所示。结果表明样本数 9,样本均值 50.1,标准差 0.335 4,误差标准差 0.111 8;统计量 $t = 0.894$,自由度 $df = 8$,双尾 T 检验的显著性概率 39.7%,具有 95% 置信度的差值区间 Lower = $-0.157\ 8$,Upper = $0.357\ 8$。

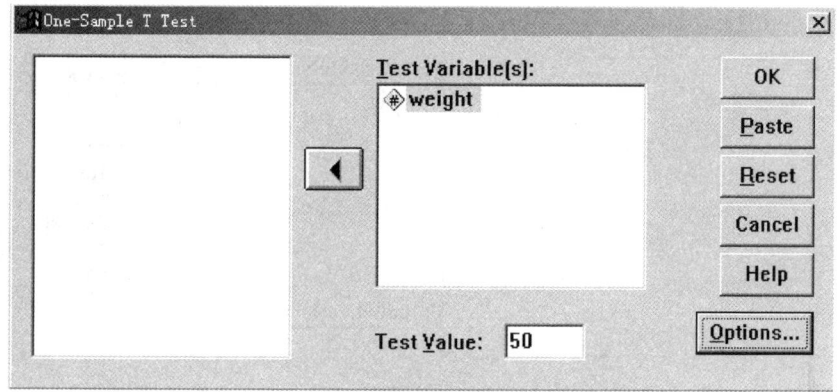

图 10 – 28 "One-Sample T test" 窗口

T-Test

One-Sample Statistics

	N	Mean	Std. Deviation	Std. Error Mean
WEIGHT	9	50.1000	.3354	.1118

One-Sample Test

	Test Value = 50					
	t	df	Sig. (2-tailed)	Mean Difference	95% Confidence Interval of the Difference	
					Lower	Upper
WEIGHT	.894	8	.397	1.000E-01	-.1578	.3578

图 10 – 29 "One-Sample T test" 检验结果

3 "Independent-Samples T test" 独立样本 T 检验过程

以第 8 章第 3 节例 1 为例，简要说明独立样本 T 检验过程。一般分为三步：

(1) 按 "Analyze" → "Compare Means" → "Independent-Samples T test"，进入独立样本 T 检验窗口，如图 10 – 30 所示。选择检验变量 "ratio"。将 "method" 作为分组变量 "Grouping Variable"。单击 "Define Groups"，打开 "Define Groups" 窗口，选择 "Use specified Values" 单选框，"Group 1" 栏中输入 1，"Group 2" 栏中输入 2，单击 "Continue" 按钮返回 "Independent-Samples T test" 窗口。

(2) 选择 "Options" 按钮，打开 "Options" 窗口，修改置信水平为 "95%"（默认值）。单击 "OK" 按钮。

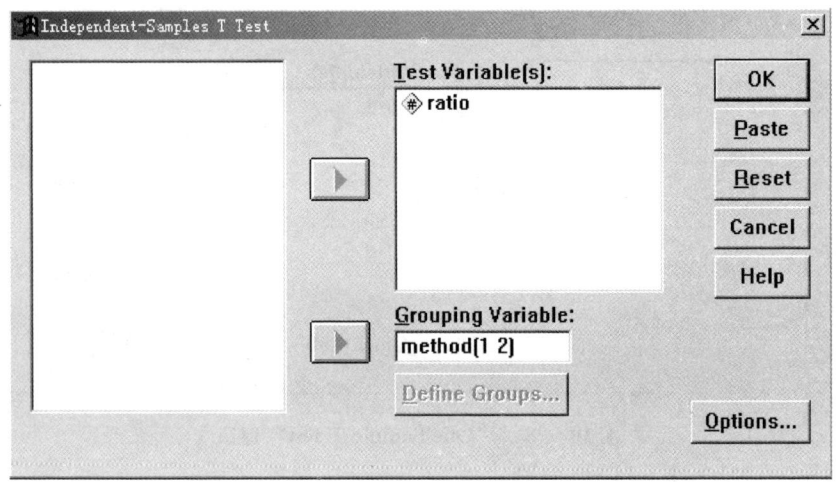

图 10-30 "Independent-Samples T test" 窗口

(3) 分析产生的统计结果,结果如表 10-1 所示。

表 10-1 "Independent-Samples Test" 结果

		Levene's Test for Equality of Variances		t-test for Equality of Means						
		F	Sig.	t	df	Sig. (2-tailed)	Mean Difference	Std. Error Difference	95% Confidence Interval of the Difference	
									Lower	Upper
RATIO	Equal variances assumed	0.256	0.619	-4.296	18	0.000	-3.200 0	0.744 9	-4.765 0	-1.63
	Equal variances not assumed			-4.296	17.319	0.000	-3.200 0	0.744 9	-4.765 0	-1.63

10.2.4 方差分析

方差分析研究单因素或多因素在不同水平或组合上对事物的影响的显著性,是一种定性分析。在数据组织中,要记录每次实验的各因素水平。由于 SPSS 中的因素变量不能是字符型,必须是数值型,因此因素水平以离散值给出,可以在值标签中表明实际含义,便于方差分析结果的阅读。

在 SPSS 中提供的方差分析过程有:

"One-Way ANOVA"过程——单因素方差分析过程；

"General Linear Model"过程——多因素方差分析和协方差分析过程。

1 单因素方差分析

以第 9 章第 1 节例 1 为例，简要说明单因素方差分析过程。首先建立数据文件，如图 10-31 所示，然后按下列步骤进行：

	crop	variety		crop	variet		crop	variet
1	32.3	1	6	33.3	2	11	34.3	3
2	34.0	1	7	33.0	2	12	32.3	3
3	34.3	1	8	36.3	2	13	29.3	4
4	35.0	1	9	36.9	2	14	26.0	4
5	36.5	1	10	30.8	3	15	29.8	4

图 10-31 数据文件

（1）按"Analyze"→"Compare Means"→"One-Way ANOVA"，进入单因素方差分析窗口，如图 10-32 所示。选择"产量 [crop]"进入"Dependent List"。将"地区 [variety]"作为因素变量"Factor"。

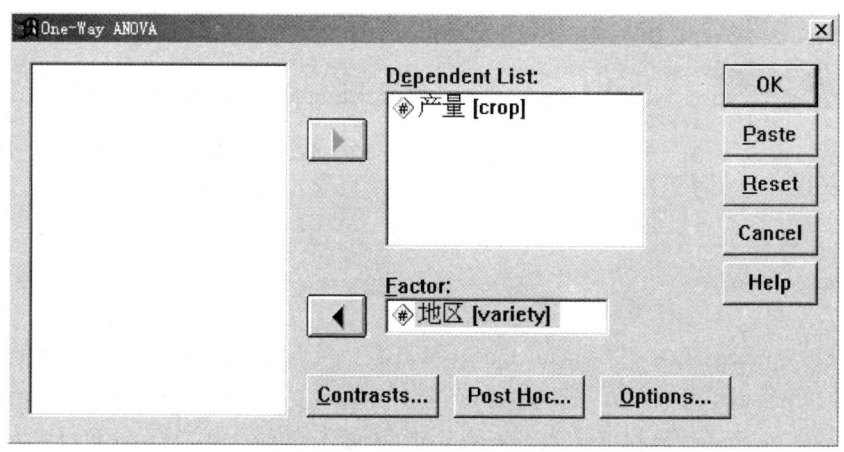

图 10-32 "One-Way ANOVA"窗口

（2）单击"Constrasts..."按钮，打开设置多项式比较窗口；单击"Post Hoc Multiple Comparisons"按钮，打开选择进行多重均值比较方法的窗口；单击"Options"按钮，打开选择输出统计量和缺失值的处理方式窗口。

(3) 分析产生的统计结果，结果如图 10-33 所示。

产量

Descriptives

	N	Mean	Std. Deviation	Std. Error	95% Confidence Interval for Mean		Minimum	Maximum
					Lower Bound	Upper Bound		
1	5	34.4200	1.5287	.6837	32.5218	36.3182	32.30	36.50
2	4	34.8750	2.0106	1.0053	31.6757	38.0743	33.00	36.90
3	3	32.4667	1.7559	1.0138	28.1047	36.8287	30.80	34.30
4	3	28.3667	2.0648	1.1921	23.2375	33.4959	26.00	29.80
Total	15	32.9400	2.9942	.7731	31.2818	34.5982	26.00	36.90

产量

ANOVA

	Sum of Squares	df	Mean Square	F	Sig.
Between Groups	89.347	3	29.782	9.058	.003
Within Groups	36.169	11	3.288		
Total	125.516	14			

图 10-33 "One-Way ANOVA" 结果

2 双因素方差分析

双因素方差分析分为无重复实验和重复实验两种。以第9章第2节例1为例，简要说明双因素无重复实验方差分析过程。首先建立数据文件，如图 10-34 所示，然后按下列步骤进行：

	workman	machine	output
1	1	1	50.0
2	1	2	63.0
3	1	3	52.0
4	2	1	47.0

	workman	machin	output
5	2	2	54.00
6	2	3	42.00
7	3	1	47.00
8	3	2	57.00

	workman	machin	output
9	3	3	41.0
10	4	1	53.0
11	4	2	58.0
12	4	3	48.0

图 10-34 数据文件

(1) 按 "Analyze" → "General Linear Model" → "Univariate"，进入单响应变量方差分析窗口，如图 10-35 所示。选择 "日产量 [output]" 进入 "Dependent Variable"。将变量 "机器 [machine]" 和 "工人 [workman]" 加入因素变量 "Fixed Factor（s）" 栏。

(2) 选择 "Model" 按钮，打开 "Univariate Model" 窗口，如图 10-36 所示。选择 "Custom" 单选项。在效应选项中，选择 "Main effect"。将因素 "machine" 和 "workman" 放入 "Model" 栏，单击 "Continue" 返回主窗口。

第 10 章 SPSS 简介

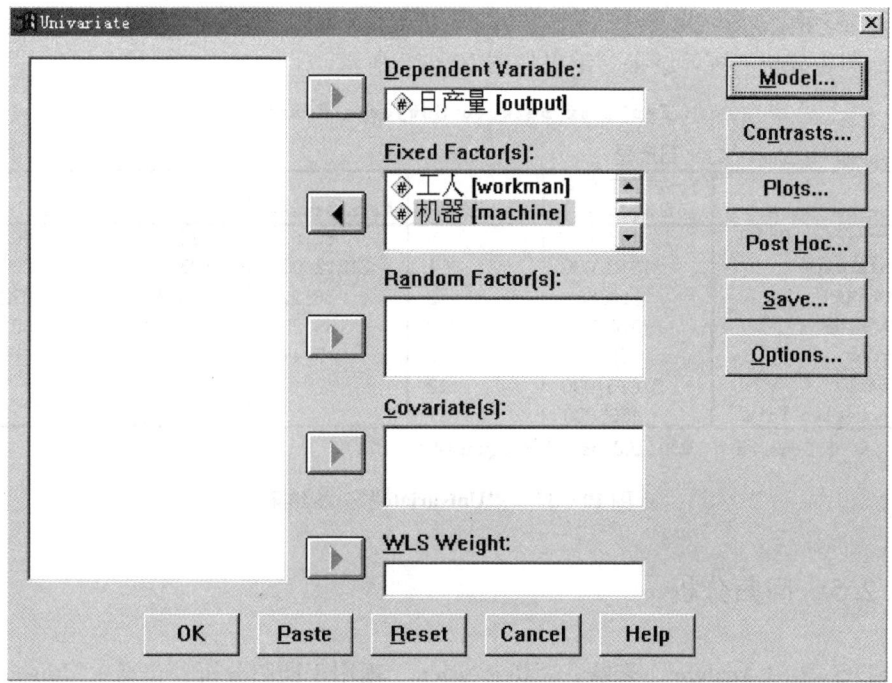

图 10-35 "Univariate" 窗口

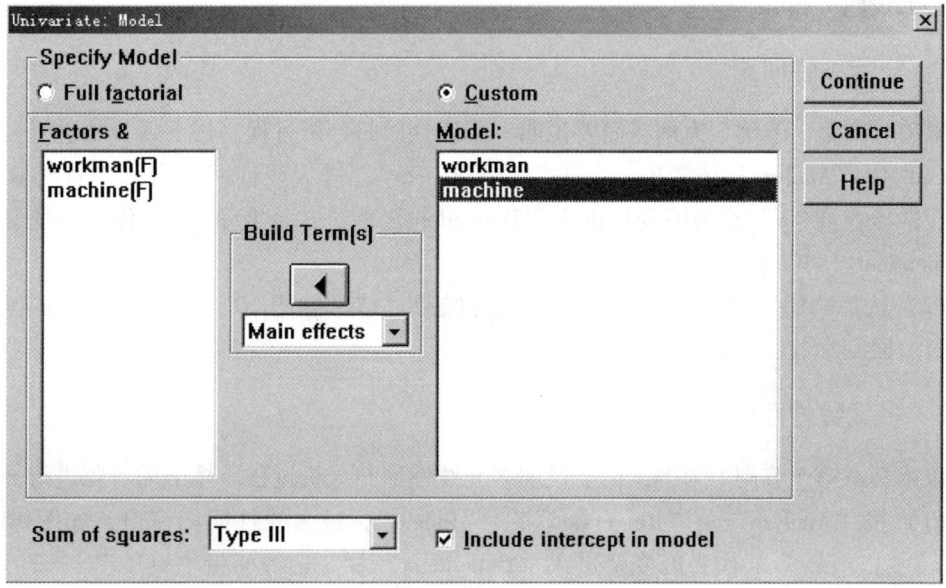

图 10-36 "Univariate Model" 窗口

(3) 产生分析的统计结果，结果如图 10-37 所示。

Tests of Between-Subjects Effects

Dependent Variable: 日产量

Source	Type III Sum of Squares	df	Mean Square	F	Sig.
Corrected Model	433.167a	5	86.633	15.831	.002
Intercept	31212.000	1	31212.000	5703.716	.000
WORKMAN	114.667	3	38.222	6.985	.022
MACHINE	318.500	2	159.250	29.102	.001
Error	32.833	6	5.472		
Total	31678.000	12			
Corrected Total	466.000	11			

a. R Squared = .930 (Adjusted R Squared = .871)

图 10-37 "Univariate" 分析结果

10.2.5 回归分析

在 SPSS 中，"Analyze" 菜单下 "Regression" 项用于回归分析，包括："Linear" 线性回归、"Curve Estimation" 曲线估计、"Binary Logistic" 二元逻辑分析、"Multinomial Logistic" 多元逻辑分析等。

1 一元线性回归

以第 9 章第 3 节例 1 为例，简要说明一元线性回归分析过程。按下列步骤进行：

(1) 按 "Analyze" → "Regression" → "Linear"，进入线性回归窗口，如图 10-38 所示。选择变量 "y" 作为因变量进入 "Dependent" 栏。选择变量 "x" 作为自变量进入 "Independent (s)" 栏。

(2) 选择 "OK" 按钮，产生分析的统计结果，结果如图 10-40 所示。报告包含残差分析、回归参数、检验结果等。

2 多元线性回归

以第 9 章第 5 节例 1 为例，简要说明多元线性回归分析过程。按下列步骤进行：

(1) 按 "Analyze" → "Regression" → "Linear"，进入线性回归窗口，如图 10-38 所示。选择变量 "y" 作为因变量进入 "Dependent" 栏。选择变量 "x1" 和 "x2" 作为自变量进入 "Independent (s)" 栏。

（2）选择"OK"按钮，产生分析的统计结果，结果如图 10-39 所示。

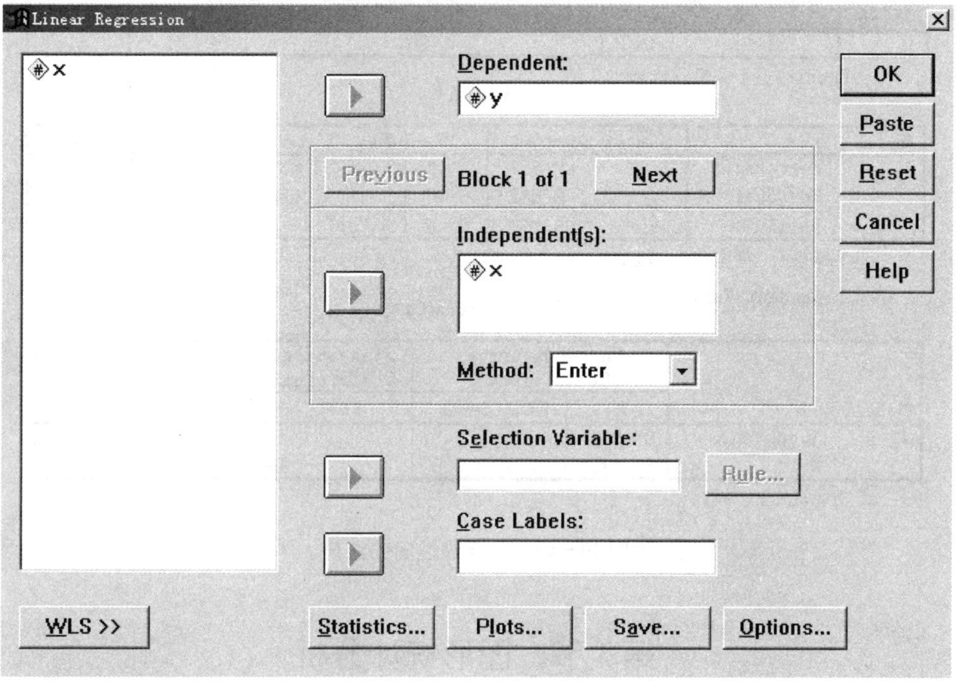

图 10-38 "Linear Regression" 窗口

ANOVA[b]

Model		Sum of Squares	df	Mean Square	F	Sig.
1	Regression	23 510.362	2	11 755.181	24.828	.000[a]
	Residual	4 734.561	10	473.456		
	Total	28 244.923	12			

a. Predictors: (Constant), X2, X1
b. Dependent Variable: Y

Coefficients[a]

Model		Unstandardized Coefficients		Standardized Coefficients	t	Sig.
		B	Std. Error	Beta		
1	(Constant)	89.827	134.349		.669	.519
	X1	15.573	2.545	.827	6.118	.000
	X2	7.120	1.396	.689	5.101	.000

a. Dependent Variable: Y

图 10-39 多元线性回归结果

Model Summary

Model	R	R Square	Adjusted R Square	Std. Error of the Estimate
1	.984a	.969	.964	.6167

a. Predictors: (Constant), X

ANOVAb

Model		Sum of Squares	df	Mean Square	F	Sig.
1	Regression	82.837	1	82.837	217.789	.000a
	Residual	2.662	7	.380		
	Total	85.500	8			

a. Predictors: (Constant), X
b. Dependent Variable: Y

Coefficientsa

Model		Unstandardized Coefficients		Standardized Coefficients	t	Sig.
		B	Std. Error	Beta		
1	(Constant)	63.587	1.645		38.653	.000
	X	-1.175	.080	-.984	-14.8	.000

a. Dependent Variable: Y

图 10-40　一元线性回归结果

第 3 节　图形统计分析

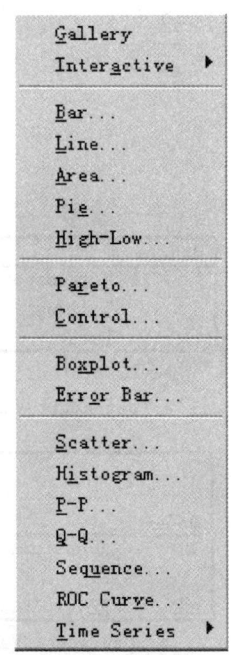

统计图是用点、线、面等几何图形表达统计数据的一种直观形式，即数据可视化。SPSS 可以绘制各种样式的科技统计图形。在 SPSS 中，各种统计图形可由相应的统计过程产生，也可直接用"Graphs"菜单产生。SPSS 的统计图形可分为以下几类：

- 条形图（Bar Charts）
- 线图（Line Charts）
- 面积图（Area Charts）
- 圆图（Pie Charts）
- 高低图（High-Low Charts）
- 直条构成线图（Pareto Charts）
- 质量控制图（Control Charts）
- 箱图（Box plots）
- 误差条图（Error Bar Charts）

图 10-41　"Granhs"菜单

- 散点图（Scatter plots）
- 直方图（Histogram）
- 正态概率分布图（Normal P-P Plots）
- 正态概率单位分布图（Normal Q-Q Plots）
- 普通序列图（Sequence Charts）
- ROC 曲线图（ROC Curve）
- 时间序列图（Time Series Charts）

SPSS 图形的制作可分为三个过程：①建立数据文件；②生成图形；③修饰生成的图形。下面以条形图为例说明统计图的制作过程。

10.3.1 条形图"Bar Charts"

调用"Graphs"菜单的"Bar"过程，可绘制条形图。条形图用直条的长短来表示非连续性资料（该资料可以是绝对数，也可以是相对数）的数量大小。常用的有单式条形图和复式条形图。以如下观测记录为例。数据文件如图 10-42 所示。

	第一季度	第二季度	第三季度	第四季度
东部	8.90	14.00	14.00	45.55
西部	11.7	19.80	19.80	70.12
北部	18.9	34.05	34.05	114

	data	season	area
1	8.90	1.00	1.00
2	11.7	2.00	1.00
3	18.9	3.00	1.00
4	14.0	1.00	2.00

	data	season	area
5	19.8	2.00	2.00
6	34.1	3.00	2.00
7	14.0	1.00	3.00
8	19.8	2.00	3.00

	data	season	area
9	34.1	3.00	3.00
10	45.6	1.00	4.00
11	70.1	2.00	4.00
12	114	3.00	4.00

图 10-42　数据文件

（1）打开数据文件，按"Graphs"→"Bar"，进入"Bar Charts"窗口。如图 10-43 所示。在数据类型选择栏"Data in Chart Are..."，系统提供了 3 种数据类型：
- Summaries for groups of cases：以组为单位体现数据；
- Summaries of separate variables：以变量为单位体现数据；
- Values of individual cases：以观测样例为单位体现数据。

大多数情形下，统计图都是以组为单位的形式来体现数据的。在选择栏"Data in

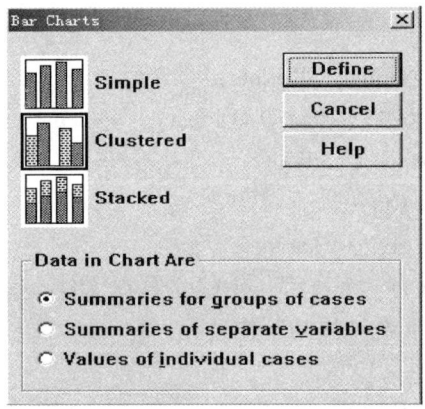

图 10-43 "Bar Charts" 窗口

Chart Are…"上方有 3 种条形图可选:"Simple"为单一条形图、"Clustered"为复式条形图、"Stacked"为堆积式条形图。本例选复式条形图。

(2) 单击"Define"按钮,弹出"Define Clustered Bar:Summaries for Groups of Cases"窗口,如图 10-44 所示。

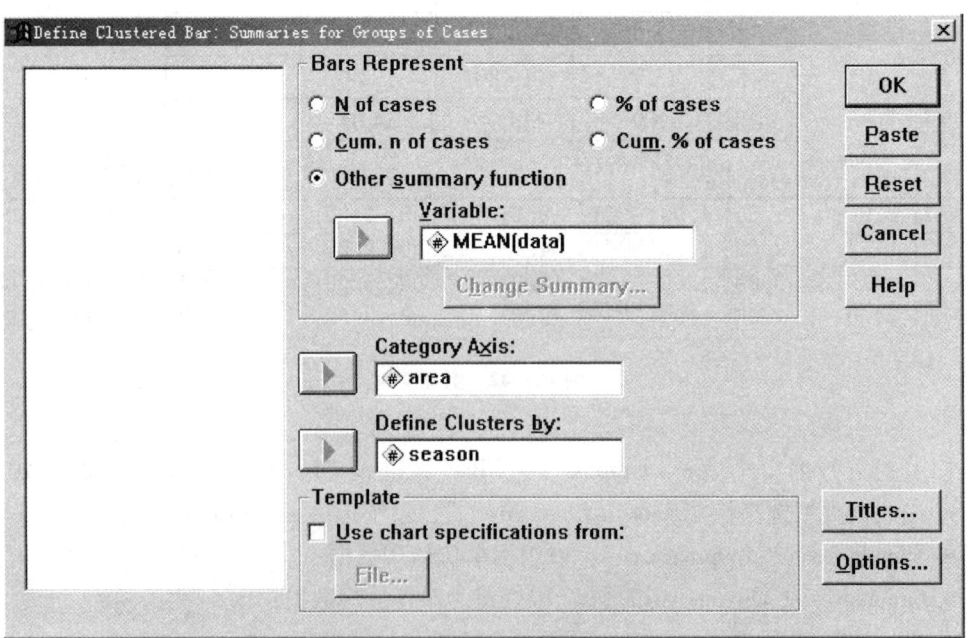

图 10-44 "Define Clustered Bar:Summaries for Groups of Cases"窗口

在左侧的变量列表中选变量"data",点击向右的箭头按钮使之进入"Bars Represent"栏的"Other summary function"选项的 Variable 框;

选中变量"area"点击向右的箭头按钮使之进入"Category Axis"框;

选中变量"reason",点击向右的箭头按钮使之进入"Define Clusters by"框;

点击"Titles"按钮,设置图形的标题和说明;

按"Continue"按钮回到"Define Clustered Bar:Summaries for Groups of Cases"窗口。

(3)再点击"OK"按钮即完成。得到结果如图 10-45 所示。

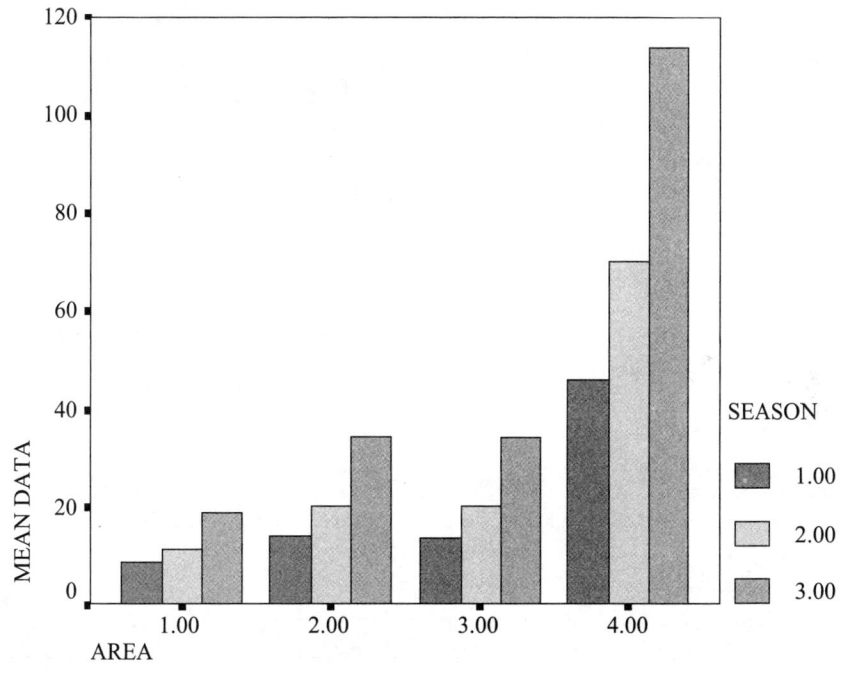

图 10-45 条形图

在"Define Clustered Bar:Summaries for Groups of Cases"窗口中,"Bars Represent"栏决定条形图的纵轴项,反映条形所代表的统计量,统计量除单列的单选项外,在"Other summary function"选项中,可通过"Chang Summary"按钮打开统计量选择窗口。

10.3.2 统计图编辑

生成的统计图和数值统计的结果一样,在 SPSS 输出浏览器"SPSS Viewer"中输出,如图 10-46 所示。输出结果采用树型结构组织，可以对输出进行编辑、修饰，以便按用户习惯的方式输出。

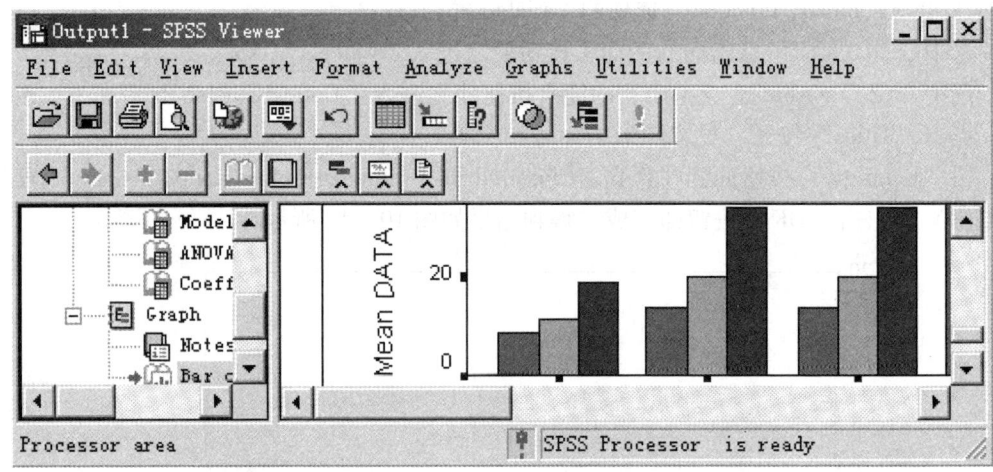

图 10-46 "SPSS Viewer" 窗口

在 SPSS 输出浏览器中，选中统计图，双击可打开统计图编辑器窗口 "SPSS Chart Editor"，如图 10-47 所示。利用图编辑器可以实现图形文件格式的转换、图形的颜色、文字修饰、轴属性、图形的排列等的编辑，以便进一步探查数据或增强视觉效果。

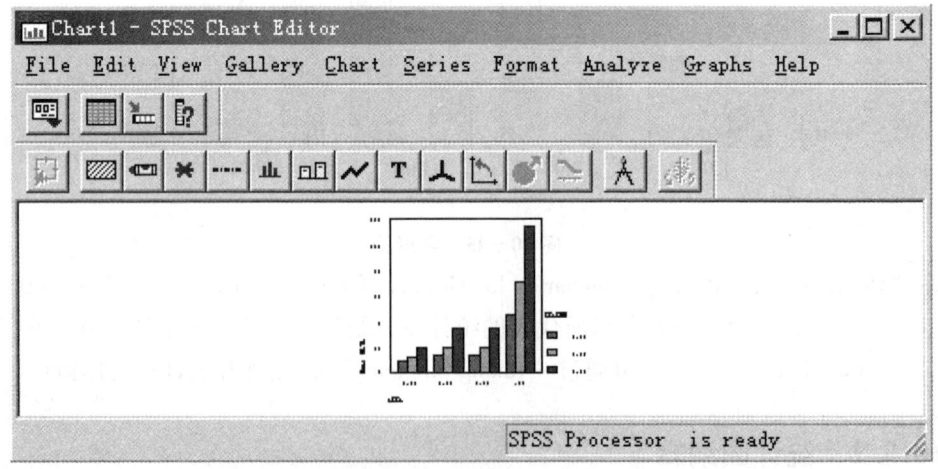

图 10-47 "SPSS Chart Editor" 窗口

附表1 标准正态分布表

$$\Phi(z) = \int_{-\infty}^{z} \frac{1}{\sqrt{2\pi}} e^{-u^2/2} du = P(Z \leq z)$$

z	0	1	2	3	4	5	6	7	8	9
0.0	0.500 0	0.504 0	0.508 0	0.512 0	0.516 0	0.519 9	0.523 9	0.527 9	0.531 9	0.535 9
0.1	0.539 8	0.543 8	0.547 8	0.551 7	0.555 7	0.559 6	0.563 6	0.567 5	0.571 4	0.575 3
0.2	0.579 3	0.583 2	0.587 1	0.591 0	0.594 8	0.598 7	0.602 6	0.606 4	0.610 3	0.614 1
0.3	0.617 9	0.621 7	0.625 5	0.629 3	0.633 1	0.636 8	0.640 6	0.644 3	0.648 0	0.651 7
0.4	0.655 4	0.659 1	0.662 8	0.666 4	0.670 0	0.673 6	0.677 2	0.680 8	0.684 4	0.687 9
0.5	0.691 5	0.695 0	0.698 5	0.701 9	0.705 4	0.708 8	0.712 3	0.715 7	0.719 0	0.722 4
0.6	0.725 7	0.729 1	0.732 4	0.735 7	0.738 9	0.742 2	0.745 4	0.748 6	0.751 7	0.754 9
0.7	0.758 0	0.761 1	0.764 2	0.767 3	0.770 3	0.773 4	0.776 4	0.779 4	0.782 3	0.785 2
0.8	0.788 1	0.791 0	0.793 9	0.796 7	0.799 5	0.802 3	0.805 1	0.807 8	0.810 6	0.813 3
0.9	0.815 9	0.818 6	0.821 2	0.823 8	0.826 4	0.828 9	0.831 5	0.834 0	0.836 5	0.838 9
1.0	0.841 3	0.843 8	0.846 1	0.848 5	0.850 8	0.853 1	0.855 4	0.857 7	0.859 9	0.862 1
1.1	0.864 3	0.866 5	0.868 6	0.870 8	0.872 9	0.874 9	0.877 0	0.879 0	0.881 0	0.883 0
1.2	0.884 9	0.886 9	0.888 8	0.890 7	0.892 5	0.894 4	0.896 2	0.898 0	0.899 7	0.901 5
1.3	0.903 2	0.904 9	0.906 6	0.908 2	0.909 9	0.911 5	0.913 1	0.914 7	0.916 2	0.917 7
1.4	0.919 2	0.920 7	0.922 2	0.923 6	0.925 1	0.926 5	0.927 8	0.929 2	0.930 6	0.931 9
1.5	0.933 2	0.934 5	0.935 7	0.937 0	0.938 2	0.939 4	0.940 6	0.941 8	0.943 0	0.944 1
1.6	0.945 2	0.946 3	0.947 4	0.948 4	0.949 5	0.950 5	0.951 5	0.952 5	0.953 5	0.954 5
1.7	0.955 4	0.956 4	0.957 3	0.958 2	0.959 1	0.959 9	0.960 8	0.961 6	0.962 5	0.963 3
1.8	0.964 1	0.964 8	0.965 6	0.966 4	0.967 1	0.967 8	0.968 6	0.969 3	0.970 0	0.970 6
1.9	0.971 3	0.971 9	0.972 6	0.973 2	0.973 8	0.974 4	0.975 0	0.975 6	0.976 2	0.976 7
2.0	0.977 2	0.977 8	0.978 3	0.978 8	0.979 3	0.979 8	0.980 3	0.980 8	0.981 2	0.981 7
2.1	0.982 1	0.982 6	0.983 0	0.983 4	0.983 8	0.984 2	0.984 6	0.985 0	0.985 4	0.985 7
2.2	0.986 1	0.986 4	0.986 8	0.987 1	0.987 4	0.987 8	0.988 1	0.988 4	0.988 7	0.989 0
2.3	0.989 3	0.989 6	0.989 8	0.990 1	0.990 4	0.990 6	0.990 9	0.991 1	0.991 3	0.991 6
2.4	0.991 8	0.992 0	0.992 2	0.992 5	0.992 7	0.992 9	0.993 1	0.993 2	0.993 4	0.993 6
2.5	0.993 8	0.994 0	0.994 1	0.994 3	0.994 5	0.994 6	0.994 8	0.994 9	0.995 1	0.995 2
2.6	0.995 3	0.995 5	0.995 6	0.995 7	0.995 9	0.996 0	0.996 1	0.996 2	0.996 3	0.996 4
2.7	0.996 5	0.996 6	0.996 7	0.996 8	0.996 9	0.997 0	0.997 1	0.997 2	0.997 3	0.997 4
2.8	0.997 4	0.997 5	0.997 6	0.997 7	0.997 7	0.997 8	0.997 9	0.997 9	0.998 0	0.998 1
2.9	0.9981	0.998 2	0.998 2	0.998 3	0.998 4	0.998 4	0.998 5	0.998 5	0.998 6	0.998 6
3.0	0.998 7	0.999 0	0.999 3	0.999 5	0.999 7	0.999 8	0.999 8	0.999 9	0.999 9	1.000 0

注：表中末行系函数值 $\Phi(3.0), \Phi(3.1), \cdots, \Phi(3.9)$。

附表2 泊松分布表

$$1-F(x-1) = \sum_{r=x}^{r=\infty} \frac{e^{-\lambda}\lambda^r}{r!}$$

x	$\lambda=0.2$	$\lambda=0.3$	$\lambda=0.4$	$\lambda=0.5$	$\lambda=0.6$
0	1.000 000 0	1.000 000 0	1.000 000 0	1.000 000	1.000 000
1	0.181 269 2	0.259 181 8	0.329 680 0	0.393 469	0.451 188
2	0.017 523 1	0.036 936 3	0.061 551 9	0.090 204	0.121 901
3	0.001 148 5	0.003 599 5	0.007 926 3	0.014 388	0.023 115
4	0.000 056 8	0.000 265 8	0.000 776 3	0.001 752	0.003 358
5	0.000 002 3	0.000 015 8	0.000 061 2	0.000 172	0.000 394
6	0.000 000 1	0.000 000 8	0.000 004 0	0.000 014	0.000 039
7			0.000 000 2	0.000 001	0.000 003

x	$\lambda=0.7$	$\lambda=0.8$	$\lambda=0.9$	$\lambda=1.0$	$\lambda=1.2$
0	1.000 000 0	1.000 000 0	1.000 000	1.000 000	1.000 000
1	0.503 415	0.550 671	0.593 430	0.632 121	0.698 806
2	0.155 805	0.191 208	0.227 518	0.264 241	0.337 373
3	0.034 142	0.047 423	0.062 857	0.080 301	0.120 513
4	0.005 753	0.009 080	0.013 459	0.018 988	0.033 769
5	0.000 786	0.001 411	0.002 344	0.003 660	0.007 746
6	0.000 090	0.000 184	0.000 343	0.000 594	0.001 500
7	0.000 009	0.000 021	0.000 043	0.000 083	0.000 251
8	0.000 001	0.000 002	0.000 005	0.000 010	0.000 037
9				0.000 001	0.000 005
10					0.000 001

x	$\lambda=1.4$	$\lambda=1.6$	$\lambda=1.8$
0	1.000 000	1.000 000	1.000 000
1	0.753 403	0.798 103	0.834 701
2	0.408 167	0.475 069	0.537 163
3	0.166 502	0.216 642	0.269 379
4	0.053 725	0.078 813	0.108 708
5	0.014 253	0.023 682	0.036 407
6	0.003 201	0.006 040	0.010 378
7	0.000 622	0.001 336	0.002 569
8	0.000 107	0.000 260	0.000 562
9	0.000 016	0.000 045	0.000 110
10	0.000 002	0.000 007	0.000 019
11		0.000 001	0.000 003

续表

x	$\lambda=2.5$	$\lambda=3.0$	$\lambda=3.5$	$\lambda=4.0$	$\lambda=4.5$	$\lambda=5.0$
0	1.000 000	1.000 000	1.000 000	1.000 000	1.000 000	1.000 000
1	0.917 915	0.950 213	0.969 803	0.981 684	0.988 891	0.993 262
2	0.712 703	0.800 852	0.864 112	0.908 422	0.938 901	0.959 572
3	0.456 187	0.576 810	0.679 153	0.761 897	0.826 422	0.875 348
4	0.242 424	0.352 768	0.463 367	0.566 530	0.657 704	0.734 974
5	0.108 822	0.184 737	0.274 555	0.371 163	0.467 896	0.559 507
6	0.042 021	0.083 918	0.142 386	0.214 870	0.297 070	0.384 039
7	0.014 187	0.033 509	0.065 288	0.110 674	0.168 949	0.237 817
8	0.004 247	0.011 905	0.026 739	0.051 134	0.086 586	0.133 372
9	0.001 140	0.003 803	0.009 874	0.021 363	0.040 257	0.068 094
10	0.000 277	0.001 102	0.003 315	0.008 132	0.017 093	0.031 828
11	0.000 062	0.000 292	0.001 019	0.002 840	0.006 669	0.013 695
12	0.000 013	0.000 071	0.000 289	0.000 915	0.002 404	0.005 453
13	0.000 002	0.000 016	0.000 076	0.000 274	0.000 805	0.002 019
14		0.000 003	0.000 019	0.000 076	0.000 252	0.000 698
15		0.000 001	0.000 004	0.000 020	0.000 074	0.000 226
16			0.000 001	0.000 005	0.000 020	0.000 069
17				0.000 001	0.000 005	0.000 020
18					0.000 001	0.000 005
19						0.000 001

附表3 t 分布的单侧临界值表

$$P\{t(n) > t_\alpha(n)\} = \alpha$$

n	α = 0.25	α = 0.10	α = 0.05	α = 0.025	α = 0.01	α = 0.005
1	1.0000	3.0777	6.3138	12.7062	31.8207	63.6574
2	0.8165	1.8856	2.9200	4.3027	6.9646	9.9248
3	0.7649	1.6377	2.3534	3.1824	4.5407	5.8409
4	0.7407	1.5332	2.1318	2.7764	3.7469	4.6041
5	0.7267	1.4759	2.0150	2.5706	3.3649	4.0322
6	0.7176	1.4398	1.9432	2.4409	3.1427	3.7074
7	0.7111	1.4149	1.8946	2.3646	2.9980	3.4995
8	0.7064	1.3968	1.8595	2.3060	2.8965	3.3554
9	0.7027	1.3830	1.8331	2.2622	2.8214	3.2498
10	0.6998	1.3722	1.8125	2.2281	2.7638	3.1693
11	0.6974	1.3634	1.7959	2.2010	2.7181	3.1058
12	0.6955	1.3562	1.7823	2.1788	2.6810	3.0545
13	0.6938	1.3502	1.7709	2.1604	2.6503	3.0123
14	0.6924	1.3450	1.7613	2.1448	2.6245	2.9768
15	0.6912	1.3406	1.7531	2.1315	2.6025	2.9467
16	0.6901	1.3368	1.7459	2.1199	2.5835	2.9208
17	0.6892	1.3334	1.7396	2.1098	2.5669	2.8982
18	0.6884	1.3304	1.7341	2.1009	2.5524	2.8784
19	0.6876	1.3277	1.7291	2.0930	2.5395	2.8609
20	0.6870	1.3253	1.7247	2.0860	2.5280	2.8453
21	0.6864	1.3232	1.7207	2.0796	2.5177	2.8314
22	0.6858	1.3212	1.7171	2.0739	2.5083	2.8188
23	0.6853	1.3195	1.7139	2.0687	2.4999	2.8073
24	0.6848	1.3178	1.7109	2.0639	2.4922	2.7969
25	0.6844	1.3163	1.7081	2.0595	2.4851	2.7874
26	0.6840	1.3150	1.7056	2.0555	2.4786	2.7787
27	0.6837	1.3137	1.7033	2.0518	2.4727	2.7707
28	0.6834	1.3125	1.7011	2.0484	2.4671	2.7633
29	0.6830	1.3114	1.6991	2.0452	2.4620	2.7564
30	0.6828	1.3104	1.6973	2.0423	2.4573	2.7500
31	0.6825	1.3095	1.6955	2.0395	2.4528	2.7440
32	0.6822	1.3086	1.6939	2.0369	2.4487	2.7385
33	0.6820	1.3077	1.6924	2.0345	2.4448	2.7333
34	0.6818	1.3070	1.6909	2.0322	2.4411	2.7284

续表

n	$\alpha=0.25$	$\alpha=0.10$	$\alpha=0.05$	$\alpha=0.025$	$\alpha=0.01$	$\alpha=0.005$
35	0.6816	1.3062	1.6896	2.0301	2.4377	2.7238
36	0.6814	1.3055	1.6883	2.0281	2.4345	2.7195
37	0.6812	1.3049	1.6871	2.0262	2.4314	2.7154
38	0.6810	1.3042	1.6860	2.0244	2.4286	2.7116
39	0.6808	1.3036	1.6849	2.0227	2.4258	2.7079
40	0.6807	1.3031	1.6839	2.0211	2.4233	2.7045
41	0.6805	1.3025	1.6829	2.0195	2.4208	2.7012
42	0.6804	1.3020	1.6820	2.0181	2.4185	2.6981
43	0.6802	1.3016	1.6811	2.0167	2.4163	2.6951
44	0.6801	1.3011	1.6802	2.0154	2.4141	2.6923
45	0.6800	1.3006	1.6794	2.0141	2.4121	2.6896

附表4 χ^2 分布表

$$P\{\chi^2(n) > \chi^2_\alpha(n)\} = \alpha$$

n	$\alpha=0.995$	$\alpha=0.99$	$\alpha=0.975$	$\alpha=0.95$	$\alpha=0.90$	$\alpha=0.75$	$\alpha=0.25$	$\alpha=0.10$	$\alpha=0.05$	$\alpha=0.025$	$\alpha=0.01$	$\alpha=0.005$
1	—	—	—	0.004	0.016	0.102	1.323	2.706	3.841	5.024	6.635	7.879
2	0.010	0.020	0.051	0.103	0.211	0.575	2.773	4.605	5.991	7.378	9.210	10.597
3	0.072	0.115	0.216	0.352	0.584	1.213	4.108	6.251	7.815	9.348	11.345	12.838
4	0.207	0.297	0.484	0.711	1.064	1.923	5.385	7.779	9.488	11.143	13.277	14.860
5	0.412	0.554	0.831	1.145	1.610	2.675	6.626	9.236	11.071	12.833	15.086	16.750
6	0.676	0.872	1.237	1.635	2.204	3.455	7.841	10.645	12.592	14.449	16.812	18.548
7	0.989	1.239	1.690	2.167	2.833	4.255	9.037	12.017	14.067	16.013	18.475	20.278
8	1.344	1.646	2.180	2.733	3.490	5.071	10.219	13.362	15.507	17.535	20.090	21.955
9	1.735	2.088	2.700	3.325	4.168	5.899	11.389	14.684	16.919	19.023	21.666	23.589
10	2.156	2.558	3.247	3.940	4.865	6.737	12.549	15.987	18.307	20.483	23.209	25.188
11	2.603	3.053	3.816	4.575	5.578	7.584	13.701	17.275	19.675	21.920	24.725	26.757
12	3.074	3.571	4.404	5.226	6.304	8.438	14.845	18.549	21.026	23.337	26.217	28.299
13	3.565	4.107	5.009	5.892	7.042	9.299	15.984	19.812	22.362	24.736	27.688	29.819
14	4.075	4.660	5.629	6.571	7.790	10.165	17.117	21.064	23.685	26.119	29.141	31.319
15	4.601	5.229	6.262	7.261	8.547	11.037	18.245	22.307	24.996	27.488	30.578	32.801
16	5.142	5.812	6.908	7.962	9.312	11.912	19.369	23.542	26.296	28.845	32.000	34.267
17	5.697	6.408	7.564	8.672	10.085	12.792	20.489	24.760	27.587	30.191	33.409	35.718
18	6.265	7.015	8.231	9.390	10.865	13.675	21.605	25.989	28.869	31.526	34.805	37.156
19	6.844	7.633	8.907	10.117	11.651	14.562	22.718	27.204	30.144	32.852	36.191	38.582
20	7.434	8.260	9.591	10.851	12.443	15.452	23.828	28.412	31.410	34.170	37.566	39.997
21	8.034	8.897	10.283	11.591	13.240	16.344	24.935	29.615	32.671	35.479	38.932	41.401
22	8.643	9.542	10.982	12.338	14.042	17.240	26.039	30.813	33.924	36.781	40.289	42.796
23	9.260	10.196	11.689	13.091	14.848	18.137	27.141	32.007	35.172	38.076	41.638	44.181
24	9.886	10.856	12.401	13.848	15.659	19.037	28.241	33.196	36.415	39.364	42.980	45.559
25	10.520	11.524	13.120	14.611	16.473	19.939	29.339	34.382	37.652	40.646	44.314	46.928

续表

n	α=0.995	α=0.99	α=0.975	α=0.95	α=0.90	α=0.75	α=0.25	α=0.10	α=0.05	α=0.025	α=0.01	α=0.005
26	11.160	12.198	13.844	15.379	17.292	20.843	30.435	35.563	38.885	41.923	45.642	48.290
27	11.808	12.879	14.573	16.151	18.114	21.749	31.528	36.741	40.113	43.194	46.963	49.645
28	12.461	13.565	15.308	16.928	18.939	22.657	32.620	37.916	41.337	44.461	48.278	50.993
29	13.121	14.257	16.047	17.708	19.768	23.567	33.711	39.087	42.557	45.722	49.588	52.336
30	13.787	14.954	16.791	18.493	20.599	24.478	34.800	40.256	43.773	46.979	50.892	53.672
31	14.458	15.655	17.539	19.281	21.434	25.390	35.887	41.422	44.985	48.232	52.191	55.003
32	15.134	16.362	18.291	20.072	22.271	26.304	32.973	42.585	46.194	49.480	53.486	56.328
33	15.815	17.074	19.047	20.867	23.110	27.219	38.058	43.745	47.400	50.725	54.776	57.648
34	16.501	17.789	19.806	21.664	23.952	28.136	39.141	44.903	48.602	51.966	56.061	58.964
35	17.192	18.509	20.569	22.465	24.797	29.054	40.223	46.059	49.802	53.203	57.342	60.275
36	17.887	19.233	21.336	23.269	25.643	29.973	41.304	47.212	50.998	54.437	58.619	61.581
37	18.586	19.960	22.106	24.075	26.492	30.893	42.383	48.363	52.192	55.668	59.892	62.883
38	19.289	20.691	22.878	24.884	27.343	31.815	43.462	49.513	53.384	56.896	61.162	64.181
39	19.996	21.426	23.654	25.695	28.196	32.737	44.539	50.660	54.572	58.120	62.428	65.476
40	20.707	22.164	24.433	26.509	29.051	33.660	45.616	51.805	55.758	59.342	63.691	66.766
41	21.421	22.906	25.215	27.326	29.907	34.585	46.692	52.949	56.942	60.561	64.950	68.053
42	22.138	23.650	25.999	28.144	30.765	35.510	47.766	54.090	58.124	61.777	66.206	69.336
43	22.859	24.398	26.785	28.965	31.625	36.436	48.840	55.230	59.304	62.990	67.459	70.616
44	23.584	25.148	27.575	29.787	32.487	37.363	49.913	56.369	60.481	64.201	68.710	71.893
45	24.311	25.901	28.366	30.612	33.350	38.291	50.985	57.505	61.656	65.410	69.957	73.166

附表 5 F 分布表

$$P\{F(n_1,n_2) > F_\alpha(n_1,n_2)\} = \alpha$$

$$\alpha = 0.10$$

n_2 \ n_1	1	2	3	4	5	6	7	8	9	10	12	15	20	24	30	40	60	120	∞
1	39.86	49.50	53.59	55.83	57.24	58.20	58.91	59.44	59.86	60.19	60.71	61.22	61.74	62.00	62.26	62.53	62.79	63.06	63.33
2	8.53	9.00	9.16	9.24	9.29	9.33	9.35	9.37	9.38	9.39	9.41	9.42	9.44	9.45	9.46	9.47	9.47	9.48	9.49
3	5.54	5.46	5.39	5.34	5.31	5.28	5.27	5.25	5.24	5.23	5.22	5.20	5.18	5.18	5.17	5.16	5.15	5.14	5.13
4	4.54	4.32	4.19	4.11	4.05	4.01	3.98	3.95	3.94	3.92	3.90	3.87	3.84	3.83	3.82	3.80	3.79	3.78	3.76
5	4.06	3.78	3.62	3.52	3.45	3.40	3.37	3.34	3.32	3.30	3.27	3.24	3.21	3.19	3.17	3.16	3.14	3.12	3.10
6	3.78	3.46	3.29	3.18	3.11	3.05	3.01	2.98	2.96	2.94	2.90	2.87	2.84	2.82	2.80	2.78	2.76	2.74	2.72
7	3.59	3.26	3.07	2.96	2.88	2.83	2.78	2.75	2.72	2.70	2.67	2.63	2.59	2.58	2.56	2.54	2.51	2.49	2.47
8	3.46	3.11	2.92	2.81	2.73	2.67	2.62	2.59	2.56	2.54	2.50	2.46	2.42	2.40	2.38	2.36	2.34	2.32	2.29
9	3.36	3.01	2.81	2.69	2.61	2.55	2.51	2.47	2.44	2.42	2.38	2.34	2.30	2.28	2.25	2.23	2.21	2.18	2.16
10	3.29	2.92	2.73	2.61	2.52	2.46	2.41	2.38	2.35	2.32	2.28	2.24	2.20	2.18	2.16	2.13	2.11	2.08	2.06
11	3.23	2.86	2.66	2.54	2.45	2.39	2.34	2.30	2.27	2.25	2.21	2.17	2.12	2.10	2.08	2.05	2.03	2.00	1.97
12	3.18	2.81	2.61	2.48	2.39	2.33	2.28	2.24	2.21	2.19	2.15	2.10	2.06	2.04	2.01	1.99	1.96	1.93	1.90
13	3.14	2.76	2.56	2.43	2.35	2.28	2.23	2.20	2.16	2.14	2.10	2.05	2.01	1.98	1.96	1.93	1.90	1.88	1.85
14	3.10	2.73	2.52	2.39	2.31	2.24	2.19	2.15	2.12	2.10	2.05	2.01	1.96	1.94	1.91	1.89	1.86	1.83	1.80
15	3.07	2.70	2.49	2.36	2.27	2.21	2.16	2.12	2.09	2.06	2.02	1.97	1.92	1.90	1.87	1.85	1.82	1.79	1.76
16	3.05	2.67	2.46	2.33	2.24	2.18	2.13	2.09	2.06	2.03	1.99	1.94	1.89	1.87	1.84	1.81	1.78	1.75	1.72
17	3.03	2.64	2.44	2.31	2.22	2.15	2.10	2.06	2.03	2.00	1.96	1.91	1.86	1.84	1.81	1.78	1.75	1.72	1.69
18	3.01	2.62	2.42	2.29	2.20	2.13	2.08	2.04	2.00	1.98	1.93	1.89	1.84	1.81	1.78	1.75	1.72	1.69	1.66
19	2.99	2.61	2.40	2.27	2.18	2.11	2.06	2.02	1.98	1.96	1.91	1.86	1.81	1.79	1.76	1.73	1.70	1.67	1.63
20	2.97	2.59	2.38	2.25	2.16	2.09	2.04	2.00	1.96	1.94	1.89	1.84	1.79	1.77	1.74	1.71	1.68	1.64	1.61
21	2.96	2.57	2.36	2.23	2.14	2.08	2.02	1.98	1.95	1.92	1.87	1.83	1.78	1.75	1.72	1.69	1.66	1.62	1.59
22	2.95	2.56	2.35	2.22	2.13	2.06	2.01	1.97	1.93	1.90	1.86	1.81	1.76	1.73	1.70	1.67	1.64	1.60	1.57
23	2.94	2.55	2.34	2.21	2.11	2.05	1.99	1.95	1.92	1.89	1.84	1.80	1.74	1.72	1.69	1.66	1.62	1.59	1.55

续表

n_1 \ n_2	1	2	3	4	5	6	7	8	9	10	12	15	20	24	30	40	60	120	∞
24	2.93	2.54	2.33	2.19	2.10	2.04	1.98	1.94	1.91	1.88	1.83	1.78	1.73	1.70	1.67	1.64	1.61	1.57	1.53
25	2.92	2.53	2.32	2.18	2.09	2.02	1.97	1.93	1.89	1.87	1.82	1.77	1.72	1.69	1.66	1.63	1.59	1.56	1.52
26	2.91	2.52	2.31	2.17	2.08	2.01	1.96	1.92	1.88	1.86	1.81	1.76	1.71	1.68	1.65	1.61	1.58	1.54	1.50
27	2.90	2.51	2.30	2.17	2.07	2.00	1.95	1.91	1.87	1.85	1.80	1.75	1.70	1.67	1.64	1.60	1.57	1.53	1.49
28	2.89	2.50	2.29	2.16	2.06	2.00	1.94	1.90	1.87	1.84	1.79	1.74	1.69	1.66	1.63	1.59	1.56	1.52	1.48
29	2.89	2.50	2.28	2.15	2.06	1.99	1.93	1.89	1.86	1.83	1.78	1.73	1.68	1.65	1.62	1.58	1.55	1.51	1.47
30	2.88	2.49	2.28	2.14	2.05	1.98	1.93	1.88	1.85	1.82	1.77	1.72	1.67	1.64	1.61	1.57	1.54	1.50	1.46
40	2.84	2.44	2.23	2.09	2.00	1.93	1.87	1.83	1.79	1.76	1.71	1.66	1.61	1.57	1.54	1.51	1.47	1.42	1.38
60	2.79	2.39	2.18	2.04	1.95	1.87	1.82	1.77	1.74	1.71	1.66	1.60	1.54	1.51	1.48	1.44	1.40	1.35	1.29
120	2.75	2.35	2.13	1.99	1.90	1.82	1.77	1.72	1.68	1.65	1.60	1.55	1.48	1.45	1.41	1.37	1.32	1.26	1.19
∞	2.71	2.30	2.08	1.94	1.85	1.77	1.72	1.67	1.63	1.60	1.55	1.49	1.42	1.38	1.34	1.30	1.24	1.17	1.00

$\alpha = 0.05$

n_1 \ n_2	1	2	3	4	5	6	7	8	9	10	12	15	20	24	30	40	60	120	∞
1	161.4	199.5	215.7	224.6	230.2	234.0	236.8	238.9	240.5	241.9	243.9	245.9	248.0	249.1	250.1	251.1	252.2	253.3	254.3
2	18.51	19.00	19.16	19.25	19.30	19.33	19.35	19.37	19.38	19.40	19.41	19.43	19.45	19.45	19.46	19.47	19.48	19.49	19.50
3	10.13	9.55	9.28	9.12	9.01	8.94	8.89	8.85	8.81	8.79	8.74	8.70	8.66	8.64	8.62	8.59	8.57	8.55	8.53
4	7.71	6.94	6.59	6.37	6.26	6.16	6.09	6.04	6.00	5.96	5.91	5.86	5.80	5.77	5.75	5.72	5.69	5.66	5.63
5	6.61	5.79	5.41	5.19	5.05	4.95	4.88	4.82	4.77	4.74	4.68	4.62	4.56	4.53	4.50	4.46	4.43	4.40	4.36
6	5.99	5.14	4.76	4.53	4.39	4.28	4.21	4.15	4.10	4.06	4.00	3.94	3.87	3.84	3.81	3.77	3.74	3.70	3.67
7	5.59	4.74	4.35	4.12	3.97	3.87	3.79	3.73	3.68	3.64	3.57	3.51	3.44	3.41	3.38	3.34	3.30	3.27	3.23
8	5.32	4.46	4.07	3.84	3.69	3.58	3.50	3.44	3.39	3.35	3.28	3.22	3.15	3.12	3.08	3.04	3.01	2.97	2.93
9	5.12	4.26	3.86	3.63	3.48	3.37	3.29	3.23	3.18	3.14	3.07	3.01	2.94	2.90	2.86	2.83	2.79	2.75	2.71
10	4.96	4.10	3.71	3.48	3.33	3.22	3.14	3.07	3.02	2.98	2.91	2.85	2.77	2.74	2.70	2.66	2.62	2.58	2.54
11	4.84	3.98	3.59	3.36	3.20	3.09	3.01	2.95	2.90	2.85	2.79	2.72	2.65	2.61	2.57	2.53	2.49	2.45	2.40
12	4.75	3.89	3.49	3.26	3.11	3.00	2.91	2.85	2.80	2.75	2.69	2.62	2.54	2.51	2.47	2.43	2.38	2.34	2.30
13	4.67	3.81	3.41	3.18	3.03	2.92	2.83	2.77	2.71	2.67	2.60	2.53	2.46	2.42	2.38	2.34	2.30	2.25	2.21
14	4.60	3.74	3.34	3.11	2.96	2.85	2.76	2.70	2.65	2.60	2.53	2.46	2.39	2.35	2.31	2.27	2.22	2.18	2.13

续表

n_1 \ n_2	1	2	3	4	5	6	7	8	9	10	12	15	20	24	30	40	60	120	∞
15	4.54	3.68	3.29	3.06	2.90	2.79	2.71	2.64	2.59	2.54	2.48	2.40	2.33	2.29	2.25	2.20	2.16	2.11	2.07
16	4.49	3.63	3.24	3.01	2.85	2.74	2.66	2.59	2.54	2.49	2.42	2.35	2.28	2.24	2.19	2.15	2.11	2.06	2.01
17	4.45	3.59	3.20	2.96	2.81	2.70	2.61	2.55	2.49	2.45	2.38	2.31	2.23	2.19	2.15	2.10	2.06	2.01	1.96
18	4.41	3.55	3.16	2.93	2.77	2.66	2.58	2.51	2.46	2.41	2.34	2.27	2.19	2.15	2.11	2.06	2.02	1.97	1.92
19	4.38	3.52	3.13	2.90	2.74	2.63	2.54	2.48	2.42	2.38	2.31	2.23	2.16	2.11	2.07	2.03	1.98	1.93	1.88
20	4.35	3.49	3.10	2.87	2.71	2.60	2.51	2.45	2.39	2.35	2.28	2.20	2.12	2.08	2.04	1.99	1.95	1.90	1.84
21	4.32	3.47	3.07	2.84	2.68	2.57	2.49	2.42	2.37	2.32	2.25	2.18	2.10	2.05	2.01	1.96	1.92	1.87	1.81
22	4.30	3.44	3.05	2.82	2.66	2.55	2.46	2.40	2.34	2.30	2.23	2.15	2.07	2.03	1.98	1.94	1.89	1.84	1.78
23	4.28	3.42	3.03	2.80	2.64	2.53	2.44	2.37	2.32	2.27	2.20	2.13	2.05	2.01	1.96	1.91	1.86	1.81	1.76
24	4.26	3.40	3.01	2.78	2.62	2.51	2.42	2.36	2.30	2.25	2.18	2.11	2.03	1.98	1.94	1.89	1.84	1.79	1.73
25	4.24	3.39	2.99	2.76	2.60	2.49	2.40	2.34	2.28	2.24	2.16	2.09	2.01	1.96	1.92	1.87	1.82	1.77	1.71
26	4.23	3.37	2.98	2.74	2.59	2.47	2.39	2.32	2.27	2.22	2.15	2.07	1.99	1.95	1.90	1.85	1.80	1.75	1.69
27	4.21	3.35	2.96	2.73	2.57	2.46	2.37	2.31	2.25	2.20	2.13	2.06	1.97	1.93	1.88	1.84	1.79	1.73	1.67
28	4.20	3.34	2.95	2.71	2.56	2.45	2.36	2.29	2.24	2.19	2.12	2.04	1.96	1.91	1.87	1.82	1.77	1.71	1.65
29	4.18	3.33	2.93	2.70	2.55	2.43	2.35	2.28	2.22	2.18	2.10	2.03	1.94	1.90	1.85	1.81	1.75	1.70	1.64
30	4.17	3.32	2.92	2.69	2.53	2.42	2.33	2.27	2.21	2.16	2.09	2.01	1.93	1.89	1.84	1.79	1.74	1.68	1.62
40	4.08	3.23	2.84	2.61	2.45	2.34	2.25	2.18	2.12	2.08	2.00	1.92	1.84	1.79	1.74	1.69	1.64	1.58	1.51
60	4.00	3.15	2.76	2.53	2.37	2.25	2.17	2.10	2.04	1.99	1.92	1.84	1.75	1.70	1.65	1.59	1.53	1.47	1.39
120	3.92	3.07	2.68	2.45	2.29	2.17	2.09	2.02	1.96	1.91	1.83	1.75	1.66	1.61	1.55	1.50	1.43	1.35	1.25
∞	3.84	3.00	2.60	2.37	2.21	2.10	2.01	1.94	1.88	1.83	1.75	1.67	1.57	1.52	1.46	1.39	1.32	1.22	1.00

$\alpha = 0.025$

n_1 \ n_2	1	2	3	4	5	6	7	8	9	10	12	15	20	24	30	40	60	120	∞
1	647.8	799.5	864.2	899.6	921.8	937.1	948.2	956.7	963.3	968.6	976.7	984.9	993.1	997.2	1 001	1 006	1 010	1 014	1 018
2	38.51	39.00	39.17	39.25	39.30	39.33	39.36	39.37	39.39	39.40	39.41	39.43	39.45	39.46	39.46	39.47	39.48	39.49	39.50
3	17.44	16.04	15.44	15.10	14.88	14.73	14.62	14.54	14.47	14.42	14.34	14.25	14.17	14.12	14.08	14.04	13.99	13.65	13.90
4	12.22	10.65	9.98	9.60	9.36	9.20	9.07	8.98	8.90	8.84	8.75	8.68	8.56	8.51	8.46	8.41	8.36	8.31	8.26
5	10.01	8.43	7.76	7.39	7.15	6.98	6.85	6.76	6.68	6.62	6.52	6.43	6.33	6.28	6.23	6.18	6.12	6.07	6.02

续表

n_2 \ n_1	1	2	3	4	5	6	7	8	9	10	12	15	20	24	30	40	60	120	∞
6	8.81	7.26	6.60	6.23	5.99	5.82	5.70	5.60	5.52	5.46	5.37	5.25	5.17	5.12	5.07	5.01	4.96	4.90	4.85
7	8.07	6.54	5.89	5.52	5.29	5.12	4.99	4.90	4.82	4.76	4.67	4.57	4.47	4.42	4.36	4.31	4.25	4.20	4.14
8	7.57	6.06	5.42	5.05	4.82	4.65	4.53	4.43	4.36	4.30	4.20	4.10	4.00	3.95	3.89	3.84	3.78	3.73	3.67
9	7.21	5.71	5.08	4.72	4.48	4.32	4.20	4.10	4.03	3.96	3.87	3.77	3.67	3.61	3.56	3.51	3.45	3.39	3.33
10	6.94	5.46	4.83	4.47	4.24	4.07	3.95	3.85	3.78	3.72	3.62	3.52	3.42	3.37	3.31	3.26	3.20	3.14	3.08
11	6.72	5.26	4.63	4.28	4.04	3.88	3.76	3.66	3.59	3.53	3.43	3.33	3.23	3.17	3.12	3.06	3.00	2.94	2.88
12	6.55	5.10	4.47	4.12	3.89	3.73	3.61	3.51	3.44	3.37	3.28	3.18	3.07	3.02	2.96	2.91	2.85	2.79	2.72
13	6.41	4.97	4.35	4.00	3.77	3.60	3.48	3.39	3.31	3.25	3.15	3.05	2.95	2.89	2.84	2.78	2.72	2.66	2.60
14	6.30	4.86	4.24	3.89	3.66	3.50	3.38	3.29	3.21	3.15	3.05	2.95	2.84	2.79	2.73	2.67	2.61	2.55	2.49
15	6.20	4.77	4.15	3.80	3.58	3.41	3.29	3.20	3.12	3.06	2.96	2.86	2.76	2.70	2.64	2.59	2.52	2.46	2.40
16	6.12	4.69	4.08	3.73	3.50	3.34	3.22	3.12	3.05	2.99	2.89	2.79	2.68	2.63	2.57	2.51	2.45	2.38	2.32
17	6.04	4.62	4.01	3.66	3.44	3.28	3.16	3.06	2.98	2.92	2.82	2.72	2.62	2.56	2.50	2.44	2.38	2.32	2.25
18	5.98	4.56	3.95	3.61	3.38	3.22	3.10	3.01	2.93	2.87	2.77	2.67	2.56	2.50	2.44	2.38	2.32	2.26	2.19
19	5.92	4.51	3.90	3.56	3.33	3.17	3.05	2.96	2.88	2.82	2.72	2.62	2.51	2.45	2.39	2.33	2.27	2.20	2.13
20	5.87	4.46	3.86	3.51	3.29	3.13	3.01	2.91	2.84	2.77	2.68	2.57	2.46	2.41	2.35	2.29	2.22	2.16	2.09
21	5.83	4.42	3.82	3.48	3.25	3.09	2.97	2.87	2.80	2.73	2.64	2.53	2.42	2.37	2.31	2.25	2.18	2.11	2.04
22	5.79	4.38	3.78	3.44	3.22	3.05	2.93	2.84	2.76	2.70	2.60	2.50	2.39	2.33	2.27	2.21	2.14	2.08	2.00
23	5.75	4.35	3.75	3.41	3.18	3.02	2.90	2.81	2.73	2.67	2.57	2.47	2.36	2.30	2.24	2.18	2.11	2.04	1.97
24	5.72	4.32	3.72	3.38	3.15	2.99	2.87	2.78	2.70	2.64	2.54	2.44	2.33	2.27	2.21	2.15	2.08	2.01	1.94
25	5.69	4.29	3.69	3.35	3.13	2.97	2.85	2.75	2.68	2.61	2.51	2.41	2.30	2.24	2.18	2.12	2.05	1.98	1.91
26	5.66	4.27	3.67	3.33	3.10	2.94	2.82	2.73	2.65	2.59	2.49	2.39	2.28	2.22	2.16	2.09	2.03	1.95	1.88
27	5.63	4.24	3.65	3.31	3.08	2.92	2.80	2.71	2.63	2.57	2.47	2.36	2.25	2.19	2.13	2.07	2.00	1.93	1.85
28	5.61	4.22	3.63	3.29	3.06	2.90	2.78	2.69	2.61	2.55	2.45	2.34	2.23	2.17	2.11	2.05	1.98	1.91	1.83
29	5.59	4.20	3.61	3.27	3.04	2.88	2.76	2.67	2.59	2.53	2.43	2.32	2.21	2.15	2.09	2.03	1.96	1.89	1.81
30	5.57	4.18	3.59	3.25	3.03	2.87	2.75	2.65	2.57	2.51	2.41	2.31	2.20	2.14	2.07	2.01	1.94	1.87	1.79
40	5.42	4.05	3.46	3.13	2.90	2.74	2.62	2.53	2.45	2.39	2.29	2.18	2.07	2.01	1.94	1.88	1.80	1.72	1.64
60	5.29	3.93	3.34	3.01	2.79	2.63	2.51	2.41	2.33	2.27	2.17	2.06	1.94	1.88	1.82	1.74	1.67	1.58	1.48
120	5.15	3.80	3.23	2.89	2.67	2.52	2.39	2.30	2.22	2.16	2.05	1.94	1.82	1.76	1.69	1.61	1.53	1.43	1.31
∞	5.02	3.69	3.12	2.79	2.57	2.41	2.29	2.19	2.11	2.05	1.94	1.83	1.71	1.64	1.57	1.48	1.39	1.27	1.00

$\alpha = 0.01$

n_2 \ n_1	1	2	3	4	5	6	7	8	9	10	12	15	20	24	30	40	60	120	∞
1	4 052	4 999.5	5 403	5 625	5 764	5 859	5 928	5 982	6 022	6 056	6 106	6 157	6 209	6 235	6 261	6 287	6 313	6 339	6 366
2	98.50	99.00	99.17	99.25	99.30	99.33	99.36	99.37	99.39	99.40	99.42	99.43	99.45	99.46	99.47	99.47	99.48	99.49	99.50
3	34.12	30.82	29.46	28.71	28.24	27.91	27.67	27.49	27.35	27.23	27.05	26.87	26.69	26.60	26.50	29.41	26.32	26.22	26.13
4	21.20	18.00	16.69	15.98	15.52	15.21	14.98	14.80	14.66	14.55	14.37	14.20	14.02	13.93	13.84	13.75	13.65	13.56	13.46
5	16.26	13.27	12.06	11.39	10.97	10.67	10.46	10.29	10.16	10.05	9.89	9.72	9.55	9.47	9.38	9.29	9.20	9.11	9.02
6	13.75	10.92	9.78	9.15	8.75	8.47	8.26	8.10	7.98	7.87	7.72	7.56	7.40	7.31	7.23	7.14	7.06	6.97	6.88
7	12.25	9.55	8.45	7.85	7.46	7.19	6.99	6.84	6.72	6.62	6.47	6.31	6.16	6.07	5.99	5.91	5.82	5.74	5.65
8	11.26	8.65	7.59	7.01	6.63	6.37	6.18	6.03	5.91	5.81	5.67	5.52	5.36	5.28	5.20	5.12	5.03	4.95	4.86
9	10.56	8.02	6.99	6.42	6.06	5.80	5.61	5.47	5.35	5.26	5.11	4.96	4.81	4.73	4.65	4.57	4.48	4.40	4.31
10	10.04	7.56	6.55	5.99	5.64	5.39	5.20	5.06	4.94	4.85	4.71	4.56	4.41	4.33	4.25	4.17	4.08	4.00	3.91
11	9.65	7.21	6.22	5.67	5.32	5.07	4.89	4.74	4.63	4.54	4.40	4.25	4.10	4.02	3.94	3.86	3.78	3.69	3.60
12	9.33	6.93	5.95	5.41	5.06	4.82	4.64	4.50	4.39	4.30	4.16	4.01	3.86	3.78	3.70	3.62	3.54	3.45	3.36
13	9.07	6.70	5.74	5.21	4.86	4.62	4.44	4.30	4.19	4.10	3.96	3.82	3.66	3.59	3.51	3.43	3.34	3.25	3.17
14	8.86	6.51	5.56	5.04	4.69	4.46	4.28	4.14	4.03	3.94	3.80	3.66	3.51	3.43	3.35	3.27	3.18	3.09	3.00
15	8.68	6.36	5.42	4.89	4.56	4.32	4.14	4.00	3.89	3.80	3.67	3.52	3.37	3.29	3.21	3.13	3.05	2.96	2.87
16	8.53	6.23	5.29	4.77	4.44	4.20	4.03	3.89	3.78	3.69	3.55	3.41	3.26	3.18	3.10	3.02	2.93	2.84	2.75
17	8.40	6.11	5.18	4.67	4.34	4.10	3.93	3.79	3.68	3.59	3.46	3.31	3.16	3.08	3.00	2.92	2.83	2.75	2.65
18	8.29	6.01	5.09	4.58	4.25	4.01	3.84	3.71	3.60	3.51	3.37	3.23	3.08	3.00	2.92	2.84	2.75	2.66	2.57
19	8.18	5.93	5.01	4.50	4.17	3.94	3.77	3.63	3.52	3.43	3.30	3.15	3.00	2.92	2.84	2.76	2.67	2.58	2.49
20	8.10	5.85	4.94	4.43	4.10	3.87	3.70	3.56	3.46	3.37	3.23	3.09	2.94	2.86	2.78	2.69	2.61	2.52	2.42
21	8.02	5.78	4.87	4.37	4.04	3.81	3.64	3.51	3.40	3.31	3.17	3.03	2.88	2.80	2.72	2.64	2.55	2.46	2.36
22	7.95	5.72	4.82	4.31	3.99	3.76	3.59	3.45	3.35	3.26	3.12	2.98	2.83	2.75	2.67	2.58	2.50	2.40	2.31
23	7.88	5.66	4.76	4.26	3.94	3.71	3.54	3.41	3.30	3.21	3.07	2.93	2.78	2.70	2.62	2.54	2.45	2.35	2.26
24	7.82	5.61	4.72	4.22	3.90	3.67	3.50	3.36	3.26	3.17	3.03	2.89	2.74	2.66	2.58	2.49	2.40	2.31	2.21
25	7.77	5.57	4.68	4.18	3.85	3.63	3.46	3.32	3.22	3.13	2.99	2.85	2.70	2.62	2.54	2.45	2.36	2.27	2.17
26	7.72	5.53	4.64	4.14	3.82	3.59	3.42	3.29	3.18	3.09	2.96	2.81	2.66	2.58	2.50	2.42	2.33	2.23	2.13
27	7.68	5.49	4.60	4.11	3.78	3.56	3.39	3.26	3.15	3.06	2.93	2.78	2.63	2.55	2.47	2.38	2.29	2.20	2.10
28	7.64	5.45	4.57	4.07	3.75	3.53	3.36	3.23	3.12	3.03	2.90	2.75	2.60	2.52	2.44	2.35	2.26	2.17	2.06
29	7.60	5.42	4.54	4.04	3.73	3.50	3.33	3.20	3.09	3.00	2.87	2.73	2.57	2.49	2.41	2.33	2.23	2.14	2.03

续表

n_2 \ n_1	1	2	3	4	5	6	7	8	9	10	12	15	20	24	30	40	60	120	∞
30	7.56	5.39	4.51	4.02	3.70	3.47	3.30	3.17	3.07	2.98	2.84	2.70	2.55	2.47	2.39	2.30	2.21	2.11	2.01
40	7.31	5.18	4.31	3.83	3.51	3.29	3.12	2.99	2.89	2.80	2.66	2.52	2.37	2.29	2.20	2.11	2.02	1.92	1.80
60	7.08	4.98	4.13	3.65	3.34	3.12	2.95	2.82	2.72	2.63	2.50	2.35	2.20	2.12	2.03	1.94	1.84	1.73	1.60
120	6.85	4.79	3.95	3.48	3.17	2.96	2.79	2.66	2.56	2.47	2.34	2.19	2.03	1.95	1.86	1.76	1.66	1.53	1.38
∞	6.63	4.61	3.78	3.32	3.02	2.80	2.64	2.51	2.41	2.32	2.18	2.04	1.88	1.79	1.70	1.59	1.47	1.32	1.00

$\alpha = 0.005$

n_2 \ n_1	1	2	3	4	5	6	7	8	9	10	12	15	20	24	30	40	60	120	∞
1	16 211	20 000	21 615	22 500	23 056	23 437	23 715	23 925	24 091	24 224	24 426	24 630	24 836	24 940	25 044	25 148	25 253	25 359	25 465
2	198.5	199.0	199.2	199.2	199.3	199.3	199.4	199.4	199.4	199.4	199.4	199.4	199.4	199.5	199.5	199.5	199.5	199.5	199.5
3	55.55	49.80	47.47	46.19	45.39	44.84	44.43	44.13	43.88	43.69	43.39	43.08	42.78	42.62	42.47	42.31	42.15	41.99	41.83
4	31.33	26.28	24.26	23.15	22.46	21.97	21.62	21.35	21.14	20.97	20.70	20.44	20.17	20.03	19.89	19.75	19.61	19.47	19.32
5	22.78	18.31	16.53	15.56	14.94	14.51	14.20	13.96	13.77	13.62	13.38	13.15	12.90	12.78	12.66	12.53	12.40	12.27	12.14
6	18.63	14.54	12.92	12.03	11.46	11.07	10.79	10.57	10.39	10.25	10.03	9.81	9.59	9.47	9.36	9.24	9.12	9.00	8.88
7	16.24	12.40	10.88	10.05	9.52	9.16	8.89	8.68	8.51	8.38	8.18	7.97	7.75	7.65	7.53	7.42	7.31	7.19	7.08
8	14.69	11.04	9.60	8.81	8.30	7.95	7.69	7.50	7.34	7.21	7.01	6.81	6.61	6.50	6.40	6.29	6.18	6.06	5.95
9	13.61	10.11	8.72	7.96	7.47	7.13	6.88	6.69	6.54	6.42	6.23	6.03	5.83	5.73	5.62	5.52	5.41	5.30	5.19
10	12.83	9.43	8.08	7.34	6.87	6.54	6.30	6.12	5.97	5.85	5.66	5.47	5.27	5.17	5.07	4.97	4.86	4.75	4.64
11	12.23	8.91	7.60	6.88	6.42	6.10	5.86	5.68	5.54	5.42	5.24	5.05	4.83	4.76	4.65	4.55	4.44	4.34	4.23
12	11.75	8.51	7.23	6.52	6.07	5.76	5.52	5.35	5.20	5.09	4.91	4.72	4.53	4.43	4.33	4.23	4.12	4.01	3.90
13	11.37	8.19	6.93	6.23	5.79	5.48	5.25	5.08	4.94	4.82	4.64	4.46	4.27	4.17	4.07	3.97	3.87	3.76	3.65
14	11.06	7.92	6.68	6.00	5.56	5.26	5.03	4.86	4.72	4.60	4.43	4.25	4.06	3.96	3.86	3.76	3.66	3.55	3.44
15	10.80	7.70	6.48	5.80	5.37	5.07	4.85	4.67	4.54	4.42	4.25	4.07	3.88	3.79	3.69	3.59	3.48	3.37	3.26
16	10.58	7.51	6.30	5.64	5.21	4.91	4.69	4.52	4.38	4.27	4.10	3.92	3.73	3.64	3.54	3.44	3.33	3.22	3.11
17	10.38	7.35	6.16	5.50	5.07	4.78	4.56	4.39	4.25	4.14	3.97	3.79	3.61	3.51	3.41	3.31	3.21	3.10	2.98
18	10.22	7.21	6.03	5.37	4.96	4.66	4.44	4.28	4.14	4.03	3.86	3.68	3.50	3.40	3.30	3.20	3.10	2.99	2.87
19	10.07	7.09	5.92	5.27	4.85	4.56	4.34	4.18	4.04	3.93	3.76	3.59	3.40	3.31	3.21	3.11	3.00	2.89	2.78
20	9.94	6.99	5.82	5.17	4.76	4.47	4.26	4.09	3.96	3.85	3.68	3.50	3.32	3.22	3.12	3.02	2.92	2.81	2.69

续表

n_2 \ n_1	1	2	3	4	5	6	7	8	9	10	12	15	20	24	30	40	60	120	∞
21	9.83	6.89	5.73	5.09	4.68	4.39	4.18	4.01	3.88	3.77	3.60	3.43	3.24	3.15	3.05	2.95	2.84	2.73	2.61
22	9.73	6.81	5.65	5.02	4.61	4.32	4.11	3.94	3.81	3.70	3.54	3.36	3.18	3.08	2.98	2.88	2.77	2.66	2.55
23	9.63	6.73	5.58	4.95	4.54	4.26	4.05	3.88	3.75	3.64	3.47	3.30	3.12	3.02	2.92	2.82	2.71	2.60	2.48
24	9.55	6.66	5.52	4.89	4.49	4.20	3.99	3.83	3.69	3.59	3.42	3.25	3.06	2.97	2.87	2.77	2.66	2.55	2.43
25	9.48	6.60	5.46	4.84	4.43	4.15	3.94	3.78	3.64	3.54	3.37	3.20	3.01	2.92	2.82	2.72	2.61	2.50	2.38
26	9.41	6.54	5.41	4.79	4.38	4.10	3.89	3.73	3.60	3.49	3.33	3.15	2.97	2.87	2.77	2.67	2.56	2.45	2.33
27	9.34	6.49	5.36	4.74	4.34	4.06	3.85	3.69	3.56	3.45	3.28	3.11	2.93	2.83	2.73	2.63	2.52	2.41	2.29
28	9.28	6.44	5.32	4.79	4.30	4.02	3.81	3.65	3.52	3.41	3.25	3.07	2.89	2.79	2.69	2.59	2.48	2.37	2.25
29	9.23	6.40	5.28	4.66	4.26	3.98	3.77	3.61	3.48	3.38	3.21	3.04	2.86	2.76	2.66	2.56	2.45	2.33	2.21
30	9.18	6.35	5.24	4.62	4.23	3.95	3.74	3.58	3.45	3.34	3.18	3.01	2.82	2.73	2.63	2.52	2.42	2.30	2.18
40	8.83	6.07	4.98	4.37	3.99	3.71	3.51	3.35	3.22	3.12	2.95	2.78	2.60	2.50	2.40	2.30	2.18	2.06	1.93
60	8.49	5.79	4.73	4.14	3.76	3.49	3.29	3.13	3.01	2.90	2.74	2.57	2.39	2.29	2.19	2.08	1.96	1.83	1.69
120	8.18	5.54	4.50	3.92	3.55	3.28	3.09	2.93	2.81	2.71	2.54	2.37	2.19	2.09	1.98	1.87	1.75	1.61	1.43
∞	7.88	5.30	4.28	3.72	3.35	3.09	2.90	2.74	2.62	2.52	2.36	2.19	2.00	1.90	1.79	1.67	1.53	1.36	1.00

$\alpha = 0.001$

n_2 \ n_1	1	2	3	4	5	6	7	8	9	10	12	15	20	24	30	40	60	120	∞
1	4 053+	5 000+	5 404+	5 625+	5 764+	5 859+	5 929+	5 981+	6 023+	6 056+	6 107+	6 158+	6 209+	6 235+	6 261+	6 287+	6 313+	6 340+	6 366+
2	998.5	999.0	999.2	999.2	999.3	999.3	999.4	999.4	999.4	999.4	999.4	999.4	999.4	999.5	999.5	999.5	999.5	999.5	999.5
3	167.0	148.5	141.1	137.1	134.6	132.8	131.6	130.6	129.9	129.2	128.3	127.4	126.4	125.9	125.4	125.0	124.5	124.0	123.5
4	74.14	61.25	56.18	53.44	51.71	50.53	49.66	49.00	48.47	48.05	47.41	47.76	45.10	45.77	45.43	45.09	44.75	44.40	44.05
5	47.18	37.12	33.20	31.09	29.75	28.84	28.16	27.64	27.24	26.92	26.42	25.91	25.39	25.14	24.87	24.60	24.33	24.06	23.79
6	35.51	27.00	23.70	21.92	20.81	20.03	19.46	19.03	18.69	18.41	17.99	17.56	17.12	16.89	16.67	16.44	16.21	15.99	15.75
7	29.25	21.69	18.77	17.19	16.21	15.52	15.02	14.63	14.33	14.08	13.71	13.32	12.93	12.73	12.53	12.33	12.12	11.91	11.70
8	25.42	18.49	15.83	14.39	13.49	12.86	12.40	12.04	11.77	11.54	11.19	10.84	10.48	10.30	10.11	9.92	9.73	9.53	9.33
9	22.86	16.39	13.90	12.56	11.71	11.13	10.70	10.37	10.11	9.89	9.57	9.24	8.90	8.72	8.55	8.37	8.19	8.00	7.81
10	21.04	14.91	12.55	11.28	10.48	9.92	9.52	9.20	8.96	8.75	8.45	8.13	7.80	7.64	7.47	7.30	7.12	6.94	6.76
11	19.69	13.81	11.56	10.35	9.58	9.05	8.66	8.35	8.12	7.92	7.63	7.32	7.01	6.85	6.68	6.52	6.35	6.17	6.00
12	18.64	12.97	10.80	9.63	8.89	8.38	8.00	7.71	7.48	7.29	7.00	6.71	6.40	6.25	6.09	5.93	5.76	5.59	5.42

续表

n_1 \ n_2	1	2	3	4	5	6	7	8	9	10	12	15	20	24	30	40	60	120	∞
13	17.81	12.31	10.21	9.07	8.35	7.86	7.49	7.21	6.98	6.80	6.52	6.23	5.93	5.78	5.63	5.47	5.30	5.14	4.97
14	17.14	11.78	9.73	8.62	7.92	7.43	7.08	6.80	6.58	6.40	6.13	5.85	5.56	5.41	5.25	5.10	4.94	4.77	4.60
15	16.59	11.34	9.34	8.25	7.57	7.09	6.74	6.47	6.26	6.08	5.81	5.54	5.25	5.10	4.95	4.80	4.64	4.47	4.31
16	16.12	10.97	9.00	7.94	7.27	6.81	6.46	6.19	5.98	5.81	5.55	5.27	4.99	4.85	4.70	4.54	4.39	4.23	4.06
17	15.72	10.66	8.73	7.68	7.02	6.56	6.22	5.96	5.75	5.58	5.32	5.05	4.78	4.63	4.48	4.33	4.18	4.02	3.85
18	15.38	10.39	8.49	7.46	6.81	6.35	6.02	5.76	5.56	5.39	5.13	4.87	4.59	4.45	4.30	4.15	4.00	3.84	3.67
19	15.08	10.16	8.28	7.26	6.62	6.18	5.85	5.59	5.39	5.22	4.97	4.70	4.43	4.29	4.14	3.99	3.84	3.68	3.51
20	14.82	9.95	8.10	7.10	6.46	6.02	5.69	5.44	5.24	5.08	4.82	4.56	4.29	4.15	4.00	3.86	3.70	3.54	3.38
21	14.59	9.77	7.94	6.95	6.32	5.88	5.56	5.31	5.11	4.95	4.70	4.44	4.17	4.03	3.88	3.74	3.58	3.42	3.26
22	14.38	9.61	7.80	6.81	6.19	5.76	5.44	5.19	4.99	4.83	4.58	4.33	4.06	3.92	3.78	3.63	3.48	3.32	3.15
23	14.19	9.47	7.67	6.69	6.08	5.65	5.33	5.09	4.89	4.73	4.48	4.23	3.96	3.82	3.68	3.53	3.38	3.22	3.05
24	14.03	9.34	7.55	6.59	5.98	5.55	5.23	4.99	4.80	4.64	4.39	4.14	3.87	3.74	3.59	3.45	3.29	3.14	2.97
25	13.88	9.22	7.45	6.49	5.88	5.46	5.15	4.91	4.71	4.56	4.31	4.06	3.79	3.66	3.52	3.37	3.22	3.06	2.89
26	13.74	9.12	7.36	6.41	5.80	5.38	5.07	4.83	4.64	4.48	4.24	3.99	3.72	3.59	3.44	3.30	3.15	2.99	2.82
27	13.61	9.02	7.27	6.33	5.73	5.31	5.00	4.76	4.57	4.41	4.17	3.92	3.66	3.52	3.38	3.23	3.08	2.92	2.75
28	13.50	8.93	7.19	6.25	5.66	5.24	4.93	4.69	4.50	4.35	4.11	3.86	3.60	3.46	3.32	3.18	3.02	2.86	2.69
29	13.39	8.85	7.12	6.19	5.59	5.18	4.87	4.64	4.45	4.29	4.05	3.80	3.54	3.41	3.27	3.12	2.97	2.81	2.64
30	13.29	8.77	7.05	6.12	5.53	5.12	4.82	4.58	4.39	4.24	4.00	3.75	3.49	3.36	3.22	3.07	2.92	2.76	2.59
40	12.61	8.25	6.60	5.70	5.13	4.73	4.44	4.21	4.02	3.87	3.64	3.40	3.15	3.01	2.87	2.73	2.57	2.41	2.23
60	11.97	7.76	6.17	5.31	4.76	4.37	4.09	3.87	3.69	3.54	3.31	3.08	2.83	2.69	2.55	2.41	2.25	2.08	1.89
120	11.38	7.32	5.79	4.95	4.42	4.04	3.77	3.55	3.38	3.24	3.02	2.78	2.53	2.40	2.26	2.11	1.95	1.76	1.54
∞	10.83	6.91	5.42	4.62	4.10	3.74	3.47	3.27	3.10	2.96	2.74	2.51	2.27	2.13	1.99	1.84	1.66	1.45	1.00

注:+表示要将所列数乘以100。

习题参考答案

习题 1-1

1. (1) 设"i" = "抽取次数为i",则 $\Omega = \{3, 4, 5, 6, 7, 8, 9, 10\}$;(2) 用 (x,y) 表示抽到的两件产品,其中 x, y 分别是 a_1, a_2, b_1, b_2, b_3 之一,则 $\Omega = \{(a_1, a_2), (a_1, b_1), (a_1, b_2), (a_1, b_3), (a_2, b_1), (a_2, b_2), (a_2, b_3), (b_1, b_2), (b_1, b_3), (b_2, b_3)\}$;(3) $\Omega = \{\frac{i}{n} \mid 0 \leqslant i \leqslant 100n\}$;(4) $\Omega = \{(x,y) \mid x^2 + y^2 < 1\}$。

2. (1) $A\bar{B}\bar{C}$;(2) $A\bar{B}\bar{C}$;(3) $A \cup B \cup C$;(4) ABC;(5) $\overline{ABC}$ 或 $\overline{A \cup B \cup C}$;(6) $\overline{AB}\overline{C} + \overline{A}B\overline{C} + \overline{A}\overline{B}C + \overline{A}\overline{B}\overline{C}$ 或 $\overline{AB} \cup \overline{AC} \cup \overline{BC}$;(7) $\Omega - ABC$ 或 $\overline{A} \cup \overline{B} \cup \overline{C}$;(8) $AB \cup AC \cup BC$。

3. (1) 不是互斥事件;(2) 不是对立事件;(3) 表示事件"两次射击至少一次击中目标";(4) 表示事件"两次射击均击中目标";(5) 表示事件"第一次击中目标,而第二次没有击中目标"。

4. (1) 表示"取到 1980 年或 1980 年以前出版的中文版数学书";(2) 表示"1980 年或 1980 年以前出版的书都是中文版的"。

习题 1-2

1. $\dfrac{55}{A_{26}^2} = \dfrac{11}{130}$。 2. (1) $\dfrac{C_5^2}{C_{10}^3} = \dfrac{1}{12}$,(2) $\dfrac{C_4^2}{C_{10}^3} = \dfrac{1}{20}$。 3. $\dfrac{C_{10}^4 C_7^3 C_3^2}{C_{17}^9} = \dfrac{252}{2\,431}$。

4. $\dfrac{4}{A_{11}^7} = 0.000\,002\,4$。 5. 0.2。 6. $\dfrac{\int_0^1 v^2 dv}{1} = \dfrac{1}{3}$。 7. $\dfrac{5}{9}$。 8. 85%。

9 (1) 0.8,(2) 0.3,(3) 0.2,(4) 0.1,(5) 0。 10. 略。 11. 略。

习题 1-3

1. (1) 0.27,(2) 0.15。 2. $\dfrac{1}{3}$。 3. 0.18。 4. 0.973。

5. 0.951,0.979。 6. 0.003 8。 7. $\dfrac{1}{2}$。

习题 1-4

1. 略。 2. 0.059。 3. 0.75。 4. 0.6。 5. (1) 0.56,(2) 0.94,(3) 0.38。
6. (1) 0.36,(2) 0.91。 7. 0.936。

习题 1-5

1. 0.5。 2. 0.104。 3. $n \geqslant 5.03$，即取 $n \geqslant 6$。 4. $k = 3$，$P_{10}(3) = 0.267$。

复习参考题一（A）

1. $\dfrac{C_5^2 \cdot C_8^4}{C_{13}^6} = \dfrac{175}{429}$。 2. $1 - \dfrac{12 \times 11 \times 10 \times 9}{12^4} = \dfrac{41}{96}$。 3. $p_1 = \dfrac{5}{9}, p_2 = \dfrac{4}{9}$。

4. $\dfrac{1}{4}$。 5. 0.68。 6. $\dfrac{1\,013}{1\,152}$。 7. 0.3。 8. $\dfrac{5}{8}$。 9. 略。 10. $\dfrac{2}{3}$。

11. 0.01。 12. $\dfrac{11}{16}$。 13. $\dfrac{3}{8}$。 14. 0.504；0.496。 15. 0.124。

复习参考题一（B）

16. (1) 0.321，(2) 0.436。 17. $\dfrac{1}{2} + \dfrac{1}{\pi}$。 18. $\dfrac{1}{4}$。

19. $p_1 = \dfrac{4 \times 3 \times 2}{4^3} = \dfrac{6}{16} = \dfrac{3}{8}$，$p_2 = \dfrac{C_3^2 \cdot C_4^1 \cdot C_3^1}{4^3} = \dfrac{9}{16}$，$p_3 = \dfrac{C_4^1}{4^3} = \dfrac{1}{16}$。

20. (1) $P(AB) = P(A) = 0.6$；(2) $P(AB) = 0.3$。

21. (1) $p_1 = \dfrac{3!9!}{(3!)^3} \bigg/ \dfrac{12!}{(4!)^3} = \dfrac{16}{55}$；(2) $p_2 = \dfrac{3 \cdot 9!}{(4!)^2} \bigg/ \dfrac{12!}{(4!)^3} = \dfrac{3}{55}$。

22. $P(A) = 1 - \dfrac{8}{21} = \dfrac{13}{21}$。 23. $P(A_2 \mid A_1) = \dfrac{m-1}{2n-m-1}$。

24. $P(A_2) = \dfrac{2}{5}$。 25. (1) $p(B_1) = \dfrac{2}{5}$；(2) $P(B_2 \mid B_1) = 0.485\,6$。

26. $P(A) = 1 - \dfrac{13}{6^3}$。 27. $p = C_3^1 \cdot p \cdot (1-p)^2 \cdot p = 3p^2(1-p)^2$。

习题 2-1

1.

X	-3	$-\dfrac{1}{2}$	$\dfrac{1}{3}$	2
p	$\dfrac{1}{4}$	$\dfrac{1}{4}$	$\dfrac{1}{4}$	$\dfrac{1}{4}$

2.

X	-3	1	23
p	$\dfrac{1}{3}$	$\dfrac{1}{2}$	$\dfrac{1}{6}$

3.

X	1	2	3	4	5	6
p	$\dfrac{11}{36}$	$\dfrac{9}{36}$	$\dfrac{7}{36}$	$\dfrac{5}{36}$	$\dfrac{3}{36}$	$\dfrac{1}{36}$

4. $a = N$。 5. $\dfrac{19}{27}$。

6.

X	0	1	2	3	4	5
p	$(0.4)^5$	$5(0.4)^4 0.6$	$10(0.4)^3(0.6)^2$	$10(0.4)^2(0.6)^3$	$5(0.4)(0.6)^4$	$(0.6)^5$

7. $P\{X = k\} = \left(\dfrac{1}{4}\right)^{k-1} \cdot \dfrac{3}{4}, k = 1, 2, \cdots$。 8. $P\{X = 4\} = 0.0903$。

9.

X	0	1	2	3
P	$\dfrac{20}{35}$	$\dfrac{10}{35}$	$\dfrac{4}{35}$	$\dfrac{1}{35}$

10. （1）

X	0	1	2	3
P	$\dfrac{10}{13}$	$\dfrac{5}{26}$	$\dfrac{5}{143}$	$\dfrac{1}{286}$

（2）

X	1	2	3	$\cdots$	n
p	$\dfrac{10}{13}$	$\dfrac{3}{13} \times \dfrac{10}{13}$	$\left(\dfrac{3}{13}\right)^2 \times \dfrac{10}{13}$	$\cdots$	$\left(\dfrac{3}{13}\right)^{n-1} \times \dfrac{10}{13}$

（3）

X	1	2	3	4
P	$\dfrac{10}{13}$	$\dfrac{33}{13^2}$	$\dfrac{72}{13^3}$	$\dfrac{6}{13^3}$

习题 2-2

1. （1）$A = \underline{0.5}, B = \dfrac{1}{\pi}, P\{|\xi| < 1\} = \underline{0.5}$；（2）$P\{X = 2\} = \dfrac{11}{24}$。

2. X 的分布函数为 $F(x) = \begin{cases} 0, & x < -3, \\ \dfrac{1}{4}, & -3 \leq x < -\dfrac{1}{2}, \\ \dfrac{1}{2}, & -\dfrac{1}{2} \leq x < \dfrac{1}{3}, \\ \dfrac{3}{4}, & \dfrac{1}{3} \leq x < 2, \\ 1, & x \geq 2。 \end{cases}$

3. X 的可能取值为 0，1，2，3，其概率分布律和分布函数分别为

X	0	1	2	3
p_k	$\frac{20}{35}$	$\frac{10}{35}$	$\frac{4}{35}$	$\frac{1}{35}$

$$F(x) = \begin{cases} 0, & x < 0, \\ \frac{4}{7}, & 0 \leq x < 1, \\ \frac{6}{7}, & 1 \leq x < 2, \\ \frac{34}{35}, & 2 \leq x < 3, \\ 1, & x \geq 3。 \end{cases}$$

4.

X	−1	1	3
p_k	0.4	0.4	0.2

$P\{1.5 < X \leq 4\} = 0.2$。

习题 2−3

1.

X \ Y	1	2	3
1	0	$\frac{1}{6}$	$\frac{1}{12}$
2	$\frac{1}{6}$	$\frac{1}{6}$	$\frac{1}{6}$
3	$\frac{1}{12}$	$\frac{1}{6}$	0

2. (1) 放回取样：

X \ Y	0	1
0	$\frac{25}{36}$	$\frac{5}{36}$
1	$\frac{5}{36}$	$\frac{1}{36}$

(2) 不放回取样：

X \ Y	0	1
0	$\frac{45}{66}$	$\frac{10}{66}$
1	$\frac{10}{66}$	$\frac{1}{66}$

3.

X \ Y	0	1	2	3
1	0	$\frac{3}{8}$	$\frac{3}{8}$	0
3	$\frac{1}{8}$	0	0	$\frac{1}{8}$

4.

Y \ X	0	1	2	3
0	0	0	$\frac{3}{35}$	$\frac{2}{35}$
1	0	$\frac{6}{35}$	$\frac{12}{35}$	$\frac{2}{35}$
2	$\frac{1}{35}$	$\frac{6}{35}$	$\frac{3}{35}$	0

5.

Y \ X	0	1	2
0	$\frac{1}{15}$	$\frac{4}{45}$	$\frac{1}{90}$
1	$\frac{2}{15}$	$\frac{6}{15}$	$\frac{2}{15}$
2	$\frac{1}{90}$	$\frac{4}{45}$	$\frac{1}{15}$

习题 2-4

1.

X	-1	0	2
p	$\frac{5}{12}$	$\frac{1}{6}$	$\frac{5}{12}$

Y	0	$\frac{1}{3}$	1
p	$\frac{7}{12}$	$\frac{1}{12}$	$\frac{1}{3}$

2. $P\{X=n\} = \frac{e^{-14} 14^n}{n!}, n=0,1,2,\cdots$；$P\{Y=m\} = e^{-7.14} \frac{(7.14)^m}{m!}, m=0,1,2,\cdots$。

3.

Y \ X	$-\frac{1}{2}$	1	3
-2	$\frac{1}{8}$	$\frac{1}{16}$	$\frac{1}{16}$
-1	$\frac{1}{6}$	$\frac{1}{12}$	$\frac{1}{12}$
0	$\frac{1}{24}$	$\frac{1}{48}$	$\frac{1}{48}$
$\frac{1}{2}$	$\frac{1}{6}$	$\frac{1}{12}$	$\frac{1}{12}$

4.（1）

X \ Y	0	1
-1	0.25	0
0	0	0.5
1	0.25	0

（2）X 与 Y 不相互独立。

习题 2-5

1.

(1)

$\frac{2}{3}X+2$	2	$\frac{\pi}{3}+2$	$\frac{2\pi}{3}+2$
p	$\frac{1}{2}$	$\frac{1}{4}$	$\frac{1}{4}$

(2)

$\cos X$	1	0	-1
p	$\frac{1}{2}$	$\frac{1}{4}$	$\frac{1}{4}$

2.

(1)

$X+2$	0	$\frac{3}{2}$	2	4	16
p	$\frac{1}{8}$	$\frac{1}{4}$	$\frac{1}{8}$	$\frac{1}{6}$	$\frac{1}{3}$

(2)

$-X+1$	-3	-1	1	$\frac{3}{2}$	3
p	$\frac{1}{3}$	$\frac{1}{6}$	$\frac{1}{8}$	$\frac{1}{4}$	$\frac{1}{8}$

(3)

X^2	0	$\frac{1}{4}$	4	6
p	$\frac{1}{8}$	$\frac{1}{4}$	$\frac{7}{24}$	$\frac{1}{3}$

3.

Y	-1	1
p	$\frac{1}{3}$	$\frac{2}{3}$

4.

(1)

$X+Y$	-3	-2	-1	$-\frac{3}{2}$	$-\frac{1}{2}$	$\frac{1}{2}$	1	2	3
p	$\frac{1}{12}$	$\frac{1}{12}$	$\frac{3}{12}$	$\frac{2}{12}$	$\frac{1}{12}$	0	$\frac{2}{12}$	0	$\frac{2}{12}$

(2)

$X-Y$	-1	0	$\frac{1}{2}$	1	$\frac{3}{2}$	$\frac{5}{2}$	3	4	5
p	$\frac{3}{12}$	$\frac{1}{12}$	0	$\frac{1}{12}$	$\frac{1}{12}$	$\frac{2}{12}$	$\frac{2}{12}$	0	$\frac{2}{12}$

(3)

X^2+Y-2	$-\frac{15}{4}$	-3	$-\frac{11}{4}$	-2	$-\frac{7}{4}$	-1	5	6	7
p	$\frac{2}{12}$	$\frac{1}{12}$	$\frac{1}{12}$	$\frac{1}{12}$	0	$\frac{3}{12}$	$\frac{2}{12}$	0	$\frac{2}{12}$

5.

$Z=X+Y$	0	1	2	3
p	p_{00}	$p_{01}+p_{10}$	$p_{11}+p_{02}$	p_{12}

6. $Z=X+Y$ 的取值为 $0,1,2,\cdots,m$，当 $0\leq k\leq n+m$ 时，$P\{x+y=k\}=C_{m+n}^{k}p^{k}q^{n+m-k}$。

复习参考题二（A）

1.

X	3	4	5
p	$\frac{1}{10}$	$\frac{3}{10}$	$\frac{6}{10}$

2.

X	0	1	2
p	$\frac{22}{35}$	$\frac{12}{35}$	$\frac{1}{35}$

3. $P\{x=i\}=C_{10}^{i}\dfrac{1}{2^{10}}(i=0,1,2,\cdots,10)$。

4.

X	1	2	3	4	5
p	0.9	0.09	0.009	0.0009	0.0001

5.

X	0	1	2	$\cdots$	i	$\cdots$
p	e^{-4}	$4e^{-4}$	$\dfrac{4^2}{2!}e^{-4}$	$\cdots$	$\dfrac{4^i}{i!}e^{-4}$	$\cdots$

6.

X	0	1
p	$\dfrac{1}{3}$	$\dfrac{2}{3}$

7. (1) $a+b=0.25$,且 $a\geqslant 0, b\geqslant 0$；(2) 当 $a=0.2$ 时, $b=0.05$, $P\{X^2>1\}=P\{X=2\}+P\{X=3\}=0.4$, $P\{X\leqslant 0\}=P\{X=-1\}+P\{X=0\}=0.4$, $P\{X=1.2\}=0$。

X 的分布函数 $F(x)$ 为：$F(x)=\begin{cases} 0, & x<-1, \\ 0.25, & -1\leqslant x<0, \\ 0.4, & 0\leqslant x<1, \\ 0.6, & 1\leqslant x<2, \\ 0.95, & 2\leqslant x<3, \\ 1, & x\geqslant 3。\end{cases}$

(3) $Y=X^2-1$ 的分布律为：

Y	-1	0	3	8
p	0.15	0.45	0.35	0.05

8. (1) 7 炮；(2) $C_{10}^3(0.7)^3(0.3)^7=0.009$；
(3) $1-C_{10}^0(0.7)^0(0.3)^{10}-C_{10}^1(0.7)(0.3)^9-C_{10}^2(0.7)^2(0.3)^8=0.9938$。

9. (1) $\dfrac{4^8}{8!}e^{-4}$；(2) $1-13e^{-4}$。

10.

Y＼X	$\dfrac{\pi}{6}$	$\dfrac{4\pi}{3}$	$\dfrac{9\pi}{2}$	$\dfrac{32\pi}{3}$
p	0.15	0.35	0.4	0.1

复习参考题二（B）

11.

Y＼X	1	2	3	4	$P_{i\cdot}$
1	$\dfrac{1}{4}$	0	0	0	$\dfrac{1}{4}$
2	$\dfrac{1}{8}$	$\dfrac{1}{8}$	0	0	$\dfrac{1}{4}$
3	$\dfrac{1}{12}$	$\dfrac{1}{12}$	$\dfrac{1}{12}$	0	$\dfrac{1}{4}$
4	$\dfrac{1}{16}$	$\dfrac{1}{16}$	$\dfrac{1}{16}$	$\dfrac{1}{16}$	$\dfrac{1}{4}$
$P_{\cdot j}$	$\dfrac{25}{48}$	$\dfrac{13}{48}$	$\dfrac{7}{48}$	$\dfrac{1}{16}$	1

12. (1) $P\{Y=m\mid X=n\}=C_n^m p^m(1-p)^{n-m}, 0\leqslant m\leqslant n, n=0,1,2,\cdots$；

(2) $P\{X=n, Y=m\}=P\{Y=m\mid X=n\}\cdot P\{X=n\}=C_n^m p^m(1-p)^{n-m}\dfrac{\lambda^n}{n!}e^{-\lambda}, 0\leqslant m\leqslant n, n=0,1,2,\cdots$。

13.

X \ Y	0	1
0	$\frac{2}{3}$	$\frac{1}{12}$
1	$\frac{1}{6}$	$\frac{1}{12}$

14.

X \ Y	y_1	y_2	y_3	$p_{i\cdot}$
x_1	$\frac{1}{24}$	$\frac{1}{8}$	$\frac{1}{12}$	$\frac{1}{4}$
x_2	$\frac{1}{8}$	$\frac{3}{8}$	$\frac{1}{4}$	$\frac{3}{4}$
$p_{\cdot j}$	$\frac{1}{6}$	$\frac{1}{2}$	$\frac{1}{3}$	1

15.

X	-2	2	7	10
p	0.057	0.205	0.410	0.328

习题 3-1

1. 略。 2. (1) 0.864 7,   (2) 0.049 79,   (3) $p(x) = \begin{cases} e^{-x}, & x \geqslant 0, \\ 0, & x < 0_\circ \end{cases}$

3. $F(x) = \begin{cases} 0, & x < 0, \\ \frac{1}{2}x^2, & 0 \leqslant x < 1, \\ 2x - \frac{x^2}{2} - 1, & 1 \leqslant x < 2, \\ 1, & x \geqslant 2_\circ \end{cases}$ 图略。 4. $a = \frac{1}{2}$, $P\left\{0 \leqslant X \leqslant \frac{\pi}{4}\right\} = \frac{\sqrt{2}}{4}$。

5. (1) $A = \frac{1}{2}$, $B = \frac{1}{2\arcsin a}$,   (2) $p(x) = \begin{cases} 0, & |x| > a, \\ \dfrac{1}{(2\arcsin a)\sqrt{1-x^2}}, & |x| \leqslant a_\circ \end{cases}$

6. (1) 0.986 1,   (2) 0.039 2,   (3) 0.217 7。

7. (1) 0.805 1,   (2) 0.549 8,   (3) 0.667 8。

8. (1) 0.532 8,   0.999 6,   0.5,   (2) $c = 3$,   (3) $d \leqslant 0.44$。

习题 3-2

1. (1) $k = 12$,   (2) $F(x,y) = \begin{cases} (1-e^{-3x})(1-e^{-4y}), & x > 0, y > 0, \\ 0, & 其他。 \end{cases}$ (3) 0.95。

2. (1) $A = \frac{3}{\pi R^3}$;   (2) $\frac{3r^2}{R^2}\left(1 - \frac{2r}{3R}\right)$。

3. $p(x,y) = \begin{cases} 4, & (x,y) \in D, \\ 0, & 其他。 \end{cases}$

$$F(x,y) = \begin{cases} 0, & x \le -\dfrac{1}{2} \text{ 或 } y \le 0, \\ (2x+1)^2 - (2x+1-y)^2, & -\dfrac{1}{2} < x \le 0, 0 < y \le 2x+1, \\ (2x+1)^2, & -\dfrac{1}{2} < x \le 0, 2x+1 < y, \\ 1 - (1-y)^2, & 0 < x, 0 < y \le 1, \\ 1, & 0 < x, 1 < y_\circ \end{cases}$$

4. (1) $\dfrac{1}{8}$,　　(2) $\dfrac{3}{8}$,　　(3) $\dfrac{27}{32}$,　　(4) $\dfrac{2}{3}$。

习题 3—3

1. $p_X(x) = \begin{cases} 2.4x^2(2-x), & 0 \le x \le 1, \\ 0, & \text{其他}_\circ \end{cases}$　　$p_Y(y) = \begin{cases} 2.4y(3-4y+y^2), & 0 \le y \le 1, \\ 0, & \text{其他}_\circ \end{cases}$

2. $p_X(x) = \begin{cases} \dfrac{2}{\pi R}\sqrt{R^2-x^2}, & |x| \le R, \\ 0, & \text{其他}_\circ \end{cases}$　　$p_Y(y) = \begin{cases} \dfrac{2}{\pi R}\sqrt{R^2-y^2}, & |y| \le R, \\ 0, & \text{其他}_\circ \end{cases}$

3. 不独立。　　4. (1) 独立，(2) 不独立。　　5. 略。

6. (1) $p(x,y) = \begin{cases} \dfrac{1}{2}e^{-\frac{y}{2}}, & 0 < x < 1, y > 0, \\ 0, & \text{其他}_\circ \end{cases}$　　(2) $1 - \sqrt{2\pi}[\phi(1) - \phi(0)] = 0.1445_\circ$

习题 3—4

1. (1) $\phi(z) = \begin{cases} \dfrac{z}{2}, & 0 < z < 2, \\ 0, & \text{其他}_\circ \end{cases}$　　(2) $\phi(z) = \begin{cases} 2(1-z), & 0 < z < 1, \\ 0, & \text{其他}_\circ \end{cases}$

　　(3) $\phi(z) = \begin{cases} 1, & 0 < z < 1, \\ 0, & \text{其他}_\circ \end{cases}$

2. (1) $\phi(z) = \begin{cases} \dfrac{1}{z}, & 1 < z < e, \\ 0, & \text{其他}_\circ \end{cases}$　　(2) $\phi(z) = \begin{cases} \dfrac{1}{2}e^{-\frac{z}{2}}, & z > 0, \\ 0, & z \le 0_\circ \end{cases}$

3. $F(z) = \begin{cases} 0, & -\infty < z < -2, \\ \dfrac{1}{8}(2+z)^2, & -2 \le z < 0, \\ 1 - \dfrac{1}{8}(2-z)^2, & 0 \le z < 2, \\ 1, & 2 \le z < +\infty; \end{cases}$　　$p(z) = \begin{cases} \dfrac{1}{4}(2+z), & -2 \le z < 0, \\ \dfrac{1}{4}(2-z), & 0 \le z < 2, \\ 0, & \text{其他}_\circ \end{cases}$

4. $p_Z(z) = \begin{cases} 4ze^{-2z}, & z > 0, \\ 0, & z \leq 0. \end{cases}$

5. $p_Z(z) = \begin{cases} \dfrac{z+4}{24}, & -4 \leq z < 0, \\ \dfrac{1}{6}, & 0 \leq z < 2, \\ \dfrac{6-z}{24}, & 2 \leq z < 6, \\ 0, & z < -4 \text{ 或 } z \geq 6. \end{cases}$

6. 略。

7. $G(y) = \begin{cases} 0, & y < 0, \\ y, & 0 \leq y < 1, \\ 1, & y \geq 1. \end{cases}$

习题 3-5

1. 当 $|y| < 1$ 时,$p_{X|Y}(x|y) = \begin{cases} \dfrac{1}{1-|y|}, & |y| < x < 1, \\ 0, & x \text{ 取其他值}. \end{cases}$

当 $0 < x < 1$ 时,$p_{Y|X}(y|x) = \begin{cases} \dfrac{1}{2x}, & |y| < x, \\ 0, & y \text{ 取其他值}. \end{cases}$

2. (1) 当 $y > 0$ 时,$p_{X|Y}(x|y) = \begin{cases} \lambda e^{-\lambda x}, & x > 0, \\ 0, & x \leq 0. \end{cases}$

(2) $F_Z(z) = \begin{cases} 0, & z < 0, \\ \dfrac{\mu}{\lambda + \mu}, & 0 \leq z < 1, \\ 1, & z \geq 1. \end{cases}$

Z	0	1
p	$\dfrac{\mu}{\mu+\lambda}$	$\dfrac{\lambda}{\mu+\lambda}$

复习参考题三 (A)

1. 略。 2. $a = 7.56$。 3. $F(x) = \int_{-\infty}^{x} p(x)dx = \begin{cases} \dfrac{e^x}{2}, & x < 0, \\ \dfrac{1}{2} + \dfrac{x}{4}, & 0 \leq x < 2, \\ 1, & x > 2. \end{cases}$

4. (1) $B = 0, A = 1$; (2) $\dfrac{\sqrt{3}-1}{2}$; (3) $p(x) = \begin{cases} \cos x, & 0 < x < \dfrac{\pi}{2}, \\ 0, & \text{其他}. \end{cases}$

5. (1) $A = 1$; (2) $\varphi(x) = \begin{cases} 2x, & 0 < x < 1, \\ 0, & \text{其他}. \end{cases}$

(3) $P\{0.3 < X < 0.7\} = \int_{0.3}^{0.7} 2x\,dx = 0.4$。 6. (1) 0.92; (2) $x = 57.5$。

7. (1) $\dfrac{8}{27}$; (2) $\dfrac{1}{27}$。   8. $\dfrac{1}{2}$。

9. (1) $A = \dfrac{1}{\pi^2}, B = C = \dfrac{\pi}{2}$;   (2) $p(x,y) = \dfrac{6}{\pi^2(4+x^2)(9+y^2)}$;

(3) $p_X(x) = \dfrac{2}{\pi(4+x^2)}, P_Y(y) = \dfrac{3}{\pi(9+y^2)}$;   (4) X, Y 是独立的。

10. $F_Z(z) = \begin{cases} 0, & z \leq 0, \\ 1 - e^{-z} - ze^{-z}, & z > 0。 \end{cases}$ 11. $\dfrac{1}{4}$。

复习参考题三（B）

12. (1) D, (2) A, (3) B, (4) B。   13. $a = 1, b = -1, c = 0$。   14. (1) $\dfrac{7}{24}$,

(2) $p_Z(z) = \begin{cases} z(2-z), & 0 < z < 1, \\ (2-z)^2, & 1 \leq z < 2, \\ 0, & \text{其他。} \end{cases}$ 15. $F_Z(z) = \begin{cases} 0, & z \leq 0, \\ 1 - e^{-z} - ze^{-z}, & z > 0。 \end{cases}$

16. (1) $F(x,y) = \begin{cases} 0, & x < 0 \text{ 或 } y < 0; \\ \dfrac{1}{3}x^3y + \dfrac{1}{12}x^2y^2, & 0 \leq x \leq 1, 0 \leq y \leq 2; \\ \dfrac{2}{3}x^3 + \dfrac{1}{3}x^2, & 0 \leq x \leq 1, y > 2; \\ \dfrac{1}{12}y^2 + \dfrac{1}{3}y, & x > 1, 0 \leq y \leq 2; \\ 1, & x > 1, y > 2。 \end{cases}$

(2) $p_X(x) = \begin{cases} 2x^2 + \dfrac{2}{3}x, & 0 \leq x \leq 1; \\ 0, & \text{其他。} \end{cases}$ $p_Y(y) = \begin{cases} \dfrac{1}{6}y + \dfrac{1}{3}, & 0 \leq y \leq 2; \\ 0, & \text{其他。} \end{cases}$

17. (1) $p_X(x) = \begin{cases} 2x, & 0 < x < 1 \\ 0, & \text{其他} \end{cases}$, $p_Y(y) = \begin{cases} 1 - \dfrac{y}{2}, & 0 < y < 2, \\ 0, & \text{其他} \end{cases}$

(2) $p_Z(z) = \begin{cases} 1 - \dfrac{z}{2}, & 0 < z < 2, \\ 0, & \text{其他} \end{cases}$ (3) $P\left\{Y \leq \dfrac{1}{2} \mid X \leq \dfrac{1}{2}\right\} = \dfrac{P\left\{X \leq \dfrac{1}{2}, Y \leq \dfrac{1}{2}\right\}}{P\left\{X \leq \dfrac{1}{2}\right\}} = \dfrac{3}{4}$。

18. (1) $p_{Y \mid X}(y \mid x) = \begin{cases} \dfrac{1}{x}, & 0 < y < x; \\ 0, & \text{其他。} \end{cases}$ (2) $P\{X \leq 1 \mid Y \leq 1\} = \dfrac{1 - 2e^{-1}}{1 - e^{-1}} = \dfrac{e-2}{e-1}$。

习题 4-1

1. $\dfrac{1}{3}, \dfrac{2}{3}, \dfrac{35}{24}$。   2. $\dfrac{a+b}{2}, \dfrac{1}{\lambda}$。   3. $\dfrac{1-(1-p)^3}{p} = p^2 - 3p + 3$。   4. 6。

5. $E(X) = 5.8125$,即需要6场才能分出胜负。 6. $0, 2$。 7. $2, \dfrac{1}{3}$。

8. $\pi(a+b)(a^2+b^2)/24$。 9. 0。 10. $\dfrac{3}{4}, \dfrac{5}{8}$。

11. $\dfrac{2}{3}, 0$。 12. $\dfrac{7}{6}, \dfrac{7}{6}$。 13. $\dfrac{\alpha}{\beta}$。

习题 4−2

1. $E(X) = 1.25, D(X) = 0.3125$。 2. $\dfrac{\pi^2}{12} - \dfrac{1}{2}$。 3. $\dfrac{1}{2}$。

4. $k = \dfrac{1}{2}, E(X) = 0, D(X) = \dfrac{\pi^2 - 8}{4}$。 5. 略 6. $85, 37$。

7. $E(X+Y) = \dfrac{31}{15}, E(XY) = -\dfrac{11}{15}, D(X+Y) = \dfrac{104}{225}, D(XY) = \dfrac{344}{225}$。

8. (1) $12, -1$;(2) $364, 21$。 9. $E(X) = \dfrac{\sqrt{2\pi}}{2}, D(X) = \dfrac{4-\pi}{2}$。 10. $\dfrac{\sigma^2}{n}$。 11. $\dfrac{1}{18}$。

复习参考题四（A）

1. 无,因条件收敛,而不绝对收敛。 2. $p_1 + p_2 + p_3$。 3. 18.4。

4. $M\left[1 - \left(1 - \dfrac{1}{M}\right)^n\right]$。 5. (C)。

6. $a = \dfrac{1}{2}, b = \dfrac{1}{\pi}, D(X) = \dfrac{3\pi}{8} + \dfrac{5\pi^2}{192} - \dfrac{5}{4}$。

7. $a = \dfrac{1}{2}, b = \dfrac{1}{\pi}, E(X) = 0, D(X) = \dfrac{1}{2}$。 8. -1。 9. (1) $A = \dfrac{1}{2}$;

(2) $E(X) = E(Y) = \dfrac{\pi}{4}, D(X) = D(Y) = \dfrac{\pi^2 + 8\pi - 32}{16}$; (3) $\rho_{XY} = \dfrac{8\pi - 16 - \pi^2}{\pi^2 + 8\pi - 32}$。

10. $1, 5$。 11. (1) $\rho = \dfrac{\sqrt{5}}{5} \neq 0$,(2) 不是不相关;(3) 不独立。

12. (1) $E(X) = \dfrac{7}{6}$,(2) $\rho_{XY} = -\dfrac{1}{11}$。 13. $\dfrac{1}{2}$。 14. 略。

复习参考题四（B）

15. $\dfrac{\sigma}{\sqrt{\pi}}$。

16. X 与 Y 的联合分布律及边沿分布如下表所示:

X \ Y	0	1	2	3	$p_{i\cdot}$
0	$\frac{1}{27}$	$\frac{3}{27}$	$\frac{3}{27}$	$\frac{1}{27}$	$\frac{8}{27}$
1	$\frac{3}{27}$	$\frac{6}{27}$	$\frac{3}{27}$	0	$\frac{12}{27}$
2	$\frac{3}{27}$	$\frac{3}{27}$	0	0	$\frac{6}{27}$
3	$\frac{1}{27}$	0	0	0	$\frac{1}{27}$
$p_{\cdot j}$	$\frac{8}{27}$	$\frac{12}{27}$	$\frac{6}{27}$	$\frac{1}{27}$	1

$E(X) = E(Y) = 1, D(X) = D(Y) = \frac{2}{3}, \rho = -\frac{1}{2} \neq 0$,所以 X 与 Y 不是不相关,因此也不独立。

17. $\begin{bmatrix} 250 & -26 & 48 \\ -26 & 305 & -76 \\ 48 & -76 & 26 \end{bmatrix}$。 18. (1) $E(X) = 0, D(X) = 2$; (2) $Cov(X, |X|) = 0$,故 X 与 |X| 不相关,(3) X 与 |X| 也不独立。

19. X 的分布律如下表

X	0	1	2	3
p	0.216	0.432	0.288	0.064

$E(X) = 1.2, F(x) = P\{X \leq x\} = \begin{cases} 0, & x < 0, \\ 0.216, & 0 \leq x < 1, \\ 0.648, & 1 \leq x < 2, \\ 0.936, & x \geq 2_{\circ} \end{cases}$

20. $E(|X-Y|) = \sqrt{\frac{2}{\pi}}, D(|X-Y|) = 1 - \frac{2}{\pi}$。 21. $E(X) = \frac{1}{p}, D(X) = \frac{1-p}{p^2}$。

22. $E(Y^2) = 5$。

23. (1)

X \ Y	0	1
0	$\frac{2}{3}$	$\frac{1}{12}$

X \ Y	0	1
1	$\frac{1}{6}$	$\frac{1}{12}$

(2) $\rho_{XY} = \frac{\sqrt{15}}{15}$;

(3)

Z	0	1	2
P	$\frac{2}{3}$	$\frac{1}{4}$	$\frac{1}{12}$

24. X, Y 不相互独立, X, Y 相关, $D(X+Y) = \frac{5}{36}$。

25. （1）$p_Y(y) = \begin{cases} \frac{3}{8\sqrt{y}}, & 0 < y < 1 \\ \frac{1}{8\sqrt{y}}, & 1 \leqslant y < 4 \\ 0, & 其他 \end{cases}$；（2）$Cov(X, Y) = \frac{2}{3}$；（3）$F\left(-\frac{1}{2}, 4\right) = \frac{1}{4}$。

26. $\dfrac{at_2 + bt_1}{a+b}$。

习题 5–1

1. $\dfrac{1}{8}$。 2. 0.75。 3. $b = 3$, $\varepsilon = 2$。 4. $\dfrac{1}{12}$。 5. 3 581。 6. 1。

习题 5–2

1. $\dfrac{\lambda \sum_{i=1}^{n} X_i - n}{\sqrt{n}}$。 2. 0.875 9。 3. 0.022 8。 4. $n = 144$。

5. （1）0.943；（2）0。 6. $n = 830$。

复习参考题五（A）

1. $\dfrac{15}{16}$。 2. 0.5。 3. $\dfrac{\sum_{i=1}^{n} X_i - n\lambda}{\sqrt{n\lambda}}$。 4. $k \geqslant 142$。 5. B。 6. A。

7. 0.947 5。 8. 0.115 9。 9. 0.901 5。 10. 0.047。 11. 147。

复习参考题五（B）

12. $1 - \dfrac{1}{2^n}$。 13. 0, $\Phi\left(\dfrac{b-np}{\sqrt{npq}}\right) - \Phi\left(\dfrac{a-np}{\sqrt{npq}}\right)$。 14. C。 15. C。

16. $\dfrac{2}{3}$。 17. 0.977 2。 18. (1) 0.33；(2) $n = 594$。

19. 0.954 4。 20. $n = 25$。 21. $n \geq 68$。

习题 6-1

1. (1) $p^{\sum_{i=1}^{5} x_i}(1-p)^{5-\sum_{i=1}^{5} x_i}$； (2) $X_1 + X_2$，$\min\{X_i\}$，$(X_5 - X_1)^2$ 是统计量，$X_5 + 3p$ 不是统计量；

   (3) $\bar{x} = \dfrac{0+1+0+1+1}{5} = 0.6$，$s^2 = \dfrac{1}{5-1}\sum_{i=1}^{5}(x_i - \bar{x})^2 = 0.3$。

2. p，$\dfrac{p}{n}(1-p)$，$p(1-p)$。

3. 身长为 h，体重为 w，$\bar{h} = \dfrac{1}{10}\sum_{i=1}^{10} h_i = 157.05$，$\bar{w} = \dfrac{1}{10}\sum_{i=1}^{10} w_i = 88.55$，

   $s_1^2 = \dfrac{1}{10-1}\sum_{i=1}^{10}(h_i - \bar{h})^2 = 8.969$，$s_2^2 = \dfrac{1}{10-1}\sum_{i=1}^{10}(w_i - \bar{w})^2 = 32.136$，$s_1 = 2.995$，$s_2 = 5.669$。

习题 6-2

1. 略。 2. 0.1。 3. 0.829 3。 4. (1) 0.99；(2) $\dfrac{2}{15}\sigma^4$。 5. $k \approx -0.437$。

6. 0.674 4。

复习参考题六（A）

1. 2。 2. 0.94。 3. B。 4. C。 5. D。 6. A。

7. 26；105。 8. 35。

复习参考题六（B）

9. $\chi^2(n-1)$，$\dfrac{2\sigma^4}{n-1}$。 10. $t(9)$。 11. $\dfrac{1}{n\sigma^2}$。 12. D。

13. C。 14. B。 15. $C = \dfrac{1}{3}$。 16. $\sigma = 5.43$。

17. $t(n-1)$。 18. 略。

习题 7-2

1. $\bar{x} = 74.002$，$\sigma^2 = 6 \times 10^{-6}$，$S^2 = 6.86 \times 10^{-6}$。

2. $\hat{\theta} = -\dfrac{n}{\sum_{i=1}^{n} \ln x_i}$。 3. $\hat{p} = \dfrac{1}{\overline{X}}$。 4. $c = \dfrac{1}{2(n-1)}$。

5. θ 的矩估计量 $\hat{\theta} = \dfrac{2\overline{X} - 1}{1 - \overline{X}}$，最大似然估计量 $\hat{\theta} = -1 - \dfrac{n}{\sum_{i=1}^{n} \ln x_i}$。

习题 7-3

1. C。 2. (4.412;5.588)。 3. (1) (5.608,6.392);(2) (5.558,6.442)。
4. (-0.002,0.006)。 5. (0.222,3.601)。

复习参考题七（A）

1. (1) C；(2) D；(3) A。 2. θ 的矩估计量为 $\hat{\theta} = \dfrac{1}{n}\sum_{i=1}^{n} X_i - 1$。

3. $\hat{\theta} = \dfrac{N}{n}$。 4. $n = 97$。

5. σ 的 0.95 置信区间为 $(\sqrt{87.80}, \sqrt{278.69}) \approx (9.34, 16.69)$。

6. 40 526.59。 7. (0.02,0.10)。

复习参考题七（B）

8. A。 9. D。 10. σ 的置信度为 0.95 的置信区间为 (7.43,21.07)。
11. 置信上、下限分别为 2 116.15 和 1 783.85。 12. (48 275.9, 9 223 801.1)。
13. $\hat{\lambda} = \dfrac{n}{\sum_{i=1}^{n} x_i^a}$。 14. (39.51, 40.49)。 15. (1) $\hat{\theta} = 2\overline{X} - \dfrac{1}{2}$；(2) 略。

16. (1) 当 $\alpha = 1$ 时，$\hat{\beta} = \dfrac{\overline{X}}{\overline{X} - 1}$；(2) $\hat{\beta} = \dfrac{n}{\sum_{i=1}^{n} \ln X_i}$；(3) $\hat{\alpha} = \min(x_1, x_2, \cdots, x_n)$。

习题 8-2

1. 接受假设 $H_0: \mu = 10$，即认为该厂生产的电阻的平均值为 10 欧姆。
2. 接受原假设 $H_0: \mu = \mu_0 = 500$，即认为这批食盐每袋平均净重为 500 克。
3. 接受原假设，认为 $\sigma \geq 0.04\%$。
4. 接受 $H_0: \mu_0 = 0.5$，认为该机器工作正常。
5. 拒绝原假设 $H_0: \sigma \leq 0.005$，认为这批导线的标准差显著地偏大。

习题 8-3

1. (1) 接受原假设，认为两正态总体方差相等；(2) 原假设认为两批电子器件电阻值相等。

2. 拒绝 $H_0: \sigma_1^2 \leq \sigma_2^2$ 接受 $H_1: \sigma_1^2 > \sigma_2^2$，认为机床乙生产的滚珠直径的方差比机床甲生产的滚珠直径的方差小。

3. 接受 $H_0: \mu_1 = \mu_2$，即认为这两种香烟的尼古丁含量无显著差异。

4. 接受原假设，即认为 σ_1^2 不大于 σ_2^2。

复习参考题八（A）

1. C。 2. D。 3. 增加样本容量。 4. 总体均值；u；t。 5. $\alpha = P\{|T| > \gamma\}$，$\beta = P\{|T| < \gamma\}$。

6. 拒绝 $H_0: \mu < 1\,500$ 接受 $H_1: \mu > 1\,500$，即在显著性水平 $\alpha = 0.05$ 下新工艺提高了灯管的平均寿命。

7. 接受假设 $H_0: \sigma^2 = 16^2$，即认为这次考试学生的成绩的方差为 16^2。

8. 拒绝 H_0，即认为这批元件不合格。

9. 接受 $H_0: \sigma_1^2 = \sigma_2^2$，即认为乙方案比甲方案可显著提高得率。

10. 拒绝原假设 $H_0: \mu_1 = \mu_2$，即认为两种温度下强力有差别。

复习参考题八（B）

11. 接受 $H_0: \mu_0 = 1.23$，$H_1: \mu_0 \neq 1.23$，即认为这块土地的实际面积为 1.23 km^2。

12. 接受 $H_0: \sigma_1^2 = \sigma_2^2$，$H_1: \sigma_1^2 \neq \sigma_2^2$，即在显著性水平 $\alpha = 0.1$ 下认为两家银行储户年存款余额的方差相等。

13. 接受 $H_0: \mu_1 - \mu_2 \leq 0$，$H_1: \mu_1 - \mu_2 > 0$，即可认为能用乙砌块代替甲砌块。

14. （1）$C = 0.554\,8$；（2）$0.002\,1$。

15. 接受原假设，认为电池在货架上滞留的时间不超过 125 天。

习题 9-1

1. 方差分析表

方差来源	平方和	自由度	平均平方和	F 值	临界值	显著性
组间	963.75	3	321.25	4.14	$F_{0.05} = 3.24$	显著
误差	1 242	16	77.625		$F_{0.01} = 5.29$	
总和	2 205.75	19				

由于 $F_{0.05}(3,16) = 3.24 < F = 4.14 < F_{0.01}(3,16) = 5.29$，所以认为四种不同的饲料对于小鸡增重有显著影响，但不够极显著。

2. 方差分析表

方差来源	平方和	自由度	平均平方和	F 值	临界值	显著性
组间	62 820	3	20 940	4.06	$F_{0.05} = 3.49$	显著
误差	61 880	12	5 157		$F_{0.01} = 5.95$	
总和	124 700	15				

因为 $F_{0.05} < F < F_{0.01}$，所以，由不同的工艺生产的这种电子元件的寿命有显著差异，并且第一种工艺生产的产品的平均寿命估计值 1 708（小时）为最大，因此应选用第一种工艺进行生产。

3. 把表中的所有数据减去 60 后，用所得新数据进行方差分析，得方差分析表：

方差来源	平方和	自由度	平均平方和	F 值	临界值	显著性
组间	104.95	3	34.98	3.48	$F_{0.05} = 3.24$	显著
误差	160.85	16	10.05			
总和	265.80	19				

从分析表可知，按 5% 的显著性水平确认各班考试成绩有显著差别。

4. $F = 10.244\ 5 > F_{0.05} = 2.90$，所以此试验的各水平对总体的影响是显著的。

5. $F = 9.861\ 4 > F_{0.05} = 3.52$，有显著作用。

习题 9-2

1. 经计算，方差分析表如下

方差来源	平方和	自由度	平均平方和	F 值	临界值	显著性
因素 A	86	2	43	1.075 0	$F_{A0.05} = 6.94$ $F_{A0.01} = 18$	不显著
因素 B	1 046	2	523	13.075 0	$F_{B0.05} = 6.94$ $F_{B0.01} = 18$	显著
误差	160	4	40			
总和	1 292	8				

从表中的数据可见

（1）品种作用是不显著的，管理方法作用是显著的（$\alpha = 0.05$）。

（2）在 $\alpha = 0.01$ 之下，管理方法作用也不显著。

（3）如果品种的作用可忽略不计，变为管理方法的单因素的方差分析，在 $\alpha = 0.01$ 之下可认为管理方法的作用是显著的。（此时 $F = 13.075 > F_{0.01}(2,6) = 10.92$）。

2. 方差分析表如下

方差来源	平方和	自由度	平均平方和	F 值	临界值	显著性
因素 A	332.25	3	110.75	189.9	$F_{A0.05} = 4.76$ $F_{A0.01} = 9.78$ $F_{B0.05} = 5.14$ $F_{B0.01} = 10.92$	极显著
因素 B	10.50	2	5.25	9.0		显著
误差	3.50	6	0.583			
总和	346.25	11				

结论：给定的四个品种之间有极显著差异，而三种饲料有显著差异，但还不够极显著。

3. 燃料对火箭射程有显著影响，推进器对火箭射程有极显著影响，交互作用的影响也极显著。从已知数据可见，配合 (A_4, B_1) 或 (A_3, B_2) 为最好的配合。

4. 经分析，机器之间差异不显著，但工人之间的差异以及交互影响都是显著的。

5. 方差分析表为

方差来源	平方和	自由度	平均平方和	F 值	临界值	显著性
因素 A	34.08	7	4.87	2.97	$F_{A0.05} = 2.76$ $F_{A0.01} = 4.28$	显著
因素 B	27.56	2	13.78	8.40	$F_{B0.05} = 3.74$ $F_{B0.01} = 6.51$	极显著
误 差	22.97	14	1.64			
总 和	84.61	23				

习题 9-3

1. (1) $\hat{y} = 0.9603 + 3.4398x$，(2) $F = 49.96 > F_{0.01}(1,8) = 11.26$，极显著。
2. (1) $\hat{y} = 188.9877 + 1.8668x$，(2) $F = 7.55 > F_{0.05}(1,8) = 5.32$，显著。
3. (1) $\hat{y} = -109.5557 + 0.9848x$，(2) $F = 55.93 > F_{0.01}(1,7) = 12.25$，极显著。

习题 9-4

1. $\hat{y} = \dfrac{x}{0.0080 + 0.0095x}$。 2. $\hat{y} = 1.3251 \times 0.1850^x$。 3. $\hat{y} = 0.8800 e^{0.5394x}$。

习题 9-5

1. $\hat{y} = 2.1983 - 0.0225x + 0.0001x^2$。 2. $\hat{y} = -611.6820 + 3.7004x_1 + 2.9868x_2$。

复习参考题九

1. $F = 3.19 < F_{0.05}(3,9) = 3.86$，不同的储藏方法对粮食的含水量无显著影响。
2. $F = 2.09 < F_{0.05}(4,14) = 3.11$，即各不同比例对混凝土破断强力没有显著差异，应加入一定比例石灰粉末增强防水力而不会降低其强度。
3. $F(2,12) = 3.89 < F = 5 < F_{0.01}(2,12) = 6.93$。
4. 至少应为 4。   5. 0.1。
6. $F_A = 5.43, F_B = 11.29$，查临界值表可知，工人的操作技术对产量有显著影响，而机器对产量有特别显著的影响。
7. 浓度对化工过程有显著效应，而温度对其无显著效应。
8. y 对 x 的回归直线方程为 $\hat{y} = 35.2 + 0.78x$；x 对 y 的回归直线方程为：$\hat{x} = 55.4 + 0.65y$，线性关系比较密切。
9. $\hat{y} = 9.4398 - 0.1384x_1 + 3.6796x_2$。
10. 略。

参考文献

[1] 刘晓石,陈鸿建,何腊梅. 概率论与数理统计 [M]. 北京:科学出版社,2002
[2] 张丽娜,李春兰. 概率统计教程 [M]. 北京:科学出版社,2006
[3] 李万军,赵白云,秦素萍. 概率论与数理统计 [M]. 沈阳:辽宁大学出版社,2007
[4] 苏均和. 概率论与数理统计 [M]. 上海:上海财经大学出版社,1999
[5] 张怡慈. 概率论与数理统计 [M]. 北京:科学出版社,2004
[6] 叶俊,赵衡秀. 概率论与数理统计 [M]. 北京:清华大学出版社,2005
[7] 盛骤,谢式千,潘承毅. 概率论与数理统计 [M]. 第三版. 北京:高等教育出版社,2001
[8] 陈魁. 应用概率统计 [M]. 北京:清华大学出版社,2000
[9] 魏宗舒. 概率论与数理统计教程 [M]. 第二版. 北京:高等教育出版社,2008
[10] 于学汉. 概率论与数理统计学习指导 [M]. 北京:北京理工大学出版社,2005
[12] 范玉妹,汪飞星,王萍,李娜等. 概率论与数理统计全程指导 [M]. 北京:机械工业出版社,2008
[13] 葛余博,赵衡秀. 概率论与数理统计学习指导 [M]. 北京:科学出版社,2003
[14] 姚孟臣. 概率论与数理统计 [M]. 北京:机械工业出版社,2006
[15] 张丽宏,董秀媛,王宏. 概率论与数理统计学习指导 [M]. 北京:北京理工大学出版社,2003